全国高等职业教育规划教材

计算机组装与维护

主　编　陈国先
副主编　苏李果
参　编　曾世杰　等

机 械 工 业 出 版 社

本书系统地介绍微机的中央处理器、主板、内存条、硬盘驱动器、光盘驱动器、显示卡与显示器、声卡与音箱、键盘与鼠标、机箱与电源，以及输入设备（扫描仪、数码相机）、输出设备（针式打印机、喷墨打印机、激光打印机）和网络设备（ADSL 调制解调器、网卡、交换机和无线路由器）等基本硬件的分类、主要技术指标、基本工作原理、使用方法等，同时介绍微机各基本部件和系统软件（Windows XP、Windows 7）的安装方法以及微机上网的方法，还介绍微机系统 CMOS 设置、系统优化和测试、维修步骤、常规检测方法，以及系统软件维护和清除微机病毒等方法。

本书内容全面、精练，力求新颖，深入浅出、图文并茂、实用性较强。采用工学结合的原则，以任务驱动的方式编写，设计为项目教学，共设计 7 个项目和若干个任务，每个项目自成体系，有项目目标、项目实施、项目小结、项目练习和项目实训，以提高学生的实践能力，达到职业需要的水平。

本书可作为高等职业技术教育和高等专业学校的教材，也可作为计算机（微机）维修工职业资格考试培训用书或供计算机爱好者阅读。

本书配套授课电子课件，需要的教师可登录 www. cmpedu. com 免费注册、审核通过后下载，或联系编辑索取（QQ：1239258369，电话：010 - 88379739）。

图书在版编目（CIP）数据

计算机组装与维护/陈国先主编. -北京：机械工业出版社，2012. 3
（2018. 1 重印）
全国高等职业教育规划教材
ISBN 978-7-111-37231-8

Ⅰ. ①计… Ⅱ. ①陈… Ⅲ. ①电子计算机-组装-高等职业教育-教材②计算机维护-高等职业教育-教材 Ⅳ. ①TP30

中国版本图书馆 CIP 数据核字（2012）第 012272 号

机械工业出版社（北京市百万庄大街 22 号 邮政编码 100037）
责任编辑：鹿 征 马 超
责任印制：孙 炜
北京玥实印刷有限公司印刷
2018 年 1 月第 1 版 · 第 4 次印刷
184mm×260mm · 16. 5 印张 · 407 千字
6601—7800 册
标准书号：ISBN 978-7-111-37231-8
定价：32. 00 元

凡购本书，如有缺页、倒页、脱页，由本社发行部调换
电话服务
社服务中心：（010）88361066
销售一部：（010）68326294
销售二部：（010）88379649
读者购书热线：（010）88379203

网络服务
门户网：http：//www. cmpbook. com
教材网：http：//www. cmpedu. com
封面无防伪标均为盗版

全国高等职业教育规划教材
计算机专业编委会成员名单

出 版 说 明

根据《教育部关于以就业为导向深化高等职业教育改革的若干意见》中提出的高等职业院校必须把培养学生动手能力、实践能力和可持续发展能力放在突出的地位，促进学生技能的培养，以及教材内容要紧密结合生产实际，并注意及时跟踪先进技术的发展等指导精神，机械工业出版社组织全国近60所高等职业院校的骨干教师对在2001年出版的“面向21世纪高职高专系列教材”进行了全面的修订和增补，并更名为“全国高等职业教育规划教材”。

本系列教材是由高职高专计算机专业、电子技术专业和机电专业教材编委会分别会同各高职高专院校的一线骨干教师，针对相关专业的课程设置，融合教学中的实践经验，同时吸收高等职业教育改革的成果而编写完成的，具有“定位准确、注重能力、内容创新、结构合理和叙述通俗”的编写特色。在几年的教学实践中，本系列教材获得了较高的评价，并有多个品种被评为普通高等教育“十一五”国家级规划教材。在修订和增补过程中，除了保持原有特色外，针对课程的不同性质采取了不同的优化措施。其中，核心基础课的教材在保持扎实的理论基础的同时，增加实训和习题；实践性较强的课程强调理论与实训紧密结合；涉及实用技术的课程则在教材中引入了最新的知识、技术、工艺和方法。同时，根据实际教学的需要对部分课程进行了整合。

归纳起来，本系列教材具有以下特点：

1）围绕培养学生的职业技能这条主线来设计教材的结构、内容和形式。

2）合理安排基础知识和实践知识的比例。基础知识以“必需、够用”为度，强调专业技术应用能力的训练，适当增加实训环节。

3）符合高职学生的学习特点和认知规律。对基本理论和方法的论述要容易理解、清晰简洁，多用图表来表达信息；增加相关技术在生产中的应用实例，引导学生主动学习。

4）教材内容紧随技术和经济的发展而更新，及时将新知识、新技术、新工艺和新案例等引入教材。同时注重吸收最新的教学理念，并积极支持新专业的教材建设。

5）注重立体化教材建设。通过主教材、电子教案、配套素材光盘、实训指导和习题及解答等教学资源的有机结合，提高教学服务水平，为高素质技能型人才的培养创造良好的条件。

由于我国高等职业教育改革和发展的速度很快，加之我们的水平和经验有限，因此在教材的编写和出版过程中难免出现问题和错误。我们恳请使用这套教材的师生及时向我们反馈质量信息，以利于我们今后不断提高教材的出版质量，为广大师生提供更多、更适用的教材。

机械工业出版社

前　　言

高职院校培养受教育者的专业技能、钻研精神、务实精神、创新精神和创业能力，同时为车间班组的生产、服务、技术和管理工作提供高素质劳动者和高级职业人才。本书是以高等职业技术教育培养目标的需要为依据编写的。

本书以当前流行的微型计算机为基础，共有7个项目。项目1为基本的计算机部件和组装，主要介绍微型机的基本部件的分类、技术特性、选购原则、基本工作原理、常见使用和维护方法，以及如何将它们组装成一台性价比较高的微型机。项目2为CMOS参数设置和硬盘的分区，主要介绍常用CMOS参数设置方法和硬盘分区操作过程。项目3为系统软件的安装和Ghost软件的使用，主要介绍Windows XP、Windows 7的安装，以及常见驱动程序的安装、克隆软件的基本操作。项目4为计算机系统优化和测试软件的使用，主要介绍微型机的软硬件优化方法和系统测试软件的使用。项目5为计算机主要外部设备的使用和维护，主要介绍扫描仪、数码相机、针式打印机、喷墨打印机和激光打印机等的结构、基本原理、使用和维护方法。项目6为计算机联网，主要介绍对等网络组建方法、ADSL调制解调器和家用无线路由器拨号上网方法。项目7为计算机故障分析与处理，主要介绍微型机系统的故障维修步骤和原则，以及常规检测方法及日常的维护。

本书与具有丰富的职业技能经验的科技人员合作开发编写，符合计算机维护职业岗位实际工作任务所需要的知识、能力、职业要求。本书采用以任务为驱动、项目为导向的形式编写，全书设计7个项目和若干个任务，适合于教、学、做结合，理论与实践一体化教学，在教学过程中通过引导学生完成特定项目和任务，努力提升学生的职业能力。采用项目教学法来培养学生的实践能力、社会能力及职业能力。

在编写过程中以项目式教学为目标，以提高实际操作实践能力为宗旨。项目式教学强调以章节为重点过渡到以完成项目为重点，每个项目自成体系，有项目目标、项目实施、项目小结、项目练习和项目实训，以利于提高学生职业能力，满足职业需要。

本书内容全面、精练、力求新颖、深入浅出、图文并茂，实用性较强。通过本书的学习，能正确掌握实用的维护微型机的方法，以最简单的工具和最快的速度维护微型机。

本书纳入**“福建省高等职业教育教材建设计划”**，在编写中得到了福建省教育厅的大力支持，在此表示衷心感谢！

本书由陈国先任主编，编写了项目1、项目3、项目5、项目7，苏李果为副主编，编写了项目2、项目4、项目6，其他参加讨论和研究的有福建新中冠计算机系统工程有限公司副总经理曾世杰、福建中教电信息技术有限公司高级工程师赵民、宁德师范学院计算机与信息工程系实验室主任张枝令、福建信息职业技术学院软件工程系实训中心主任张超峰，他们对本书的编写进行了多次讨论和研究，提出了许多宝贵的意见。

由于作者水平有限，书中难免出现不足和错误，敬请广大读者批评指正。

编　者

目　录

项目1　基本的计算机部件和组装

项目目标

1. 技能目标

- 能根据计算机部件的类型和性能指标合理选购部件。
- 能进行合理的部件配置组装微型计算机。

2. 知识目标

- 掌握主板的类型，了解主板的主要芯片、插槽、插座和接口作用。
- 掌握中央处理器、内存、硬盘驱动器（硬盘）、光盘驱动器（光驱）等部件的类型、结构和性能指标。
- 熟悉声卡、音箱、显示卡和显示器的结构、基本工作原理、分类和性能指标。
- 了解键盘与鼠标的基本原理，以及机箱与电源的结构、作用。

项目实施

任务1.1　基本的计算机部件

1.1.1　任务描述

某单位微型计算机（微机）的某部件损坏或要组装自己需要的微型计算机，首先要了解市场主流微型计算机部件的类型、分析各部件的性能，其次能够识别各部件的结构和接口，从而合理地购买微型计算机的部件。

1.1.2　任务资讯

计算机的基本部件有主板、CPU、内存条、硬盘驱动器、光盘驱动器、声卡与音箱、显卡与显示器、键盘与鼠标、电源和机箱。

1.1.2.1　主板

主板（如图1-1所示）又名为主机板、系统板、母板等，是PC的核心部件。它一般是一块4层的印制电路板（也有些是6层的），分上、下表面两层和中间两层。

1. 主板的分类

主板一般有几种分类方法：按CPU的插座划分、按使用的芯片组划分、按主板的结构划分、按主板的应用范围划分、按主板的某些主要功能划分等。市场上一般以CPU的插座和主板的结构进行划分。

1）按主板上使用的CPU插座划分，有Socket 478主板、LGA 775（触点式）主板、

图 1-1　主板的外观

LGA 1156 主板、LGA 1155（SNB）主板、LGA 1366 主板、Socket FM1（905 针）主板、Socket AM3（938 针）主板、Socket AM2 +（940 针）主板、Socket AM2（940 针）主板等。每一种 CPU 插座可以插不同类型的 CPU。

2）按主板的应用范围划分，根据不同的应用范围，主板被设计成各不相同的类型，即分为台式机主板、便携式计算机主板和服务器/工作站主板。

3）按主板所使用的芯片组划分，有 Intel 公司生产的芯片组、AMD 公司生产的芯片组、VIA 公司生产的芯片组、SiS 公司生产的芯片组、nVIDIA 公司生产的芯片组。每个公司有不同档次的芯片组，如 Intel 公司生产的芯片组有 Intel X79、Intel Z68、Intel P67、Intel H67、Intel H61 等，AMD 公司生产的芯片组有 AMD 880G 、AMD 870、AMD 790GX、AMD 770 等。

4）按主板的结构划分，有 ATX 结构、BTX 结构和 Mini - ITX 结构的主板。

“ATX” 是 Intel 公司制定的主板结构标准。“ATX” 是 “AT Extend” 的缩写。ATX 主板是现在主板结构的主流。该类主板比原来的 AT 主板设计更为先进、合理，与 ATX 电源结合得更好。ATX 主板的面积比 AT 主板要大一些，软驱和 IDE 接口都被移到了主板中间，并且直接将 COM 接口、打印接口和 PS/2 接口集成在主板上。

目前，很多整机生产厂家都采用了 ATX 标准，ATX 标准有 ATX、Micro ATX、Flex ATX。

Micro ATX 主板把扩展插槽减少为 3 ~ 4 个，DIMM 插槽为 2 ~ 3 个，从横向减小了主板宽度，其总面积减小约 0. 92 in^2，比 ATX 标准主板结构更为紧凑。按照 Micro ATX 标准，板上还应该集成图形和音频处理功能。目前很多品牌机主板使用了 Micro ATX 标准，在 DIY 市场上也常能见到 Micro ATX 主板。

BTX 主板是 ATX 主板的改进型，它使用窄板（Low - profile）设计，窄板设计能使部件的布局更加紧凑；针对机箱内外气流的运动特性，对主板的布局进行了优化设计，因此能使计算机的散热性能和效率更高，噪声更小；主板的安装拆卸也变得更加简便。

BTX 在一开始就制定了 3 种规格，分别为标准 BTX（325.12 mm）、microBTX（264.16 mm）及 Low－profile 的 picoBTX（203.20 mm），3 种 BTX 的宽度都相同，都是 266.7 mm。

Mini－ITX 是由威盛电子公司主推的主板规格，Mini－ITX 主板能用于 Micro ATX 或 ATX 机箱，尺寸为 17 cm × 17 cm。

2. 主板的基本结构

主板是整个微机内部结构的基础，不管是 CPU、内存、显示卡，还是鼠标、键盘、声卡、网卡都得靠主板来协调工作。

主板采用了开放式结构。主板上一般有 6～8 个扩展插槽，供 PC 外部设备的控制卡（适配器）插接。主板的类型和档次决定着整个微机系统的类型和档次，主板的性能影响着整个微机系统的性能。

在主板上集成了一些功能部件，如软、硬盘控制接口，串/并行接口，鼠标接口，USB 接口，PS/2 接口，IEEE1394 接口等，有的甚至连网卡、声卡、MODEM 卡、显示卡也集成在主板上。

在主板的众多集成电路中，是有重要程度之分的。有几块超大规模集成电路控制芯片决定了主板的性能，这几块芯片称为"芯片组"。芯片组是主板的控制核心，整个主板就是围绕芯片组来设计的，因此主要芯片组的性能决定了主板的功能和档次。CPU 只与芯片组直接"打交道"，芯片组作为 CPU 的"全权代表"，处理 CPU 与内存、高速缓存、PCI 插卡、光盘驱动器、硬盘驱动器等外部设备的交互。主板的部件名称如图 1-2 所示。

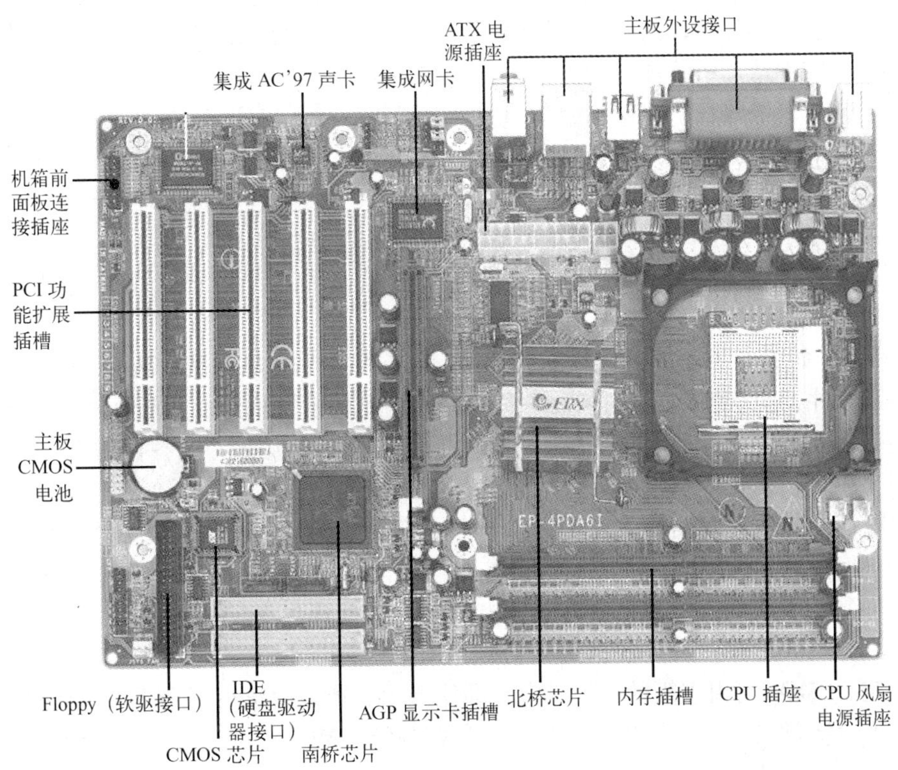

图 1-2　主板各部件名称

3. 主板的主要芯片

1）芯片组（如图 1-3 所示）决定了主板的功能，进而影响到整个微机系统性能的发挥，所以说芯片组是主板的灵魂。芯片组性能的优劣，决定了主板性能的好坏与级别的高低。

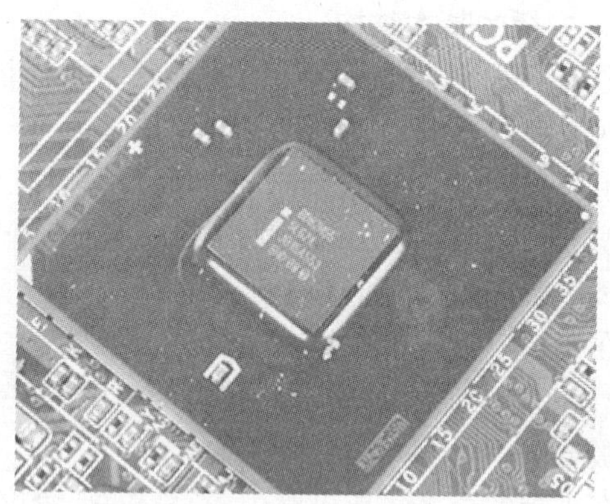

图 1-3　芯片组

芯片组的分类，按用途可分为服务器/工作站、台式机、便携式计算机等类型；按芯片数量可分为单芯片芯片组，以及标准的南、北桥芯片组和多芯片芯片组（主要用于高档服务器/工作站）；按整合程度的高低，还可分为整合型芯片组和非整合型芯片组。

标准南、北桥芯片组，其中 CPU 的类型、主板的系统总线频率、内存类型、容量和性能、显示卡插槽规格是由芯片组中的北桥芯片决定的，北桥一般在 CPU 插槽和内存插槽附近，而且常常盖着散热片。北桥主要负责管理 CPU、内存、AGP 这些高速的部分。而扩展插槽的种类与数量、扩展接口（如 USB 2.0/1.1、IEEE 1394、串口、并口、IDE 接口）的类型和数量等，是由芯片组的南桥决定的。南桥芯片一般位于主板上离 CPU 插槽较远的下方，PCI 插槽的附近，这种布局是考虑到它所连接的 I/O 总线较多，离处理器远一点有利于布线。还有些芯片组由于纳入了 3D 加速显示（集成显示芯片）、AC′97 声音解码等功能，还决定着计算机系统的显示性能和音频播放性能等。

2）BIOS（如图 1-4 所示）叫做基本输入/输出系统（Basic Input Output System），其本身就是一段程序，负责实现主板的一些基本功能和提供系统信息。由于主板设计具有多样性，对应的每一种主板，BIOS 的设计是不一样的，每块主板都对应各自的 BIOS。当 BIOS 不正确时，主板轻则工作不正常，重则不能启动。

“BIOS 芯片”的芯片确切地说是颗 ROM（只读存储器）。根据 BIOS 的字节大小，主板会使用相应容量的 EEPROM。

3）CMOS（由互补金属氧化物半导体组成的一种大规模集成电路）是微机主板上的一块可读/写的 RAM 芯片，只有数据保存功能，用来保存当前系统的硬件配置和用户对某些参数的设定。CMOS 可由主板的电池供电，即使关闭机器，信息也不会丢失。而对 CMOS 中各项参数的设定要通过专门的程序。现在多数厂家将 CMOS 设置程序做到了 BIOS 芯片中，在开机时通过特定的按键就可进入 CMOS 设置程序，方便对系统进行设置，因此 CMOS 设置又被叫做 BIOS 设置。

4）板载声卡芯片是指主板所整合的声卡芯片。板载声卡芯片（如图 1-5 所示）出现在

图 1-4　BIOS 芯片

越来越多的主板中，目前板载声卡芯片已成为主板的标准配置。

5）板载网卡芯片（如图 1-6 所示）是指整合了网络功能的主板所集成的网卡芯片，与之相对应，在主板的背板上也有相应的网卡接口（RJ－45），该接口一般位于音频接口或 USB 接口附近。

图 1-5　板载声卡芯片

图 1-6　板载网卡芯片

4. 主板的插槽

（1）内存条插槽

内存条插槽（如图 1－7 所示）的作用是安装内存条。常见的内存条插槽有 DIMM（SDRAM 为 168 线、DDR 为 184 线、DDR2 为 240 线、DDR3 为 240 线）。插槽的线数是与内存条的引脚数一一对应的，线数越多插槽越长。

提供给 DDR 内存条的插槽可以提供 64 位线宽的数据，工作电压为 2.5V。提供给 DDR2 与 DDR3 内存条的插槽可以提供 64 位线宽的数据，工作电压为 1.8V。DDR2 传输速率是 DDR 的 2 倍，DDR3 传输速率是 DDR2 的 2 倍。

图 1-7　184 线的内存条插槽

（2）PCI 插槽

PCI（Peripheral Component Interconnect，外部设备互连）插槽，如图 1-8 所示。它是一个先进的高性能局部总线，大部分主板都有 3～8 个 PCI 插槽，PCI 插槽具有较高的数据传输速率及很强的负载能力（相对于 ISA、VL 而言），并可适用于多种硬件平台。在它上面可以插入标准部件，如网卡、多功能 I/O 卡、解压卡、MODEM 卡、声卡等。

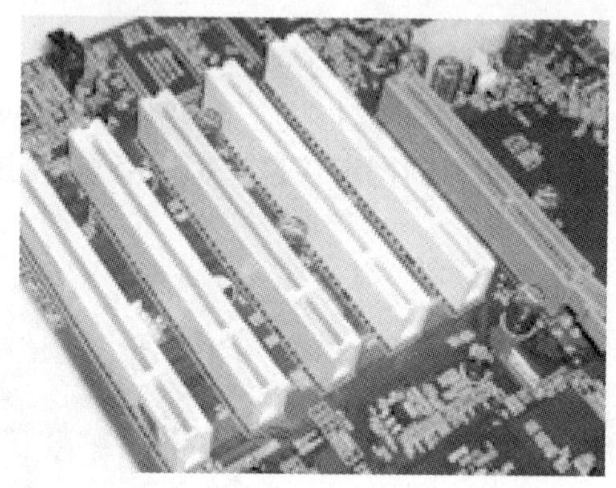

图 1-8　PCI 插槽

（3）AGP 插槽

AGP（Accelerated Graphics Port，高速图形端口）插槽，也称为 AGP 总线，如图 1-9 所示，是 Intel 公司为提高计算机系统的 3D 显示速度而开发的，仅用于 AGP 显示卡的安装。目前 AGP 插槽标准已由 AGP 1.0（AGP 1X、2X）发展到 AGP 2.0（AGP 4X）和 AGP 3.0（AGP 8X），最大数据传输速率可高达 2132 MB/s。

AGP 插槽性能参数见表 1-1。

图 1-9　AGP 插槽

表 1-1　AGP 插槽性能参数

项　　目	AGP 1.0		AGP 2.0 (AGP 4X)	AGP 3.0 (AGP 8X)
	AGP 1X	AGP 2X		
工作频率	66 MHz	66 MHz	66 MHz	66 MHz
传输带宽	266 MB/s	533 MB/s	1066 MB/s	2132 MB/s
工作电压	3.3 V	3.3 V	1.5 V	1.5 V
单信号触发次数	1	2	4	4
数据传输位宽	32 bit	32 bit	32 bit	32 bit
触发信号频率	66 MHz	66 MHz	133 MHz	266 MHz

目前常用的 AGP 接口为 AGP 4X 和 AGP 8X 接口。AGP 8X 规格与旧有的 AGP 1X/2X 模式不兼容。而对于 AGP 4X 系统，AGP 8X 显示卡可以在其上工作，但仅会以 AGP 4X 模式工作，无法发挥 AGP 8X 的优势。

（4）PCI-Express 插槽

PCI-Express 插槽，如图 1-10 所示。PCI-Express 技术于 2002 年年底被审核批准，而拥有 PCI-Express 技术的主板也正式面世。这项技术将在未来几年甚至更长的时间内解决带宽不足的问题。当前，PCI-Express 共分为 6 种规格。

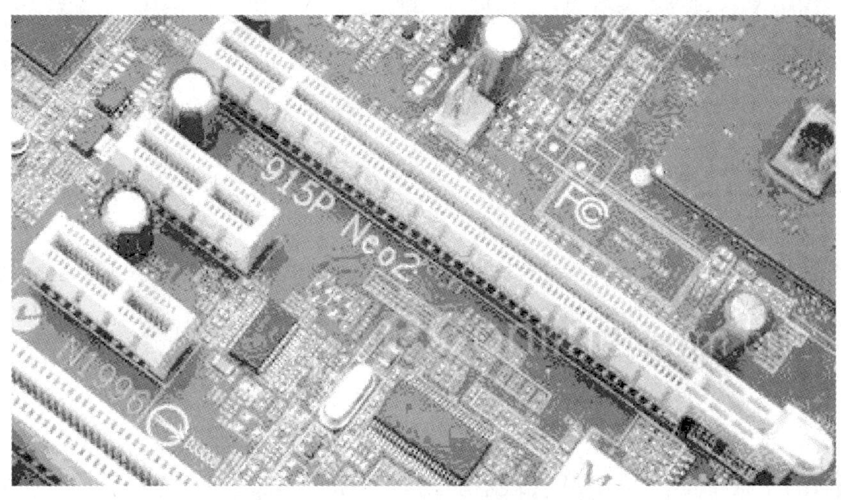

图 1-10　PCI-Express x1 和 x16 插槽

这 6 种规格分别为 x1、x2、x4、x8、x12、x16。其中 x4、x8 和 x12 三种规格是专门针对服务器市场的，而 x1、x2 及 x16 这三种规格则是为普通计算机设计的。

PCI-Express 技术传输数据速率的性能指标含义不同，x1 表示有 1 条数据通道，x2 表示有 2 条数据通道，x4 表示有 4 条数据通道，依此类推。其中每条数据通道均由 4 个针脚组成。PCI-Express 标准 6 种规格可达到的带宽比较见表 1-2。

表 1-2　PCI-Express 标准 6 种规格可达到的带宽比较

PCI-Express 标准	数据通道与带宽	PCI-Express 标准	数据通道与带宽
x1	500 MB/s（单数据通道 - 双向）	x8	4000 MB/s（八倍数据通道 - 双向）
x2	1000 MB/s（双数据通道 - 双向）	x12	6000 MB/s（十二倍数据通道 - 双向）
x4	2000 MB/s（四倍数据通道 - 双向）	x16	8000 MB/s（单向 4000MB/s - 双向）

5. 主板的插座

（1）CPU 插座

主板的 CPU 插座用户根据自己的需要选择安装 CPU。不同档次的 CPU 需要不同类型的 CPU 插座。

CPU 插座主要有 Intel 公司的 Socket 478（针式）、LGA 775（触点式）、LGA 1366（触点式）、LGA 1156（触点式）、LGA 1155（触点式），以及 AMD 公司的 Socket FM1（905 针式）、Socket AM3（938 针式）、Socket AM2＋（940 针式）、Socket AM2（940 针式）等。每一种 CPU 插座可以插不同类型的 CPU。插座的形状如图 1-11 所示。

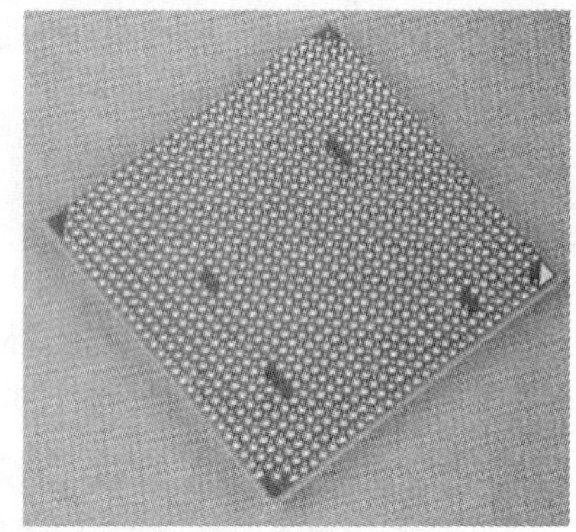

图 1-11　AMD Socket AM3（938 针孔）的 CPU 插座

仔细观察 Socket CPU 插座上的针孔，可以发现左下角最外层缺少一个孔，这是 CPU 的定位标记。

CPU 背面的某个角上常有一个白点或缺一小块，这是表示集成电路定位脚位置，只要将它和 Socket 插座的定位标记对准，然后插进去就可以了。

（2）硬盘驱动器（硬盘）、光盘驱动器（光驱）和软盘驱动器（软驱）插座

① EIDE 插座最重要的用处是连接 EIDE 硬盘和 EIDE 光驱。现在的主板一般传输速率可达 133 MB/s 和 150 MB/s 以上。

586 以后的主板都集成了 EIDE（硬盘驱动器）插座，如图 1-12 所示。该功能也可以通过 BIOS 设置或跳线开关来屏蔽。EIDE 插座一般为 40 针双排针插座，586 主板上都有两个 EIDE 设备插座，分别标注为 EIDE1 和 EIDE2，也有的主板将 EIDE1 标注为 Primary IDE，EIDE2 标注为 Secondary IDE。主板在接口插座的四周加了围栏，其中一边有个小缺口，标准的电缆插头只能从一个方向插入，避免了错误的连接方式。

Pentium 主板的两个 EIDE 插座，总共可以接 4 个 EIDE 设备，如硬盘、光驱等。若只有一个硬盘和一个光驱，推荐将硬盘接在 EIDE1 口上，采用 80 芯的信号线并标有“SYSTEM”字样的一端同主板相连，传输速率达 133MB/s 以上。光驱接在 EIDE2 口上，采用 40 芯的信号线，光驱和硬盘均跳为 Master。

② Serial ATA（如图 1-13 所示）采用串行连接方式，串行 ATA 总线使用嵌入式时钟信号，具备了更强的纠错能力，串行接口还具有结构简单、支持热插拔的优点。Serial ATA 插座连接 Serial ATA 的硬盘。

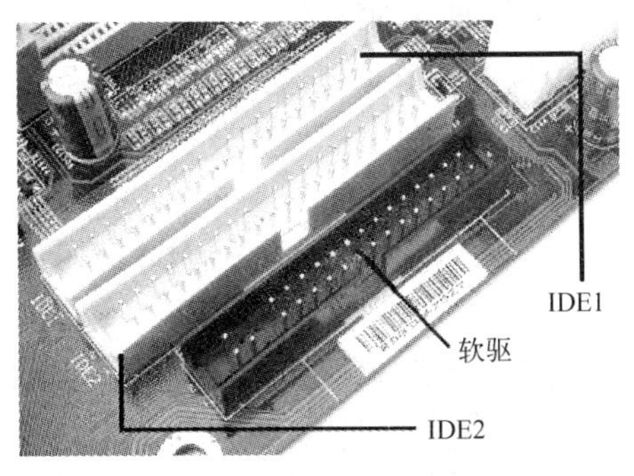

图 1-12　EIDE 和软驱插座

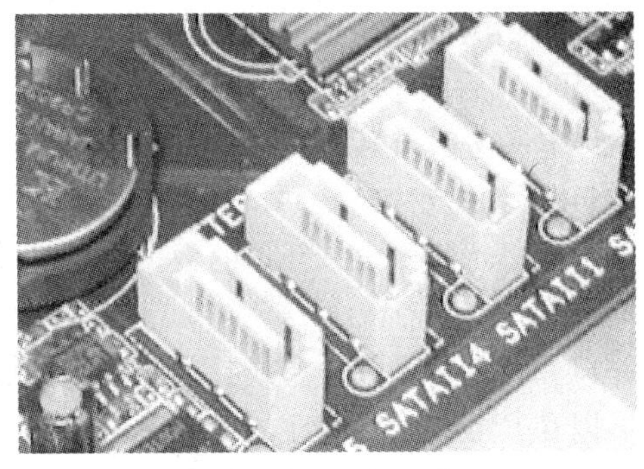

图 1-13　Serial ATA 插座

③ 586 以后的主板上都集成了软驱插座（如图 1-12 所示）。该功能也可以通过 BIOS 或跳线开关来屏蔽。主板上的软驱插座一般为一个 34 针双排针插座，标注为 Floppy 或 FDC。主板还在插针的周围加了围栏，其中一边有小缺口，标准的电缆插头只能从一个方向插入，避免了错误的连接方式。一个软驱插座可以接两个软驱。

（3）电源插座

主板、CPU 和所有驱动器都是经由电源插座供电。ATX 电源插座是 20 芯或 24 芯双列插座，如图 1-14 所示，具有防插错结构。在软件的配合下，ATX 电源可以实现软件关机和通过键盘、调制解调器唤醒开机等电源管理功能。

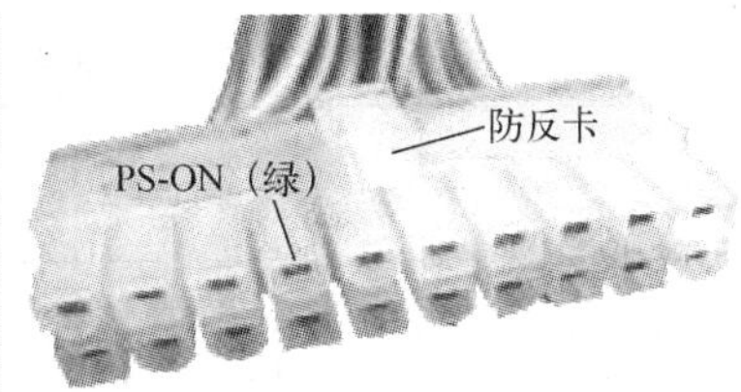

图 1-14　主板上 ATX 电源插座和插头

6. 主板的外部接口

ATX 主板将 PS/2、USB、COM1、COM2 和并口集中在一起，如图 1-15 所示。

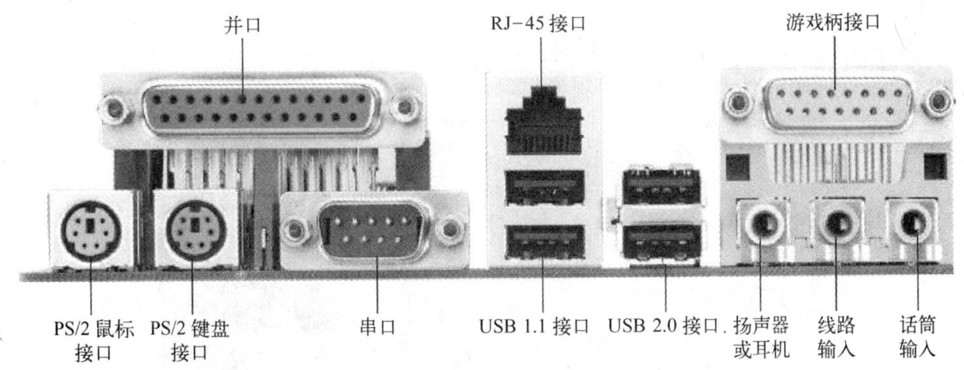

图 1-15　外部设备接口

1）586 以后的主板上集成了串行通信接口（串口），供微机本身的串行接口使用。这些接口功能可以通过 BIOS 设置或主板上的跳线开关进行屏蔽。

可在机箱的背面见到串行接口，主板上的串行接口一般为 D 形 9 针。

2）586 以后的主板上都集成了并行打印机接口。该接口功能可以通过 BIOS 设置或主板上的跳线开关进行屏蔽。

主板上的并行接口（并口）是在机箱背面的一个 25 针的 D 形插座。并口以字节方式传输数据，所以一般而言，并口的数据传输速率比串口快，大约为 40 KB/s ~ 1 MB/s。多数 PC 只有一个并口。

并口一般有 4 种工作模式：单向、双向、EPP 和 ECP。多数 PC 的并口支持全部 4 种模式。可以在 CMOS 设置程序的 Peripherals 部分查看 PC 并口所支持的模式。

3）采用 PS/2 口来连接鼠标和键盘。586 以后的主板上都有 PS/2 接口。

4）USB 是一种计算机连接外部设备的 I/O 接口标准。USB 提供机箱外的即插即用连接，连接外部设备时不必再打开机箱，也不必关闭主机电源。目前主板一般有 2 ~ 8 个 USB 接口。USB 1.1 的传输速率仅为 12 Mbit/s。使用 USB 2.0 接口标准的设备之间的数据传输速率增加到了 480 Mbit/s。

5）IEEE 1394 接口。IEEE 1394，又称做 " Fire wire"，即 "火线"，也可以叫它 "高速串行总线"。很多 DV（数码摄像机）、外置扫描仪、外置 DVD - RW 等都配备 IEEE 1394 接口。

没有 IEEE 1394 接口的主板也可以通过插接 IEEE 1394 扩展卡的方式获得此功能。USB 接口与 IEEE 1394 接口性能比较见表 1-3。

表 1-3　USB 接口与 IEEE 1394 接口性能比较

	USB 1.1	USB 2.0	IEEE 1394
传输速率	12 Mbit/s	480 Mbit/s	400 Mbit/s
支持长度	5 m	5 m	4.5 m
支持特性	PnP、热拔插	PnP、热拔插	PnP、热拔插
支持设备	127 个	127 个	63 个

主板背面除以上介绍的常见接口外，如果主板中集成了声卡、网卡、显示卡，也就会有相应的接口。

7. 主板的其他部件

（1）机箱面板指示灯及控制按键排针

ATX 主板的机箱面板指示灯及控制按键排针如图 1-16 所示。

图 1-16　机箱面板指示灯及控制按键排针

1）系统电源指示灯排针（3－pin PWR. LED）。这个排针是连接到系统电源指示灯上的，当计算机正常运行时，指示灯是持续点亮的；当计算机进入睡眠模式时，这个指示灯就会交互闪烁。

2）系统机箱扬声器排针（4－pin SPEAKER）。机箱扬声器排针，用来接面板上的扬声器。

3）硬盘指示灯（2－pin HDD. LED）硬盘读/写指示灯，LED 为红色，灯亮表示正在进行硬盘操作。

4）ATX 电源开关/软开机功能排针（2－pin PWR. SW）。这是一个连接面板触碰开关的排针，这个触碰开关可以控制计算机的运行模式，当计算机正常运行的时候单击按钮（单击时间不超过 4 s），则计算机会进入睡眠状态，而再按一次按钮（同样不超过 4 s），则会使计算机重新恢复运行。一旦按钮时间持续超过 4 s，则会进入待机模式。

5）重置按钮排针（2－pin RESET）。这是用来连接面板上复位按钮的排针，如此可以直接按面板上的 RESET 按钮来使计算机重新开机，这样也可以延长电源供应器的使用寿命。

主板上的排针一般组成见表 1-4，该排针连接机箱面板的各个指示灯及控制按键。

表 1-4 主板上的排针连接机箱面板的指示灯及控制按键说明

主板标注	用途	针数	插针顺序及机箱接线常用颜色
RESET（RST. SW）	复位接头，用硬件方式重新启动计算机	2 针	无方向性接头，绿黑
POWER. SW（PWR. SW）	电源开关	2 针	无方向性接头
POWER. LED（PWR. LED）	电源指示灯接头，电源指示灯为绿色，灯亮表示电源接通	3 针	1）蓝（＋）PWLED；2）未用；3）黑（－）
SPEAKER（SPK）	扬声器接头，使计算机机箱发声	4 针	无方向性接头，1）黑；2）未用；3）未用；4）红（＋5V）
HDD LED（IDE LED）	硬盘读/写指示灯接头，LED 为红色，灯亮表示正在进行硬盘操作	2 针	1）红（＋）；2）白（－）

注：表中标出的插头连线颜色仅供参考，不同机箱插头连接颜色可能不同。

（2）主板内部功能连接排针

不同的主板在其上有不同的功能排针，功能排针需连接外部设备或仪器方可使用。主要有以下几种功能排针。

1）网络唤醒功能排针（3－pin WOL_CON）。这个排针连接到网卡上的 Wake On LAN 信号输出，当系统处于睡眠状态而网络上信息传入系统时，系统就会被唤醒正常工作。这个功能必须与支持 Wake On LAN 功能的网卡（如华硕 PCI-LIOI）和 ATX 电源供应器配合才能正常使用。

本功能必须配合 BIOS 设置，Wake On LAN 设为开启（Enabled）。

2）内置音频信号接收排针（4－pin CD_AUX）。用来接收从光驱、MPEG 卡等设备传送的音源信号。

3）CPU 和机箱风扇电源的排针（3－pin CPU_FAN 、CHA_FAN）。将 CPU 和机箱风扇的电源排线连接到这两组排针上。连接时要注意极性，电源的红线连接排针的正极。

4）USB 扩充排针（10－pin USB）。主板提供几组 USB 扩充排针，机箱后方或前方需要时，使用 USB 连接排线连接到 USB 的连接接口。

5）音频连接排针（10-pin FP_AUDIO）。连接到前面板音频排线，可以实现音频输入/输出等功能。

6）红外线传输 IrDA 组件排针（5-pin IR）。IrDA 红外线传输功能可以让计算机不通过实际线路的连接而能传输数据。要想让计算机可以使用 IrDA，在计算机资源上必须占用一个 UART 口，并且在排针连接上传输组件之后，组件的接收器必须露在机壳之外，才可以接收与传递信号，还要将 BIOS 的 UART2 项目设置为 COM2 或者 IrDA。

1.1.2.2 中央处理器

CPU（Central Processing Unit）中文名称为中央处理器或中央处理单元，也称为 MPU（Micro Processing Unit，微处理器），是计算机的大脑，是一块进行算术运算和逻辑运算、对指令进行分析并产生各种操作和控制信号的芯片。CPU 集成了上百万个晶体管，可分为控制单元、逻辑单元、存储单元三大部分。内部结构可分为整数运算单元、浮点运算单元、MMX 单元、L1 Cache 单元、L2 Cache 单元、L3 Cache 单元和寄存器。计算机配置 CPU 的型号实际上代表着计算机的基本性能水平。目前市场上流行的主要是多功能 Pentium 4 以上的 CPU，如图 1-17 所示。

世界上生产计算机 CPU 的厂商主要有 Intel、AMD、VIA、TRANSMETA、IDT、IBM 等。

图 1-17　Intel 系列 CPU 外观

1. CPU 的类型

CPU 的分类方法很多，可按不同的主频、不同的接口（针式或接触式）、不同的用途、不同的核心数量和 Cache 容量、不同的前端总线频率、不同的生产厂商进行划分。

2. CPU 的接口

486 以上主板配有 CPU 插座，CPU 需要单独选购。早期的 CPU 插座支持不同的 CPU 类型情况，见表 1-5。

表 1-5　早期的 CPU 插座支持不同的 CPU 类型情况

CPU 接口类型	引脚数（PINS）	插座类型	电压/V	支持的 CPU 类型
Socket 1	169	ZIF	5	Intel 80486DX4 80486SX OverDrive 系列 CPU
Socket 2	238	ZIF	5	Intel 80486DX 80486DX2 80486DX4 80486SX OverDrive 系列 CPU
Socket 3	237	ZIF	5	Intel 80486DX 80486DX2 80486DX4 80486SX OverDrive 系列 CPU
Socket 4	273	ZIF	5	支持 Intel 60～66MHz P5T 系列 CPU

（续）

CPU 接口类型	引脚数（PINS）	插座类型	电压/V	支持的 CPU 类型
Socket 5	320	ZIF	3.3	支持 Intel 75～166MHz P54C/P54CS 系列 CPU
Socket 6	235	ZIF	3.3	Intel 80486DX4/Pentium 系列 CPU
Socket 7	321	ZIF	3.3	支持 Intel 75～200MHz P54C/P54CS/P55C 系列 CPU 支持 AMD K5/K6－2/K6－3 支持 Cyrix 6X86/6X86L/MⅡ/MediaGX
Socket 8	387	ZIF	2.1～3.5	支持 Intel 150～200MHz Pentium Pro 系列 CPU
Socket 370	370	ZIF	1.3～3.3	支持 Intel Celeron/CeleronⅡ/PentiumⅢ Coppermine/Cyrix Joshua 系列 CPU 支持 Cyrix MⅢ
Socket 423	423	ZIF	1.75	支持 Intel Pentium 4 CPU（主要是 0.18μm 技术）
Socket 478	478	ZIF	1.75	支持 Intel Pentium 4 CPU（主要是 0.13μm 以前的技术）
Socket A	462	ZIF	1.3～2.05	支持 APPLE G3 系列 CPU 支持 AMD 的 Duron/Thunderbird 等核心
Slot 1	242	Slot	1.3～3.3	支持 Intel Celeron/PentiumⅡ/PentiumⅢ系列 CPU
Slot 2	330	Slot	1.3～3.3	支持 Intel PentiumⅡ/PentiumⅢ Xeon 系列 CPU
Slot A	242	Slot	1.3～3.3	支持 Intel AMD K7 Athlon 系列 CPU

目前，CPU 的插座基本情况如下。

（1）LGA 775

LGA 775（如图 1-18 所示），又称为 Socket T，是目前应用于 Intel LGA 775 封装的 CPU 所对应的接口，目前采用此种接口的有 LGA 775 封装的 Intel Core 2 Duo、Pentium 4 EE、Celeron D 等 CPU。与 Socket 478 接口 CPU 不同，LGA 775 接口 CPU 的底部没有传统的针脚，而是变为 775 个触点，即并非针脚式而是触点式，通过与对应的 LGA 775 插槽内的 775 根触针接触来传输信号。LGA 775 接口不仅能够有效提升处理器的信号强度和处理器频率，同时也可以提高处理器生产的优品率，从而降低生产成本。

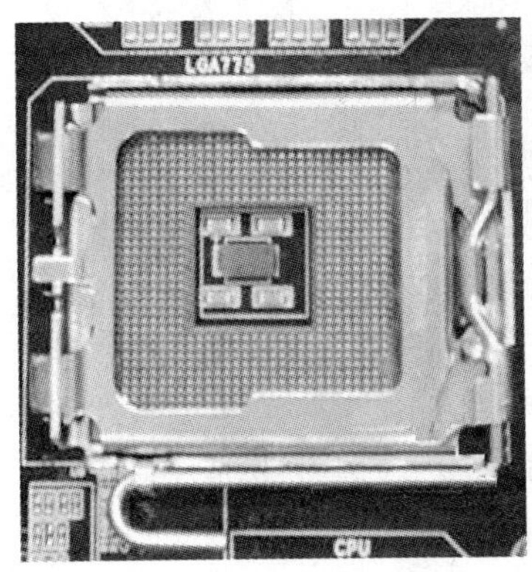

图 1-18　LGA 775 接口的 CPU 插座

（2）LGA 1156 接口

LGA 1156 接口的处理器是 Intel 64 位平台的封装方式，触点阵列封装，也叫 Socket T，通常叫 LGA，LGA 1156 的意思是采用 1156 触点的 CPU，其封装方式特征只有一个个整齐排列的金属圆点，故此 CPU 需要一个安装扣架固定，令 CPU 可以正确压在 Socket 露出来的具有弹性的触须上，LGA 则是可以随时解开扣架而更换芯片。LGA 1156 在 Core i5（酷睿 i5）中使用。Core i5 采用的是成熟的 DMI（Direct Media Interface），相当于内部集成所有北桥的功能，采用 DMI 用于准南桥通信，并且只支持双通道的 DDR3 内存。

（3）LGA 1155 接口

LGA 1155 接口的处理器使用的是 Intel 代号为 Sandy Bridge 的处理器，该处理器采用 32 nm 制程。Sandy Bridge 将有 8 核心版本，二级缓存仍为 512 KB，但三级缓存将扩容至 16 MB。Sandy Bridge 将是第一个拥有高级矢量扩展指令集（Advanced Vector Extensions）的微架构（之前称为 VSSE），这种指令能够以 256 位数据块的方式处理数据，因此数据传输速率将获得显著提升，从而加快图像、视频和音频等应用程序的浮点计算。从理论上来讲，AVX 指令集的引入使得 CPU 内核浮点运算性能提升到了过去的 2 倍。

（4）LGA 1366 接口

LGA 1366 接口的处理器（如图 1-19 所示）代号为 Bloomfield，采用经改良的 Nehalem 核心，拥有原生四核物理核心，采用 45 nm 制造工艺，内置内存控制器，拥有 4 × 256 KB 二级高速缓存，8 MB 三级共享缓存。同时通过 SMT 技术，可将物理 4 核虚拟成 8 逻辑核心、三通道 DDR3 内存通过 QPI 连接。支持 LGA 1366 架构的 X58 芯片组主板，并将会支持超线程技术。LGA 1366 基本就是 LGA 775 的放大版，和 LGA 775 一样，LGA 1366 主板插槽与 CPU 之间以触点的形式连接。相比 LGA 775，LGA 1366 插槽中的触点排列更加细密，损坏的可能性也就更高。因此，所有 X58 主板在出厂时，插槽内都加装了保护盖防止误伤触点。保护盖上还粘贴了警示语：只在安装 CPU 时去除保护盖。LGA 1366 接口在 Core i7（酷睿 I7）中使用。

图 1-19　LGA 1366 接口的 CPU 插座

（5）Socket AM2（AM2 +）接口

Socket AM2（940 个 CPU 引脚）是 2006 年 5 月底发布的支持 DDR2 内存的 AMD 64 位桌面 CPU 的接口标准，支持双通道 DDR2 内存。目前采用 Socket AM2 接口的有低端的 Sempron、中端的Athlon 64、较高端的Athlon 64 X2以及高端的Athlon 64 FX等全系列AMD桌面CPU，支持200 MHz外频和1000 MHz的HyperTransport总线频率，支持双通道DDR2内存，其中Athlon 64 X2及Athlon 64 FX最高支持DDR2 800，Sempron/Athlon 64最高支持DDR2 667。AM2和AM2 + 接口的主要区别是，AM2的HyperTransport只是1.0/2.0标准，而AM2 + 的HyperTransport总线则是3.0的标准，同时AM2 + 支持AMD Phenom™ II X6六核心中央处理器。

(6) Socket AM3接口

Socket AM3接口有938个CPU引脚，如图1-20所示，是一个CPU接口规格。所有的AMD桌面级45 nm处理器均采用了Socket AM3插座，它有938针的物理引脚，这也就意味着AM3的CPU与旧有Socket AM2 + 插座甚至是更早的Socket AM2插座在物理上是兼容的，因为后两者的物理引脚数均为940个，事实上Socket AM3处理器也完全能够直接工作在Socket AM2 + 主板上（BIOS支持）。AM2 + 和AM3接口的主要区别是，AM3支持双通道DDR3 1666 + 内存架构。

(7) Socket FM1接口

Socket FM1与Socket AM3接口的处理器进行比较，如图1-20所示，可以看出两种产品的横向、纵向引脚行列数完全一致，处理器四角的引脚缺失情况也类似，区别主要在于中间的空缺引脚。FM1接口处理器中间缺失5×7个引脚，不过另外4个缺引脚的部位比Socket AM3接口处理器多出了两个引脚，因此可以推算出Socket FM1比Socket AM3少33根的引脚，Socket AM3接口为938个引脚，因此Socket FM1接口引脚数为905个。AMD采用了Socket FM1接口，它和以往的Socket AM3接口并不相容。

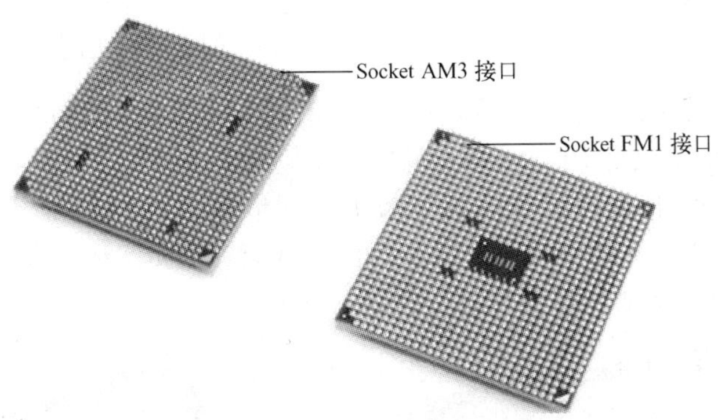

图1-20 AMD Socket AM3与Socket FM1接口的CPU

3. 主流CPU的简介

(1) Intel系列CPU

CPU是微机的核心，它的性能高低直接影响着整台微机性能的优劣，现在市场上能见到的Intel CPU主要是酷睿（Core）i7、酷睿i5、酷睿i3、酷睿四核、酷睿双核 、奔腾双核、赛扬双核等。

1) Core 2 Duo E6300。2006年7月，Intel公司发布了基于Core架构的个人桌面处理器——Conroe（如图1-21所示）。Conroe处理器摒弃了以高流水线、高频率为主的NetBurst架构，采用了类似于Pentium M Banias的短流水线、低功耗设计。

图 1-21 Intel Core 2 Duo 和 Core 2 Quad CPU

作为 Core 2 Duo 系列一款最低型号的处理器，E6300 采用 65 nm 工艺制造，双核心设计，主频为 1.86 GHz，二级为缓存 2 MB，支持 1066 MHz FSB。即便在默认频率下，E6300 在运行的 Super Pi 1MB 的成绩仍然在 30 s 之内，性能非常强劲。

2）Core i3。Core i3 可看做是 Core i5 的进一步精简版，有 32 nm 工艺制造版本（研发代号为 Clarkdale，基于 Westmere 架构）。Core i3 最大的特点是整合 GPU（图形处理器），也就是说 Core i3 将由 CPU 和 GPU 这两个核心封装而成。由于整合的 GPU 性能有限，用户若想获得更好的 3D 性能，可以外加显示卡。值得注意的是，即使是 Clarkdale，显示核心部分的制造工艺仍会是 45 nm。

在规格上，Core i3 的 CPU 部分采用双核心设计，通过超线程技术可支持 4 个线程，三级缓存由 8 MB 削减到 4 MB，而内存控制器、双通道、智能加速技术、超线程技术等还会保留。Core i3 同样采用 LGA 1156 接口。

3）Core i5。Core i5（如图 1-22 所示）主频为 3.33 GHz，自动启用 Turbo Boost 技术后，可以达到 3.6 GHz 的主频，功耗仅为 73 W。CPU 部分采用 32 nm 的制造工艺，GPU 部分采用 45 nm 制造工艺，架构仍是沿用 Intel 的 GMA 整合显示核心架构，在 G45 自带的 GMA X4500 上进行了加强优化，使其拥有更高的执行效率。图形核心可以支持 MPEG - 2、VC - 1 及 H.264（AVC）的 1080P 高清解码，同时还增加了双流（Dual Stream）硬件解码能力，可以同时支持两组 1080P 高清播放。

图 1-22 Intel Core i5 和 Core i7 CPU

同时，在预处理（Post Processing）方面，增加支持 Sharpness（锐化）功能及 XVYCC 运算，输出方面支持两组独立 HDMI 高清输出，并追加 12 bit Color Depth（颜色深度）。音效方面，则增加了 Dolby True HD 及 DTS - HD Master Audio 输出支持，以迎合 HTPC 高清应用需要。新 Core i5 - 661 内部完全整合的 GPU 和北桥功能是连高级 Core i7 都无法比拟的。

3）Core i7。Intel Core i7 是一款 45nm 原生四核处理器，处理器拥有 8 MB 三级缓存，支持三通道 DDR3 内存，基于全新 Nehalem 架构。处理器采用 LGA 1366 触点设计，支持第二代超线程技术，也就是处理器能以 8 线程运行。同频 Core i7 比 Core 2 Quad 性能要高出很多。

（2）AMD 系列 CPU

目前市场上经常能见到的 AMD 系列 CPU 主要有 羿龙（Phenom）II 六核、羿龙 II 四核、羿龙 II 双核、速龙（Athlon）II 四核、速龙 II 三核、速龙 II 双核。

1）Athlon II X4 630。Athlon II X4 630（速龙 II 四核）是基于 Athlon 品牌的四核处理器（如图 1–23 所示），核心代号为 Propus，同时也是 AMD 第二款面向主流市场推出的四核处理器（第一款为 Athlon II x4 620）。Athlon II X4 630 的核心频率为 2. 80 GHz，内置双通道 DDR2/DDR3 内存控制器，配备有 2MB 二级缓存（每个核心 512KB），没有三级缓存。TDP（热设计功耗）为 95 W。

2）AMD Phenom II X4。AMD Phenom II X4 960T（羿龙 II 四核），如图 1–24 所示，研发代号为 Thuban，基于 45 nm 工艺制造。主频频率为 3. 0 GHz，Phenom II X4 960T 采用三级缓存设计，每个核心拥有独立的一、二级缓存，分别为 128 KB 和 512 KB，4 个核心共享 6 MB 三级缓存。处理器采用了 Socket AM3 接口的设计，因此其能够支持 DDR3 内存。兼容性方面，该处理器产品同之前所发布的羿龙 II 系列产品一样，都能够向下兼容。可以看出，优秀的兼容性令这款全新产品有了更多的竞争优势。AMD Phenom II X4 960T 处理器采用了 45 nm 制造工艺，支持 MMX、3DNow SSE（1/2/3/4A）、X86 - 64 及 AMD - V 等功能和指令集，该产品的 TDP 为 95 W。

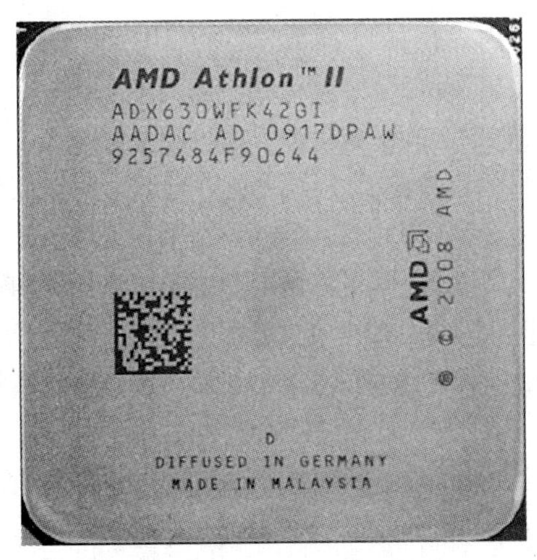

图 1–23　AMD Athlon II X4 630

图 1–24　AMD Phenom II X4 965

3）AMD Phenom II X6。AMD Phenom II X6 1100T（羿龙 II 六核）处理器，如图 1–25 所示，是 AMD Phenom II X6 1000T 系列产品之一，型号分别为 Phenom II X6 1090T、Phenom II

X6 1075T、Phenom II X6 1055T 和 Phenom II X6 1035T，Phenom II X6 1000T 系列的研发代号为 Thuban，采用 45nm 绝缘体硅（SOI）制造工艺，拥有 6 MB 三级缓存，支持双通道 DDR3 1333 内存。全新的六核处理器产品的 TDP 为 95 W 或 125 W，而其他规格与 Phenom II 系列保持一致。它采用了 Socket AM3 接口的设计，因此兼容 AM3/AM2 + 主板，用户只需要刷写最新 BIOS 即可支持六核 CPU。Phenom II X6 1000T 系列六核处理器还拥有 AMD 公司的一项全新的技术，那就是引入的最新动态加速技术——Turbo Core。

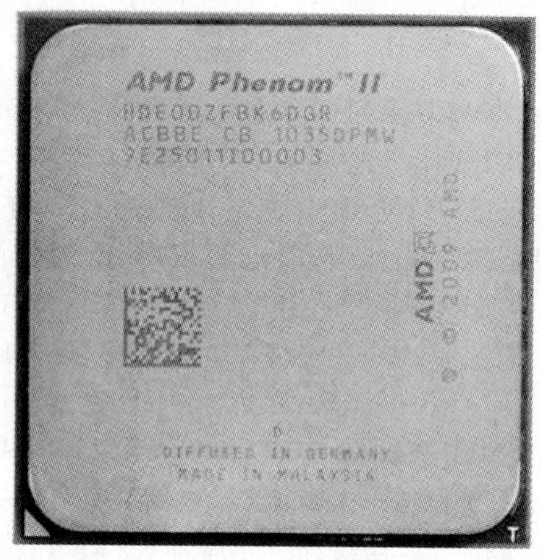

图 1-25　AMD Phenom II X6 1100T

4. CPU 的主要性能指标

CPU 作为整个微机系统的核心，往往是各种档次微机的代名词，如 Pentium Ⅲ、Pentium 4、Intel Core 2 Duo、Intel Core i7、AMD Phenom II X6 等 CPU 的性能大致上也反映了所配置微机的性能，因此它的性能指标十分重要。

1）时钟频率是 CPU 在单位时间（单位为 s）内发出的脉冲数，常以 MHz 或 GHz 为单位。时钟频率越高，运算速度就越快。

目前的 Intel Core i7 和 AMD Phenom II X6 处理器工作频率超过了 3 GHz。

2）外部时钟频率（外频）和倍频。外部时钟频率则表示系统总线的工作频率；而倍频则是指 CPU 的外频与主频相差的倍数。三者有十分密切的关系：主频 = 外频 × 倍频。

3）前端总线（Front Side Bus，FSB）频率。前端总线频率指的是数据传输的实际频率，即 CPU 每秒可接收的数据传输量。前端总线的速度越快，CPU 的数据传输就越迅速。前端总线的速度主要是用前端总线的频率来衡量。目前高档的处理器的 FSB 频率等于外频的 4 倍。

4）超线程技术（Hyper - Threading，HT）：这是 Intel 公司针对 Pentium 4 指令效能比较低这个问题而开发的。超线程是一种同步多线程执行技术，采用此技术的 CPU 内部集成了两个逻辑处理器单元，相当于两个处理器实体，可以同时处理两个独立的线程。通俗一点说，超线程就是能把一个 CPU 虚拟成两个，相当于两个 CPU 同时运作，从而达到了加快运算速度的目的。

5）运算速度。CPU 的运算速度通常用每秒执行基本指令的条数来表示，常用的单位是

MIPS（Million Instruction Per Second，每秒百万条指令数），这是 CPU 执行速度的一种表示方式。

6）缓存（Cache）的容量和速率。缓存是指可以进行高速数据交换的存储器，它先于内存与 CPU 交换数据，因此速度很快。一级缓存（L1 Cache）是 CPU 第一层高速缓存。内置的一级高速缓存的容量和结构对 CPU 的性能影响较大，一般一级缓存的容量通常在 20 ~ 256 KB。二级缓存（L2 Cache）是 CPU 的第二层高速缓存，目前主流 CPU 的二级高速缓存最大的是256 KB ~ 4 MB。三级缓存（L3 Cache）是 CPU 的第 3 层高速缓存，三级高速缓存容量达4 MB 以上。

7）核心（Core）又称为内核，是 CPU 重要的组成部分。CPU 中心那块隆起的芯片就是核心，是由单晶硅以一定的生产工艺制造出来的，CPU 所有的计算、接受/存储命令、处理数据都由核心执行。各种 CPU 核心都具有固定的逻辑结构，一级缓存、二级缓存、执行单元、指令级单元和总线接口等逻辑单元都会有科学的布局。

不同的 CPU（不同系列或同一系列）都会有不同的核心类型与核心数量，一般来说，新的核心类型往往比老的核心类型具有更好的性能。

双核处理器就是基于单个硅晶片的一个处理器上拥有两个一样功能的处理器核心，也就是将两个物理处理器核心整合入一个内核中。虽然双核心处理器的性能较单核心处理器有所提升，但考虑到目前大部分的应用程序，如 Office 办公软件、游戏、视频播放等应用都是单线程的，因此对于部分用户来说，选择单核心处理器仍能满足要求。而对于进行专业视频、3D 动画和 2D 图像处理的用户来说，就有必要考虑双核心、四核心或六核心的系统。

8）64 位技术。64 位技术是相对于 32 位而言的，这个位数指的是 CPU GPRs（General - Purpose Registers，通用寄存器）的数据宽度为 64 位，64 位指令集就是运行 64 位数据的指令，也就是说，处理器一次可以运行 64bit 数据。要实现真正意义上的 64 位计算，光有 64 位的处理器是不行的，还必须得有 64 位的操作系统及 64 位的应用软件才行。目前主流 CPU 使用的 64 位技术主要有 AMD 公司的 AMD 64 位技术，以及 Intel 公司的 EM64T 技术和 IA - 64 技术。

9）支持的扩展指令集。SSE（Streaming SIMD Extensions，单指令多数据流扩展）指令集包括了 70 条指令，其中包含提高 3D 图形运算效率的 50 条 SIMD（单指令多数据）技术浮点运算指令、12 条 MMX 整数运算增强指令、8 条优化内存中连续数据块传输指令。理论上这些指令对目前流行的图像处理、浮点运算、3D 运算、视频处理、音频处理等诸多多媒体应用起到全面强化的作用。

SSE2（Streaming SIMD Extensions 2）称为 SIMD 流技术扩展 2 或数据流单指令多数据扩展指令集 2，SSE2 使用了 144 个新增指令，扩展了 MMX 技术和 SSE 技术，这些指令提高了广大应用程序的运行性能。随着 MMX 技术引进的 SIMD 整数指令从 64 位扩展到了 128 位，使 SIMD 整数类型操作的有效执行率成倍提高。双倍精度浮点 SIMD 指令允许以 SIMD 格式同时执行两个浮点操作，提供双倍精度操作支持有助于加速内容创建、财务、工程和科学应用。

SSE3（Streaming SIMD Extensions 3）称为 SIMD 流技术扩展 3 或数据流单指令多数据扩展指令集 3，SSE3 在 SSE2 的基础上又增加了 13 个额外的 SIMD 指令。SSE3 中 13 个新指令的主要目的是改进线程同步和应用在特定应用程序领域，如多媒体和游戏。这些新增指令强化了处理器在浮点转换至整数、复杂算法、视频编码、SIMD 浮点寄存器操作及线程同步等 5 个方面的能力，最终达到提升多媒体和游戏性能的目的。

SSE4 指令集让 45nm Penryn 处理器增加了两个不同的 32 bit 向量整数乘法运算单元，并加入 8 位无符号（Unsigned）最小值及最大值运算，以及 16 bit 及 32 bit 有符号（Signed）运算。SSE4 加入了 6 条浮点型点积运算指令，支持单精度、双精度浮点运算及浮点产生操作，在面对支持 SSE4 指令集的软件时，可以有效地改善编译器效率，以及提高向量化整数及单精度代码的运算能力。同时，SSE4 改良插入、提取、寻找、离散、跨步负载及存储等动作，令向量运算进一步专门化。SSE4 指令集提供完整 128 位宽的 SSE 执行单元，一个时钟周期内可执行一个 128 位 SSE 指令，多媒体应用性能得以提升。

SSE4. 2 在 SSE4. 1 指令集的基础上又加入了几条新的指令。SSE4. 2 指令集新增的部分主要包括 STTNI（STring & Text New Instructions）和 ATA（Application Targeted Accelerators）两个部分。以往每一次的 SSE 指令集更新都主要体现于多媒体指令集方面，不过此次的 SSE4. 2 指令集却是加速对 XML 文本的字符串操作、存储校验等。此外，在 ATA 领域，SSE 4. 2 指令集对于大规模数据集中处理和提高通信效率都会发挥应有的作用。

SSE4A 指令集是 AMD 公司针对 2007 年同期英特尔公司 45nm 处理器的 SSE4 指令集而推出的，英特尔公司的 SSE4 增加 48 条指令，SSE4A 则去除其中对 I64 优化的指令，保留图形、影音编码、3D 运算、游戏等多媒体指令，并完全兼容。

10）CPU 的虚拟化技术可以单 CPU 模拟多 CPU 并行，允许一个平台同时运行多个操作系统，并且应用程序都可以在相互独立的空间内运行而互不影响，从而显著提高计算机的工作效率。

虚拟化技术与多任务以及超线程技术是完全不同的。多任务是指在一个操作系统中多个程序同时并行运行，而在虚拟化技术中，则可以同时运行多个操作系统，而且每一个操作系统中都有多个程序运行，每一个操作系统都运行在一个虚拟的 CPU 或者虚拟主机上；而超线程技术只是单 CPU 模拟双 CPU 来平衡程序运行性能，这两个模拟出来的 CPU 是不能分离的，只能协同工作。

11）生产工艺技术：指在硅材料上生产 CPU 时内部各元器件间的连线宽度，一般用纳米（nm）表示。纳米数值越小，生产工艺越先进，CPU 内部功耗和发热量就越小。目前生产工艺为 65 nm 以下。

5. CPU 的散热器

目前最常见的 CPU 散热器从原理上主要分为两大类：一类是采用液体散热方式，包括水冷、油冷等；另一类是风冷散热方式，即在一块散热片上面镶嵌一个风扇的散热方式，该方式主要是成本相对较低，制作和安装也非常简单。

风冷散热器主要包括两部分，一部分是散热片，另一部分是散热风扇。平时一般都把风冷散热器简称为风扇，如图 1-26 所示。散热风扇好坏固然重要，散热片的好坏也同样非常重要，而且它在较大程度上决定了风冷散热器散热效果的好坏。

散热器的传导主要是靠所采用的散热片材料来决定的，所以现在大多数散热片都是采用轻而坚固的铝材料制作的，其中铝合金的热传导能力不错，所以现在很多 CPU 风冷散热器都采用铝合金制作。

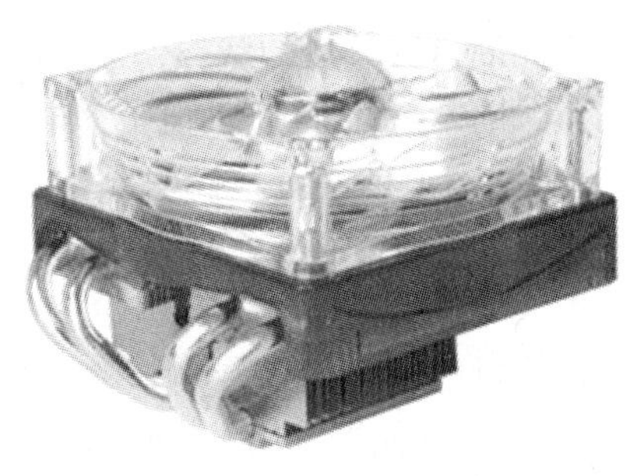

图 1-26　不同的 CPU 散热风扇或散热器

风冷散热器的对流是通过散热片上的散热风扇来实现的，要想对流效果好，就需要散热风扇提供足够的风量，以确保凉爽的空气可以源源不断地补充进来。市面上的散热风扇主要有滑动轴承风扇和滚珠风扇两种：滑动轴承风扇成本低，但噪声大，转速也不太高；滚珠风扇噪声小，转速高，但生产成本也高。

为了加快对流速度，部分散热器在散热片底板上打了一些孔，使得风扇的风可以吹到 CPU 压在散热片下的部分，这样的设计思想新颖而实用。还有的风冷散热器精心设计了散热鳍片的角度，使风可更为有效地带走热量。

散热风扇的好坏与散热片的形状、风扇的转速、材料的热容量、风扇电源、功率有关。

1.1.2.3　内存条

1. 内存的分类

内存有多种分类方法。

(1) 按内存的工作原理分类

从内存的工作原理角度可分为只读存储器（ROM）和随机存储器（RAM）。

1）只读存储器。只读存储器是计算机厂商已经把系统程序烧制在芯片中，只能读取，不能改变的一种存储器，如主板 BIOS（基本输入/输出系统）、显示卡 BIOS 程序等。

目前计算机的只读存储器主要是快闪速存储器（Flash Memory），快闪速存储器的主要特点是在不加电的情况下，能长期保持存储的信息。就其本质而言，Flash Memory 属于 EEPROM（电擦除可编程序只读存储器）类型。它既有 ROM 的特点，又有很高的存取速度，而且易于擦除和重写，功耗很小。目前其集成度已达 1MB 以上，同时价格也有所下降。由于 Flash Memory 的独特优点，586 以后的微机的主板采用 Flash ROM BIOS，使得 BIOS 升级非常方便。Flash Memory 也可用做固态大容量存储器。

2）随机存储器。随机存储器与只读存储器不同，可以读取存储在其中的内容，也可以改变其中的内容。

① 静态 RAM（SRAM）。SRAM（Static RAM）的一个存储单元的基本结构是一个双稳态电路，一种双稳态状态表示“1”，另一种双稳态状态表示“0”。SRAM 的读写速度很快，一般比 DRAM 快两三倍。计算机的高速缓存（External Cache）就是 SRAM。但是，这种开关电路需要的元件较多，降低了 SRAM 的集成度并且增加了生产成本。

② 动态 RAM（DRAM）。DRAM（Dynamic RAM）就是通常所说的内存，它是针对静态

RAM（SRAM）来说的。一个DRAM单元由一个晶体管和一个小电容组成。晶体管通过小电容的电压来控制断开、接通的状态，当小电容有电时，晶体管接通（表示1）；当小电容没有电时，晶体管断开（表示0）。但是充电后的小电容上的电荷很快就会丢失，所以需要不断地进行“刷新”。所谓刷新，就是给DRAM的存储单元充电。DRAM的读写时间远远慢于SRAM，但是由于它结构简单，所用的晶体管数仅是SRAM的四分之一，实际生产时集成度很高，成本也大大低于SRAM，所以DRAM的价格也低于SRAM。

（2）按在计算机中的作用分类

1）主存储器。主存储器是用来存放程序和数据的RAM，由于主存储器的容量较大，为了降低费用、减小体积，所以常采用DRAM，也就是常说的内存（内存条）。

2）Cache存储器。Cache即高速缓冲存储器，是位于CPU和主存储器之间的规模较小但速度很高的存储器，通常由SRAM组成。

586以上的微处理器显著特点是处理器芯片内集成了L1 Cache、L2 Cache和L3 Cache，L1 Cache的大小一般为20～516KB。L2 Cache的大小一般为256KB～4MB。L3 Cache的大小一般为4～12MB。

3）ROM BIOS。ROM BIOS有三类：系统BIOS（即主板BIOS）、显示卡BIOS和其他适配卡的BIOS。

接通电源后，BIOS将运行POST（Power On System Test），对所有内部设备的自检、测试完成后，系统将寻找操作系统，并向内存条中装入DOS引导系统。

当第一次启动计算机或计算机系统的配置发生改变时，可运行驻留在BIOS中的SETUP程序来设置系统，告诉SETUP程序包括哪些硬件设备。

BIOS是固化在ROM芯片中的系统软件，ROM中的内容是不能改变的，但为什么计算机的硬件可以在BIOS中设置呢？这是因为微机具体的配置参数存储在一个非易失性存储器——CMOS RAM中，所以BIOS设置又称为CMOS设置。为保证其内容不丢失，主板上有一个充电电池为它供电。目前的主板大多采用3V纽扣电池，更换方便且安全可靠。

2. 内存条

（1）内存条的接口

DIMM（Dual Line Memory Module，双边接触内存模块）接口内存的插板两边都有内存接口触片。这种接口模式的内存广泛应用于现在的计算机中，早期SDRAM内存条（同步动态内存）通常为84针，但由于是双边的，所以一共有84×2=168线触点，人们经常把这种内存称为168线内存。DDR内存条也属于DIMM接口类型，DDR内存条有184个触点，使用2.5V的电压，单个时钟周期内上升沿和下降沿都传输数据。

DDR2（Double Data Rate 2）SDRAM是由JEDEC固态技术协会进行开发的内存技术标准，DDR2内存条有240个触点。DDR2也属于DIMM接口类型。

内存条容量一般有1024MB、2048MB、4096MB和6144MB等几种，同样容量的内存条可以有不同数量的内存芯片，有些内存条设有奇偶校验位。内存的读写速度与CPU的工作速度相适应。

DIMM内存接口提供64位有效数据位。目前，DIMM内存接口已成为主流产品。内存条和内存条插槽如图1-27所示。

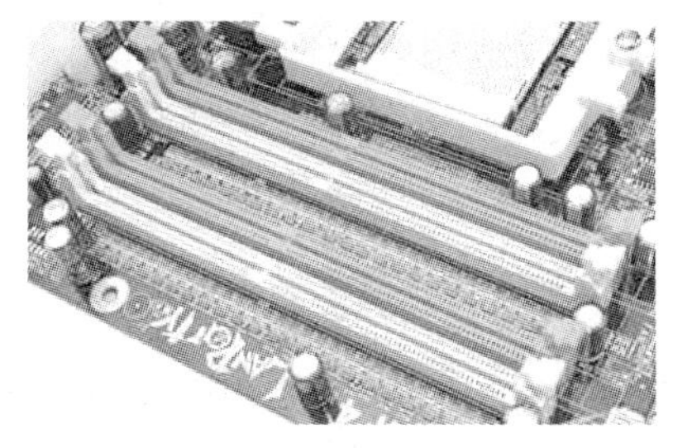

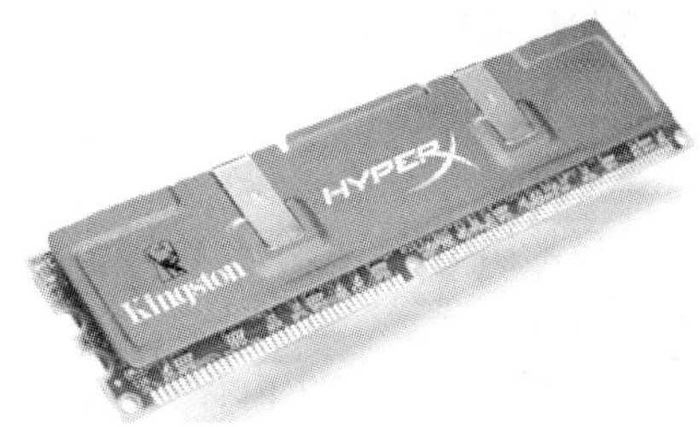

图 1-27　内存条和内存条插槽

（2）DDR SDRAM

DDR SDRAM（如图 1-28 所示）就是双倍数据传输速率的 SDRAM，习惯上简称为 DDR。

图 1-28　DDR SDRAM

传统的 SDRAM 只在时钟周期的上升沿传输指令、地址和数据。而 DDR 内存的数据线有特殊的电路，可以让它在时钟的上升沿和下降沿都传输数据。所以 DDR 在每个时钟周期可传输两个字，而 SDRAM 只能传输一个字。

DDR 内存目前主要版本有 DDR333（PC2700）、DDR400（PC3200）和 DDR533（PC4300），它们的主要频率分别为 333 MHz、400 MHz 和 533 MHz，最大带宽分别约为 2700 MB/s（333 × 64/8 MB/s）、3200 MB/s（400 ×64/8 MB/s）和 4300 MB/s（533 ×64/8 MB/s）。

SDRAM 与 DDR SDRAM 两者的外观非常相似，但 DDR SDRAM 只有一个定位槽，而普通的 SDRAM 有两个定位槽，两者并不兼容。

（3）DDR2（Double Data Rate 2）

DDR2 如图 1-29 所示，它与 DDR 内存相比虽然同是采用了在时钟的上升/下降沿同时进行数据传输的基本方式，但 DDR2 内存却拥有两倍于上一代 DDR 内存的预读取速度的能力（即 4 bit 数据读预取速度）。换句话说，DDR2 内存每个时钟能够以 4 倍外部总线的速度读/写数据，并且能够以内部控制总线 4 倍的速度运行。

图 1-29　DDR 2

DDR2 内存均采用 FBGA 封装形式。不同于目前广泛应用的 TSOP 封装形式，FBGA 封装提供了更好的电气性能与散热性，为 DDR2 内存的稳定工作与未来频率的提升提供了良好的保障。

DDR2 内存采用 1.8 V 电压，相对于 DDR 标准的 2.5 V，降低了不少，从而拥有了更小的功耗与发热量。

目前，已有的标准 DDR2 内存分为 DDR2 400、DDR2 800 和 DDR2 1066，工作频率（数据传输频率 FSB）分别为 400 MHz、800 MHz 和 1066 MHz，其对应的内存传输带宽分别为 3.2 GB/s、6.4 GB/s 和 8.5 GB/s，按照其内存传输带宽分别标注为 PC2 3200、PC2 6400 和 PC2 8500。

（4）DDR3 内存

DDR3 内存（如图 1-30 所示）拥有两倍于上一代 DDR2 内存预读取速度的能力。换句话说，DDR3 内存每个时钟能够以 8 倍外部总线的速度读/写数据。

DDR3 内存采用 1.5 ~ 1.85 V 电压，从而拥有更小的功耗与发热量。它采用 MBGA（微型球栅阵列封装，Micro Ball Grid Array Package）封装形式。MBGA 的引脚并非裸露在外，而是以微小锡球的形式寄生在芯片的底部。MBGA 的优点为散热性好、电气性能佳、可接引脚数多，且可提高优良率。最突出的优点是由于内部元件的间隔更小，信号传输延迟小，所以可以使频率有较大的提高。

目前，已有的标准 DDR3 内存分为 DDR3 1066、DDR3 1333、DDR3 1600、DDR3 1800 和 DDR3 2000，工作频率（数据传输频率 FSB）分别为 1066 MHz、1333 MHz、1600 MHz、1800 MHz 和 2000 MHz，其对应的内存传输带宽分别为 8.5 GB/s、10.6 GB/s、12.8 GB/s、14.4 GB/s 和 16.0 GB/s，按照其内存传输带宽分别标注为 PC3 8500、PC3 10600、PC3 12800、PC3 14400 和 PC3 16000。

图 1-30　DDR 3

3. 内存条的性能指标

存储器的特性由它的技术参数来描述，存储器的主要性能指标如下。

1）容量。容量指存放二进制数的空间，DDR3 内存容量大多为 1024 MB、2048 MB、4096 MB 和 6144 MB。

2）内存的主频。内存主频和 CPU 主频一样，习惯上被用来表示内存的速度，它代表着该内存所能达到的最高工作频率（前端总线频率）。以 MHz 为单位。目前主流的 DDR3 内存主频为 1066 MHz、1333 MHz、1600 MHz、1800 MHz 和 2000 MHz。

3）内存的奇偶校验。为检验内存在存取过程中是否准确无误，每 8 位容量配备 1 位作为奇偶校验位，配合主板的奇偶校验电路对存取的数据进行正确校验，这需要在内存条上额外加装一块芯片。而在实际使用中，有无奇偶校验位对系统性能并没有什么影响，所以目前大多数内存条上已不再加装校验芯片。

4）内存的数据宽度和带宽。数据宽度指内存同时传输数据的位数，以 bit 为单位。DDR3、DDR2 和 DDR 的数据宽度为 64 位。内存的带宽指内存的数据传输速率，即每秒钟传输多少字节数。

5）CAS。CAS 是等待时间，意思是 CAS 信号需要经过多少个时钟周期之后才能读写数据。这是在一定频率下衡量支持不同规范的内存的重要标志之一。目前 DDR SDRAM 的 CAS 有 2、2.5 和 3，也就是说其读取数据的等待时间可以是 2～3 时钟周期，标准应为 2，但为了稳定，降为 3 也是可以接受的。在同频率下 CAS 为 2 的内存比为 3 的快。

6）SPD。SPD 是位于 PCB 的一个 4 mm 左右的小芯片，是一个 256 B 的 EEPROM，保存内存条的一些设置，以及模块周期信息等数据，同时负责自动调整主板上内存条的速度。

1.1.2.4　硬盘驱动器

硬盘存储器简称硬盘，是微机中广泛使用的外部存储设备，与软盘相比有速度快、容量大、可靠性高等特点。整个硬盘固定在机箱内，目前也有外置式硬盘。常见硬盘的外观如图 1-31 所示。

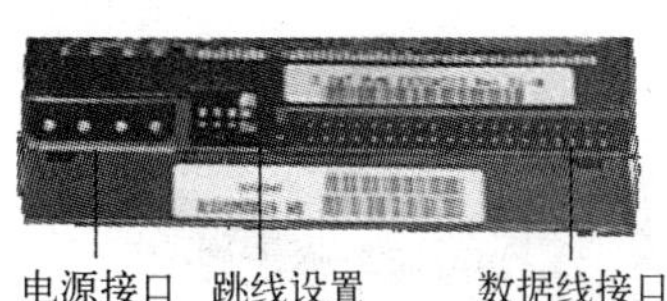

图 1-31　硬盘的外观和 IDE 硬盘接口

1. 硬盘驱动器的类型

硬盘可按安装位置、接口标准、盘径尺寸、驱动器的厚度及容量等几个主要方面进行分类。

1）硬盘按安装的位置可分为内置式和外置式两种。内置式的硬盘一般固定在机箱内，而外置式的硬盘在机箱外面，可以安装或取下硬盘（热插拔式硬盘），可以带电作业，容量随所插入硬盘的容量和数量发生变化。目前有的外置式（也称活动式）硬盘可通过微机的 USB 接口和 IEEE 1394 火线接口与计算机连接。

2）按接口标准（类型）分类，主要有：

① IDE/E－IDE 接口。IDE（Integrated Drive Electronics）集成驱动器电子接口，也称为 AT-Bus 或 ATA 接口，IDE 接口上只有一个 40 芯的插座，广泛应用于 286、386、486 等微机中。

E－IDE（Enhanced IDE）接口是在 IDE 基础上出现的且目前广泛使用的一种接口标准，又称为 ATA－2，可支持 4 个 E－IDE 设备。E－IDE 可采用 40 芯或 80 芯扁平电缆。E－IDE 接口有两个 40 针的插座，标有 Primary 的 E－IDE 为主插座，标有 Secondary 的 E－IDE 为辅插座。

E－IDE 接口硬盘的传输模式，经历过 3 个不同的技术变化过程，即由 PIO（Programmed I/O）模式发展到 DMA（Direct Memory Access）模式，然后发展到现在的 Ultra

DMA（UDMA）模式。目前 UDMA 也已发展为 Ultra ATA/100、Ultra ATA/133 和 Ultra ATA/150，传输速率分别达 100 MB/s、133 MB/s 和 150 MB/s。传输速率达 66 MB/s 以上的硬盘，要采用 80 芯的信号线并把标有“SYSTEM”字样的一端同主板相连。

② SCSI 接口。目前的 SCSI 标准有 SCSI－1、SCSI－2 和 SCSI－3 三种。

SCSI－1 的传输速率达 5 MB/s，可接 7 个外部设备。

SCSI－2 又分为 Fast SCSI、Fast Wide SCSI 和 Ultra SCSI 三种。

Fast SCSI 采用 8 位总线的传输速率达 10 MB/s，可接 7 个外部设备。

Fast Wide SCSI 采用 16 位总线的传输速率达 20 MB/s，可接 16 个外部设备。

Ultra SCSI 采用 8 位总线的传输速率为 20 MB/s，可接 7 个外部设备。

SCSI-3 和 Ultra SCSI-3 采用 32 位总线的传输速率分别为 80 MB/s 和 160 MB/s，可接 16 个外部设备。

③ Serial ATA（SATA）接口采用串行连接方式（如图 1-32 所示），串行 ATA 总线使用嵌入式时钟信号，具备了更强的纠错能力，与以往相比，其最大的区别在于能对传输指令（不仅仅是数据）进行检查，如果发现错误会自动校正，这在很大程度上提高了数据传输的可靠性。串行接口还具有结构简单、支持热插拔的优点。

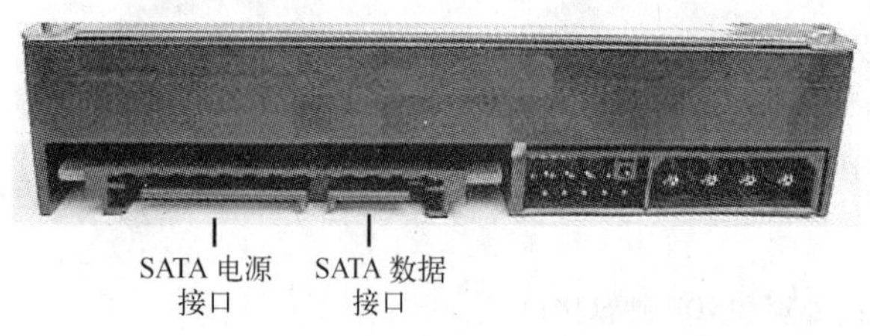

图 1-32　SATA 接口硬盘

目前，并行 ATA133 的最高数据传输速率能达到 133 MB/s，SATA 2.0 的数据传输速率将达到 300 MB/s，SATA 3.0 将实现 600 MB/s 的最高数据传输速率。

3）按盘径尺寸分类。常见的硬盘按其盘径尺寸分类可分为 3.5 in、2.5 in、1.8 in 三种。目前的微机基本采用 3.5 in 的硬盘，而 2.5 in 以下的硬盘主要用于便携式计算机。

4）按容量分类。目前标识硬盘的容量单位是 GB。一般硬盘的容量从 300 GB ~ 2TB 不等。

2. 硬盘驱动器的结构

硬盘主要由密封着的数张磁性金属圆盘、磁头组件、主轴、电路板和接口等组成（如图 1-33 所示），硬盘的电路板由主控芯片、硬盘 BIOS 和缓冲存储器组成，硬盘电路板集成了用于调节硬盘盘片转速的主轴调整速度电路、控制磁头的磁头驱动器伺服电路和读写电路以及控制与接口电路等。

1）硬盘的内部结构是全密封结构。将磁盘、磁头、电动机和电路中的前置放大器等全部密封在净化腔体内。一方面创造了磁头稳定运行的环境，能在大气环境下，甚至恶劣环境下可靠地工作。另一方面，提高了磁头、磁盘系统的使用寿命。净化度通常为 100 级，有的厂家使用 50 级的或更高净化度的厂房装配磁盘机，所以用户不能自行随意打开盘腔，当出现故障时只能寻求专门的维修服务。

图 1-33　硬盘的内部结构

2）非接触的磁头、磁盘结构。硬盘的磁头悬浮在盘片表面，没有接触，即利用磁盘的高速旋转在盘面与磁头的浮动支承之间挤入了高速流动的空气，磁头好像飞行器一般在磁盘表面上“航行”，与磁盘脱离接触，没有机械摩擦。飞高只有 0.1 ~ 0.3 μm，相当于一根头发丝的 1/1000 ~ 1/500。这样可获得极高的数据传输速率，以满足计算机高传输率的要求。目前磁盘的转速已高达 7200 r/min，正朝着 10000 r/min 发展，而飞高则保持在 0.3 μm 以下，甚至更低，以利于读取较大幅度的高信噪比的信号，提高存储数据的可靠性。

3）高精度、轻型的磁头驱动、定位系统。这种系统能使磁头在盘面上快速移动，以极短的时间精确地定位在由计算机指令指定的磁道上。目前，磁道密度已高达 5400TPI，还在开发和研究各种新方法，如在盘面上挤压（或刻蚀）图形、凹槽、斑点，作为定位和跟踪的标记，以提高和光盘相等的道密度，从而在保持磁盘机高速度、高密度和高可靠性的优势下，大幅度提高存储量。

3. 硬盘驱动器的主要技术指标

1）柱面数。几个盘片的相同位置的磁道上下一起形成一道道柱面，即柱面是盘片上具有相同编号的磁道。柱面数一般在几百至几千之间。

2）磁头数。硬盘往往有几个盘片，一般每个盘片都有上下两个磁头，所以硬盘的磁头数有几个，就能确定有几个盘片。

3）扇区数。意义与软盘相似，但不同硬盘每磁道的扇区数也不相同。每扇区一般仍为 512 B，硬盘的文件是按簇存放的，每个簇为两个以上扇区。

4）容量。硬盘的容量指单碟容量和总容量，单碟容量在 300 GB 以上，总容量是用户购买时首先应考虑的。

硬盘的容量目前一般为 300 GB ~ 2TB。

5）数据传输速率。用每秒钟兆字节表示（MB/s），包括最大内部数据传输速率和外部数据传输速率。最大内部传输速率指磁头至硬盘缓存间的最大数据传输速率。外部数据传输速率通称突发数据传输速率，指硬盘缓冲区与系统总线间（或内存条间）的最大数据传输速率。

6）硬盘的主轴转速。用每分钟转数表示，目前硬盘旋转速度为 5 400 ~ 7 200 r/min（Rotational Speed Per Minute，每分钟转数）。

7）存取时间。硬盘读写一个数据时，首先必须把磁头移动到数据所在的磁道，然后等待所期望的数据扇区转到磁头下进行读写，所以可得出：存取时间 = 寻道时间 + 等待时间。

① 寻道时间：寻道时间通常用平均寻道时间（Average Seek Time）来衡量，因为寻找相邻的磁道所用时间短，而寻找离磁头当前位置较远的磁道用的时间长，容量越大，道密度越高的硬盘寻道时间越短。平均寻道时间越短越好，一般要选择寻道时间在 10 ms 以下的产品。

② 等待时间也称平均潜伏时间：磁头找到所需要的磁道后等待所需的数据扇区转到磁头读写范围内所需要的时间，一般为 5 ms 左右。

8）硬盘高速缓存。高档硬盘上有 16 ~ 64 MB 的 Cache，目的是提高存取速度，它的功能和意义与 CPU 上的 Cache 相似。一般带有大容量高速缓存的硬盘价格要高一些，这种提高硬盘存取速度的方式叫硬件高速缓存，还有一种是软件高速缓存。

1.1.2.5 光盘驱动器

光盘驱动器简称光驱，是读/写光盘片的设备，包括 CD 光盘驱动器、DVD 光盘驱动器和蓝光光盘驱动器。

光盘存储的最大优点是存储的容量大，而且光盘的读/写一般是非接触性的，所以比一般的磁盘更耐用。

1. 光盘驱动器的分类

（1）根据光盘驱动器的使用场合和存储容量分类

① 内置式光盘驱动器。其尺寸大小为 5.25 in，直接使用标准的四线电源插头，使用方便，这也是最常见的一种光盘驱动器。

② 外置式（外接式）光盘驱动器。它有 SCSI 接口的，一般需要一个 SCSI 接口卡和一条长电缆线。还有 USB 接口和 IEEE 1394 接口的，常用的是 USB 接口的外置式光盘驱动器。

③ CD 光盘驱动器、DVD 光盘驱动器和蓝光光盘驱动器。CD 容量约为 650 MB，DVD 的单面单层容量约为 4.7 GB，蓝光光盘单面单层容量约为 25 GB。

（2）根据光盘驱动器的接口分类

1）E - IDE 接口。普通用户的光盘驱动器采用的都是这种接口，它通过信号线直接可以连到主板 E - IDE2 接口上。目前主板 E - IDE 接口有两个，可连接 4 台 IDE 外部设备，若一条信号线连接两台设备，要注意主从跳线。

2）SCSI 接口。SCSI 接口的光盘驱动器需要一块 SCSI 接口卡，该卡可以驱动多达 16 个包括光盘驱动器在内的不同的外部设备，且没有主次之分。

3）USB 接口和 SATA 接口。USB 有两个规范，即 USB1.1 和 USB2.0，主要用于外置式光盘驱动器。

USB1.1 是普遍的 USB 规范，其高速方式的传输速率为 12 Mbit/s，低速方式的传输速率为 1.5 Mbit/s。USB2.0 规范的传输速率达到了 480 Mbit/s。SATA 1.0 接口传输速率达到了150 MB/s。

（3）根据光盘驱动器读写方式分类

1）只读型。即通常所说的 CD - ROM 或 DVD - ROM，其光盘上存储的内容具有只读性。

2）单写型。即通常所说的光盘刻录机，所使用的光盘可以一次性地写入内容。写入后即与只读型光盘一样了。单写型光盘是利用聚集激光束使记录材料发生变化实现信息记录的。信息一旦写入则不能再更改。

3）可擦、可读、可写型。即光盘具有和软盘一样的多次擦写的功能，即可反复使用。

目前这类光盘分为相变型和磁光型两大类。

① 相变型：在激光与介质薄膜作用时，利用激光的热和光效应使介质在晶态、非晶态之间的可逆相变来实现反复读、写。

② 磁光型：利用热磁效应使磁光介质微量磁化取向向上或向下来实现信号的记录和读出。

2. 光盘驱动器的外观和传输技术

（1）光盘驱动器的外观

CD 光盘驱动器、DVD 光盘驱动器和蓝光光盘驱动器外观基本一样，但接口不同。光盘驱动器外观如图 1-34 所示。

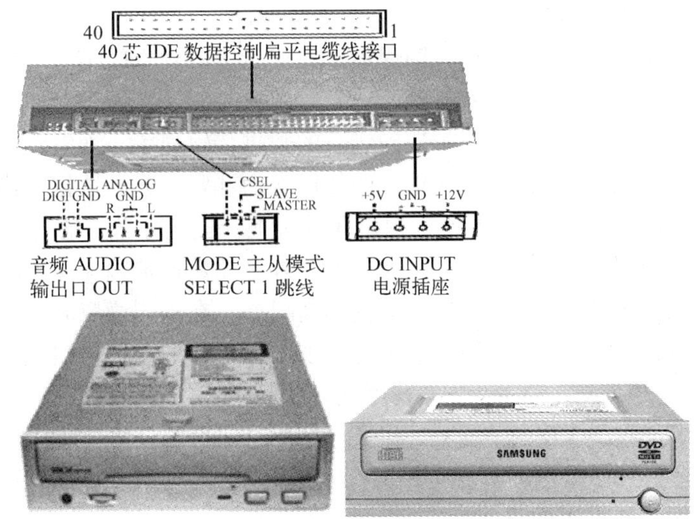

图 1-34 光盘驱动器的外观与 IDE 接口图

由于生产厂家及规格品牌不同，不同类型的驱动器各部分的位置可能会有差异，但常用按钮和功能基本相同。各部分的名称及作用如下。

光盘托盘（Disc Drawer）：用于放置光盘。

扬声器插孔（Headphone Jack）：在扬声器插孔中插上扬声器，可以听光盘播放出来的声音。

音量旋钮（Headphone Volume Control）：播放声音时，调节扬声器音量的大小。

工作指示灯（Busy Indicator）：该灯亮时，表示驱动器正在读取数据；不亮时，表示驱动器没有读取数据。

紧急弹出孔（Emergency Eject Hole）：当停电时，插入曲别针，能够推出光盘托盘。

播放/向后搜索按钮（Play/Skip Button）：要播放音乐时，按此按钮开始播放第一首，如果要播放下一首，再按此按钮，直到播放要听的音乐为止。

打开/关闭/停止按钮（Open/Close/Stop Button）：此按钮可以打开或关闭光盘托盘。如果正在播放，按此钮将停止播放。

所有光盘驱动器的背面几乎都一样，有下列接口。

数字音频输出连接口（Digital Audio Output Connector）：可以连接到数字音频系统或声卡。

模拟音频输出连接口（Analog Audio Output Connector）：可以连接音频线，音频线的另一端连接到声卡或主板的音频插座上。

主盘/从盘/CSEL 盘模式跳线（Master/Slave/CSEL Jumper）：如果一条信号线连接两台

E - IDE 设备时要跳线，一台 E - IDE 设备跳为主，另一台 E - IDE 设备跳为从。

数据线插座（Interface Connector）：连接数据线，数据线的另一端连接 E - IDE2 接口。光驱 SATA 数据线接口外观与硬盘 SATA 数据线接口相同。

电源插座（Power-in Connector）：连接电源的四线电源线，提供光盘驱动器的电能。

（2）光盘驱动器的传输技术

光盘驱动器的速度与数据传输技术和数据传输模式有关。目前的传输技术有 CLV、CAV 和 PCAV，传输模式主要是 UDMA 模式（如 UDMA33）。

1）CLV（Constant Linear Velocity，恒定线速度）。恒定线速度是指激光头在读取数据时，传输线速度保持恒定不变。

光盘在光驱电动机内的旋转是一种圆周运动，光盘上的数据轨道与半径有关，即在光驱的转速保持恒定时，由于光盘的内圈每圈的数据量要比外圈少，所以读取光盘最内圈轨道上的数据比外圈快得多。这样一来，很难达到统一的数据传输速率。而电动机转速频繁变化和内外圈转速的巨大差异，都将会缩短电动机的使用寿命和限制光盘数据传输速率的增加。

2）CAV（Constant Angular Velocity，恒定角速度）。恒定角速度是指电动机的自转速度始终保持恒定。电动机转速不变，不仅大大提高了外圈的数据传输速率，减少了随机读取时间，也提高了电动机的使用寿命。但因线速度不断提高，在外圈读取时激光头接收的信号微弱，甚至有时无法接收到信号。这种技术不能实现全程一致的数据传输速率。

3）PCAV（Partial - CAV，部分恒定角速度）。它结合了 CLA 和 CAV 的优点，在内圈用 CAV 方式工作，在电动机转速不太快的情况下，其线速度则不断增加。而当传输速率达到最大时，再以 CLV 方式工作，电动机的转速再逐渐变慢。这种技术一般用在 24 倍速以上的光驱中。

3. 光盘驱动器的基本工作原理

（1）只读光盘驱动器的基本工作原理

只读光盘驱动器盘片直径为 120 mm，这些数据被记录在高低不同的凹凸起伏槽上。盘片中心有一个 15 mm 的孔，向外有 13.5 mm 的环是不保存任何东西的，再向外的 38 mm 区域才是真正存放数据的地方，盘片的最外侧还有一圈 1 mm 的无数据区。

在光盘的生产过程中，压盘机通过激光在空的光盘上以环绕方式刻出无数条数据道，数据道上有高低不同的“凹”进和“凸”起槽，每条数据道的宽度为 1.6 μm。

光盘驱动器采用特殊的发光二极管产生激光束，然后通过分光器来控制激光光线，用计算机控制的电动机来移动和定位激光光头到正确的位置读取数据。在实际盘片读取过程中，将带有“凹”和“凸”的那一面向下对着激光光头，激光透过表面透明的基片照射到“凹”、“凸”面上，然后聚焦在反射层的“凹”进和“凸”起上。其中，光强度由高到低或由低到高的变化被表示为“1”，“凸”面或“凹”面持续一段时间的连续光强度为“0”。这样，反射回来的光线则被感光器采集并进一步解释成各种不同的数据信息，生成相应的数字信号。数字信号产生之后首先经过数/模转换电路转换成模拟信号，然后再通过放大器放大，最终将它们解释成为所需要的数据即可。光盘的简要工作原理如图 1-35 所示。

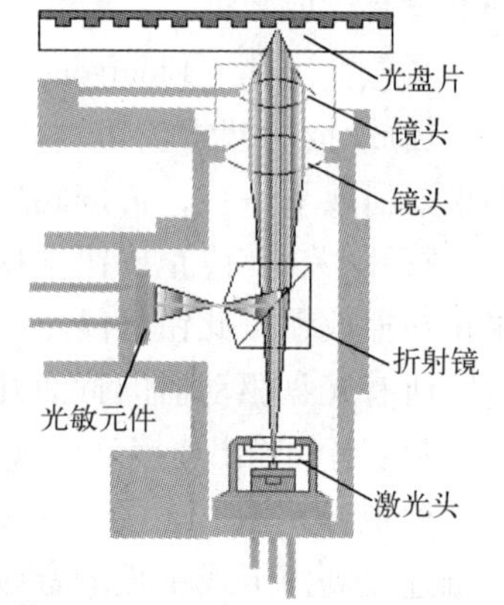

图 1-35　光盘的简要工作原理

（2）一次刻多次读的光盘驱动器工作原理

一次刻多次读的光盘驱动器就是在空白的盘片上烧制出“小坑”，这些“小坑”也就是记录数据的反射点。因此，所有刻录机刻出的盘都可以在普通光盘驱动器上顺利读出。当光盘片被记录时，光盘驱动器发出高功率的激光照射到盘片的一个特定部位上，其中有机染料层就会被融化并发生化学变化，而这些被破坏掉的部位无法顺利地反射激光，而没有被高功率激光照射过的地方就可以靠着盘片本身的黄金层反射激光。

（3）可擦、可读、可写型光盘驱动器基本工作原理

可擦、可读、可写型光盘驱动器采用先进的相变（Phase Change）技术，刻录数据时，高功率的激光束反射到盘片的特殊介质上，产生结晶和非结晶两种状态，制作出能够提供读取的反射点，并通过激光束的照射，介质层可以在这两种状态中相互转换，达到多次重复写入的目的。

（4）蓝光技术工作原理

蓝光技术属于相变光盘（Phase Change Disk）技术，相变光盘利用激光使记录介质在结晶态和非结晶态之间的可逆相变结构来实现信息的记录和擦除。在写数据时，聚焦激光束加热记录介质的目的是改变相变记录介质晶体状态，用结晶状态和非结晶状态来区分0和1；读数据时，利用结晶状态和非结晶状态具有不同反射率这个特性来检测0和1信号。

4. DVD－ROM驱动器

DVD（Digital Video Disk），即数字视频光盘或数字影盘，如图1－36所示。它利用MPEG－2的压缩技术来存储影像。DVD驱动器能够兼容CD－ROM的盘片。

DVD不仅已在音/视频领域内得到了广泛的应用，而且将会促进出版、广播、通信等行业的发展。

图1-36　DVD驱动器

（1）DVD－ROM的存储容量

DVD的信息存储量是CD－ROM的25倍或更多，DVD－ROM的存储容量主要有：①单面单层的DVD，最大存储容量为4.7GB；②单面双层的DVD，最大存储容量为9.4GB；③双面单层的DVD，最大存储容量为8.5GB；④双面双层的DVD，目前最大存储量为17.8GB。

（2）DVD－ROM驱动器的结构

DVD－ROM驱动器的核心部件是DVD激光头组件的构成，它在很大程度上决定着一台DVD－ROM驱动器的性能表现。

由于DVD必须兼容CD－ROM，而不同的光盘所刻录的坑点和密度均不相同，当然对激光的要求也有不同，这就要求DVD激光头在读取不同盘片时要采用不同的光功率。为了兼

容 CD - ROM，目前 DVD - ROM 驱动器的激光头读取方式可以分为以下几种：

1）单激光头双焦点透镜。单激光头双焦点透镜方式是松下公司采用的一种方式，它采用特别的全息技术，在透镜上做环状切割。通过透镜中间部分的激光束形成 CD 的聚焦点，在透镜边缘部分的激光束形成 DVD 的聚焦点。

2）单激光头双透镜。它是采用同一个镜头、同一组激光接收发射器，利用液晶快门的技术分别产生 650 nm、780 nm 波长的激光信号，来达到控制焦距的目的，分别进行读取 DVD 和 CD。Pioneer（先锋）公司的产品大多采用这种方式。

3）双激光头单透镜。这是东芝公司最早应用的方式。它采用两个激光头，透镜则利用棱镜实现公用，通过转换不同的透镜来分别读取 DVD 和 CD。

4）独立双激光头。SONY 公司采用独立双激光头方式来分别读取不同的光盘（如图 1-37 所示），将两个不同波长、不同焦距的激光头和透镜连为一体，来分别读取 DVD 和 CD。

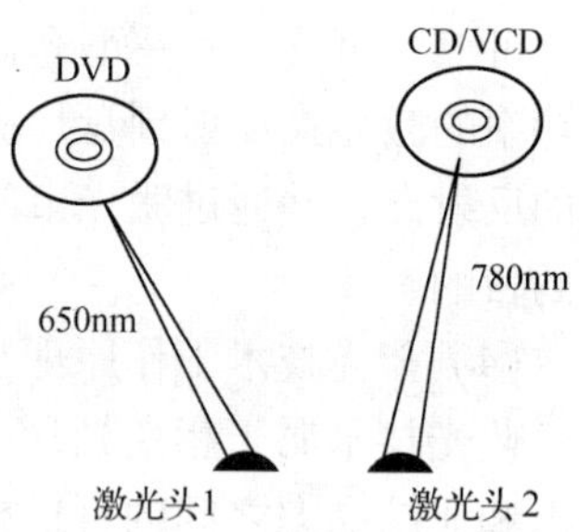

图 1-37　独立双激光头结构

5. DVD 刻录机

常见的 DVD 刻录机（如图 1-38 所示）规格有 DVD - RAM、DVD + R/RW、DVD - R/RW 和 DVD - Dual 等，DVD - RAM 是一种由先锋、日立及东芝公司联合推出的可写 DVD 标准，它使用类似于 CD - RW 的技术。由于在介质反射率和数据格式上的差异，目前多数标准的 DVD - ROM 光驱还不能读取 DVD - RAM 盘。

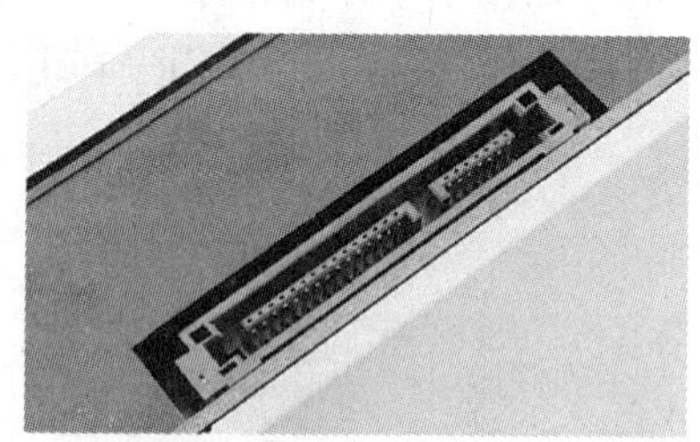

图 1-38　DVD 刻录机外观和 SATA 接口

1）DVD - R 规范。DVD - R 是一种类似 CD - R 的一次写入性介质，对于记录存档数据是相当理想的介质；DVD - R 盘可以在标准的 DVD - ROM 驱动器上播放。DVD - R 的单面容量为 3.95 GB，约为 CD - R 容量的 6 倍，双面盘的容量还要加倍，这种盘使用一层有机燃料刻录，因此降低了材料成本。

2）DVD - RW 规范。DVD - RW 是由先锋公司于 1998 年提出的，得到了 DVD 论坛的大力支持，其成员包括苹果、日立、NEC、三星和松下等厂商，并于 2000 年完成 1.1 版本的正式标准。DVD - RW 刻录原理和普通 CD - RW 刻录类似，也采用相位变化的读写技术，是恒定线速度（CLV）的刻录方式。

DVD - RW 的优点是兼容性好，而且能够以 DVD 视频格式来保存数据，因此可以在影碟机上进行播放。但是，它一个很大的缺点就是格式化需要花费很长的时间。另外，DVD - RW 提供了两种记录模式：一种被称为视频录制模式；另一种被称为 DVD 视频模式。前一种模式功能较丰富，但与 DVD 影碟机不兼容。用户需要在这两种格式中做选择，使用不甚方便。

3) DVD + RW 规范。DVD + RW 是目前最易用、与现有格式兼容性最好的 DVD 刻录标准，而且也较便宜。DVD + RW 标准由 Ricoh（理光）、Philips（飞利浦）、Sony（索尼）、Yamaha（雅马哈）等公司联合开发，这些公司成立了一个 DVD + RW 联盟（DVD + RW Alliance）的工业组织。DVD + RW 采用与现有的 DVD 播放器、DVD 驱动器全部兼容，也就是在计算机和娱乐应用领域的实时视频刻录和随机数据存储方面完全兼容的可重写格式。DVD + RW 不仅可以作为 PC 的数据存储，还可以直接以 DVD 视频的格式刻录视频信息。随着 DVD + RW 的发展和普及，DVD + RW 已经成为将 DVD 视频和 PC 上 DVD 刻录机紧密结合在一起的可重写式 DVD 标准。

DVD + RW 具有 DVD - RAM 光驱的易用性，而且提高了 DVD - RW 光驱的兼容性。虽然 DVD + RW 的格式化时间需要一个小时左右，但是由于从中途开始可以在后台进行格式化，因此一分钟以后就可以开始刻录数据，是使用速度最快的 DVD 刻录机。同时，DVD + R/RW 标准也是目前唯一获得微软公司支持的 DVD 刻录标准。DVD - RW 与 DVD + RW 的比较见表 1-6。

表 1-6　DVD - RW 与 DVD + RW 的比较

特　性	DVD + RW	DVD - RW
有无防刻死技术	有	无
有无纠错管理功能	有	无
CLV（恒定线速度）	有	有
CAV（恒定角速度）	有	无
在 PC 上对已刻录出来的 DVD 视频盘片有导入再编辑的功能	有	无
有无类似于 CD 刻录中的格式化拖拽式的刻录方式	有	无
光盘刻录封口时间	较短	较长

4) DVD - Multi 规范。DVD - Multi 在媒体格式上支持 DVD - Video、DVD - ROM、DVD - Audio、DVD - R/RW、DVD - VR，当然也包括对 CD - R/RW 的支持。由于 DVD - RAM 与 DVD - R/RW 是两种互补性非常强的标准，所以将它们结合在一起，显得非常有生命力。

5) DVD - Dual 规范，又称 DVD - Dual RW 标准，由索尼公司设计并率先推行。包括索尼、NEC 等在内的厂商针对 DVD - R/RW 与 DVD + R/RW 不兼容的问题，提出了 DVD - Dual 这项新规格，也就是 DVD ± R/RW 的设计。DVD - Dual 并没有 DVD - Multi 那样统一的规范，可以让厂商们自由发挥。DVD ± RW 刻录机可以同时兼容 DVD - R/RW 和 DVD + RW 这两种规格。

6) 蓝光技术。蓝光（Blu-Ray）是由索尼、松下、日立、先锋、夏普、LG 电子、三星、汤姆逊和飞利浦等 9 家电子厂商在 2002 年 2 月 19 日共同推出的 DVD 光盘标准。蓝光光盘的一个最大优势是容量大，目前单面单层的就可达到 23.3 GB/25 GB/27 GB。按照现有标准来计算，一张 27 GB 的蓝光光盘可以存储 2 小时的高清电视节目，或者超过 13 小时的标清电视节目。和现有 CD 或 DVD 相同的是，蓝光光盘的直径是 120 mm，厚度也是 1.2 mm。

7）DVD 刻录机的性能指标。

① DVD－ROM 读取速度。读取速度是指光存储产品在读取 DVD－ROM 光盘时，所能达到的最大光驱倍速。该速度是以 DVD－ROM 倍速来定义的，DVD 的单倍速是指 1358 KB/s，而 CD 的单倍速是 150 KB/s，DVD 大约为 CD 的 9 倍。DVD 刻录机所能达到的最大 DVD 读取速度也是 16 倍速。

② DVD 平均读取时间。DVD 平均读取时间是指光储产品的激光头移动定位到指定将要读取的数据区后，开始读取数据到将数据传输至缓存所需的时间，单位是毫秒。目前大部分的 DVD 光驱的 CD－ROM 平均读取时间大致在 75～95 ms 之间，而 DVD－ROM 的平均读取时间则大致在 90～110 ms 之间。

③ 可支持的盘片标准。可支持的盘片标准是指该 DVD 刻录机所能读取或刻录的盘片规格，DVD 刻录机能支持较多标准的盘片，不但能读出 CD 类和 DVD 类光盘，而且还能刻录相应的光盘。

④ 高速缓存存储器容量。光存储驱动器都带有内部缓冲器或高速缓存存储器，刻录机产品缓存容量一般为 2 MB、4 MB、8 MB，COMBO 产品一般为 2 MB、4 MB、8 MB，受制造成本的限制，缓存不可能制作到足够大，但缓存容量还是选择光存储驱动器时需要考虑的关键因素之一。

6. 光盘

（1）CD

CD 的格式大致有以下几种。

1）CD－DA（CD Digital Audio，数字音频 CD）。数字音频光盘，其格式规定在“红皮书”中。

红皮书是最早发布的音频光盘标准，于 1981 年由飞利浦和索尼两家公司联合制定，是关于音频数据的标准规范，并且成为其他 CD 标准建立的基础，被所有音乐 CD 所采用。

CD－DA 要求与 MPC LEVEL 1.0 兼容，也允许声音和其他类型的数据交叉，所以记录的声音可以伴有图像，即人们常说的 VCD。

CD－ROM 是在 CD 唱片技术的基础上产生的，因此，带有音频输出的 CD－ROM 驱动器可以播放 CD 唱片。

2）CD－ROM（CD Read Only Memory）。只读光盘，其格式规定在“黄皮书”中。

索尼和飞利浦两家公司于 1985 年联合开发出 ISO 9660 标准，即平常所说的黄皮书规范。

该规范为如何对数字数据进行编码制定了基础规则，同时也对早先红皮书规范所规定的音频编码进行了扩展。

CD－ROM 可以像正文文件一样，存入文字、音频、图形和图像等。MPC LEVER 1.0 要求多媒体个人计算机包括一台 CD－ROM 驱动器。平时所说的 CD－ROM 就是指这种光盘。

3）CD－I（Compact Disc Interactive，交互式光盘），其格式规定在“绿皮书”中。

“绿皮书”于 1986 年由飞利浦和索尼、Micro Ware 公司共同制定，是为了解决 CD 技术中所存在各种分歧所建立的标准，从而为 CD－ROM 的大规模生产铺平了道路。

CD－I 用于存放用 MPEG 压缩算法获得的立体声视频信号，大多数影视产品均以该标准制作发行。主要通过 CD－I 播放机，在普通电视机或立体声系统欣赏 CD－I 中的内容。这种光盘也能在解压缩卡或解压软件下播放。一般来说，CD－I 盘不能在 CD－ROM 驱动器上读出，有个别牌子的 CD－ROM 驱动器，在专用软件的驱动下也可读出 CD－I 上的多媒体信息，但不具备交互性能。

4）CD－ROM/XA（Extended Architecture）。只读光盘扩展结构，其格式规定在“黄皮书”中。

由飞利浦、索尼、微软公司于 1989 年共同开发。CD－ROM/XA 可以在 CD－ROM 中交叉存储音频和其他类型的数据，并且允许同时存取，可以同时播放视频动画、图片和音频信息等，与 CD－I 兼容。

CD－ROM/XA 需要在 CD－ROM/XA 系统上才能播放，但通过软件驱动也能在 CD－ROM 驱动器上读出。

5）CD－R（CD－Recordable）。CD－R 称为可记录光盘，也称为一次写多次读的 CD，有的盘片是金色的，所以又称“金盘”，也有绿色和蓝色的盘片。

内部结构类似于 CD－ROM，信息存放格式与 CD－ROM 相同，区别仅在于用户在专用的 CD－R 刻录机上可以向 CD－R 中写入数据。这种盘由 CD 刻录机刻制出母盘，提供给厂家大批量生产 CD。

6）CD－RW（CD－ReWritable）。CD－RW 称为多次写多次读光盘。在采用相变技术刻录数据时，激光束射到 CD－RW 的介质上，产生结晶和非结晶两种状态，介质层可以在这两种状态中相互转换，达到多次重复写入的目的。

7）Photo－CD。Photo－CD 是柯达和飞利浦公司制定的存储彩色照片到光盘上的标准，一张 Photo－CD 最多可存储 99 张照片。

8）VCD（Video Compact Disc）。VCD 格式也称为“白皮书”，是由飞利浦、JVC、Matsushita 和索尼公司于 1993 年联合提出的。VCD 用于保存采用 MPEG 标准压缩的声音、视频信号，可以存储 74 min 的动态图像。在电影解压缩卡（即 MPEG 解压缩卡）或解压软件的支持下，CD－ROM 驱动器可以读取和重现视频信号。

从以上可以看出，CD 具有多种规格，但是市场上的 CD－ROM 驱动器和光盘，除了特别声明，一般都遵循 ISO 9660 标准，即“黄皮书”规范。

（2）DVD

从 DVD 多功能光盘开始，制定了 DVD 的 Book A～Book E 五种规格，分别定义了 DVD 多功能光盘的 5 种不同规格，称为第二代光盘。

1）Book A：定义为 DVD－ROM 标准，即微型机光盘，用途类似于 CD－ROM。

2）Book B：定义为 DVD－Video 标准，即电影光盘，用途类似于 LD 或 Video CD。

3）Book C：定义为 DVD－Audio 标准，即音乐光盘，用途类似于音乐 CD。

4）Book D：定义为 DVD－R 标准，即可刻录的光盘，用途类似于 CD－R。

5）Book E：定义为 DVD－RAM、DVD－RW、DVD＋RW、DVD－Dual 标准，即可读写的光盘，用途类似于 MO。

刻录用途的 DVD，目前常用的只能在盘片的单面记录层里记录 4.7 GB 的数据，支持双层刻录的功能就是指支持单面双层 DVD 刻录功能，也就是支持 DVD－9 规格刻录的 DVD 刻录机。当然，要想实现双层刻录，除了刻录机需要支持外，还要盘片和刻录软件的支持。

在专用 DVD 机播放的 DVD，由两张超薄盘片黏合而成（双面双层），因此其单面最大可以记录8.5 GB的数据。黏合而成的DVD第1层是在半透明的反射膜上记录数据，因此可以通过透过第1层的光读取第2层上的数据。双面双层记录时，由于黏合了两张双层盘片，因此最大容量可达17 GB。

蓝光光盘彻底脱离了DVD“0.6 mm + 0.6 mm”设计，采用了全新的“1.1 mm盘基 + 0.1 mm保护层”结构，并配合高NA（数值孔径）值保证极低的光盘倾斜误差。0.1 mm覆盖保护层结构对倾斜角的容差较大，不需要倾斜伺服，从而减少了盘片在转动过程中由于倾斜而造成的读写失常，使数据读取更加容易。

1.1.2.6 声卡与音箱

1. 声卡

声卡（如图1-39所示）主要用于娱乐、学习、编辑声音等。有了声卡，微机能够说话，利用微机听CD、看DVD或是玩游戏都少不了声卡，因为它能发出典雅、美妙、动听的音乐和逼真的模拟声音。

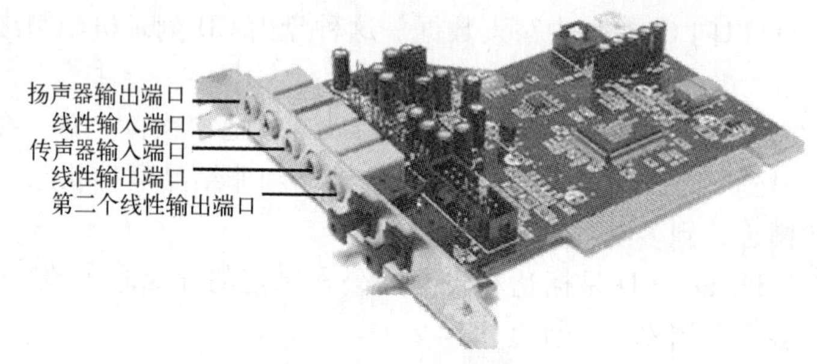

图1-39 声卡的接口

目前声卡主要集成在主板上，有的是一块能够实现音频和数字信号相互转换的硬件电路板，声卡可以把来自光盘、磁带、传声器的载有原始声音信息的信号加以转换，输出到扬声器（耳机、音响、扩音机及录音机）等设备，或者通过音乐设备数字接口（MIDI）乐器发出美妙的声音。

（1）声卡的结构

常见的声卡，主要有声音处理芯片（组）、功率放大芯片、总线连接端口、输入/输出端口、MIDI及游戏杆接口（共用一个）、CD音频连接器等结构组件。不同的声卡布置虽不尽相同，但是即便是最简单的声卡也具有以下结构组件。

1）声音处理芯片。通常是最大的四边都有引线的那只集成块，上面标有商标、型号、生产日期、编号、生产厂商等重要信息。声音处理芯片基本上决定了声卡的性能和档次，其基本功能包括对声波采样和回放的控制、处理MIDI指令等，有的厂家还加进了混响、和声、音场调整等功能。

2）功率放大芯片。功率放大芯片简称功放。从声音处理芯片出来的信号还不能直接推动扬声器放出声音，绝大多数声卡都带有功率放大芯片，以实现这一功能。

3）总线连接端口。把声卡插入到计算机主板上的那一端被称为总线连接端口，它是声卡与计算机互相交换信息的“桥梁”。大部分总线为PCI，PCI声卡插到该总线上。

4）常见的输入/输出端口。声卡要具有录音和放音功能，就必须有一些声音和录音设备相连接的端口。在声卡与主机机箱连接的一侧总有一些插孔（3、4 个），通常是“Speaker Out”、“Line Out”、“Line In”、“Mic In” 等，不同声卡上下顺序不尽相同。如果是 3 个插孔，则是 Speaker Out 与 Line Out 共用一个，一般可通过声卡上的跳线来定义该插孔为何种功能。

- 线性输入端口，标记为“Line In”。Line In 端口将品质较好的声音信号输入，通过计算机的控制将该信号录制成一个文件。通常该端口用于外接辅助音源，如影碟机、收音机、录像机及 VCD 回放卡的音频输出。
- 线性输出端口，标记为“Line Out”。它用于外接音响功放或带功放的音箱。
- 第二个线性输出端口，一般用于连接四声道以上的后端音箱。
- 传声器输入端口，标记为“Mic In”。它用于连接传声器（话筒），可以将自己的歌声录下来实现基本的“卡拉 OK 功能”。
- 扬声器输出端口，标记为“Speaker 或 SPK”。它用于插接外接有源音箱的音频线插头。
- MIDI 及游戏摇杆接口，标记为“MIDI”。几乎所有的声卡上均带有一个游戏摇杆接口来配合模拟飞行、模拟驾驶等游戏软件，这个接口与 MIDI 乐器接口共用一个 15 针的 D 形连接器（高档声卡的 MIDI 可能还有其他形式）。该接口可以配接游戏摇杆、模拟方向盘，也可以连接电子乐器上的 MIDI，实现 MIDI 音乐信号的直接传输。

5）CD 音频连接器。它位于声卡的中上部，通常是 3 针或 4 针的小插座，与 CD - ROM 的相应端口连接实现 CD 音频信号的直接播放。不同 CD - ROM 上的音频连接器也不一样，因此大多数声卡都有两个以上的这种连接器。

（2）声卡的工作原理

声卡从传声器中获取模拟信号，通过模拟转换器（ADC），将声波振幅信号转换成一串数字，然后采样、存储到计算机中，当重放声音时，这些数字信号送到一个数/模转换器（DAC），以同样的采样速度还原为模拟波形，待放大后送到扬声器发声，这一技术也被称为脉冲编码调制（PCM）技术。PCM 技术的两个要素是采样速率和样本规模。人类听力的范围大约为 20 Hz ~ 20 kHz，一般当采样频率高于声音最高频率的两倍才可以获得满意的效果，因此，激光 CD 唱盘的采样速率为 44. 1 kHz，这也是 PCM 标准的基本要求。

（3）声卡的分类

声卡的分类如下。

1）按其采样精度可分为 8 位、16 位和 32 位的声卡。采样精度是指声卡进行声音采样时用多少位来表示采样值。显然，精度越高就越能精确地反映采样声音的原始面貌，这是声卡的一个重要指标。

目前普通声卡为 8 位和 16 位，32 位的属于专用场合使用的声卡。

2）按采样频率可分为 22. 05 kHz、44. 5 kHz 和 48 kHz 的声卡。采样频率指声卡采样时在单位时间采样的个数，用 kHz 表示。由于数字表示的声音是不连续的，将模拟量换成数字量时，每隔一个时间间隔在模拟声音波形上取一个幅度值，称为“采样”。

3）按工作方式分为半双工和全双工。半双工是指既能输入又能输出，但两次工作不能同时进行。

全双工是指输入、输出能够同时进行，目前市场大多数为全双工的声卡。

4）按声卡的结构划分，主要分为板卡式、集成式和外置式 3 种接口类型。

- 板卡式：板卡式产品是现今市场上的中坚力量，产品涵盖低、中、高各个档次，售价从几十元至上千元不等。板卡式产品多为 PCI，有较好的兼容性和其他性能，支持即插即用功能，安装使用都很方便。
- 集成式：虽然板卡式产品的兼容性、易用性及其他性能都能满足市场的需求，但为了追求更廉价与使用更简便的声卡，出现了集成式声卡。
- 外置式：它是创新公司独家推出的一个声卡（如图 1-40 所示），通过 USB 接口与 PC 连接，具有使用方便、便于移动等优势。但这类产品主要应用于特殊环境，如连接便携式计算机以实现更好的音质等。目前市场上常见的有 Extigy、Digital Music、MAYA EX、MAYA 5.1 USB 等。

图 1-40　外置式声卡

5）按声卡的声道划分，可分为单声道、立体声、四声道、5.1 声道、7.1 声道等。

- 单声道：单声道是比较原始的声音复制形式，当通过两个扬声器回放单声道信息的时候，可以明显感觉到声音是从两个音箱中间传递到听众耳朵里的。
- 立体声：单声道缺乏对声音的位置定位，而立体声技术则彻底改变了这一状况。声音在录制过程中被分配到两个独立的声道，从而达到了很好的声音定位效果。这种技术在音乐欣赏中显得尤为有用，听众可以清晰地分辨出各种乐器来自的方向，从而使音乐更富想象力，更加接近于临场感受。
- 四声道：四声道规定了 4 个发音点：前左、前右，后左、后右，听众则被包围在这中间。同时还建议增加一个低音音箱，以加强对低频信号的回放处理（这也就是如今 4.1 声道音箱系统广泛流行的原因）。就整体效果而言，四声道系统可以为听众带来来自多个不同方向的声音环绕，可以获得身临各种不同环境的听觉感受，给用户以全新的体验。
- 5.1 声道：5.1 声道已广泛运用于各类传统影院和家庭影院中，一些比较知名的声音录制压缩格式，例如杜比（Dolby Digital）AC-3、DTS 等都是以 5.1 声音系统为技术蓝本的，其中“.1”声道则是一个专门设计的超低音声道，这一声道可以产生频响范围为 20～120Hz 的超低音。其实 5.1 声音系统来源于 4.1 环绕，不同之处在于它增加了一个中置单元。这个中置单元负责传送低于 80Hz 的声音信号，在欣赏影片时有利于加强人声，把对话集中在整个声场的中部，以增加整体效果。

更强大的 7.1 系统在 5.1 的基础上又增加了中左和中右两个发音点，以求达到更加完美的效果。由于成本比较高，目前还没有广泛普及。

（4）声卡的主要性能指标

声卡的主要技术指标如下。

1）声音合成方式。FM（Frequency Modulation，调频）合成，这种方式通过纯正弦来发出声音，合成出来的音效听起来流畅、动听，但音色在一定程度上有失真，不能将 MIDI 音乐很好地完全回放出来，效果一般。

波表（Wave Table）合成是通过对乐器声音进行取样，利用波表合成器以预先制作固化到 ROM 波表芯片中的波形声音为合成元素进行音响合成的，音色逼真。现在的 PCI 声卡起码都可以提供2MB以上的波表库，少数还高达8MB。波表合成又分为软波表和硬波表。

2）复音数。复音是指MIDI在回放时一秒钟内发出的最大声音数目，复音数越大，播放MIDI时所能听到的声部就越多，音乐也就更为细腻。目前声卡的硬件复音数不超过128，但通过软件（驱动程序）模拟得到的复音数就多得多。

3）信噪比（Signal To Noise Ratio，SNR）是一个诊断声卡抑制音频噪声能力的重要指标。通常是有用信号和噪声信号的功率比值就是SNR，单位为分贝（dB）。信噪比值越大则声卡的滤波效果越好。

4）AC′97（Audio Codec 97）是Intel公司在1996年制定的多媒体音效标准，主板厂商为了节约成本，把声卡中最昂贵的主音频芯片舍弃，将它的任务交给性能越来越强劲的CPU来完成。这样，原来的硬件运算在AC′97上变成了软件模拟，AC′97也就成了“软声卡”的代名词。Intel公司的AC′97规范建议，为了减少声音信号在转换过程中的失真和减少电磁干扰，数模/模数转换部分应该同主芯片分离，采用独立的处理单元进行声音采样编码，这个处理单元就叫做Codec，一般是48针或64针的小芯片。AC′97声卡由于搭配的Codec不同，它们的表现也略有不同。

5）声卡的声道。声卡主要有2.1声道、4.1声道、5.1声道和7.1声道。4.1声道规定了4个发音点：前左、前右，后左、后右。

6）API（声卡编程接口）包含了关于声音定位与处理的指令。它的性能直接影响三维音效的表现力。三维音效中的API主要有Direct Sound 3D、A3D和EAX等。

2. 音箱

多媒体计算机自然少不了音箱（如图1-41所示），否则只有声卡、无音箱，声音无从发出。多媒体计算机应配置一对有源音箱或一台功放加上一对无源音箱，目前微机所配置的音箱大多是有源音箱。

图1-41 音箱的外观

音箱是将音频信号还原成声音信号的一种装置，包括箱体、扬声器单元、分频器、吸音材料4个部分，并有调节的按键。

（1）音箱的分类

音箱的分类如下。

1）按箱体材质划分，有塑料音箱和木质音箱。

2）按声道数量划分，有2.1式（双声道另加一超重低音声道）、4.1式（四声道加一超重低音声道）、5.1式（五声道加一超重低音声道）、7.1式（七声道加一超重低音声道）等音箱。

3）按扬声器单元的结构划分，有普通扬声器单元、平面扬声器单元、铝带扬声器单元等。多媒体音箱现以质量较好的丝膜和成本较低的PV膜等软球顶的居多。

4）按功率放大器的内外置划分，分为有源音箱（放大器内置，最常见）和无源音箱（放大器外置，非常高档的或有特别要求的才采用）。

5）按使用场合划分，有专业音箱与家用音箱两大类。

6）按放音频率划分，有全频带音箱、低音音箱和超低音音箱。

7）按用途划分，一般可分为主放音音箱、监听音箱和返听音箱等。

8）按照发声原理及内部结构不同，音箱可分为倒相式、密闭式、平板式、号角式、迷宫式等几种类型，其中最主要的形式是密闭式和倒相式。

密闭式音箱就是在封闭的箱体上装上扬声器，效率比较低；而倒相式音箱与它的不同之处就是在前面或后面板上装有圆形的倒相孔，它是按照赫姆霍兹共振器的原理工作的，优点是灵敏度高、能承受的功率较大，动态范围也广，因为扬声器后面的声波还要从导相孔放出，所以其效率也高于密闭箱。

(2) 音箱的主要性能指标

音箱的主要性能指标如下。

1）防磁。微机所配置的有源音箱与普通有源音箱有些不同，微机所配置的应是磁屏蔽音箱，通常叫做防磁音箱。这种音箱可以屏蔽扬声器自身向外辐射的磁场，使周围的电器不受干扰和磁化。这对显示器来说非常重要，即使音箱靠近显示器，也不会使显像管磁化导致屏幕颜色不正。

2）频响范围。频响范围是指音箱在音频信号播放时，在额定功率状态下，在指定的幅度变化范围内，音箱所能重放音频信号的频响宽度。音箱的频响范围当然是越宽越好，一般为 20 Hz ~ 20 kHz。

3）灵敏度。灵敏度是指在给音箱输入端输入 1 W/1 kHz 信号时，在距音箱扬声器平面垂直中轴前方一米的地方所测试得到的声压级。灵敏度的单位为分贝（dB）。音箱的灵敏度越高则需要放大器的功率就越小，普通音箱的灵敏度在 85 ~ 90dB 之间。

4）失真度。失真度是指由放大器传来的电信号经过音箱转换为声音信号后，输入的电信号和输出的声音信号之比的差别，一般单位为百分比（%）。当然失真度越少越好，多媒体音箱声音的失真允许范围是 10% 以内。

5）输出功率。输出功率是音箱能发出的最大声强，对于多媒体计算机，在 30 ~ 80W 之间较为合适。若房间较大，且经常用其欣赏音乐，可适当选功率大一点的音箱。输出功率分标准功率和最大（峰值）功率。标准功率是指音箱谐波失真在标准范围内变化时，音箱长时间工作输出功率的最大值；最大功率是在不损坏音箱的前提下，瞬间功率的最大值。

6）信噪比。信噪比是指音箱回放的正常声音信号强度与噪声信号强度的比值。信噪比低，小信号输入时噪声严重，在整个音域的声音明显变得混浊不清，听不出发出的是什么音，影响音质。信噪比一般不低于 70 dB。

1.1.2.7 显示卡与显示器

1. 显示卡

随着计算机技术的发展以及对计算机的速度和性能更快、更高的要求，使显示卡的新技术层出不穷。AGP 显示卡和 PCI - E 显示卡如图 1-42 所示，再加上各种图形加速芯片，使显示卡功能越来越强大。目前市场上显示卡种类繁多，主要有板卡式显示卡和集成在主板上的显示卡，一般集成式显示卡功能较弱。

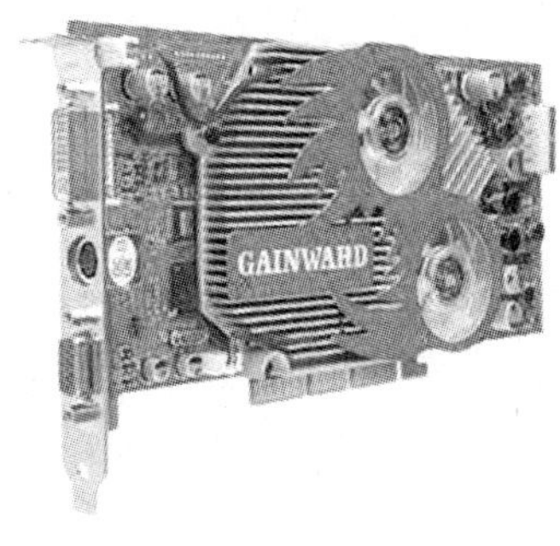

图 1-42　显示卡外形图

（1）显示卡的结构

1）显示芯片。显示芯片负责图形数据的处理，是显示卡的核心部件，决定了该显示卡的档次和大部分性能。3D 显示卡则将三维图形和特效处理功能集中在显示芯片内，在进行 3D 图形处理时能承担许多原来由 CPU 处理的 3D 图形处理任务，减轻了 CPU 的负担，加快了 3D 图形的处理速度，也就是所谓的“硬件加速”功能。显示芯片通常是显示卡上最大的芯片（引脚最多的），中高档芯片一般都有散热片或散热风扇。显示芯片上有商标、生产日期、编号和厂商名称，例如“XGI”、“nVIDIA”、“ATi”等。每个厂商都有不同档次的芯片，要结合型号来共同判别。

2）RAM DAC。RAM DAC（RAM Digital Analog Converter，随机存取存储器数/模转换器）的作用是将显存中的数字信号转换为能够用于显示的模拟信号。RAM DAC 是影响显示卡性能的重要器件，尤其是它能达到的转换速度影响着显示卡的刷新率和最大分辨率，RAM DAC 的转换速度越快，影像在显示器上的刷新频率也就越高，从而图像显示越快，图像也越稳定。现在显示卡的 RAM DAC 至少是 300 MHz，高档显示卡的多在 400 MHz 以上。为了降低成本，大部分娱乐性显示卡将 RAM DAC 集成到了显示芯片内。

3）显示内存。与主板上内存功能一样，显存（Video RAM）也是用于存放数据的，只不过它存放的是显示芯片处理后的数据。3D 显示卡的显存主要分为两部分：帧缓存和纹理缓存。帧缓存与显示芯片中的帧处理单元相连，负责存储像素的明暗、Alpha 混合比例、Z 轴深度等参数；纹理缓存与芯片中的纹理映射单元相连，负责存储各种像素的纹理映射数据。

由于 3D 的应用越来越广泛，以及高分辨率、高色深图形处理的需要，对显存速度的要求也越来越高，现在经常见到的 GDDR 3 和 GDDR 5 显存类型，显存的容量有 256 MB 或 512 MB，位数为 128 bit 或 256 bit，显存频率达 500 MHz 以上，有的达到 1000 MHz 以上。速度越来越快，性能越来越高。

4）显示卡 BIOS。显示卡 BIOS 又称为 VGA BIOS，主要用于存放显示芯片与驱动程序之间的控制程序，另外还存放有显示卡型号、规格、生产厂家、出厂时间等信息。打开计算机时，通过显示 BIOS 内一段控制程序，将这些信息反馈到屏幕上。现在的多数显示卡则采用了大容量的 EEPROM，即 Flash BIOS，可以通过专用的程序进行改写升级。

5）输入、输出端口。显示卡除了与显示器连接的端口外，现在大多数显示卡都有某些特殊的端口。

● 数字输入接口（DVI），如图 1-43 所示，分为两种，一种是 DVI - D 接口，只能接收数字信号，接口上只有 3 排 8 列共 24 个针脚，其中右上角的一个针脚为空，不兼容模拟信号。另一种则是 DVI - I 接口，可同时兼容模拟和数字信号，在 DVI 中，计算机直接以数字信号的方式将显示信息传送到显示设备中，因此，从理论上讲，采用 DVI 的显示设备的图像质量要更好。另外 DVI 实现了真正的即插即用和热插拔，免除了在连接过程中需关闭计算机和显示设备的麻烦。现在很多液晶显示器都采用该接口，CRT 显示器使用 DVI 的比例比较小。

图 1-43　显示卡的接口

● VGA 接口主要用于连接 CRT 显示器。VGA 接口只能接受模拟信号输入，最基本的包含 R\G\B\H\V（分别为红、绿、蓝、行、场）5 个分量，接口为 D - 15，即 D 形 3 排 15 针插口，其中有一些是无用的，连接使用的信号线上也是空缺的。

（2）显示卡的性能指标

1）显示芯片。显示芯片的主要任务就是处理系统输入的视频信息并进行构建、渲染等工作。显示主芯片的性能直接决定了显示卡性能的高低。不同的显示芯片，不论从内部结构还是其性能，都存在着差异，而其价格差别也很大。

2）分辨率与色深。分辨率指画面的细腻程度，一般以画面的最大水平点数乘上垂直点数计算。色深是指在某个确定的分辨率下，描述每一个像素点的色彩所使用的数据长度，单位是位，一般 32 位，它决定了每个像素点的色彩数量。

3）显示卡的总线类型。显示卡的总线主要有 AGP 和 PCI Express。AGP（Accelerate Graphical Port）称为加速图形接口。AGP 的发展经历了 AGP1.0（AGP1X、AGP2X）、AGP2.0（AGP Pro、AGP4X）、AGP3.0（AGP8X）等阶段，AGP 标准使用 32 位总线，工作频率 66 MHz。目前最高规格的 AGP8X 模式数据传输速度达到了 2.1 GB/s。

PCI Express 也是显示卡的总线接口，PCI Express 的接口根据总线位宽不同而有所差异，包括 X1、X4、X8 及 X16（X2 模式将用于内部接口而非插槽模式）。用于取代 AGP 的 PCI Express 位宽为 X16，将能够提供 5 GB/s 的带宽，即便有编码上的损耗仍能够提供约为 4 GB/s 左右的实际带宽，远远超过 AGP8X 的 2.1 GB/s 的带宽。

4）显存容量、频率和数据位宽。采用 512 MB 显存的显示卡越来越多。显存的工作频率以 MHz 为单位；显存的数据位宽以 bit 为单位。这里显存的速度决定了其工作频率和数据位宽，显存频率与使用的显存类型有关，目前主要使用的显存类型为 GDDR3 和 GDDR5，一般显存频率为 700 MHz、1000 MHz 及以上。显存频率越高，性能越好。

显存的数据位宽其重要性甚至要超过显存的工作频率。因为位宽决定了显存带宽，显示芯片与显存之间的数据交换速度就是显存的带宽。目前显存位数主要分为 256 位和 512 位，在相同的工作频率下，256 位显存的带宽只有 512 位显存的一半。显存带宽的计算方法是：

带宽 = 工作频率 × 数据位宽/8。显存数据位宽越大，性能越好。

显示卡质量除了与以上性能有关外，还与 RAM DAC 的速度、芯片的核心频率、显示卡的接口类型等有关。

2. 显示器

显示器（如图 1-44 所示）又称监视器（Monitor），是微机系统中不可缺少的输出设备。显示器主要用来将电信号转换成可视的信息。通过显示器的屏幕，可以看到计算机内部存储的各种文字、图形、图像等信息。它是进行人机对话的窗口。

图 1-44　显示器外观

目前市场上主要有 CRT 显示器和 LCD，LCD 是一种采用了液晶控制透光度技术来实现色彩的显示器。和 CRT 显示器相比，LCD 的优点是很明显的。由于通过控制是否透光来控制亮和暗，当色彩不变时，液晶也保持不变，这样就无须考虑刷新率的问题。对于画面稳定、无闪烁感的液晶显示器，刷新率不高但图像也很稳定。LCD 还通过液晶控制透光度的技术原理让底板整体发光，所以它做到了真正的完全平面。一些高档的数字 LCD 采用了数字方式传输数据、显示图像，这样就不会产生由于显示卡而造成的色彩偏差或损失。LCD 辐射很小，即使长时间观看 LCD 屏幕也不会对眼睛造成很大伤害。LCD 体积小、能耗低也是 CRT 显示器无法比拟的。CRT 显示器的介绍如下。

（1）CRT 显示器的分类

1）按显示器屏幕尺寸分：普通型显示器、大屏幕显示器。

普通型显示器：有 14 in（35 cm）、15 in（38 cm）和 17 in（43 cm）等。

大屏幕显示器：有 19 in（48 cm）、20 in（51 cm）和 21 in（53 cm）等。

2）按色彩分：有单色显示器和彩色显示器。

3）按点距分：分为 0. 28 mm、0. 26 mm、0. 25 mm、0. 24 mm、0. 22 mm、0. 20 mm 等。

4）按最高分辨率分：有 1024 × 768 像素、1280 × 1024 像素、1600 × 1200 像素、1920 × 1440 像素等。

（2）CRT 显示器的结构

彩色显示器是在单色显示器的基础上发展起来的，显示器基本功能电路介绍如下。

1）电源电路。该电路为机内其他电路提供工作电压。彩色显示器选用了开关型的稳压电路（简称开关电路），开关电源电路中的开关晶体管多选用双极型晶体管，VGA 和 SVGA 彩色显示器开关晶体管选用场效应晶体管，这是利用了在 50 kHz 的开关速度下，场效应型功率晶体管的开关损耗可以忽略不计的优点。

2）行扫描电路。该电路给行偏转线圈提供一个与显示卡送来的行同步信号频率相同的锯齿波扫描电流，而形成水平偏转磁场使显像管阴极（电子枪）发出的电子束流自左向右进行扫描。彩色显示器为适应不同种类的显示方式，行扫描频率也相应有多种频率，且要求能自动适应或自动转换。

3）场扫描电路。该电路给场偏转线圈提供一个与显示卡送来的场同步信号频率相同的锯齿波扫描电流而形成垂直偏转磁场，使电子束流从上向下进行扫描。这样，在行、场偏转磁场的共同作用下，显像管屏幕上便形成了可见光栅。

4）接口电路。将计算机内显示卡送来的各种信号经此电路分送至行、场扫描电路和显示信号处理电路。VGA 彩色显示器接口电路便能自动识别显示卡送来的信号属于何种模式，然后输出控制信号至相关的控制和调节电路，以保证在任何模式下都能使所显示的图像稳定。

5）显示信号处理电路。该电路将显示卡送来的信息变换成不同的亮点信号或暗点信号送至色输出电路。彩色显示器，主机内显示卡将所要显示的内容全部变成 RGB 模式信号输出，显示信号处理电路只需将 RGB 信号放大，并加以对比度和亮度控制后，输出至色输出电路和彩色显像管电路，在屏幕上就可以再现字符或图像。

6）显像管与色输出电路。由色输出电路将显示信号处理电路处理过的电信号进行放大，送至显像管阴极，并在行、场偏转磁场作用下于屏幕上生成可见的字符或图像。

（3）CRT 显示器的工作原理

目前应用较广的彩色显示器（CRT）基于三基色原理。三基色指的是 3 种互相独立的颜色，如红、绿、蓝 3 种单色，这 3 种单色按不同比例可以配出不同的颜色。这种彩色生成原理称为三基色原理。

根据三基色原理，在 CRT 屏幕上涂有红、绿、蓝三色荧光粉的基础上，配以不同的亮度可以得到不同颜色。

采用三基色原理做成的彩色 CRT，应用较广的有三枪三束荫罩式、单枪三束管式和自动会聚管三种。

三枪三束荫罩式彩色显像管的工作原理，如图 1-45 所示。在这种 CRT 中，有 3 支近似平行、按品字形排列且互相独立的电子枪，它们分别发射用以产生红、绿、蓝 3 种单色的电子束。每支电子枪都有灯丝、阴极、控制栅极、加速电极、聚焦电极及第二阳极等组成。在管内玻璃屏上涂有成千上万个能发红、绿、蓝光的荧光粉小点，小点的直径为 0. 05 ~0. 1 mm。

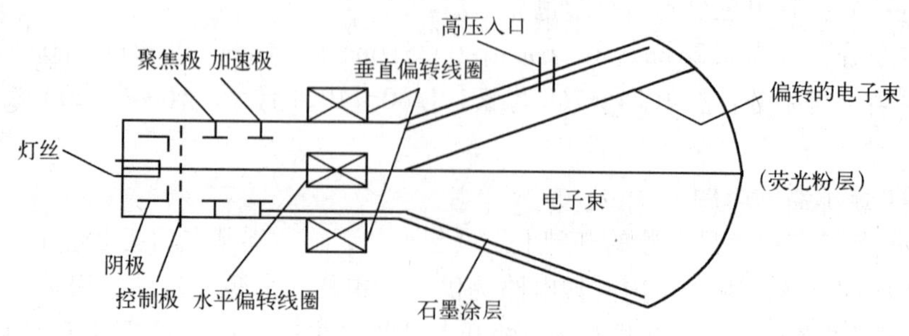

图 1-45　荫罩式彩色显像管的工作原理

它们按红（R）、绿（G）、蓝（B）顺序重复地在一行上排列，下一行与上一行小点位置互相错开。屏幕上每相邻的 3 个 R、G、B 荧光小点与品字形排列的电子枪相对应。

为了使 3 支电子束能准确地击中对应的荧光小点，在距离荧光屏 10 mm 处设置一块薄钢板制成的网板，像个罩子似的把荧光屏罩起来，故称荫罩板。板上有成千上万个小孔，小孔对准一组三色荧光小点。品字形中的一个电子枪发射的电子束，通过板上小孔撞击各自所对应的荧光粉而发出红光、绿光和蓝光。

分别控制 3 个电子枪的控制栅极，控制 3 支电子枪发射电子束的强弱，在屏幕上出现不同亮度的 R、G、B 荧光小点，形成各种色彩的图像。

（4）CRT 显示器的主要性能指标

1）扫描频率。扫描分为垂直扫描和水平扫描。垂直扫描频率（Vertical Scanning Frequency），也称场频，或称刷新频率，或称帧速率，是指显示器在某一显示方式下，每秒钟从上到下所能完成的刷新次数，单位为 Hz。场频的范围大小反映了显示器对于各种显示分辨率的适应能力以及屏幕图像有无抖动和潜在的抖动。垂直扫描频率越高，图像越稳定，闪烁感就越小。

一般垂直扫描在 72 Hz 以上的刷新频率下，其闪烁明显减少。较好的显示器垂直扫描频率应在 100 Hz 或 100 Hz 以上。

水平扫描频率（Horizontal Scanning Frequency），也称行频，单位用 kHz 表示，是指电子束每秒在屏幕上水平扫过的次数。一般显示器的水平扫描频率范围为 30 ~ 82 kHz，比较高档的显示器的行频可高达 100 kHz 或 100 kHz 以上。水平扫描频率的高低反映了屏幕图像的稳定程度。

2）最大分辨率。显示器的分辨率表示的是在屏幕上从左到右扫描一行共有多少个点和从上到下共有多少行扫描线即每帧屏幕上每行、每列的像素数。例如，1600 × 1200 像素表示每帧图像由水平 1600 个像素（点）、垂直 1200 条扫描线组成。屏幕尺寸相同，每帧屏幕上每行、每列的像素数越高，显示器的分辨率也就越高，显示效果也就越好，价格自然也就越高。

3）点间距和栅距。荫罩板上两个相邻且透同一种光的小孔之间的距离叫做点间距。点间距可简单地理解为同色像素点之间的最近距离。荫罩板上的小孔越多，图像上的彩色点越逼真，显示器的分辨率也越高。目前多数显示器的点间距为 0. 26 mm。高档的显示器的点间距为 0. 25 mm 或 0. 20 mm，甚至更小。点间距越小，制造工艺就越复杂，成本就越高。

索尼公司推出的“特丽珑”显像管采用了栅状荫罩，因此引入了栅距的概念。栅距是指与荫栅式显像管平行的光栅之间的距离（单位：mm）。它的代表就是“特丽珑”和“钻石珑”等高档次显示器，采用荫栅式显像管的好处在于其栅距在长时间内使用也不会变形，显示器使用多年也不会出现画质的下降，而荫罩式正好相反，其网点会产生变形，所以长时间使用就会造成亮度降低、颜色转变的问题。另一方面，由于荫栅式可以透过更多的光线，从而可以达到更高的亮度和对比度，令图像色彩更加鲜艳、逼真和自然。

4）认证标准。显示器的认证主要有两个（如图 1-46 所示）。一个是国家强制性认证标志，名称为“中国强制认证”，英文名称为“China Compulsory Certification”，英文缩写为“CCC”或“3C”。在购买计算机显示器时，认准 CCC 认证标识，以保证使用产品的安全性。目前我国规定了 4 种 CCC 认证：安全认证、消防认证、电磁兼容认证、安全与电磁兼容认证。只有同时获得安全和电磁兼容认证的产品，才会被授予 CCC（S&E）标志。

另一个是 TCO。瑞典 TCO 组织于 1991 年制定了 TCO′92 标准，主要为了减少显示器的电子和静电辐射对环境的污染。面向计算机监视器及外设的 TCO 认证一共经历了 4 代不同的标准，即从 TCO′92、TCO′95、TCO′99 到 TCO′03。随着时间的推移以及人们健康、环保意识的加强，加之科技进步所能带来的产品质量改观，TCO 认证标准也一代比一代更为严格。目前显示器主要有 TCO′95、TCO′99 和 TCO′03 标准。TCO′95 标准主要包括以下标准的功能：TCO′92、ISO、环境保护 MPRII、人体工程学（ISO 9241）和安全性（IEC 950）、低电磁辐射和低磁场辐射、电源监控等。TCO′99 和 TCO′03 标准比 TCO′95 更加严格。

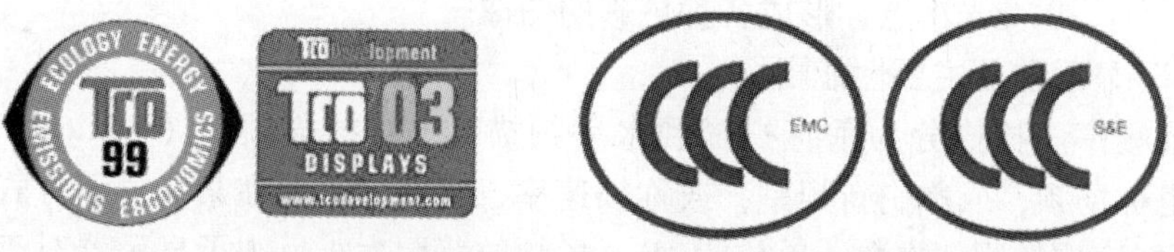

图 1-46　TCO′99、TCO′03 和 CCC 认证标志

5）视频带宽。带宽是显示器所能接收信号的频率范围，反映了显示器的图像数据吞吐能力，是评价显示器性能的重要参数，一般应大于水平像素数、垂直像素数和场频三者的乘积，其单位为 MHz。普通的显示器带宽为 100 MHz 左右，高分辨率显示器的带宽可达 200 MHz以上。目前，有的带宽甚至达到 240 MHz。

6）显像管。各个厂商的纯平显像管在技术上均有其独到之处，在性能上也各有特色。

（5）LCD 的结构

从 LCD 的结构来看，无论是便携式计算机还是桌面系统，采用的 LCD 显示屏都是由不同部分组成的分层结构。LCD 由两块玻璃板构成，厚约 1 mm，其间由包含有液晶材料的 5 μm均匀间隔隔开。因为液晶材料本身并不发光，所以在显示屏两边都设有作为光源的灯管，而在液晶显示屏背面有一块背光板（或称匀光板）和反光膜，背光板是由荧光物质组成的可发射光线，其作用主要是提供均匀的背景光源。

由于 LCD 自身结构的特点，可制成非常薄的显示屏。其体积小、重量轻，主要用于便携式计算机上。与 CRT 显示器一样，它也有彩色、单色之分，也有不同的分辨率等。

（6）LCD 的工作原理

LCD 背光板发出的光线在穿过第一层偏振过滤层之后进入包含成千上万液晶液滴的液晶层。液晶层中的液滴都被包含在细小的单元格结构中，一个或多个单元格构成屏幕上的一个像素。在玻璃板与液晶材料之间是透明的电极，电极分为行和列，在行与列的交叉点上，通过改变电压而改变液晶的旋光状态，液晶材料的作用类似于一个个小的光阀。在液晶材料周边是控制电路部分和驱动电路部分。当 LCD 中的电极产生电场时，液晶分子就会产生扭曲，从而将穿越其中的光线进行有规则的折射，然后经过第二层过滤层的过滤在屏幕上显示出来。

（7）LCD 的主要性能指标

1）LCD 的接口类型。采用数字信号接口（DVI）可以有效地减少信号的损耗和干扰，这是最适合 LCD 的。目前大多数 LCD 都使用了数字信号接口。在选购时，最好选择带 DVI 的显示卡和 LCD。

2）LCD 的尺寸。LCD 的尺寸标示与 CRT 显示器不同，它的尺寸是以实际可视范围的对角线长度来标示的。尺寸标示使用厘米（cm）为单位，或按照惯例使用英寸作为单位。

3）亮度。赛迪评测采用 ANSI IT7.215 标准推荐的9点取平均值的测量法进行亮度测量：LCD 的最大亮度不应低于 $450\,cd/m^2$。

4）对比度。对比度采用 ANSI IT7.215 标准中建议的16点测试法进行：对比度有静态对比度和动态对比度，静态对比度的值不应低于 700∶1。

5）可视角度。LCD 的可视角度包括水平可视角度和垂直可视角度两个指标，水平可视角度表示以显示器的垂直法线（即显示器正中间的垂直假想线）为准，在垂直于法线左方或右方一定角度的位置上仍然能够正常地看见显示图像，这个角度范围就是液晶显示器的水平可视角度；同样如果以水平法线为准，上下的可视角度就称为垂直可视角度。一般而言，可视角度是以对比度变化为参照标准的。一般主流 LCD 的可视角度为 150°～170°。

6）响应时间。LCD 的响应时间是指液晶体从暗到亮（上升时间）再从亮到暗（下降时间）的整个变化周期的时间总和。响应时间使用毫秒（ms）为单位。LCD 的响应时间应该在 10 ms 以下。

7）色彩数量。液晶显示器的色彩数量比 CRT 显示器少，目前多数的 LCD 的色彩支持16.2 百万以上像素。

LCD 的点距、分辨率，根据其原理决定了其最佳分辨率就是其固定分辨率，同级别的 LCD 的点距也是一定的。LCD 在全屏幕任何一处点距是完全相同的。LCD 是对整幅的画面进行刷新，而 LCD 即使在较低的刷新率（如 60 Hz）下，也不会出现闪烁的现象。

1.1.2.8 键盘与鼠标

1. 键盘

键盘是最常用也是最主要的输入设备，通过键盘，可以将英文字母、汉字、数字、标点符号等输入到计算机中，从而向计算机发出命令、输入数据等，键盘分为主键盘区，数字辅助键盘区、F 键功能键盘区、控制键区，对于多功能键盘还增添了快捷键区。如图 1-47 所示为标准的 104/105 键盘。

图 1-47 标准 104/105 键盘

按照应用可以分为台式机键盘、便携式计算机键盘和工控机键盘。

台式机键盘按键的数量先后经历了 83 键、93 键、96 键、101 键、102 键、104 键、107 键等几个阶段。Windows 95 面世后，在 101 键盘的基础上改进成了 104/105 键盘，增加了 3 个快捷键（其中两个重复的 Windows 按键）。107 键盘又称为 Win 键盘，比 104 键盘多了睡眠、唤醒、开机等3个电源管理按键。大部分的107键盘在其右上方多出这3个键位。近几年内，紧接着107键盘出现的是新兴多媒体键盘，它们在传统的键盘基础上又增加了不少常用快捷键或音量调节装置（如图1-48所示），使PC操作进一步简化，对于收发电子邮件、打开浏览器软件、启动多媒体播放器等都只需要按一个特殊按键即可。

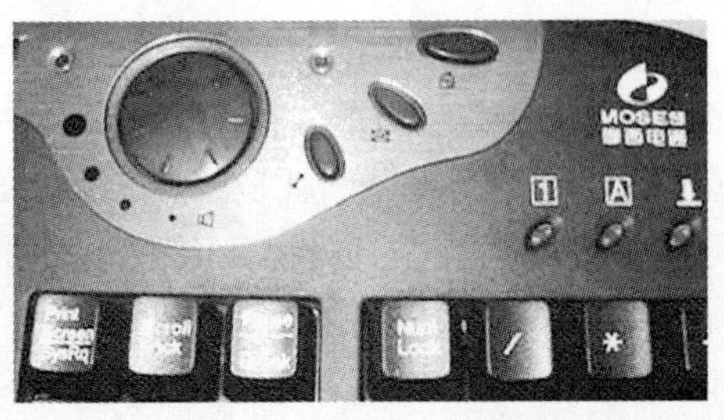

图1-48　多媒体键盘和无线多媒体键盘

（1）键盘的分类

根据键盘按键开关方式的不同，可以把键盘分为电容式开关的键盘、塑料薄膜式键盘和导电橡胶式3类。电容式开关的键盘，原理是通过按键改变电极间的距离产生电容量的变化，暂时形成振荡脉冲允许通过的条件。理论上这种开关是无触点非接触式的，磨损率极小甚至可以忽略不计，也没有接触不良的隐患，噪声小，容易控制的手感，可以制造出高质量的键盘，但工艺较机械结构复杂。塑料薄膜式键盘内部共分4层，实现了无机械磨损，其特点是低价格、低噪声和低成本，市场占有相当大的份额。导电橡胶式键盘的触点的结构特点是通过导电橡胶相连。键盘内部有一层凸起带电的导电橡胶，每个按键都对应一个凸起，按下时把下面的触点接通。这种类型被键盘制造厂商所普遍采用。

根据键盘通过主板的连接分为PS/2键盘插头、USB键盘插头和无线接口，如图1-49所示。现在的台式机的大多数主板都提供PS/2键盘接口。USB作为新型的接口，一些公司也很快地推出了相应的USB接口的键盘。为了摆脱键盘线的束缚，红外键盘和无线键盘已经被不少计算机爱好者使用了。在不少品牌计算机中，设计者在键盘上配置了上网及控制音响功能的一些控制键，使上网和多媒体操作更加方便。

图1-49　PS/2和USB键盘插头

根据键盘的外形划分，可分为标准键盘和人体工程学键盘。为了在操作计算机时更舒适，于是出现了“人体工程学键盘”，如图1-50所示，人体工程学键盘是在标准键盘上将指法规定的左手键区和右手键区这两大板块左右分开，并形成一定角度，使操作者不必有意识的夹紧双臂，保持一种比较自然的形态，这种设计的键盘被微软公司命名为自然键盘（Natural Keyboard），对于习惯“盲打”的用户可以有效地减少左右手键区的误击率，如字母“G”和“H”。有的人体工程学键盘还有意加大常用键如空格键和回车键的面积，在键盘的下部增加护手托板，给以前悬空手腕以支撑点，减少由于手腕长期悬空导致的疲劳。这些都可以被视为人性化的设计。

图 1-50　人体工程学键盘

（2）键盘工作的基本原理

键盘主要由电路板、键盘体和按键组成。目前台式计算机的键盘大多都采用活动式键盘。键盘作为一个独立的输入部件，具有自己的外壳。键盘面板根据档次采用不同的塑料压制而成，部分优质键盘的底部采用较厚的钢板以增加键盘的质感和刚性。

键盘工作的基本原理是把键盘上的按键动作转换成相应的编码传送给主机。键盘由一组排列成矩阵方式的按键开关组成，使用硬件或软件方式对矩阵的行、列按键开关进行扫描，判断是哪个键按下去了，这一工作由键盘电路板上的单片机完成。键盘的按键是一个触点式开关，当键按下时，该键开关接通；当键弹起时，该键开关断开。

薄膜式键盘，这种键盘内部是双层胶片，胶片中间夹有相互导通的印制线。胶片与按键对应的位置有一触点，按下按键时，触点连通相应的印制线，产生该键的编码。

2. 鼠标

（1）鼠标的分类

目前市场上流行的鼠标按照结构不同主要分成 3 种，分别为机械鼠标（半光电鼠标）、光电鼠标和无线鼠标。每种鼠标的特点、用途和选购都稍有不同。按照接口的不同，常用的鼠标主要是 PS/2 接口、USB 接口和无线接口的鼠标（如图 1-51 所示）。

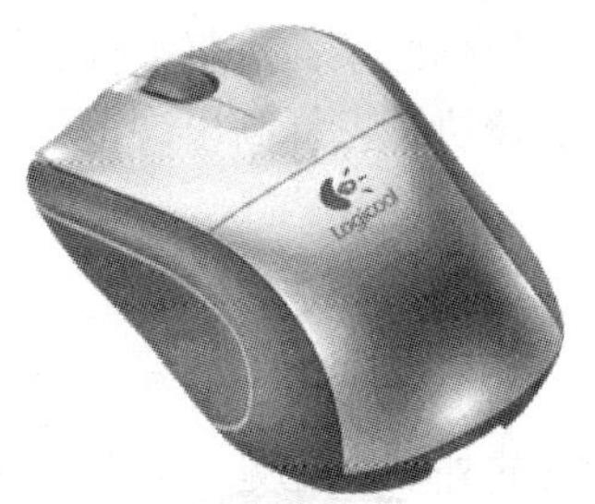

图 1-51　无线鼠标

(2) 鼠标的工作原理

1) 机械鼠标（半光电鼠标）。它是一种光电和机械相结合的鼠标，如图 1-52 所示。它的原理是紧贴着滚动橡胶球有两个互相垂直的传动轴，轴上有一个光栅轮，光栅轮的两边对应着有发光二极管和光敏晶体管。当鼠标移动时，橡胶球带动两个传动轴旋转，而这时光栅轮也在旋转，光敏三极管在接收发光二极管发出的光时被光栅轮间断地阻挡，从而产生脉冲信号，通过鼠标内部的芯片处理之后被 CPU 接收，信号的数量和频率对应着屏幕上的距离和速度。

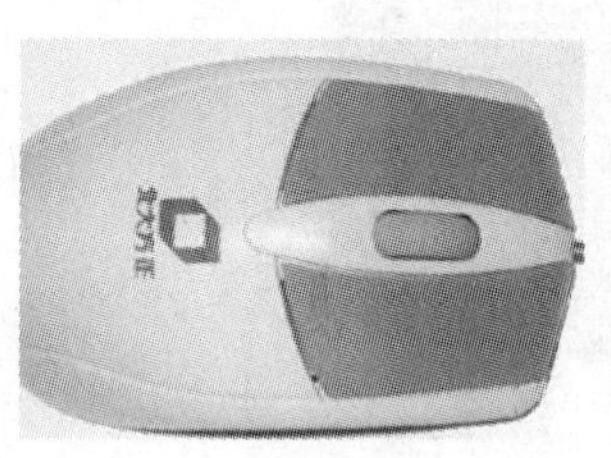
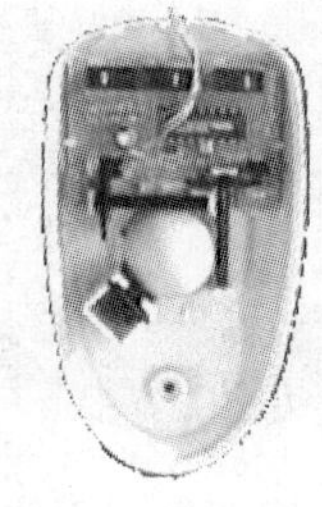

图 1-52　机械鼠标及其内部结构

2) 光电鼠标。光电鼠标产品（如图 1-53 所示）按照其年代和使用的技术可以分为两代产品，其共同的特点是没有机械鼠标必须使用的鼠标滚球。第一代光电鼠标由光断续器来判断信号，最显著特点就是需要使用一块特殊的反光板作为鼠标移动时的垫。

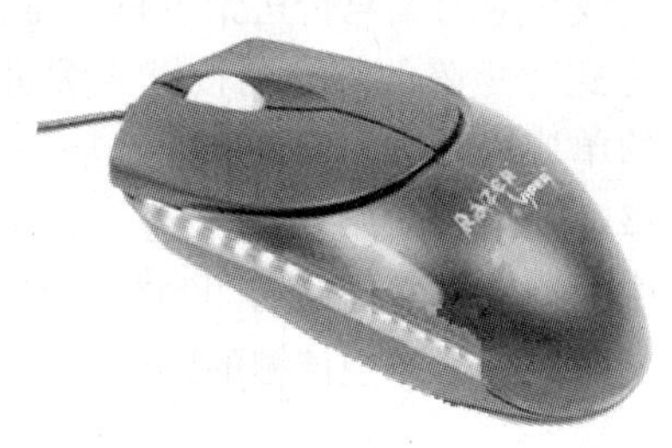
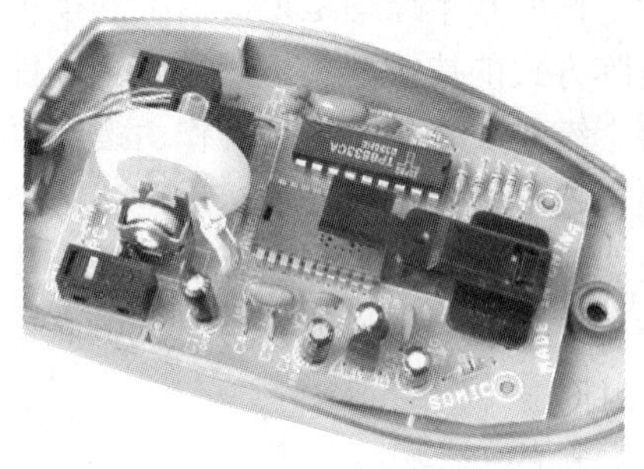

图 1-53　光电鼠标及其内部结构

目前市场上的光电鼠标产品都是第二代光电鼠标。第二代光电鼠标的原理其实很简单：其使用的是光眼技术，这是一种数字光电技术，较之以往机械鼠标完全是一种全新的技术突破。在鼠标底部有一个小的扫描器对摆放鼠标的桌面进行扫描，然后对比扫描前后结果确定鼠标移动的位置。光电鼠标的定位精度要比机械鼠标高出许多，由于不需要控制球，重量也要比机械鼠标轻，使用者的手不易疲劳。

1.1.2.9　机箱与电源

1. 机箱

机箱（如图 1-54 所示）是一台微机的外观，也是一台微机的主架。机箱的主要作用：首先，它提供空间给电源盒、主机板、各种扩展板卡、软盘驱动器、光盘驱动器、硬盘驱动器等设备，并通过机箱内部的支撑、支架、各种螺钉或卡子及夹子等连接件将这些零配件牢牢地固定在机箱内部，形成一个集约型的整体。其次，它坚实的外壳保护着板卡、电源及存储设备，能防压、防冲击、防尘，并且它还能发挥防电磁干扰、辐射的功能，起到屏蔽电磁辐射的作用。机箱须扩展性能良好，有足够数量的驱动器扩展仓位和板卡扩展槽数，以满足日后升级扩充的需要；通风散热设计合理，能满足计算机主机内部众多配件的散热需求。在易用性方面，要有足够数量的各种前置接口，如前置 USB 接口、前置 IEEE 1394 接口、前置音频接口、读卡器接口等。

机箱还提供了许多便于使用的面板开关及一些有指示功能的指示灯等，让操作者更方便地操纵计算机或观察计算机的运行情况。

图 1-54　机箱

机箱的外壳通常是由一层厚度达 1 mm 以上的钢板制成，在它上面还镀有一层很薄的锌。内部的支架主要由铝合金条或者铝合金板制成。

机箱的主要部件及作用如下。

1）主板固定槽：其作用是安装主板。

2）支撑架孔和螺钉孔：卧式机箱在箱底部，立式机箱一般在箱体右侧，主要是用于安装支撑架（塑料件）和主板固定螺钉。

3）驱动器槽（架）：用来安装硬盘、软驱及光驱等。

4）电源盒固定槽：用于安装主机电源盒，一般在机箱后面角落处。

5）板卡固定槽：在机箱主板后侧，主要用于固定如显示卡、声卡等各种板卡。ATX 机箱的串口、并口及 USB 口等集中在机箱后侧一个较大的开口处。

6）键盘和鼠标孔：键盘和鼠标插头通过该孔与主板键盘和鼠标插座相接。

7）驱动器挡板：安装软驱、光驱时，取下挡板；不安装时加上挡板，保证机箱面板的美观及安全。

8）控制面板：在机箱的前面，有电源开关（Power Switch）、电源指示灯（Power LED）、硬盘指示灯（HDD LED）、复位按钮（RESET Switch）等。

9）控制面板接线及插针：主要将控制面板的控制传给主机或显示主机的状态。

10）电源开关及开关孔：机箱一般自配电源开关，机箱留有电源开关孔，该孔主要用来固定开关，开关主要为主机接通或关闭电源。

11）扬声器：每个机箱都固定一个扬声器（小喇叭）或音频器，阻抗为 8 Ω，功率为 0.25 ~ 0.5 W，主要用于主机发出的各种提示声音，特别是启动过程发生故障时使用。

12）前面板：主要用于装饰、粘贴商标等。

2. 电源

微机电源也称为电源盒或电源供应器（Power Supply），是微机系统中非常重要的辅助设备。微机电源有内部电源和外部电源之分，常说的电源主要是指内部电源，即安装在机箱内部的电源，其主要功能是将 220 V 交流电（AC）变成正、负 5 V 及正、负 12 V 和正的 3.3 V的直流电（DC），除此之外还具有一定的稳压作用。

电源主要为主板、各种扩展卡、软驱、光驱、硬盘和键盘供电。其外形如同一个方盒，安装在主机箱内，一般外形尺寸为 165 mm × 150 mm × 150 mm，如图 1-55 所示。

图 1-55　主机的电源

一般电源由电源外壳、输入电源插座、显示器电源插座、主板电源插头、外部设备电源插头和散热风扇等组成。

1）输入电源插座主要用于将市电送给微机电源。

2）显示器电源插座（有的电源无显示器插座）通过主机控制显示器的开与关。这个插座所输出的电压并未经主机电源的任何处理，只是受主机电源开关的控制，主机开则插座有电（220 V），主机关则插座无电。可实现主机与显示器同时开、关。

3）很多主板除了主供电接口外，还可能需要 4 针，甚至 8 针的独立供电接口，通常用于给 CPU 辅助供电。有些耗电量巨大的 PCI - Express 显示卡也可能需要一个 6 针的辅助供电接口，如果是拥有两个显示卡的计算机，可能需要两个 6 针的辅助供电接口（如图 1-56 所示），4 针电源插头主要用于 Pentium 4 CPU 的专用电源。

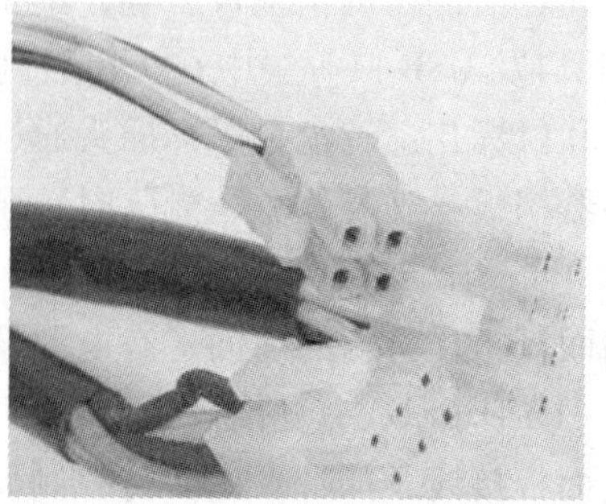

图 1-56　ATX 主板供电的插头和 4 针、6 针和 8 针的辅助供电接口

4）主板电源插头。ATX 主板电源插头是一个较大的插头，共有 20 或 24 个插针，可提供 +3.3 V、±5 V 和 ±12 V 三组直流电压。本身可防插错。ATX 电源插座示意图如图 1-57 所示。

ATX（AT Extend）规范是 1995 年 Intel 公司制定的主板及电源结构标准。ATX 电源规范经历了 ATX 1.1、ATX 2.0、ATX 2.01、ATX 2.02、ATX 2.03 和 ATX 12 V 系列等阶段。

2005 年，随着 PCI - Express 的出现，提高了显示卡对供电的需求，因此，Intel 公司推出了电源 ATX 12 V 2.0 规范。电源采用双路 +12 V 输出，其中一路 +12 V 仍然为 CPU 提供专门的供电输出，而另一路 +12 V 输出则为主板和 PCI - Express 显示卡供电，解决大功耗设备的电源供应问题，以满足高性能 PCI - Express 显示卡的需求。由于采用了双路 +12 V 输出，连接主板的主电源接口也从原来的 20 针增加到 24 针，分成 20 +4 两个部分，分别由 12 ×2 的主电源和 2 ×2 的 CPU 专用电源接口组成。

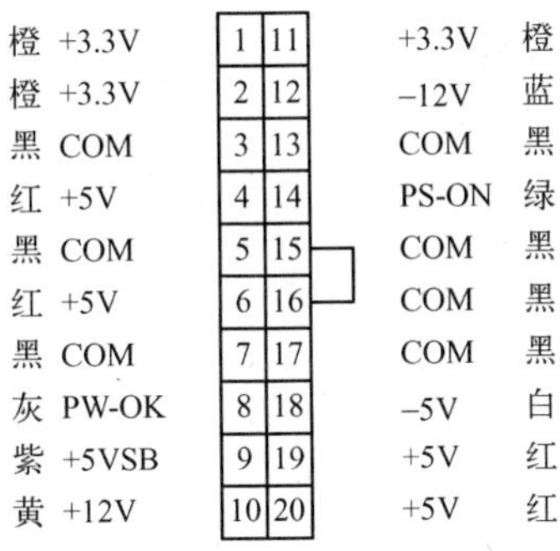

图 1-57 ATX 电源插座示意图

5）外部设备电源插头。它主要用来为软驱、硬盘、光驱等外部设备提供所需电压。一般提供 4 ~6 个插头。分别有专为 3in 软驱提供的电源插头（如图 1-58a 所示）、为 IDE 接口的硬盘、光驱、刻录机（如图 1-58b 所示）和 SATA 接口的硬盘等供电的插头（如图 1-58c 所示），以及为 CPU 或机箱风扇供电提供的插头等。

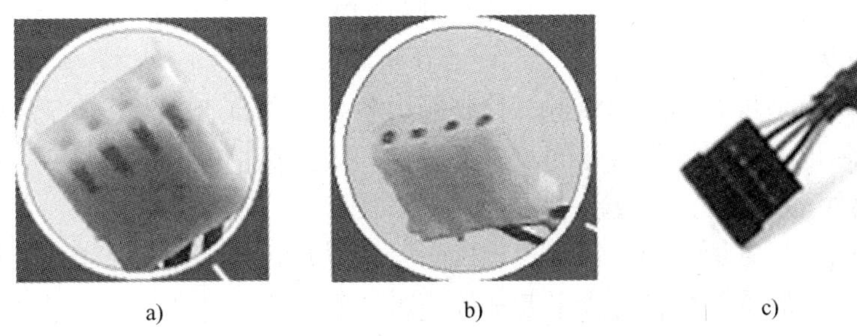

图 1-58 外部设备电源插头

为驱动器供电的插头都由 4 根插针组成，其导线的颜色不同。1 号针对应黄色导线（+12 V）；2、3 号针对应黑色导线（GND）；4 号针对应红色导线（+5 V）。这种插头都有定位装置，一般不能插错。

6）电源的功率。电源的功率十分重要。若微机中扩展槽插件过多，或存在双硬盘、双光驱或双 CPU，则要求电源功率就必须够用，否则会使电源的工作电压不正常，从而导致微机工作不正常，甚至损坏电源，所以在不同的计算机中或不同的配置时应注意电源的功率。

若准备超频，想多装一些风扇，或安装各种板卡或双硬盘、双 CPU，则 250 W 的电源就不能胜任了。此时电源功率必须要达到 400 W 或 400 W 以上。

电源有各种认证标准，如 3C 认证、CCEE 认证、FCC 认证、UL 认证、CSA 认证和 CE 认证等，选购电源的时候应该尽量选择更高规范版本的电源和较多认证的电源，高规范版本完全可以向下兼容，其次新规范的 12 V、5 V、3. 3 V 等输出的功率分配通常更适合当前计算机配件的功率需求，例如，ATX 12 V 2. 0 规范在总功率相同的情况下，将更多的功率分配给 12 V 输出，减少了 3. 3 V 和 5 V 的功率输出，更适合最新的计算机配件的需求。

1. 1. 3 任务实施

1. 1. 3. 1 选购计算机部件的原则

1. 按实际需求选购

选购计算机的部件时要坚持以当前实用为原则，用户根据自己的用途和经济状况确定选择什么档次的部件，不要盲目选择最贵、最新、功能最全的部件。

2. 要注重品牌和售后服务

选购计算机的部件时着重应考虑品牌，目前，国内市场上各种部件有几十种品牌，在购买时要认真考虑厂商的知名度和售后服务。

3. 要注意各部件之间相匹配

在组装计算机选购计算机部件时，首先根据应用功能确定何种档次的 CPU，然后根据 CPU 的性能选择合适的主板、内存条、显示卡等。如果是维修计算机更换损坏的计算机部件，购买部件时要考虑与原来计算机的兼容性问题。

4. 要观察各部件或板卡的做工

要仔细观察元器件布局设计是否合理，布线是否清晰、明了，焊点是否规范、严谨，颜色是否异常，注意查看板卡各种的芯片有无打磨过的痕迹。

5. 要查看外观

仔细查看包装箱是否有拆过的痕迹，检查箱内各种配件是否齐全，有无说明书，说明书说明的内容与实际板卡的布局是否相同，有无各种的认证标记。

6. 关键的部件要进行现场试验

关键的部件检验其质量。如音箱要现场试听，检查其效果。CPU、主板、内存条、显示卡最好能搭建成硬件最小系统，检验主要部件能否正常工作。

1. 1. 3. 2 选购计算机部件

装机时首先考虑选择部件，下面介绍选购部件时需要考虑的问题。

1. CPU 的选购

微处理器的等级是计算机性能的重要指标。微处理器的频率对整台计算机的性能有一定程度的影响，但是如果单靠提升微处理器频率，而不考虑其他相关零、部件的情况，想要整机系统有明显的性能提升，那也是相当有限的。

选购 CPU 时，主要考虑 CPU 的频率（内频、外频）、厂商、核心数量、数据宽度、内核类型、Cache 的容量和速率、支持扩展指令集等，同时还考虑 CPU 与其他部件的搭配、微处理器所采用的架构。由于不同的架构平台是不能彼此互换的，这关系未来计算机需要升级时兼容性的问题。根据当前市场情况，若需要高档的 CPU，就要选择酷睿 i5 或羿龙 II 四核以上档次的 CPU。若需要低档的 CPU，就要选择速龙 II 双核或酷睿双核的 CPU。

2. 主板的选购

选购主板与选购的 CPU 的插座、内存条的线数、显示卡总线接口类型、硬盘数据线的接口等有关，所以还要考虑其他部件情况。目前，主板的品牌很多，每一种品牌又有许多不同的型号，这样使用户在选择主板时觉得无从选择。选择一个好的主板不仅可以提高整个计算机系统的性能，而且还可以有利于维护和升级。选择主板时主要考虑以下因素。

1）品质。品质是指主板的质量及可靠性指标。品质不仅和主板的设计结构、生产工艺有关，也和生产厂家选用的零、部件有很大关系。用户在购买时，可以从产品外观、生产厂家背景及返修率等方面考虑。一般，知名大公司在设计及生产工艺和原材料选用等方面比较严格，品质都较好，但价格一般也略微高一些。

2）兼容性。主板由于要和各种各样的周边设备配合并运行各种操作系统及应用程序，所以兼容性是非常重要的。在硬件方面包括对 CPU 的支持，即是否支持 Intel、AMD、VIA 处理器，支持的内存，支持各种常见品牌的显示卡、声卡、网卡、SCSI 卡、Modem 卡等，以及对即插即用的支持等。软件方面包括各种操作系统和应用软件能否运行，像 MS－DOS、Windows 2000、Windows XP、Windows VISTA、Windows 7、OS/2、UNIX 和 Novell 等。一般厂家都会有兼容性方面的测试报告供用户参考。

3）速度。速度指标也是大家购买时普遍关心的一个性能指标。各个厂家生产的主板速度有差异主要是因为采用的芯片组（CHIP SET）不同；线路设计与 BIOS 设计最佳化不同；原配件或材料选用品质不同。速度指标主要指的是前端总线频率或系统总线频率，可以用测试方法得到，一般取相同配置的主板（如芯片组相同），在相同配置（同样的 CPU、内存、显示卡、硬盘等）下用专业的测试软件测得。

4）升级扩展性。计算机技术日新月异，选购时要考虑主板升级扩展性问题。升级扩展主要包括 CPU 升级余地，支持哪几家公司的产品；内存升级能力，有多少个内存插槽，最大内存容量；有几个 SATA 插座；BIOS 可否升级等。

此外，选购主板时还要关注主板的产品标记、检验标记、说明书、包装情况、售后服务等。

3. 内存条的选购

在实际应用中，内存容量的选择与运行软件的复杂程度有关、与主板的内存插槽有关。

由于多媒体微机系统需要处理声音、动态图像等信息，因此，内存选择 DDR2，容量不少于 1024 MB，有条件的用户最好安装 2048 MB 以上的内存，以提高系统的运行效率。

对于专门处理三维立体图形、影像、动画等需要大存储量的计算机，需要配置 2048 MB 以上的内存容量。

不同类型的 CPU 和主板以及安装不同的操作系统，要配备不同速度和容量的内存条，一般根据 CPU 的前端总线配置内存条的速度。如 CPU 的前端总线为 1333 MHz，一般配 DDR2 1333 的内存条。

选购内存条时还要综合考虑“品牌”及“电路板”加工的质量等因素。

4. 硬盘的选购

选购硬盘时主要应考虑：

1）品牌。组装一台计算机，其硬盘是关键部件之一，选什么样的硬盘，直接影响到整机的性能和价格。

市场上的硬盘很多，如常见的 Quantum（昆腾）、Maxtor（钻石）、Seagate（希捷）、Western Digital（西部数据）、Samsung（三星）、IBM 等。除了品牌还要考虑质量、价格、容量、速度和其他的一些指标。

2）质量。质量是选购硬盘的重要因素。目前国内市场上的硬盘一般均是较大公司或较大组装厂生产的，而且有三年或三年以上维修或更换的保证。

3）容量。容量是硬盘的主要参数，一般容量与价格是成正比的，也要根据年代的不同选择不同的容量。目前容量为 800 MB ~ 2 TB 左右的价格适当，也足够用。若有特殊需要（如需装大量的游戏或图像信息），则要考虑略大些的。目前市场上硬盘的最大容量超过 2 TB。

4）接口。接口的不同，其硬盘的速度、价格也就不同，如果不是用作图形处理或网络服务器，推荐选择 SATA 的硬盘。

5）速率。不同接口，速率等参数是不同的，一般用户使用则不必追求高速率。若所选的主板提供了高速的接口，在价格差不多的情况下，应考虑高速硬盘。

目前的主板大都支持 SATA 硬盘，SATA 硬盘接口也成了大多数主板的标准接口，SATA 1.0 速率理论值就已达到 150 MB/s，SATA 2.0/3.0 更提升到 300 MB/s 或 600 MB/s。

除了以上几项关键性能外，在选择时还要注意硬盘 Cache（高速缓冲存储器）的容量和硬盘转速。较大的 Cache 硬盘可大大发挥硬盘的性能。

硬盘转速目前有 5400 r/min、7200 r/min 和 10000 r/min 等几种，其中比较常见的为7200 r/min。

5. 显示卡的选购

显示卡厂商很多，但显示卡的主要芯片的生产厂商只有几家，如 nVIDIA、ATI 等。显示卡主要芯片如同主机的 CPU 一样决定着显示卡的档次。选择显示卡时应注意：

1）性能。显示卡的性能主要由显示主芯片决定，首先应对目前流行的显示主芯片有所了解，并按其技术特性进行选购。因为一台计算机的性能如何，与显示卡的技术特性是密切相关的。在 CPU、主板相同的情况下，不同的显示卡对整机的性能有较大的影响。

2）依据需要。需要是关键，自己组装或为他人组装的计算机，一定要搞清这台计算机主要用来做什么。因为不同的用途可以选择不同档次的配件。现在市面上常见的显示卡种类有几十种，其性能自然也不同，所以要根据自己所需去选择什么档次的显示卡。

3）显存。显示卡上的内存的类型、大小、位数、频率对整机的性能有较大的影响，在某一方面也决定着显示卡的档次，更关键的是，显存直接影响着显示色彩的数量，所以，在选购显示卡时，要注意了解其本身所配备的显存大小、速度及最大可扩充容量等。

一般最好选择自身拥有 1 GB 的显存、显存芯片为 GDDR5 以上、接口类型为 PCI-Express X16 的显示卡。总之，选择时要综合自己的经济实力和需要等几个方面进行考虑。

6. 显示器的选购

显示器的选择，应从实际需要出发，首先要考虑是选择 CRT 显示器还是 LCD。目前推荐选购 LCD。

LCD 的选购：屏幕尺寸一般为 19 ~ 21in，亮度达到 450 cd/m^2 以上，对比度达到 700∶1 以上，响应时间 5 ms 以下，色彩支持 24 位以上等。

7. 光驱的选购

选择光驱时，若只考虑选购一台，则优先考虑 DVD + RW。

1）接口类型的选择依据。常见的 DVD + RW 接口有 E - IDE 和 SATA，如果没有特殊要求，应尽量选择 E - IDE 接口的 DVD + RW。

2）选择 DVD + RW 时，所选择的 DVD + RW 的数据传输速率要考虑 CD 和 DVD 的读写速度。

3）品牌的选择。市面上出售的 DVD + RW 品牌很多，而且相同速度的 DVD + RW 价格也千差万别。在选择 DVD + RW 时，应注意其兼容性，以支持多格式的光盘。

8. 声卡和音箱的选购

某些主板上集成了符合 AC′97 标准的软声卡，这对于日常的工作已经足够了。若没有特别要求，选择集成在主板上的声卡就可以了。

选择音箱时主要考虑以下几个方面。

1）音箱外观。打开包装箱，检查音箱及其相关附属配件是否齐全，如音箱连接线、插头、音频连接线、说明书、保修卡等。

观察主音箱的外观造型是否符合自己的要求，颜色搭配是否合理，有无明显不足之处；对主音箱的重量与体积进行简单的估计，看是否与标称的数值一致，要是主音箱的箱体过轻，则说明在箱体所用板材、电源变压器、扬声器等处存在严重的问题或有偷工减料的现象；然后观察副音箱在设计上与主音箱是否有明显的不对称现象。

仔细检查音箱的外贴皮，是否有明显的起泡、突起、硬伤痕和边缘贴皮粗糙不整等缺陷；检查箱体各板之间结合的紧密性，是否有不齐、不严、漏胶、多胶的现象；纱罩上的商标标记是否粘贴牢固；摘下前面板纱罩，检查纱罩内外做工是否精细、整齐；高低音单元材质、大小与说明书上的是否一致，是否存在“小马拉大车”的现象；检查高低音单元与箱体是否固定牢固，以及后面板与箱体是否粘接牢固。

对于箱体的后部，也应仔细检查：检查后面板的设计布局是否合理，是否有利于开关、调节与旋转。

2）音箱性能的评价标准。这是对音箱的音质、音色进行主观的听评。音箱是用于对声音信号进行声音还原的，所以它重现声源声音的准确性（即高保真度）就成为衡量音箱性能的第一标准了。

对多媒体音箱进行听评，不是要求要有多优美的音乐，而是要有能反映出音箱品质和它在某方面能力的高精度、高音质的特色声音，如游戏中的 MIDI 音乐、CD 音源的歌唱、流行音乐、爵士乐，以及从中高档声卡中输出的人声、流水声、鸣叫声、破裂声、爆炸声、风声等环境音效的表现力。在音箱的摆放问题上，也应在几种不同位置进行放音、听音，最后得出总体评价。

3）价格及售后服务。产品的价格当然是消费者最为敏感的因素了，对于普通家庭用户而言，建议购买的音箱价格不要低于声卡的价格，正常情况下要再高一些为好。厂家提供的售后服务期限也是消费者应该关注的问题，在正常情况下，音箱厂家一般提供一年的质量保证。

9. **电源的选购**

一个优质的电源对稳定系统起了重要的作用，质量差的电源不仅容易造成系统不稳定，有时会造成主板烧毁、硬盘损坏。购买时最好购买品牌电源，功率大于400 W 并有认证。

10. **鼠标的选购**

购买鼠标应注意其塑料外壳的外观与形态，据此可大体判断出制作工艺的好坏。鼠标器的外形曲线要符合手掌弧度，手持时感觉要柔和、舒适。在桌面上移动时要轻快，橡胶球的滚动灵活、流畅，按键反应灵敏、有弹性。另外，连接导线要柔软。建议选用光电 PS/2 接口的鼠标。

11. **键盘的选购**

1）各键的弹性要好。由于要经常用手敲打键盘的键，手感是非常重要的。手感主要是指键盘上各键的弹性，因此在购买时应多敲打几下，以自己感觉轻快为准。

2）注意键盘的背后。查看键盘的背后是否有厂商的名字和质量检验合格标签等，确保质量。

3）一般应选购 104 键以上的键盘。自然键盘带有手托，可以减少因击键时间长而带来的疲惫，只是价格稍贵，有条件的用户应该购买这种键盘。

通常，根据微型机的部件类型和性价比，按照市面信息情况，以及配置微型机的用途，综合考虑制定配置方案，根据配置的方案进行部件采购。

任务 1.2　基本的计算机部件组装

1.2.1　任务描述

某单位的计算机某部件损坏了要进行部件更换或根据自己要求配置的计算机性能组装计算机，就需要将损坏的部件拆卸下来换上新部件或组装达到自己要求的性能的计算机部件。

1.2.2　任务资讯

在进行计算机的组装操作之前，必须准备好所配置的各种部件以及所需要的工具。

1.2.2.1　组装时的注意事项

1. **从外观上检查各配件是否有损**

盒装产品一定要查看其包装是否已拆过，对于散装部件，则注意其是否有拆卸、拼装痕迹，对于表面有划痕的部件要特别小心，它们极可能是不合格的部件，可能成为日后计算机工作不稳定的因素。

对于电子元件来说，一点小小的损伤都会使它失效。若电路板上有划痕、碰伤、焊点松动等问题就最好不要用它。另外，如果一个产品的外包装被拆开了，则一定要注意查看相应的配件是否齐全，如硬盘与光驱的排线（即数据信号线）、各种用途的螺钉、螺栓、螺母、螺帽是否齐全，如果可能的话，这些东西可以向商家多要一些，以备后用。

2. 准备好安装场地

安装场地要宽敞、明亮，桌面要平整，电源电压要稳定。在组装多台计算机时，最好一台使用一个场地，以免拿错配件。主要的工具有：十字和一字螺钉旋具各一把（最好选择带有磁性的）、剪刀一把、尖嘴钳一把、平夹子（镊子）一把。此外，还应配备电工笔、万用表等电子仪表工具。

3. 消除静电

在空气湿度较大的地方，静电现象不严重，装机或拿板卡前洗手并擦干、摸摸接地导体即可；在较干燥的地方，尤其是在冬天穿了多层不同质地的衣物时，操作过程中就可能因摩擦而产生大量的静电，所以建议使用防静电腕带。

4. 查看说明书

组装计算机前仔细阅读每个配件的说明书是很有必要的。首先，要阅读主板的说明书，并根据其说明设定主板上的跳线和连接面板连线。今后若遇到需要复原 BIOS 设置的情况时，也需要查阅跳线的设置，所以说明书要保存好。其次，要阅读光驱和声卡说明书。光驱也有主、从盘之分，需要根据实际情况设置。此外，光驱和声卡之间有一根音频线，说明书上会说明连线的方法。多数光驱也会把印有主、从设置和音频输出口信息的纸贴在光驱上。

5. 注意防插错设计

装机时很重要的一点是注意各接口的防插错设计。这种设计有两种好处，一是防止插错接口，二是防止插反方向。例如，显示器接口和串口的外形有点像，生手可能会对此产生疑惑，其实这两种接口的针脚不同，而且主机背板上的串口是针口、显示器接口是孔口（符合 PC99 规范的还有颜色上的区别），这些区别能防止插错。

6. 最小系统测试

最小系统测试这一步操作容易被忽视，但它却很有必要。即便做了防静电的工作，但依然不能保证所有的配件没有先天的缺陷，如果等计算机全部组装好了才发现启动不了，那就做了太多的无用功了。

最小系统就是一套能运行起来的最简配置，通常用到主板、CPU、内存、显示卡、显示器和电源。在装机过程中搭建最小系统通电，如果显示器有显示，说明上述配件基本正常，这样便能在最早时间检验出这些主要配件是否正常，甚至是电源能否正常工作。由于只做显示器点亮的测试，所以键盘可以不接。

1.2.2.2 系统硬件组装操作步骤

对于微型机的组装，没有一个固定的模式，以方便、可靠为宜。

1）在主板上安装 CPU 和 CPU 风扇并连接风扇电源。

2）在主板上安装内存条。

3）将插好的 CPU、内存条的主板固定在机箱内。

4）在机箱内安装电源盒，连接主板上的电源。

5）安装、固定软盘驱动器（现在大部分计算机已不再安装软盘驱动器）。

6）安装、固定硬盘驱动器。

7）安装、固定光盘驱动器。

8）连接各驱动器的电源插头和数据线插头。

9）安装显示卡和连接显示器。

10）安装声卡和连接音箱。

11）安装网卡和连接网络线。

12）连接机箱面板上的连线（重置开关、电源开关、电源指示灯、硬盘指示灯）。

13）连接前置音频线和前置 USB 接口线。

14）开机前的最后检查。

15）开机观察微机是否在正常运行。

16）进入 BIOS 设置程序，查找硬盘驱动器和光盘驱动器的型号，优化设置系统的 CMOS 参数。

17）保存设置的参数并进行 Windows 操作系统的安装。

1.2.3 任务实施

在安装之前，首先消除身体所带的静电，避免将主板或板卡上的电子器件损坏；其次注意爱护微机的各个部件，轻拿轻放，切忌猛烈碰撞，尤其是硬盘。

1.2.3.1 打开机箱

目前市场上流行的主要是立式的 ATX 机箱，如图 1-59 所示。机箱的整个机架由金属构成，按机箱的机架结构分为普通的螺钉螺母结构和抽拉式结构。这两种结构打开机箱的方式不同。

图 1-59 机箱的内部结构

打开机箱的外包装，会看见很多附件，如螺钉、挡片等，然后取下机箱的外壳。机箱的整个机架由金属构成，它包括 5 in 固定架（用来安装光驱等），3 in 固定架（用来安装软驱、3 in 硬盘等）、电源固定架（用来固定电源）、底板（用来安装主板）、槽口（用来安装各种插卡）、PC 扬声器（用来发出简单的报警声音）、接线（用来连接各信号指示灯和复位开关以及开关电源）和塑料垫脚等。

1.2.3.2 安装电源盒

把电源盒（如图1-60所示）放在电源固定架上，使电源盒后的螺钉孔和机箱上的螺钉孔一一对应，然后拧上螺钉。

图1-60 微机的电源盒及其固定操作

1.2.3.3 内存条的安装

主板还没安装到机箱上以前，内存条可先安装在主板上。目前微机使用的内存条有两种：DIMM内存条（如DDR、DDR2和DDR3）和RIMM内存条。

1. DIMM内存条的安装

将内存条插槽两端的白色固定卡扳开，将内存条的金手指对齐内存条插槽的沟槽，金手指的凹孔要对上插槽的凸起点，然后将内存条垂直放入内存条插槽。稍微用力压下内存条，两侧卡条自动扣上内存条两边的凹处，如果未压紧，可以用手指压紧。安装好的DIMM内存条，如图1-61所示。

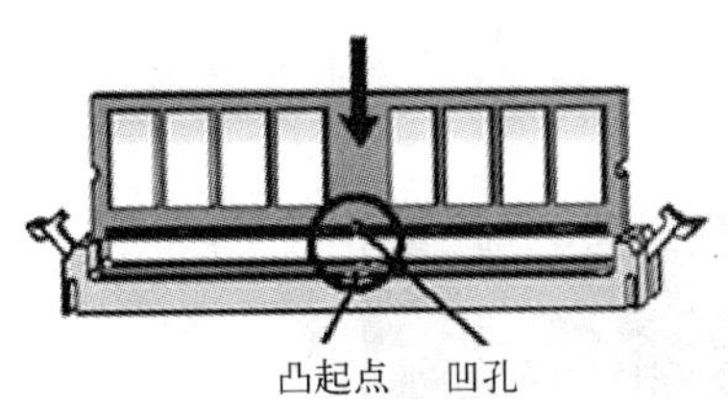

图1-61 安装好的DIMM内存条

2. RIMM内存条的安装

RIMM内存条的安装和DIMM的安装相同，不同之处是主板上未使用的RIMM插槽都必须插上C-RIMM（Continuity RIMM），这样RIMM内存条才能正常工作。

1.2.3.4 CPU的安装

1. 普通引脚式CPU的安装

普通引脚式CPU（如Intel公司的Socket 478插座，AMD公司的Socket AM2插座、Socket AM2+插座和Socket AM3插座的CPU，以及Socket FM1插座的CPU）的安装：在目前引

脚式 CPU 主板上，CPU 的插座通常都是 ZIP（零拔插力）插座，这种插座可以很方便地安装 CPU。应注意的是，CPU 的定位引脚位置一定要和 CPU 插座的定位位置相对应，因为 CPU 的形状是正方形，可以从任何一个方向放入插座，而一旦插入的方向错误，很可能烧坏 CPU。

首先要确定 CPU 的定位脚和 CPU 插座的定位脚的位置。CPU 的定位脚的位置非常明显，就是 CPU 的缺角（斜边）的位置或者有一个小白点的位置。接下来就是放入 CPU。先将 ZIP 拉杆向外拉，有一块凸起将拉杆卡在水平位置，然后将拉杆上拉起至垂直位置。

拉起拉杆后，按照定位脚对定位脚的方法将 CPU 放入插槽内，并稍用力压一下 CPU，保证 CPU 的引脚完全到位，然后将拉杆压下卡入凸起部分，如图 1-62 所示。

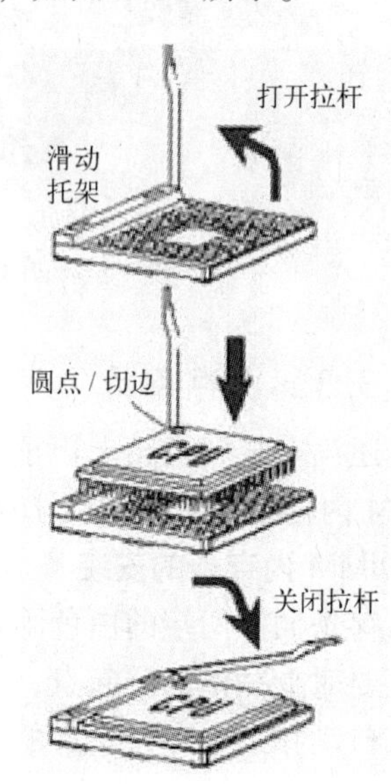

图 1-62　安装 CPU

在 CPU 表面涂一层硅胶，如图 1-63 所示，再装上 CPU 的风扇并连接其电源，风扇电源有正负极，要注意方向，如图 1-64 所示。

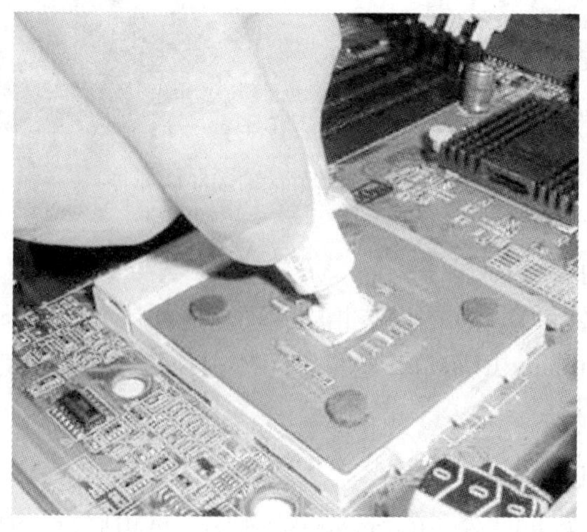

图 1-63　CPU 表面涂上硅胶

图 1-64　安装 CPU 的风扇并连接其电源

至此，CPU 就安装完成了。

主板电源有一个四孔的 CPU 电源供应输入端（如图 1-65 所示），在安装 Pentium 4 以上的 CPU 时，不要忘记连接这个 CPU 的单独的电源接口。通常，CPU 电源插头在主板的外设插头附近。

2. 触点式 CPU 的安装

触点式 CPU，如 Intel 公司的 LGA 775、LGA 1156、LGA 1155 和 LGA 1366，其底部是平的，分别有 775 个、1156 个、1155 个和 1366 个触点，插座上也分别有 775 个、1156 个、1155 个和 1366 个触点。

1）在主板上找到 CPU 的插座，可以看到保护插座的一块座盖，打开座盖就可以看到一个用锁杆扣住的上盖如图 1-66 所示。

图 1-65　CPU 电源接口

图 1-66　CPU 插座上的上盖

2）向外和向上用力就可以拉开锁杆，然后打开上盖，如图 1-67 所示，并使它与底座成 90°角。

图 1-67　拉开锁杆并打开上盖

3）将 CPU 的两个缺口位置对准插座中的相应位置，如图 1-68 所示。

图 1-68　两个缺口位置对准插座中的相应位置

4）然后平稳地将 CPU 放入插座中，如图 1-69 所示。

图 1-69　将 CPU 放入插座中

5）然后盖上插座上盖，并用锁杆扣好。再在 CPU 表面涂上一层硅胶，如图 1-70 所示。

图 1-70　在 CPU 表面涂上一层硅胶

6）将风扇轻轻放在 CPU 上面，对准位置，将 4 个固定脚对准主板上的 4 个对应的孔，如图 1-71 所示（有的直接用螺钉固定）。

图 1-71　对准主板上的 4 个对应的孔并固定

7）最后稍微用力按下固定脚，CPU 风扇就完全固定了。为了保证受力均匀，采用对角线固定，即第 1 个固定脚固定后，固定对角线的第 2 个固定脚，再固定其他的固定脚，最后连接 CPU 风扇的电源线。要想将风扇取下，只需要按固定脚上的箭头方向旋转并向上用力即可。

1.2.3.5　主板的安装

在购买机箱时，会得到一个用于安装微机各个部件的零件塑料袋。该塑料袋中有十字螺钉、主板固定螺钉、绝缘垫片等用于固定主板的零件，还有一些机箱背面的防尘挡片等。主板的组装步骤如下：

1）在机箱的底部有许多固定孔，主板上对应也有 5 ~7 个固定孔，如图 1-72 所示。

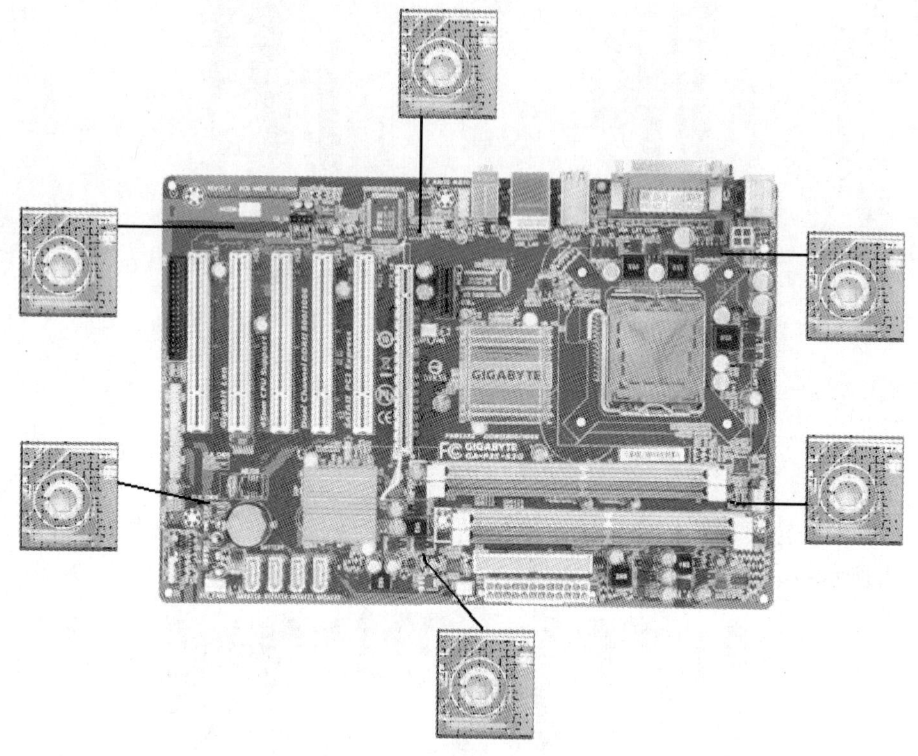

图 1-72　主板固定孔分布

这些固定孔，有的机箱使用塑料定位卡，有的机箱只用铜质固定螺柱固定。使用铜质固定螺柱最好，因为这样固定的主板相当稳固，不易松动。塑料定位卡主要用于隔离底板和主板。

主板的安装方向可以通过键盘口、鼠标口、串并口和 USB 接口与机箱背面挡片的孔对齐，主板要与底板平行。此时，要确定主板和机箱底板对应固定孔的位置。

2）在确定了固定孔的位置后，将铜质固定螺柱的下面部分固定到机箱底板上。然后，小心地将主板按固定孔的位置放在机箱底板上，此时铜质固定螺柱上端的螺纹应该在主板的孔中露出，小心地放上绝缘垫片，最后拧上固定螺柱配套金属螺钉，如图 1-73 所示。

在主板的安装过程中，要特别注意主板不要和机箱的底部接触，以免造成短路。

3）设置主板跳线。主板跳线一般在超频或清除 CMOS 内容时进行，要根据安装的 CPU 频率（外频、内频）进行。在主板（或说明书）上可以找到这些跳线的说明。一般跳线使用跳线帽和跳线开关，跳线柱以 2 脚、3 脚居多，通常以插上短接帽为选通。跳线帽内有一弹性金属片，跳线帽插入时，弹性金属片将两插针短路。3 脚以上的跳线开关多用于几种不同配置的选择。跳线开关，如图 1-74 所示，拨动开关可以设置不同的状态。跳线可以清除

CMOS 内容的设置，同时可以进行 BIOS 读、写状态的设置等。有的主板是免跳线的。

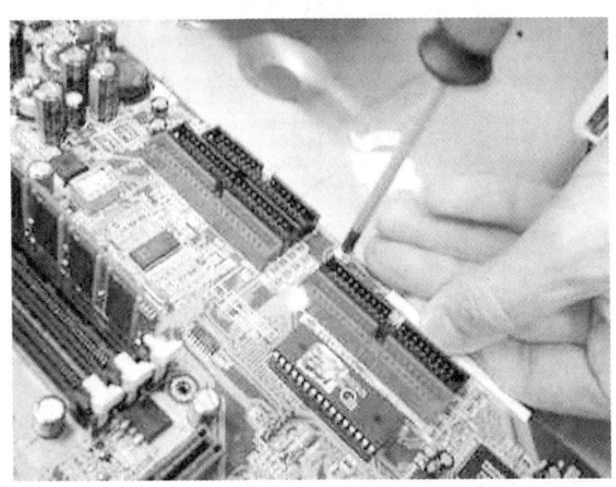

图 1-73　将主板安装在机箱上

图 1-74　跳线开关

1.2.3.6　显示卡的安装

在安装显示卡之前，先将机箱后面的挡片取下。取下挡片后，将显示卡垂直插入扩展槽中。目前比较常用的是 AGP 和 PCI - Express 显示卡，所以一般是插入 AGP 或 PCI - Express 扩展槽中。

在插入的过程中，要注意将显示卡的插脚同时、均匀地插入扩展槽，用力不能太大，要避免单边插入后，再插入另一边，这样很容易损坏显示卡和主板。

此时，显示卡上的固定金属条的固定孔应和机箱上的固定孔相吻合。从机箱的零件塑料袋中找出十字螺钉，将显示卡的金属条固定在机箱上，如图 1-75 所示。

至此，显示卡安装完成。

1.2.3.7　显示器的安装

显示器背面有两条线，一条是电源线，另一条是信号线。显示器数据线插座和插头如图 1-76 所示。

电源线可以与机箱后面的显示器电源插座相连。由于 ATX 机箱后面大部分没有显示器

图 1-75　安装显示卡

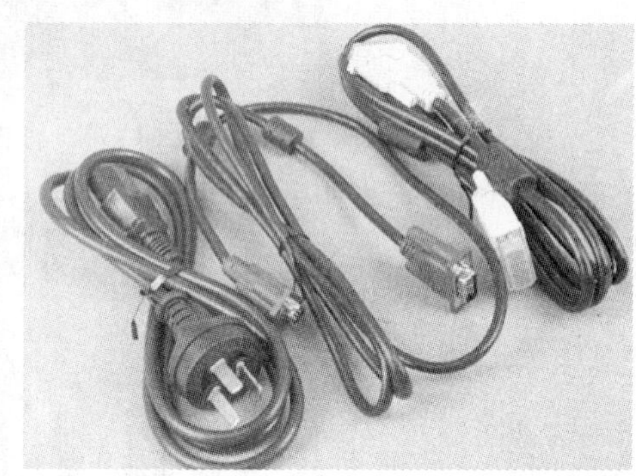

图 1-76　显示器数据线插座和插头

电源插座，所以如果使用的机箱为 ATX 机箱，那么显示器的电源线应直接插在电源插座上。

然后将数据线与机箱后的显示卡信号线插座相连接，并拧上信号线接头两侧的螺钉，使信号线和显示卡上的信号线插座稳固连接。

在电源线和信号线的连接过程中，可以发现两个接头与插座的形状是特定的，并且有方向性，所以能够方便地找到正确的连接方式。

1.2.3.8　电源插头的安装

ATX 电源盒放入机箱的固定架上，在机箱背面能看到电源盒的插口，拧上固定螺钉，然后将主板电源插头插入主板上的接口中。主板电源插头和插座如图 1-77 所示。注意：插头上的弹性塑料片和插座的突起相对。

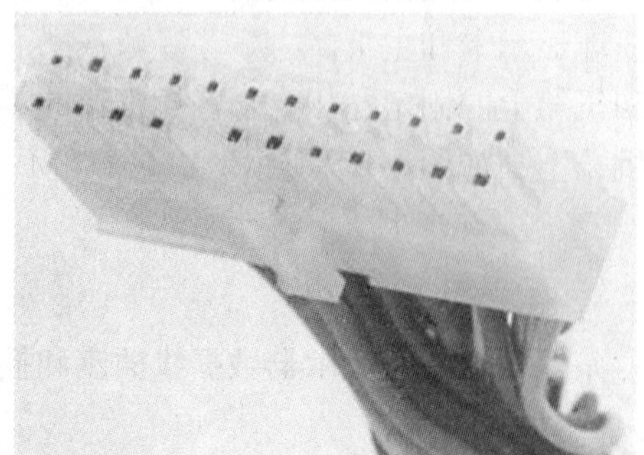

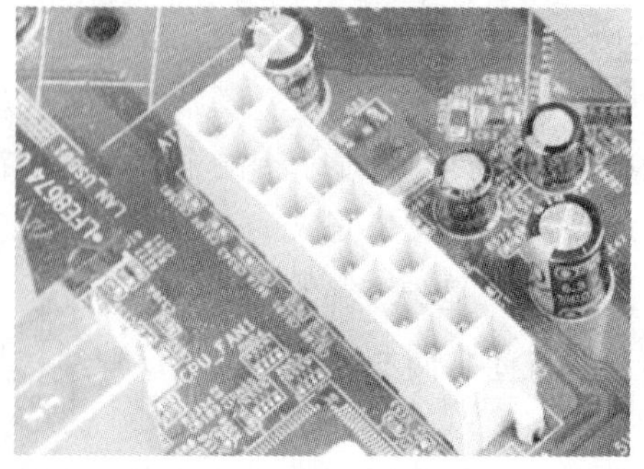

图 1-77　主板电源插头和插座

其余 4 个插头中，一个较小的（4 线）为 3.5 in 软驱电源插头，另外 3 个较大的 4 针 D 形插头为 IDE 接口硬盘和光驱电源插头，如图 1-78 所示。

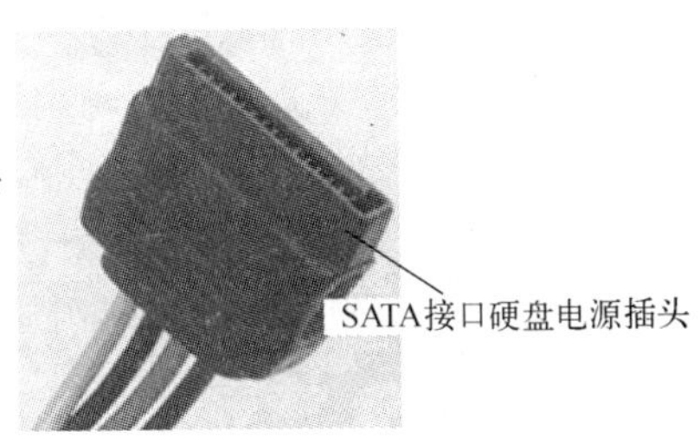

图 1-78　外设电源插头

大 4 针电源插头的一方为直角，另一方有倒角。观察硬盘等部件的后部，会找到一个 4 针的插座，它与大 4 针插头相对应，内框的一边为直角，另一边有倒角。由于插头、插针在设计制造时考虑了方位的衔接（倒角），一般不会插反。如果插错，将不能紧密结合，使部件得不到电源，如果强行插入，会造成设备（如硬盘）的损坏。小 4 针插头和插座在设计制造时也考虑了方位的衔接，一般也不会插错，如果强行反向插入，会将 3.5 in 软驱损坏。在连接时，将小 4 针插头与 3.5 in 软驱后部的插座调整好位置，慢慢插入。SATA 接口的硬盘电源连接较简单，SATA 接口硬盘电源插头（如图 1-78 所示）与插座对应插入就可以了。

1.2.3.9　硬盘的安装

硬盘分为 IDE 接口和 SATA 接口。安装 IDE 接口的硬盘时，要选择好硬盘的安装位置。为了方便，大多数卧式机箱竖直安装，立式机箱水平安装，在安装时一定要轻拿轻放。

轻轻将硬盘放入固定槽，并用螺钉固定好。

固定好硬盘后，将 80 芯扁平电缆线连接硬盘，一端插头插入硬盘后部的插座，要注意方向。

主板上通常有硬盘的接口插座，要认准 IDE1 标志，有的主板上可能为 Primary IDE 标志。将扁平电缆线的另一端插入主板上的 IDE1 插座，电缆线的红线端应与插座的 1 号脚相对应，如图 1-79 所示。

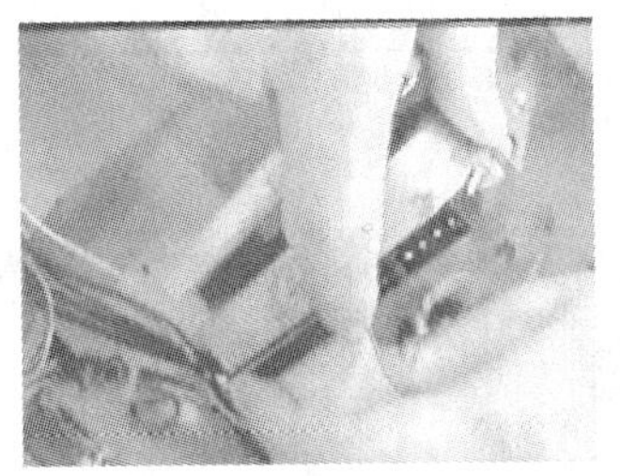

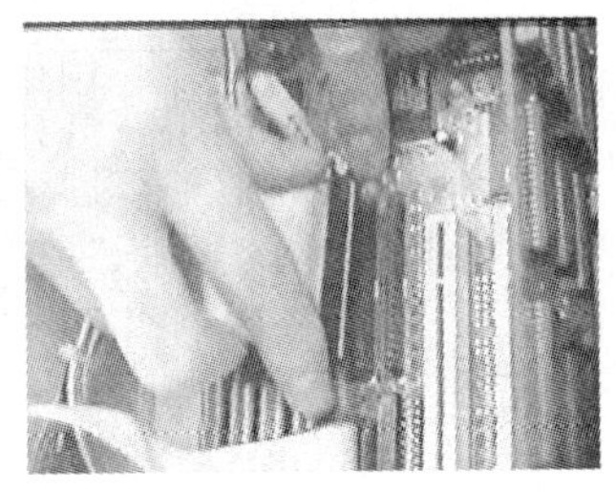

图 1-79　硬盘的固定和 IDE 接口硬盘数据线的连接

如果采用的是 80 芯的数据电缆（ATA66/100 接口），则必须保证设备的主从状态与电缆上的主从接口保持正确的对应关系，否则很有可能导致设备不正常工作或无法发挥其性能。

80 芯的 IDE 数据电缆虽然和 40 芯的电缆大致相同，都有 3 个形状一模一样的接口，但它们却分别有明确的定义：蓝色的插头（标有 SYSTEM）连接主板、黑色的插头（标有 MASTER）连接 IDE 主设备、灰色的插头（标有 SLAVE）连接 IDE 从设备。

硬盘电源使用较大的 D 形 4 针插头，将电源插头插入硬盘后部的电源插座。通常，电源线的红线端应靠近里面，与扁平电缆线的红线端相对，插反了通常插不进去，如图 1-80 所示。

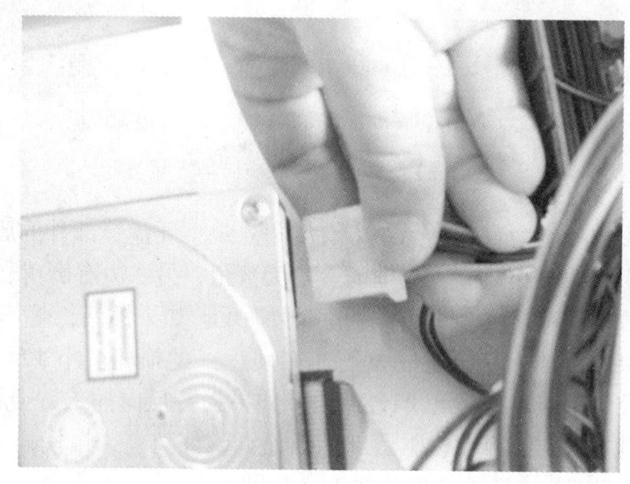

图 1-80　连接硬盘电源插头

SATA 接口的硬盘安装时，由于主板上每个 SATA 插座只能连接一个 SATA 硬盘，所以安装比较简单，只要将硬盘 SATA 插头与主板 SATA 插座对应插入就可以了。IDE 接口和 SATA 接口的硬盘安装完毕的状况如图 1-81 所示。

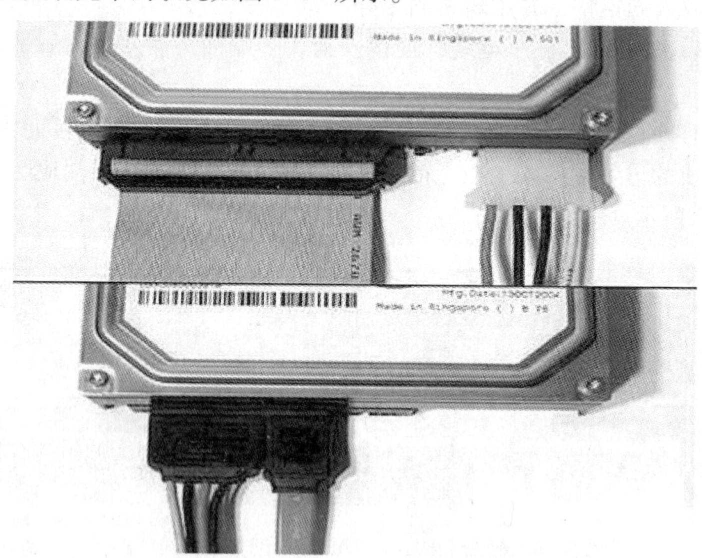

图 1-81　IDE 接口和 SATA 接口的硬盘安装完毕后的状况

1.2.3.10　光驱的安装

光驱的安装与硬盘类似。

首先，取下机箱前面的挡板，由外向内放入光驱，调整好光驱的位置，拧上固定螺钉。

然后将40芯扁平电缆线的插头插入光驱后面的插座，注意将扁平电缆线的红线端与插座的1号脚相对应。将另外一端接到主板的IDE2插座上，同样要注意将电缆线的红线端与插座上1号脚相对应，如图1-82所示。

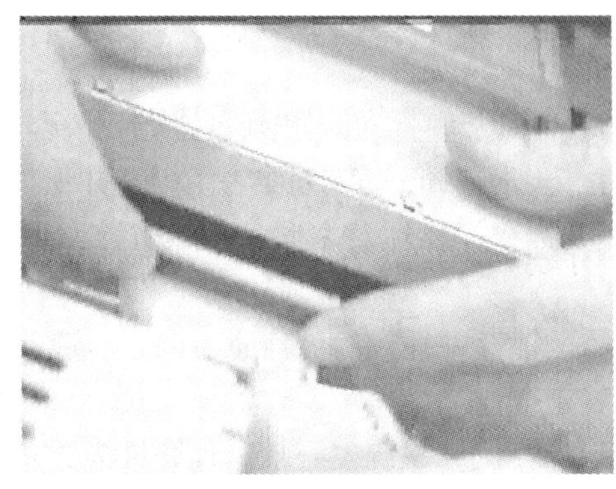
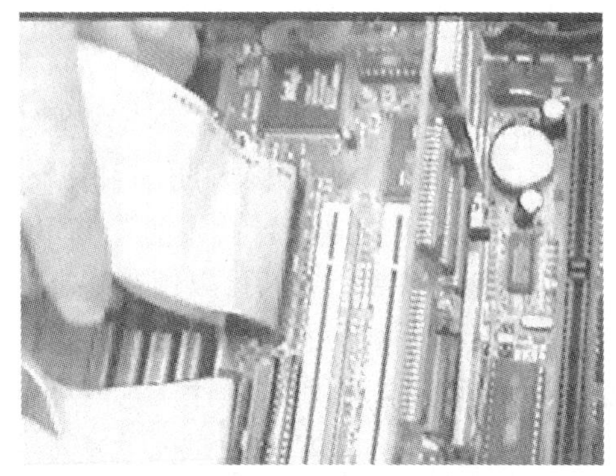

图1-82　光驱数据线与主板的连接

最后安装光驱的电源。将电源线的插头插入光驱后部的光驱电源插座。通常，电源线的红线端应靠近里面，与扁平电缆线的红线端相对应。

安装结束后，连接好的光驱电源插头如图1-83所示。

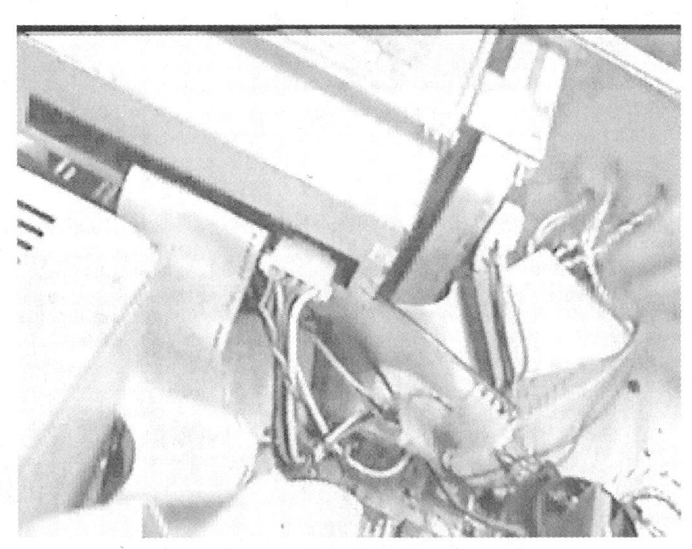

图1-83　连接好的光驱电源插头

1.2.3.11　机箱面板控制线的安装

在主板上的接线插针位于主板边缘，它配合计算机面板上的插头来达到控制计算机、指示计算机工作状态的目的，每组插头与插针均有相同的英文标识，二者相对应插入。如图1-84所示的面板控制线上的英文标志含意如下。

RESET SW：它是个两针插头，作用是使计算机复位。它没有方向性，找到位置插上即可。

SPEAKER：它是个4针插头，但是只用两个针，一般中间两针是空的，其作用是接通扬声器。它有方向性，插上后扬声器就能正常工作了。

POWER. LED：它是个 3 针插头，一般中间一针是空的。它是系统电源指示灯插头，有方向性。

POWER. SW：它是个 2 针插头，即 ATX 电源开关/软开机开关插头。它无方向性，一般插在主板规定位置上。

HDD. LED：它是个2 针插头。它连接硬盘指示灯，可以随时告诉用户硬盘的使用情况。它有方向性。主板上硬盘指示灯接脚的位置根据不同的主板有所不同，读者可参考主板说明书。

前置 USB 插头的连接：找到前置 USB 的插座并插入，要注意方向，一般前置 USB 插头有缺孔，插座有缺针，它们可以用来确定方向。

前置音频信号插头的连接：找到前置音频信号的插座并插入，要注意方向，一般前置音频信号插头有缺孔，插座有缺针，它们可以用来确定方向。

至此，已将一台多媒体计算机组装完毕。组装计算机，关键要心细，计算机毕竟是一台供用户使用的机器，可不必去了解它的具体原理。

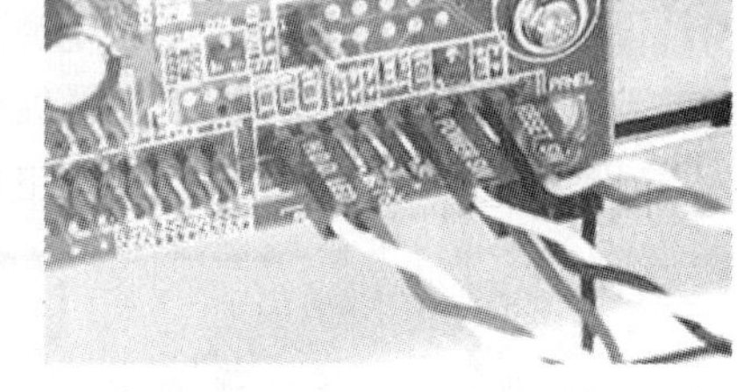

图 1-84 面板控制线

1.2.3.12 鼠标的安装

将鼠标插头插到主板的 PS/2 接口中，如图 1-85 所示。有的鼠标是接在 USB 接口上的。

图 1-85 PS/2 接口和集成声卡接口

1.2.3.13 键盘的安装

首先要找到机箱背面的连接键盘的 PS/2 接口。键盘插孔上部有一个清晰的箭头。这个箭头的位置应和键盘的数据线插头上的凹槽相对应。如果在连接时没有将位置对应好，是无法插入的。键盘一定要插紧，很多键盘无法使用的情况是由于插头松动的缘故。

1.2.3.14 声卡及音箱的安装

首先，根据声卡的插脚，在主板上找一对应的空的扩展槽插入并固定好，这一过程与显示卡的安装过程一样。

接着，将 DVD - ROM 的音频输出线连接到声卡的音频输入插座上。该插座一般有 4 根引脚，即两根地线和左右声道的信号线，排列顺序随声卡的生产厂家的不同而不同（声卡用户手册中有说明）。连接时，声卡上的左右声道分别对应 DVD - ROM 音频输出插头的左右声道，声卡的地线接 DVD - ROM 的地线。

声卡的侧面插孔的作用：SPEAKER 插孔连接音箱，MIC IN 插孔连接传声器，LINE OUT（线性）输出连接有源扬声器，LINE IN（线性输入）连接音响设备（录音机），如图 1-86 所示（有的主板集成了声卡，主板的背面引出接口如图 1-85 所示）。

图 1-86　声卡的接口

在多媒体计算机中，音箱已成为必不可少的设备。PC 音箱大都使用 2.1 声道、4.1 声道或 5.1 声道。例如，4.1 声道音箱一般由 1 个低音炮和 4 个卫星音箱组成，再配上较专业的 4.1 声卡，就能获得环绕声较强的音响效果。

漫步者 R4.1 由低音炮 R401 和 4 个卫星音箱 R80 组成。首先观察其主音箱（低音炮）的背面，最左端是电源线插座和电源开关，在没有将 4 个卫星音箱接好之前，电源最好不要开启。连接 4 个卫星音箱：在音箱背部的输出插孔，可以发现“ + R - ”、“ - L + ”等字样，它们分别表示“右环绕音箱的正负极”、“左环绕音箱的正负极”这 2 个音箱的连接位置。对于卫星音箱来说，在技术指标上并没有任何区别，换而言之，它们是完全一样的两个产品，之所以能产生两个声道的效果完全是声卡的功效所致。所以，在连接的时候，只需要将 4 个音箱接上就可以了，但是在连接的时候要注意音箱的正负极。连接时要注意线的颜色对应，并不要将两接头之间相碰，以免造成短路，音箱的连接如图 1-87 所示。

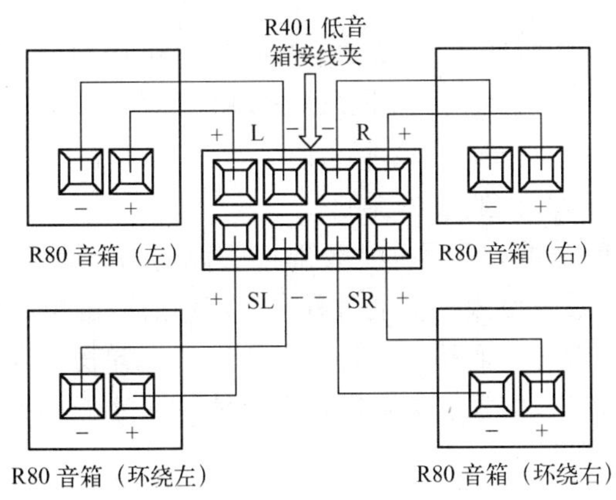

图 1-87　音箱的连接

1.2.3.15　组装完后的检查

计算机各部件安装完后要进行调试，测试安装是否正确。先检查以下安装是否正确。

1）CPU 缺口标记和插座上的缺口标记是否对应。

2）CPU 风扇是否接上电源。

3）机箱面板引出线是否插接正确。

4）前置 USB 和前置音频引出线是否插接正确。

5）防插错接口是否连接正确。

当确定一切无误后，按下机箱上的电源开关。

通电后要注意是否有异常现象，如异味或冒烟等，一旦出现异常现象立即关机检查。如果开机一切正常，还要注意 BIOS 自检是否正确通过。一般来讲，BIOS 自检无法通过的原因，一是板卡接触不良，只需重插一次就行了；二是板卡损坏，这只有找商家更换。

BIOS 自检通过后还能在 BIOS 设置程序中正确寻找到如软驱、硬盘、光驱等型号，也可以对硬盘进行分区及高级格式化，以安装操作系统等软件。

初调成功后，在关机状态下将机箱内的各种数据线整理好，并用塑料线扎一下，使机箱内显得整洁，也有利于维护和维修时对机箱内部各部件的检查，然后盖上机箱盖，拧上固定螺钉，至此，微机组装成功。

项目小结

1. 计算机的基本部件是指主板、CPU、内存条、硬盘、光驱、声卡与音箱、显示卡与显示器、键盘与鼠标、电源和机箱。目前，主流的 CPU 包括 Intel 公司的酷睿系列、奔腾系列和赛扬系列，主要产品有酷睿 i7、酷睿 i5、酷睿 i3、酷睿四核、酷睿双核 、奔腾双核、赛扬双核等，架构为 LGA 1366、LGA 1156、LGA 1155 和 LGA 775；AMD 公司的羿龙系列和速龙系列，主要产品有羿龙 II 六核、羿龙 II 四核、羿龙 II 双核、速龙 II 四核、速龙 II 三核、速龙 II 双核等，架构为 Socket FM1、Socket AM3 和 Socket AM2（AM2 +）。主板必须与 CPU、内存条搭配合适才能正常工作。选择主板的根据是芯片组功能和各种插座、插槽的功能。大部分主板集成了网卡和声卡的功能。选择硬盘主要考虑存储容量、传输速率、高速缓存容量和接口形式。

2. 目前光驱的主流配置是 DVD + RW，它能够完成读和刻录功能。对多媒体的声音和动画要求较高的用户可选择独立显示卡、较高档的 LED 及 5. 1 声道的音箱。

3. 选择计算机的各种部件前，首先要了解各部件的类型、性能指标，综合考虑各种部件搭配的合理性，以提高计算机的整体性能。

4. 在硬件安装前，首先要认真阅读主要部件的说明书，购买的部件要做好部件验收工作，发现不合格的产品要及时更换；安装过程中，应注意防静电，要注意防插错设计的插座安装；安装好后通电前，做好全面检查，检查是否有金属异物掉入机箱内、各种插头连接是否正确等；通电后若出现异常现象，立刻断电，查明原因才能重新通电。

项目练习

一、填空题

1. 主板一般有几种分类方法：按（　　）划分、按使用的芯片组划分、按（　　）划分、按主板的应用范围划分、按主板的某些主要功能划分等。

2. PCI - Express 插槽的 x1、x2 及（　　）这 3 种规格是为普通计算机设计的。

3. ATX 电源插座是 20 芯双列插座，具有（　　）结构。在软件的配合下，ATX 电源可以实现（　　）关机和通过键盘、调制解调器唤醒开机等电源管理功能。

4. 并口一般有4种工作模式：单向、双向、（　　）和（　　）。多数PC的并口支持以上全部4种模式。

5. 微处理器内部结构可分为：整数运算单元、浮点运算单元、MMX单元、（　　）、L2 Cache单元和（　　）。

6. CPU按架构分为：Intel公司生产的Socket 478、LGA 1156、LGA 1155和（　　），AMD公司生产的Socket 462、Socket AM2或AM2+、Socket AM3和Socket（　　）等。

7. CPU的超线程是一种同步多线程执行技术，采用此技术的CPU内部集成了（　　）单元，相当于（　　）实体，可以同时处理两个独立的线程。

8. CPU的运算速度通常用每秒执行基本指令的条数来表示，常用的单位是MIPS（Million Instruction Per Second），即（　　）。

9. 在硅材料上生产CPU时内部各元器件间的连线宽度，一般用微米（μm）表示，称为（　　）技术。

10. 内存指计算机系统中存放数据与指令的半导体存储单元，包括RAM（Random Access Memory，随机存取存储器）、ROM（Read Only Memory，只读存储器）和（　　）。

11. 从内存的工作原理角度可分为只读存储器和（　　）。

12. Flash Memory属于EEPROM（电擦除可编程只读存储器）类型。它既有ROM的特点，又有（　　），而且易于（　　），功耗很小。

13. 一个DRAM单元由一个晶体管和一个小电容组成。晶体管通过小电容的电压来保持断开或接通的状态，当小电容有电时，晶体管接通表示（　　）；当小电容没有电时，晶体管断开表示（　　）。

14. 在机箱的前面板，上面有电源开关（Power Switch）、（　　）指示灯、（　　）指示灯、复位按钮（RESET）等。

15. 计算机电源主要是指内部电源，即安装在机箱内部的电源，其主要功能是将220 V交流电（AC）变成正、负（　　）及正、负（　　）的直流电（DC）和正的（　　），除此之外还具有一定的稳压作用。

16. E-IDE接口硬盘的传输模式，经历过3个不同的技术变化过程，由PIO（Programmed I/O）模式发展到DMA（Direct Memory Access）模式，然后发展到现在的（　　）模式。

17. 硬盘的几个盘片的相同位置的磁道上下一起形成一道道（　　）。

18. 磁头找到所需要的磁道后等待所需的数据扇区转到磁头读写范围内所需要的时间，一般为几毫秒，称为（　　）。

19. 光驱通过信号线直接可以连到主板（　　）接口上。主板E-IDE接口有两个，可连接4台外部设备，若一条信号线连接两台设备时要注意（　　）。

20. 光驱的模拟音频输出连接口（Analog Audio Output Connector）可以连接音频线，音频线的另一端连接（　　）。音频线的排列顺序可能不同。

21. 光驱的速度与数据传输技术及传输模式有关。目前传输技术有CLV、CAV和（　　）。传输模式主要是（　　）模式。

22. 索尼、NEC等厂商针对DVD-R/RW和DVD+R/RW不兼容的问题，提出了

(　　)规格。该规格的刻录机可以同时兼容 DVD + R/RW 和 DVD - R/RW。

23. 声卡主要有声音处理芯片（组）、(　　)、总线连接端口、(　　)、MIDI 及游戏杆接口（共用一个）、CD 音频连接器等结构组件。

24. 声卡与主机机箱连接的一侧总有一些插孔（3、4 个），通常是“Speaker Out”、(　　)、“Line In” 和（　　）等。

25. (　　) 是指在给音箱输入端输入 1W/1kHz 信号时，在距音箱扬声器平面垂直中轴前方 1 m 的地方所测试得到的声压级。

26. 声卡既能输入又能输出，但两次工作不能同时进行，这被称为（　　）。输入、输出能够同时进行，则被称为（　　）。

27. 声卡按结构主要分为板卡式、(　　) 和（　　）。

28. AGP 接口的发展经历了 AGP1.0（AGP1X、AGP2X）、AGP2.0（AGP Pro、AGP4X）、AGP3.0（AGP8X）等阶段，AGP 标准使用 32 位总线，工作频率为（　　）。在最高规格的 AGP 8X 模式下，数据传输速度达到了（　　）。

29. 显存（Video RAM）也是用于存放数据的，只不过它存放的是（　　）的数据。

30. 用于存放显示芯片与驱动程序之间的控制程序，另外还存放显示卡型号、规格、生产厂家、出厂时间等信息，它被称为（　　）。

31. 在行、场偏转磁场的共同作用下，显像管屏幕上便形成了（　　）。

32. 带宽是显示器所能接收信号的频率范围，反映了显示器的图像数据吞吐能力，是评价显示器性能的重要参数，一般应大于（　　）三者的乘积。

33. 按照应用，键盘可以分为（　　）、便携式计算机键盘和工控机键盘。

34. 在标准键盘上将指法规定的左手键区和右手键区这两大板块左右分开，并形成一定角度，使操作者不必有意识地夹紧双臂，可以保持一种比较自然的形态，称为（　　）。

35. 目前市场上流行的鼠标按照结构不同主要有 3 种，即机械鼠标（半光电鼠标）、(　　)和无线鼠标。

36. 键盘由一组排列成（　　）方式的按键开关组成，使用硬件或软件方式对行、列按键开关进行扫描，判断是哪个键按下去了，这一工作由键盘电路板上的（　　）完成。

37. CPU 的定位脚的位置非常明显，就是 CPU（缺角）的位置或者有一个小（　　）的位置。

38. 声卡的侧面插孔的作用：SPEAKER 插孔连接音箱，MIC IN 插孔连接（　　），LINE OUT（线性输出）连接（　　），LINE IN（线性输入）连接音响设备（录音机）。

39. IDE 接口硬盘的数据线的蓝色的插头（标有 SYSTEM）连接（　　）、黑色的插头（标有 MASTER）连接 IDE（　　）设备、灰色的插头（标有 SLAVE）连接 IDE（　　）设备。

二、选择题

1. 目前微机的主板主要是（　　）结构。

A. ATX　　B. AT　　C. NLX　　D. PC

2. 主板的（　　）芯片主要负责管理 CPU、内存、AGP 这些高速的部分。

A. 南桥　　B. 北桥　　C. I/O　　D. BIOS

3. 微机主板上的一块可读写的 RAM 芯片，用来保存当前系统的硬件配置和用户对某些参数的设定，由主板的电池供电，该芯片称为（　　）。

A. BIOS　　B. ROM　　C. CMOS　　D. Flash ROM

4. 目前 AGP 端口标准已发展到 AGP 8X，此时最大数据传输速率可达（　　）。

A. 2100 MB/s　　B. 1832 MB/s　　C. 2132 MB/s　　D. 2132 Mbit/s

5. Serial ATA 采用串行连接方式，串行 ATA 总线使用嵌入式时钟信号，具备了更强的纠错能力，Serial ATA 1.0 定义的数据传输速率可达（　　）。

A. 100 MB/s　　B. 133 MB/s　　C. 66 MB/s　　D. 150 MB/s

6. 主板的 USB 1.1 接口，它的传输速度仅为 12 Mbit/s。USB 2.0 接口标准，设备之间的数据传输速率增加到了（　　）。

A. 480 MB/s　　B. 420 Mbit/s　　C. 180 Mbit/s　　D. 480 Mbit/s

7. LGA 1366 接口 CPU 的底部是（　　），通过与对应的 LGA 1366 插槽内的 1366 根触针接触来传输信号。

A. 引脚式　　B. 卡式　　C. 针脚式　　D. 触点式

8. LGA 1156 是目前应用于 Intel 公司封装的 CPU 所对应的接口，目前采用此种接口的有（　　）等 CPU。

A. Celeron D　　B. Pentium 4　　C. Athlon 64　　D. Intel 酷睿 i5

9. （　　）是2006 年5 月底发布的支持 DDR2 内存的 AMD 64 位桌面 CPU 的接口标准，支持双通道 DDR2 内存，将逐渐取代原有的大部分接口，从而实现桌面平台 CPU 接口的统一。

A. Socket 939　　B. Socket 754　　C. Socket 462　　D. Socket AM2

10. 主板的数据传输的实际频率，即每秒钟 CPU 可接受的数据传输量，称为（　　）。

A. CPU 的频率　　B. 外部频率　　C. 前端总线频率　　D. 倍频

11. 静态 RAM（Static RAM，SRAM）的一个存储单元的基本结构是一个（　　）电路。SRAM 的读写速度很快，一般比 DRAM 快两三倍。

A. 双稳态　　B. 电容　　C. 触发　　D. 单稳态

12. 主存储器是用来存放程序和数据的存储器，由于主存储器的容量较大，为了降低费用、减小体积，所以常采用（　　）。

A. Flash Memory　　B. SRAM　　C. ROM BIOS　　D. DRAM

13. DDR3 内存每个时钟能够以（　　）外部总线频率的速度读/写数据。DDR3 内存采用 1.8 V 左右的电压。DDR3 内存条有 240 个触点。

A. 4 倍　　B. 2 倍　　C. 6 倍　　D. 8 倍

14. 数据宽度指内存同时传输数据的位数，以 bit 为单位。DDR2 和 DDR3 的数据宽度为（　　）。

A. 32 位　　B. 36 位　　C. 64 位　　D. 48 位

15. 计算机的 4 芯电源插头主要用于（　　）的专用电源。

A. 主板　　B. 风扇　　C. 硬盘　　D. Pentium 4 CPU

16. 计算机驱动器供电的插头都由 4 根插针组成，其导线的颜色不同。1 号针对应黄色导线（　　）；2、3 号针对应黑色导线（GND）；4 号针对应红色导线（+5 V）。这种插头都有定位装置，一般不能插错。

A. +12 V　　B. -5 V　　C. +5 V　　D. -12 V

17. 计算机电源作为 CPU 的输入电压，是（　　）电压。

A. +1.5 V　　B. +12 V　　C. +5 V　　D. +3.3 V

18. 硬盘 Serial ATA 2.0 接口的数据传输速率达到（　　）。

A. 120 MB/s　　B. 166 MB/s　　C. 266 MB/s　　D. 300 MB/s

19. 硬盘工作方式有 3 种。目前主要采用（　　）。

A. NORMAL（普通）模式　　B. LBA（逻辑块）模式

C. LARGE（大）模式　　D. EIDE 模式

20. 硬盘缓冲区与系统总线（内存条）间的最大数据传输速率，称为（　　）。

A. 内部数据传输速率　　B. 最大数据传输速率

C. 硬盘传输速率　　D. 突发数据传输速率

21. 外接式光驱 USB 2.0 规范是由 USB 1.1 规范演变而来的，它的传输速率达到了(　　)。

A. 48 Mbit/s　　B. 360 Mbit/s　　C. 480 MB/s　　D. 480 Mbit/s

22. 52X 和 60X 等光驱中的 X 是指 CD-ROM 的数据传输速率是（　　）。

A. 200 kbit/s　　B. 150 kB/s　　C. 150 Mbit/s　　D. 150 kbit/s

23. 双面双层的 DVD，目前最大存储量为（　　）。

A. 17.8 GB　　B. 17.8 MB　　C. 17.8 Gbit　　D. 8.5 GB

24. DVD-ROM 读取速度也是用倍速表示的，DVD 的单倍速是（　　）。

A. 1358kbit/s　　B. 1358kB/s　　C. 1300kB/s　　D. 1000kB/s

25. CD-ROM 的格式规定在（　　）中。

A. “白皮书”　　B. “黄皮书”　　C. “红皮书”　　D. “绿皮书”

26. 声卡标记为“Mic In”的接口，它用于连接（　　）。

A. 录音机的声音输入　　B. 扬声器（音箱）

C. 收音机的声音输入　　D. 传声器（话筒）

27. 声卡进行声音采样时用多少位来表示采样值，这被称为（　　）。

A. 采样效率　　B. 采样频率　　C. 采样精度　　D. 采样位数

28. 5.1 声音系统即 5.1 声道，其中“.1”声道是一个专门设计的（　　）声道。

A. 超低音　　B. 超高音　　C. 中音　　D. 高音

29. 声音的信号和噪声信号的功率比值就是 SNR，单位为分贝（dB)，称为（　　）。

A. 功率比　　B. 信噪比　　C. 效率比　　D. 噪信比

30. 音箱的频响范围当然是越宽越好，一般为（　　）。

A. 20 Hz ~ 20 kHz　　B. 20 ~ 80 dB　　C. 10 Hz ~ 30 kHz　　D. 10 ~ 90 dB

31. PCI-Express 是下一代的总线接口，包括 X1、X4、X8 及 X16（X2 模式将用于内部接口而非插槽模式)，用于取代 AGP 接口的 PCI-Express 接口位宽为（　　），能够提供 5GB/s 的带宽。

A. X1　　B. X4　　C. X8　　D. X16

32. 将显存中的数字信号转换为能够用于显示的模拟信号，称为（　　）。

A. RAM　　B. 显示芯片　　C. DAC　　D. RAMDAC

33. 对比度采用 ANSI IT7.215 标准中建议的 16 点测试法进行：对比度的值不应低于（　　）。

A. 300∶1　　B. 400∶1　　C. 700∶1　　D. 600∶1

34. 显示器从左到右扫描一行共有多少个点和从上到下共有多少行扫描线即每帧屏幕上每行、每列的像素数，称为（　　）。

A. 水平扫描　　B. 像素值　　C. 垂直扫描　　D. 最大分辨率

35. 赛迪评测采用 ANSI IT7.215 标准推荐的 9 点取平均值的测量法进行亮度测量：LCD 的最大亮度不应低于（　　）。

A. 250 cd/mm^2　　B. 450 cd/cm^2　　C. 450 cd/m^2　　D. 100 cd/m^2

36. 键盘与主机连接的主要接口是（　　）键盘口或 USB 口，现在为了摆脱键盘线的限制，红外键盘和无线键盘已经被不少计算机用户使用了。

A. 并口　　B. 串口　　C. AT 接口　　D. PS/2

37. 每种鼠标在特点、用途和选购上都稍有不同。按照接口的不同，常用的鼠标主要是 PS/2 接口和（　　）接口的鼠标。

A. SCSI　　B. USB　　C. COM　　D. RJ－45

38. 光电鼠标相比机械鼠标，定位精度和重量分别要（　　），使用者的手不易疲劳。

A. 高、轻　　B. 高、重　　C. 低、轻　　D. 低、重

39. 目前市场上的光电鼠标产品几乎是（　　）光电鼠标。该代光电鼠标的原理其实很简单，其使用的是光眼技术，这是一种数字光电技术，较之以往机械鼠标，完全是一种全新的技术突破。

A. 第一代　　B. 第二代　　C. 第三代　　D. 第四代

40. 安装光驱时，扁平电缆线的红线端与插座的（　　）脚相对应。

A. 电源　　B. 40 号　　C. 1 号　　D. 地

41. IDE 硬盘数据线采用的是（　　）芯的数据电缆。

A. 60　　B. 42　　C. 40　　D. 80

三、简答题

1. 叙述 DDR 和 DDR2 的不同点。
2. 目前常见的 CPU 插座类型有哪些？
3. EIDE1 接口如何以 66 MB/s 以上的传输速率与 Ultra DMA/66 接口的硬盘交换数据？
4. 机箱面板指示灯及控制按键排针的主要作用以及连接时的注意事项分别是什么？
5. CPU 数据宽度的含义和作用分别是什么？
6. 叙述 SSE2 的含义。
7. 叙述 DDR3 内存的标注方法、频率和传输带宽的关系。
8. 什么是 CAS 信号（等待时间）？其主要作用是什么？
9. 安装在机箱内部的电源主要功能是什么？
10. 叙述硬盘磁头的工作特点。
11. 叙述硬盘最大内部数据传输速率和外部数据传输速率的不同点。
12. 为什么硬盘要注意防震？
13. 叙述光驱的基本工作原理。

14. 叙述光驱的 PCAV 的工作过程。
15. 根据光驱的读写方式，回答光驱是如何分类的？
16. 根据光驱的工作原理，说明光盘“1”和“0”的表示方法。
17. 叙述多次刻多次读光驱的基本工作原理。
18. 叙述声卡的工作原理。
19. 叙述声卡调频（Frequency Modulation）合成和波表（Wave Table）合成的不同点。
20. 什么是 AC′97？
21. 音箱的灵敏度是如何定义的？
22. 显示芯片的作用是什么？
23. 显示器行扫描电路的主要作用是什么？
24. 叙述色输出电路的作用。
25. 叙述 LCD 的结构特点。
26. 什么是三基色原理？
27. 分别叙述点间距的含义和作用。
28. LCD 的响应时间的含义和要求分别是什么？
29. 叙述薄膜式键盘的基本原理。
30. 叙述机械鼠标（半光电鼠标）的工作原理。
31. 选购 CPU 时，主要考虑的因素是什么？
32. 最小系统的含义是什么？
33. 计算机各部件安装完后，先检查哪几方面安装是否正确？
34. 主板上的机箱接线插针如何安装？

项目实训

一、实训目的和要求

1. 学会进行市场调查，学会选择性价比高的计算机部件。

2. 了解各种部件的外观、型号、主要性能。

3. 学会正确安装微机的 CPU、主板、内存条、硬盘与光驱、显示卡与显示器、声卡与音箱、电源盒等部件。

4. 学会正确识别和连接微机的面板排线。

5. 掌握前置 USB 接口和前置音频接口的连接方法。

6. 在组装过程中出现的问题能及时处理。

7. 完成实训报告并整理好工作台。

二、实训条件

1. 每组一个工作台和一套工具。

2. 每组包括主板、CPU、内存条、硬盘、光驱、显示卡、显示器、键盘、鼠标、机箱、电源盒、扬声器（耳机）和各种连接线。

3. DOS 软件。

三、实训主要步骤

1. 将计算机的各种部件摆放在工作台上，识别各种部件并说明其主要参数和作用，在拿部件之前，先要消除人身上的静电。

2. 安装最小硬件系统所需的部件，即主要将 CPU、内存条、显示卡、显示器、电源盒安装好。

3. 观察 CPU 的标注，记录其生产厂家、型号、频率、供电电压、定位脚的标记等数据。

4. 观察主板的组成及布局。分清主板型号、类型，了解总线类型，学会识别 BIOS、北桥、南桥等部件，熟悉各种插座、插槽、接口名称，明确该主板应如何配置 CPU 及内存条。

5. 找出主板上的 CPU 插座，将 ZIF 插座的扳手扳起，将 CPU 的定位标记对准插座的定位标记轻轻插入插座，确保 CPU 所有的针脚都插入插座后，一手按住 CPU，一手将 ZIF 插座扳手扳下（扳下扳手时如果比较吃力，不能硬扳，应松开扳手，将 CPU 从插座上取下，重新安放后再扳）。

6. 在 CPU 的核心上均匀涂上导热硅胶，将散热风扇安装在 CPU 上并连接风扇电源。

7. 将内存条有缺口一端与主板内存插槽有突起斜面一端对齐，直接对准槽插入（注意方向）。内存要与插槽配合紧密，否则应将内存条取下重新安装。

8. 将电源盒固定在机箱中，连接主板和 CPU 的电源插头。

9. 连接显示器，利用短路原理接通主板电源开关启动最小硬件系统。

10. 观察显示器是否显示，若能显示有关内容，说明已安装的主要部件能正常运行。

11. 接着安装硬盘、光驱、键盘、鼠标，并连接电源线和信号线。

12. 了解机箱面板的指示灯，以及按钮的排线作用和文字标识情况，连接各种排线到主板上，指示灯的排线要注意方向。

13. 找到前置 USB 接口和前置音频接口的主板位置，连接前置 USB 插头和前置音频插头的排线，要注意方向。

14. 将机箱固定孔使用塑料定位卡或铜质固定螺柱固定，将主板安装在机箱内，拧上固定螺柱配套金属螺钉。

15. 按以上步骤连接后，相邻两组之间进行互相检查，检查是否有连接错误，互相检查后由老师再进行检查，然后才能通电。

项目 2　CMOS 参数设置和硬盘的分区

项目目标

1. 技能目标

- 能进行常用的 CMOS 参数设置并优化计算机系统性能。
- 能诊断并排除因 CMOS 参数设置错误而造成的计算机故障。
- 会使用常见的硬盘分区软件对硬盘进行分区。
- 能在不损坏硬盘数据的前提下对硬盘分区大小进行调整。

2. 知识目标

- 理解 CMOS 和 BIOS 的区别和联系。
- 了解 BIOS 的分类和基本理论知识。
- 掌握主要 CMOS 参数的含义。
- 掌握有关硬盘分区的基本理论知识。
- 掌握硬盘分区的步骤和注意事项。

项目实施

任务 2.1　CMOS 参数设置

2.1.1　任务描述

小王想对计算机的 CMOS 参数进行如下设置：设置计算机启动顺序为光驱优先，设置硬盘的传输模式为增强模式并启用 AHCI，设置优先由集成显示卡引导并设置其共享显存为 128 MB，设置开启 USB 2.0 控制器使其工作在“高速”模式下，设置用户密码。

2.1.2　任务资讯

2.1.2.1　BIOS 和 CMOS 的概念

BIOS（Basic Input and Output System，基本输入/输出系统）是主板上的一组固化在 ROM 芯片（目前一般是 Flash ROM 芯片）内的设置程序，主要负责系统硬件参数的设置。

CMOS 的本意是互补型金属氧化物半导体存储器，也是一种大规模应用于集成电路芯片制造的原料。在计算机主板上，CMOS 芯片是一块可读/写的 RAM 芯片，主要用来保存当前计算机系统的硬件配置和操作人员对某些参数的设定。CMOS RAM 芯片是掉电易失型的芯片，它通过一块后备电池供电。对 CMOS 芯片中的各项参数的设置要通过专门的程序来完成，即 BIOS 设置程序。在开机时通过按〈DEL〉键或其他按键（不同品牌的主板或不同类型的 BIOS 按键不同）进入 BIOS 设置程序对系统进行设置。

综上所述，BIOS 和 CMOS 既相关又不同：BIOS 中的系统设置程序是完成 CMOS 参数设置的手段，CMOS 既是 BIOS 设定系统参数的存放场所，又是 BIOS 设定系统参数的结果，因此完整的说法应该是“通过 BIOS 设置程序对 CMOS 参数进行设置”。由于 BIOS 和 CMOS 都和系统设置密切相关，所以在实际使用过程中出现了 BIOS 设置和 CMOS 设置的说法，其实指的是同一回事，但 BIOS 与 CMOS 却是两个完全不同的概念，千万不可混淆。

在计算机主板上，CMOS RAM 一般被集成到南桥芯片中。BIOS 芯片如图 2-1 所示。

a)　　b)

图 2-1　BIOS 芯片图

a) SOP 封装的 BIOS　b) PLCC 封装的 BIOS

2.1.2.2　BIOS 的功能

BIOS 主要由自检程序、系统设置程序、系统自举装载程序，以及主要 I/O 设备的驱动程序和终端服务等组成，其功能主要包括：

1. 系统参数设置

计算机硬件的配置记录存放在可读/写的 CMOS RAM 芯片中，此芯片主要保存着系统的基本情况、CPU 特性、软硬盘驱动器、显示适配器、键盘等部件的信息。BIOS 系统设置程序则主要用来设置各项 CMOS 参数。

2. 加电自检

计算机接通电源后，系统首先由 POST（Power On Self Test，加电自检）程序来对内部各个设备进行检查。通常，完整的 POST 包括对 CPU、640KB 基本内存、1 MB 以上的扩展内存、ROM 主板、CMOS 存储器、串并口、显示卡、软硬盘子系统及键盘等进行的测试，一旦在自检中发现问题，系统将给出提示信息或鸣笛警告。

3. 系统启动自举

系统在完成 POST 后，BIOS 就按照 CMOS 参数中保存的启动顺序搜索软硬盘驱动器，以及 CD - ROM、网络服务器等有效的启动驱动器，读入操作系统引导记录，然后将系统控制权交给引导记录，并由引导记录来完成系统的启动。

4. BIOS 硬件中断处理和程序服务请求

程序服务请求主要是为应用程序和操作系统服务的，这些服务主要与输入/输出设备有关，如读磁盘、文件输出到打印机等。为了完成这些操作，BIOS 必须直接与计算机的 I/O 设备“打交道”，它通过端口发出命令，与各种外部设备进行通信（发送或接收数据），使程序能够脱离具体的硬件操作，而硬件中断处理则分别处理 PC 硬件的需求。它们分别为软件和硬件服务，组合到一起使计算机系统正常运行。

2.1.2.3 BIOS 的分类

根据开发厂商的不同，计算机主板所使用的 BIOS 分为 Award BIOS、AMI BIOS、Phoenix BIOS 和 UEFI BIOS。Award 公司和 Phoenix 公司已经合并，由它们开发的 BIOS 命名为 Phoenix-Award BIOS。

1. Award BIOS 和 AMI BIOS

Award BIOS 是由 Award 公司开发，AMI BIOS 则由 AMI 公司开发，它们均广泛地应用在各大主板厂商生产的主板中。它们的界面分别如图 2-2 和图 2-3 所示。

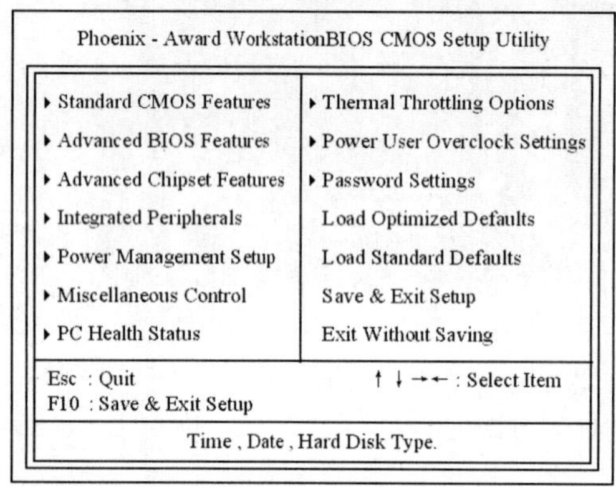

图 2-2　Award BIOS 界面

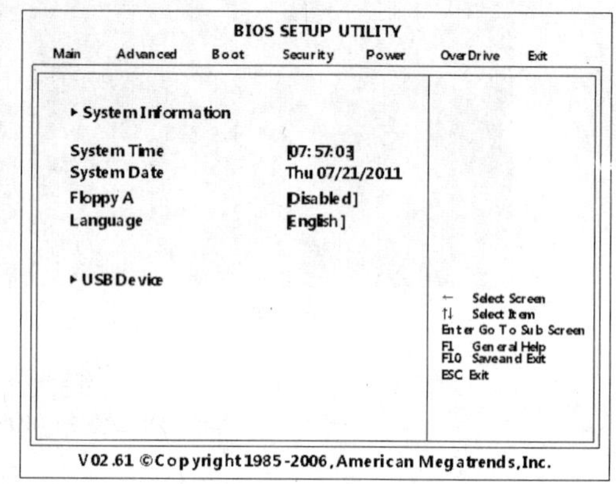

图 2-3　AMI BIOS 界面

2. UEFI BIOS

UEFI（Unified Extensible Firmware Interface，统一的可扩展固定接口）规范最初由 Intel 公司制定，Intel 公司于 2005 年将此规范交由 UEFI 论坛来推广和发展，之后更名为 Unified EFI。UEFI 论坛是一个非盈利的、由计算机业界十一家知名公司共同发起成立的产业联盟，旨在推广下一代计算机基础固件规范。

UEFI 规范架构提供了一个开放、统一的接口，通过此接口，各主板生产厂商可以自行研发出各具特色的 BIOS。UEFI BIOS 颠覆了传统 BIOS 的界面，让操作和 Windows 一样容易。在 UEFI 的操作界面中，鼠标成为了替代键盘的输入工具，各功能调节的模块也和 Windows 程序类似，可以说，UEFI BIOS 就是一个小型化的 Windows 系统。目前 UEFI BIOS 已经在一些一线主板生产厂商的产品中应用，如微星、华硕公司的产品。UEFI BIOS 的界面如图 2-4 所示。

2.1.2.4 何时对 CMOS 参数进行设置

对 CMOS 参数进行设置的时间点，如图 2-5 所示。

1. 新购计算机

计算机系统带有 PnP 功能，但它只能识别一部分计算机外设，所以新购计算机的软硬盘参数、日期、时钟和开机密码等基本资料还是必须由操作人员根据自身需求进行设置。

2. 新增设备

在计算机安装新的板卡（如显示卡、声卡或网卡等）时，需要对主板上集成的设备进行调整设置，此时需要对 CMOS 参数进行设置。另外，一旦新增设备与原有设备之间发生了

IRQ、DMA 等冲突，也需要对 CMOS 参数进行设置来排除。

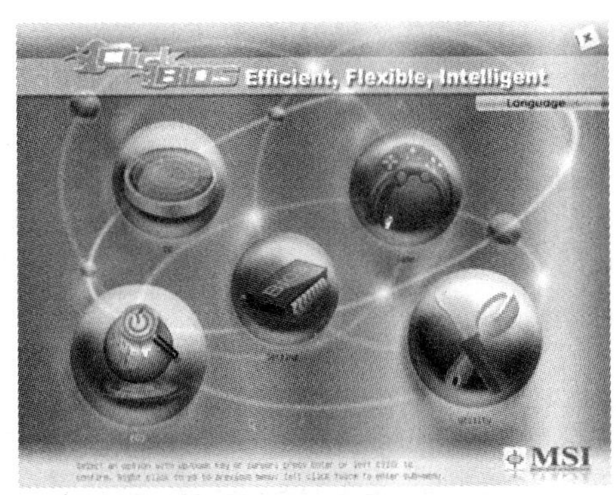

图 2-4　UEFI BIOS 界面

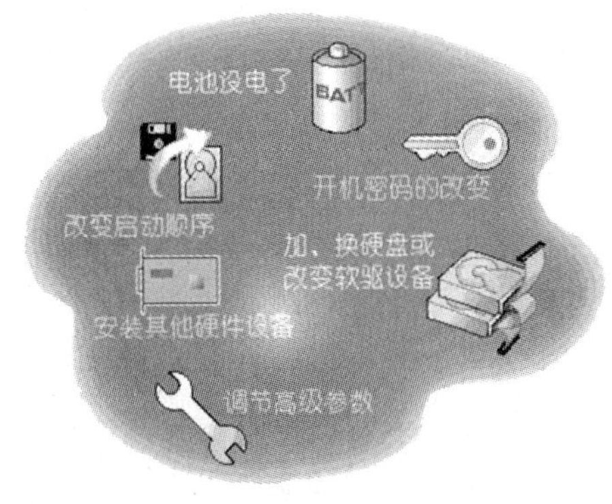

图 2-5　对 CMOS 参数进行设置的时间点

3. CMOS 参数数据意外丢失

在系统后备电池失效、病毒破坏了 CMOS 参数数据或者意外清除了 CMOS 参数等情况下，需要对 CMOS 参数进行设置。

4. 系统优化

由于 BIOS 设置程序预置的内存时序参数、硬盘数据传输模式、电源管理、开机启动顺序等 CMOS 参数并非最优，操作人员若想对系统进行优化，往往需要经过多次试验才能找到优化的最佳组合。

2.1.2.5　主要 CMOS 参数的含义

目前计算机主板上使用的 BIOS 主要有 Award、AMI 和 UEFI 三种。本节将以 AMI BIOS 为例，介绍主要 CMOS 参数的含义及其设置方法。

1. AMI BIOS 设置程序的主界面

进入 BIOS 设置程序后，首先看到的是 AMI BIOS 设置主界面，如图 2-6 所示。

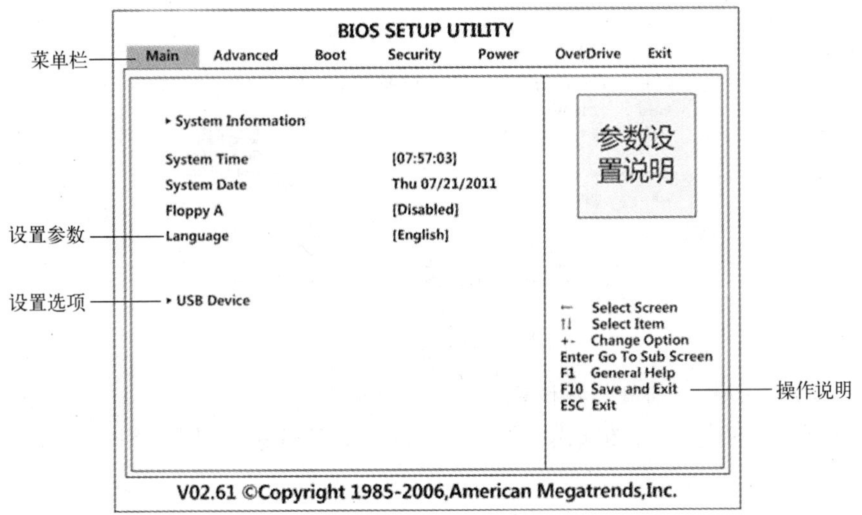

图 2-6　AMI BIOS 设置主界面说明

图 2-6 上部是“菜单栏”，可以看到共有 7 个设置菜单，分别是“Main”（标准 CMOS 参数设置）、“Advanced”（高级芯片设置）、“Boot”（有关启动项的设置）、“Security”（有关用户密码的设置）、“Power”（电源管理设置）、“OverDrive”（计算机超频设置）、“Exit”（保存与退出设置）。

设置区域分左、右两部分，左半部是“设置选项”和“设置参数”，右半部是“参数设置说明”和“操作说明”。

设置选项左部的“►”符号，表示此选项下面还有二级菜单。操作说明见表 2-1。

表 2-1　AMI BIOS 操作说明

按键	功能	按键	功能
↑ ↓	Select Item （选取某一选项）	F1	General Help （显示帮助）
+ -	Change Option （修改参数）	F10	Save and Exit （直接保存并退出）
Enter	Go To Sub Screen （进入下一级选项）	Esc	Exit （显示退出菜单）

2. Main（标准 CMOS 参数设置）

Main 设置菜单如图 2-6 所示，在此菜单中可以设置日期、时间、软盘驱动器、BIOS 语言和 USB 设备，并可以查看计算机系统信息概览。

（1）System Overview——计算机系统信息概览

此项可以查看当前计算机的一些基本配置，如 BIOS 的版本和发布日期、BIOS ID、CPU 型号、CPU 主频、CPU 核心数和内存容量等，如图 2-7 所示。

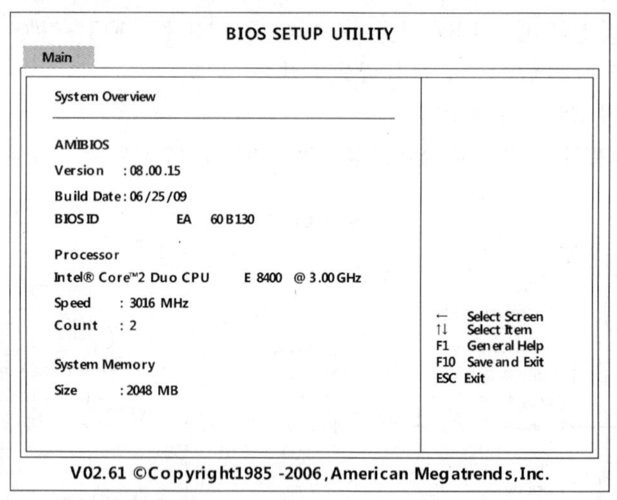

图 2-7　计算机系统信息概览

（2）USB Device——USB 设备设置

此项主要对 USB 设备的传输模式、是否支持传统 USB 设备以及 USB 大容量存储设备进行设置，如图 2-8 所示。

1）USB Functions：“是否开启 USB 功能”设置，有［Enabled］和［Disabled］两个选项。若要开启 USB 功能，应选择［Enabled］选项。

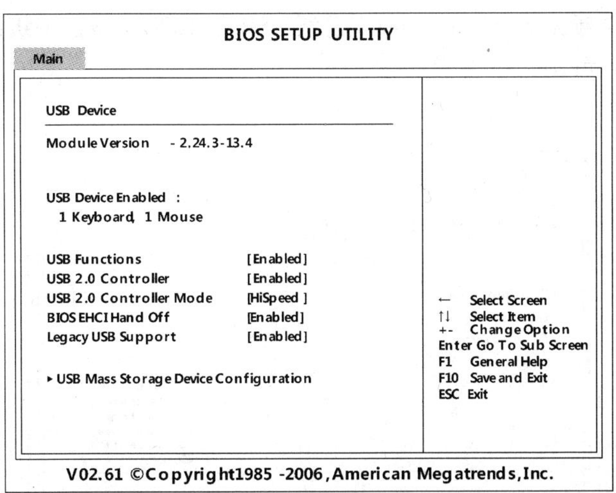

图 2-8 USB 设备设置

2）USB 2.0 Controller：“是否开启 USB 2.0 控制器”设置，有［Enabled］和［Disabled］两个选项，一般建议选择［Enabled］选项开启并提高 USB 设备的传输速率。

3）USB 2.0 Controller Mode：“USB 2.0 传输模式”设置，有［HiSpeed］（高速）模式和［FullSpeed］（全速）模式两个选项，一般建议选择［HiSpeed］（高速）模式。

4）BIOS EHCI Hand Off. 当作业系统没有 EHCI Hand Off 功能时，本项目可让用户开启针对该功能的支援。设定值有：［Enabled］和［Disabled］。其含义是若在 Windows 操作系统下使用 USB 装置，则勿关闭 BIOS EHCI Hand Off 选项。

5）Legacy USB Support：“是否开启传统 USB 设备支持”设置，一般建议设置为［Enabled］，以增强计算机系统对 USB 设备的兼容性。

6）USB Mass Storage Device Configuration：“USB 大容量存储设备”设置，当计算机接入 U 盘或 USB 接口的移动硬盘时出现此选项，可进入二级菜单进行相关设置。

（3）System Time 和 System Date——设置系统日期和时间

这两项可以设置系统日期和时间。

（4）Floppy A——设置软盘驱动器

此项可以设置软盘驱动器的类型，如 1.44 MB 3.5in。由于软盘驱动器基本已经被淘汰，因此一般建议设置为［Disabled］，关闭软盘驱动器检测。

（5）Language——设置 BIOS 语言

此项设置有两个选项：［简体中文］和［English］，本例设置为［English］。

3. Advanced（高级芯片设置）

Advanced 设置菜单如图 2-9 所示，在此菜单中可以对 CPU 的特性参数、主板芯片组、主板上各种板载设备和 PCI 适配卡的 PnP 即插即用功能等方面进行设置。

（1）Configure advanced CPU settings——CPU 设置

此项可以查看较详细的 CPU 信息，可以对当前计算机 CPU 的一些特性进行设置，如图 2-10 所示。

1）较详细的 CPU 信息显示：可以看到当前计算机所用的 CPU 型号是 Intel 公司的 Core 2

Duo CPU E8400，其主频是 3.00 GHz，前端总线 FSB 是 1320 MHz，一级缓存是 64 KB，二级缓存为 6144 KB，倍频可调（范围为 6 ~9）。

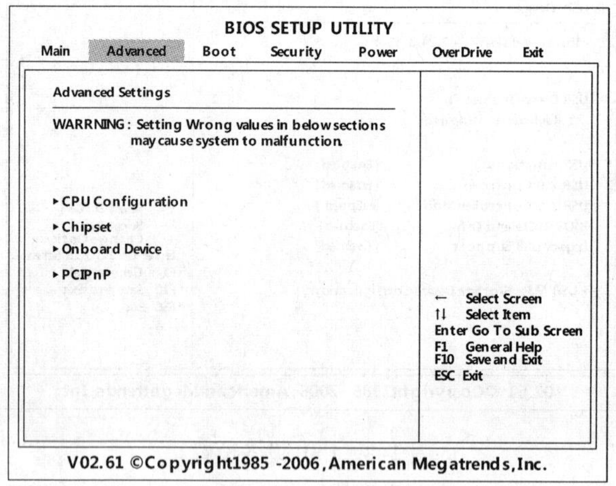

图 2-9　Advanced（高级芯片设置）菜单

```
BIOS SETUP UTILITY
Advanced
Configure advanced CPU settings
Module Version:3F. 0E

Manufacturer  :Intel
Intel® Core™2 Duo CPU          E 8400 @ 3.00GHz
Frequency     :3.01GHz
FSB Speed     :1320 MHz
Cache L1      : 64KB
Cache L2      : 6144 KB
Ratio Status  :Unlocked (Min:06 , Max:09)
Ratio Actual Value:9
CPU Ratio Control               [Auto]
C1E Support                     [Enabled]     ←  Select Screen
Hardware Prefetcher             [Enabled]     ↑↓ Select Item
Adjacent Cache Line Prefetch    [Enabled]     +- Change Option
Max CPUID Value Limit           [Disabled]    Enter Go To Sub Screen
Intel® Virtualization Tech      [Enabled]     F1  General Help
CPU TM Function                 [Enabled]     F10 Save and Exit
Execute-Disable Bit Capability  [Enabled]     ESC Exit
Core Multi-processing           [Enabled]
PECI                            [Enabled]
Intel® Speed Step™ tech         [Enabled]
V02.61 ©Copyright 1985 -2006,American Megatrends,Inc.
```

图 2-10　CPU 设置界面

2）CPU Ratio Control：“CPU 倍频控制”设置，有［Auto］和［Manual］两个选项。当设置为［Auto］时，它与后面的“Intel Speed Step tech”（Intel CPU 的节能技术）结合起来，自动检测 CPU 的负荷而实时调整 CPU 的运行频率和工作电压；设置为［Manual］时，手动将 CPU 的倍频锁死，则不能自动检测 CPU 的负荷而实时调整 CPU 的运行频率和工作电压。

3）C1E Support：“是否开启 CPU 支持 C1E 状态”设置。C1 是 ACPI 规定的所有 CPU 必须支持的一种节电状态，由操作系统发出 HLT 指令，让 CPU 既不取指令也不读/写数据，处于空闲状态，C1E 就是增强的 C1 状态，设置项有［Disabled］和［Enabled］，一般建议设置为［Enabled］。

4）Hardware Prefetcher：“是否开启硬件预取功能”设置，CPU 的硬件预取功能是指在 CPU 处理指令或数据之前，它将这些指令或数据从内存预取到高速缓存中，借此减少内存读取的时间，帮助消除潜在的瓶颈，以此提高系统效率。通常情况下建议设置为［Enabled]。

5）Adjacent Cache Line Prefetch：“是否开启相邻的行缓存预取功能”设置，开启此功能，当预取数据的时候，相邻的两个64B的Cache Lines被同时取，而不管是否真的需要后一个Cache Line的内容。通常情况下建议设置为［Enabled］。

6）Max CPUID Value Limit：“是否开启最大CPUID值限制”设置。当计算机自举之后，操作系统会执行一次CPUID指令以识别处理器及其性能。在此之前，它必须首先向CPU查询以获得CPUID识别码的最大输入值，检测这种基本CPUID信息的功能由操作系统提供。当此项被设置为［Enabled］时，处理器将会在操作系统查询时将输入值限制在03H以内，哪怕CPU支持更高的CPUID时也是这样；当此项被设置为［Disabled］时，处理器将在接到查询时返回实际的CPUID值。通常情况下建议保持默认值［Disabled］，只有在使用旧版操作系统或使用不支持CPUID扩展功能的CPU时，将此项设置为［Enabled］。

7）Intel Virtualization Tech：“是否开启Intel CPU虚拟化技术”设置，有［Enabled］和［Disabled］两个选项。若要安装虚拟机软件请开启此选项，特别是在Windows 7操作系统中安装XP Mode虚拟机时。

8）CPU TM Function：“是否开启CPU温度管理功能”设置，可以通过此选项决定是否开启CPU温度管理功能，让CPU在温度过高时自动降频降压，以降低工作温度，达到保护CPU的效果。通常情况下建议设置为［Enabled］。

9）Execute-Disable Bit Capability：“是否开启执行停止位功能”设置，开启此项功能可以增强计算机的防护能力，它能帮助CPU在某些基于缓冲区溢出的恶意攻击下，实现自我保护，从而避免病毒的恶意攻击。通常情况下建议设置为［Enabled］。

10）Core Multi-Processing：“是否开启CPU的多核心”设置，如果不开启此项功能，则多核心CPU只能以单核模式运行。通常情况下建议设置为［Enabled］。

11）PECI：“侦测CPU核心温度或侦测CPU表面温度”设置，设置项有［Disabled］和［Enabled］。PECI（Platform Environment Control Interface，系统平台环境控制界面）设置为［Enabled］时显示CPU的表面温度，设置为［Disabled］时显示CPU的核心温度，可根据实际需求进行设置。

12）Intel Speed Step tech：“是否开启Intel的Speed Step技术”设置，设置项有［Disabled］和［Enabled］。此项功能可以让系统动态调整处理器电压和内核频率，从而降低能耗和发热量，但系统整体性能会有所下降，因此可根据实际需求进行设置。

（2）Chipset——芯片组设置

此项可以对内存地址的重新映射、内存保留区，以及主板北桥芯片组的集成显示卡进行设置，设置界面如图2-11所示。

1）Memory Remap Feature：“内存重新映射特性”设置，有［Enabled］和［Disabled］两个选项。此项设置内存的逻辑地址至物理地址的重新映射特性是否开启，一般建议设置为［Enabled］。

2）Memory Hole：“是否启用内存保留区”设置，有［Enabled］和［Disabled］两个选项。当设置为［Enabled］时，该选项全称为“Memory Hole at 15M－16M”，表示将系统内存的15～16M内存地址作为ISA扩展卡内存进行数据交换的缓冲区，而系统不再使用这段内存空间。由于目前ISA扩展插槽已经很少使用，因此一般建议设置为［Disabled］。

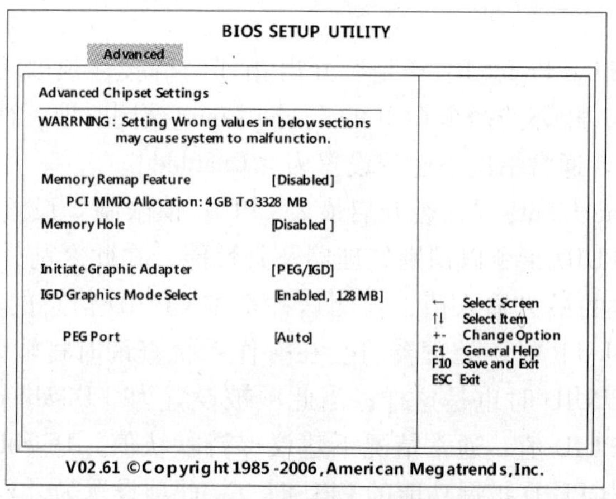

图 2–11　Chipset 设置界面

3）Initiate Graphic Adapter：“系统启动显示卡选择”设置。若测试所用主板为集成显示卡主板，有［PEG/IGD］和［IGD/PEG］两个选项，其中“PEG”代表 PCI-E 插槽上的独立显示卡，“IGD”代表主板集成显示卡。用户可根据实际情况设置是先从独立显示卡引导还是从集成显示卡引导。对于不具备集成显示卡的主板来说，两个选项则可能是［PEG/PCI］和［PCI/PEG］，即设置先从 PCI-E 显示卡引导还是从 PCI 显示卡引导。

4）IGD Graphics Mode Select：“集成显示卡工作模式”设置，有［Disabled］、［Enabled，128 MB］、［Enabled，64 MB］和［Enabled，32 MB］4 个选项，可设置集成显示卡的显存大小以及是否禁用集成显示卡，用户可根据实际情况进行设置。

5）PEG Port：“是否激活或关闭 PCI-Express 端口”设置，有［Auto］和［Disabled］两个选项，建议保持默认选项［Auto］即可。

（3）Onboard Device Configuration——板载设备设置

此项可以对主板上各种板载设备进行设置，如软盘驱动器、串并口地址和中断号、板载网卡驱动器、板载音频驱动器、USB 口个数、SATA 工作模式及其是否支持热拔插功能等，设置界面如图 2-12 所示。

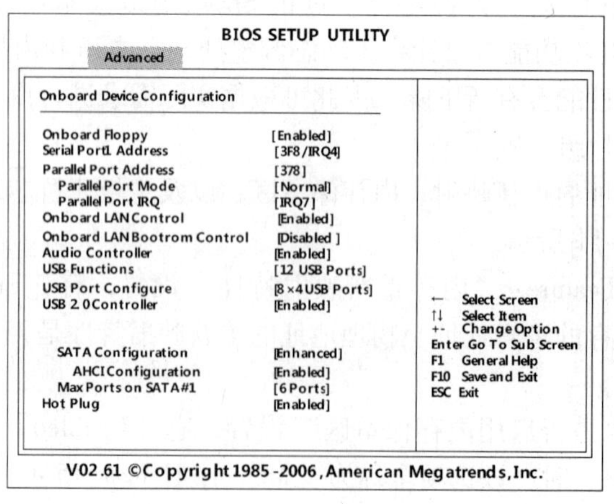

图 2–12　板载设备设置界面

1）Onboard Floppy：“是否启用软盘驱动器”设置，有［Enabled］和［Disabled］两个选项，一般建议设置为［Disabled］，以禁用软盘驱动器。

2）Serial Port1 Address：“串口地址和中断号”设置，保持默认即可。

3）Parallel Port Address：“并口地址”设置，保持默认即可。

4）Parallel Port Mode：“并口传输模式”设置，保持默认即可。

5）Parallel Port IRQ：“并口中断号”设置，保持默认即可。

6）Onboard LAN Control：“是否启用板载网卡驱动器”设置，有［Enabled］和［Disabled］两个选项，如果要使用板载网卡驱动器，则设置为［Enabled］。

7）Onboard LAN Bootrom Control：“是否从网卡 Rom 启动”设置，有［Enabled］和［Disabled］两个选项，只有从网络启动时才设置为［Enabled］。

8）Audio Controller：“是否启用板载音频控制器”设置，有［Enabled］和［Disabled］两个选项，如果要使用板载声卡，则设置为［Enabled］。

9）USB Functions：“USB 口个数”设置，保持默认［12 USB Ports］即可，启用所有的 USB 口。

10）USB Port Configure：“USB 口分配”设置，保持默认即可。

11）USB 2.0 Controller：“是否开启 USB 2.0 控制器”设置，建议保持默认［Enabled］，开启此项功能。

12）SATA Configuration：“SATA 工作模式”设置，有［Disabled］、［Compatible］和［Enhanced］3 个选项。当设置为［Disabled］时，关闭 SATA 接口；当设置为［Compatible］兼容模式时，SATA 接口可以直接映射到 IDE 通道，也就是 SATA 硬盘被识别成 IDE 硬盘，一般用于安装一些比较老的、对 SATA 硬盘支持度较低的操作系统，如 Windows 98、Windows Me 等；当设置为［Enhanced］增强模式时，每一个设备拥有自己的 SATA 通道，不占用 IDE 通道，适合 Windows XP 以上的操作系统。

13）AHCI Configuration：“是否启用 AHCI 传输方式”设置，有［Enabled］和［Disabled］两个选项。AHCI（Serial ATA Advanced Host Controller Interface，串行 ATA 高级主控接口）是在 Intel 公司的指导下，由多家公司联合研发的接口标准。若想开启 SATA 3.0 硬盘的 NCQ 功能以提高硬盘的顺序读取和写入速度，此项应设置为［Enabled］。

14）Max Ports on SATA#1：“最大 SATA 端口数量”设置，保持默认即可。

15）Hot Plug：“是否启用 SATA 硬盘热插拔功能”设置，有［Enabled］和［Disabled］两个选项，保持默认的［Enabled］即可。

（4）Advanced PCIPnP Settings——PCI 适配卡的 PnP 即插即用功能设置

此项可以对主板上 PCI 适配卡的 PnP 即插即用功能进行设置，也可以解决一些资源冲突的问题。设置界面如图 2-13 所示。

1）Clear NVRAM：“是否开启在 NVRAM（CMOS）中清除数据功能”设置，保持默认［No］即可。

2）Plug & Play O/S：“操作系统支持 PnP 即插即用功能”设置，有［Yes］和［No］两个选项。当所使用的操作系统支持 PnP 即插即用功能时，如 Windows XP 和 Windows 7，可设置为［Yes］；当所使用的操作系统不支持 PnP 即插即用功能时，如 Netware 和 Linux，可设置为［No］。

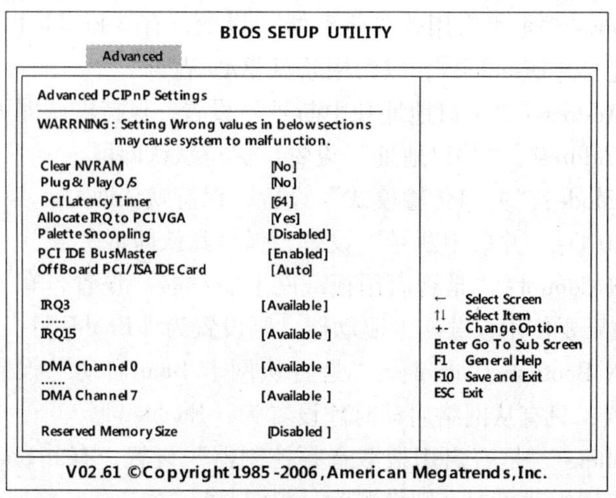

图 2-13 PCIPnP 设置界面

3）PCI Latency Timer：“PCI 延迟计时器设定”设置，数值越小速度越快，一般建议保持默认值“64”。

4）Allocate IRQ to PCI VGA：“分配 IRQ 中断号给 PCI VGA 卡”设置，有［Yes］和［No］两个选项。如果有 PCI 接口的 VGA 卡，可进行此项设置。当设置为［Yes］时，给 PCI VGA 卡分配一个中断号；当设置为［No］时，不分配中断号给 PCI VGA 卡。

5）Palette Snooping：“显示卡调色板”设置，有［Enabled］和［Disabled］两个选项。此项主要针对老式的 VGA 显示卡，当使用 Mpeg 解压卡出现调色板错乱不能正常显示时，设置为［Enabled］可以解决这一问题。

6）PCI IDE BusMaster：“是否允许板载 IDE 控制器执行 DMA 传输功能”设置，保持默认［Enabled］即可。

7）OffBoard PCI/ISA IDE Card：“保留给 PCI/ISA IDE 卡的扩展卡插槽号”设置，保持默认［Enabled］即可。

8）IRQ3～IRQ15：“中断分配”设置，此项可以将各个可用中断分配给即插即用设备，建议保持默认值。

9）DMA Channel 0～7：“DMA 通道号分配”设置，此项可以将各个可用的 DMA 通道号分配给即插即用设备，建议保持默认值。

10）Reserved Memory Size. 保留内存的大小，是留给集成显示卡做显存的一部分内存，建议保持默认值。

4. Boot（有关启动项设置）

Boot 设置菜单如图 2-14 所示，在此菜单中可以设置启动项、启动顺序，而且可以查看当前计算机连接的硬盘驱动器、光盘驱动器和移动存储设备信息。

（1）Boot Settings Configuration——启动项设置配置

此项可以对计算机启动相关项进行配置，如是否启用快速启动、启动后小键盘数字锁 LED 灯亮灭、是否开启全屏标识等。设置界面如图 2-15 所示。

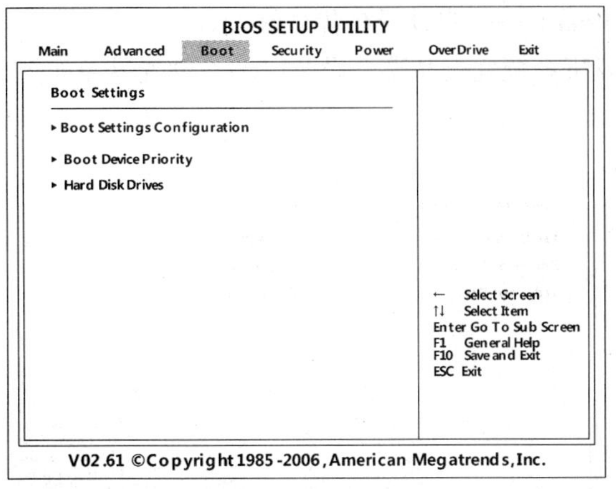

图 2-14 Boot 设置界面

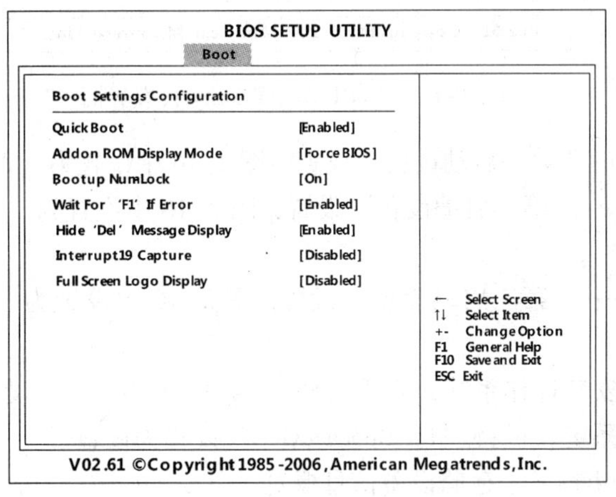

图 2-15 Boot Settings Configuration 界面

1）Quick Boot：“启用快速启动”设置，有［Enabled］和［Disabled］两个选项。快速启动就是让 BIOS 跳过一些详细的检测，缩短开机进入系统的时间，默认是［Enabled］。

2）Add on ROM Display Mode：“可选 ROM 显示模式”设置，保持默认［Force BIOS］选项即可。

3）Bootup Num - Lock：“启动后小键盘数字锁 LED 亮灭”设置，有［On］和［Off］两个选项。当设置为［On］时，计算机系统启动后自动锁定小键盘为数字键。

4）Wait For “F1” If Error：“系统引导时检测到错误，是否等待 F1 按键按下”设置，建议设置为［Enabled］开启此功能。

5）Hide “Del” Message Display：此项设置在启动界面是否显示“Press Del to run Setup”的信息，有［Enabled］和［Disabled］两个选项，默认是［Enabled］。

6）Interrupt 19 Capture：“是否允许通过中断 19 来加载某些 PCI 扩展卡的 Option ROM”设置，建议保持默认［Disabled］。

7）Full Screen Logo Display：“是否开启全屏标识”设置，有［Enabled］和［Disabled］两个选项。［Enabled］表示开启全屏标识，［Disabled］表示关闭全屏标识。

（2）Boot Device Priority——启动设备优先级设置

此项可以设置计算机系统优先从哪个设备启动，设置界面如图 2-16 所示。

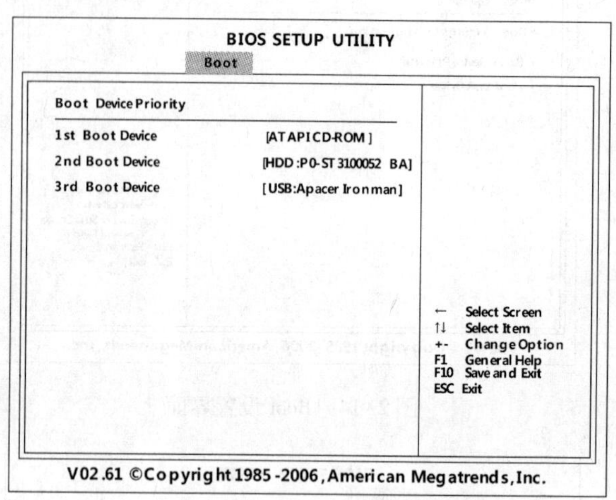

图 2-16　Boot Device Priority 设置界面

1）1st Boot Device：“第一启动设备”设置，图 2-16 中设置为［ATAPI CD-ROM］光驱。

2）2nd Boot Device：“第二启动设备”设置，图 2-16 中设置为［HDD：P0-ST310052BA］硬盘。

3）3rd Boot Device：“第三启动设备”设置，图 2-16 中设置为［USB：Apacer Iron Man］U 盘。

如果要使用光盘安装操作系统，就需要将“1st Boot Device”设置为光驱，如果要从硬盘启动安装好的操作系统，可将“1st Boot Device”设置为硬盘。

（3）Hard Disk Drives——存储设备信息概览

此项可以查看当前计算机连接的硬盘驱动器、光盘驱动器和移动存储设备信息，如图 2-17 所示。

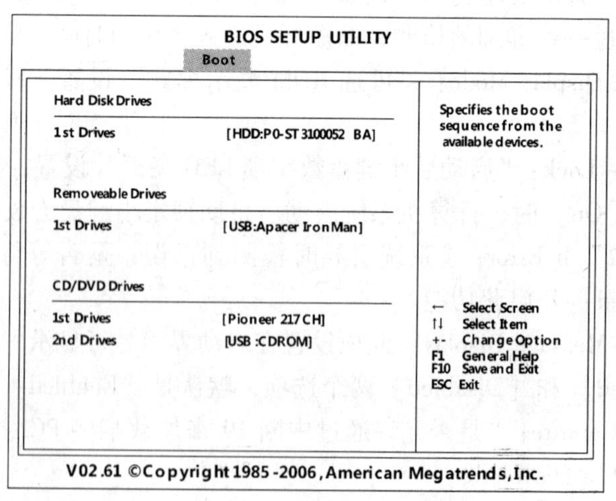

图 2-17　查看存储设备信息

5. Security（有关用户密码的设置）

Security 设置菜单如图 2-18 所示，在此菜单中可以对超级用户密码、一般用户密码和硬盘引导扇区病毒入侵警告功能进行设置。

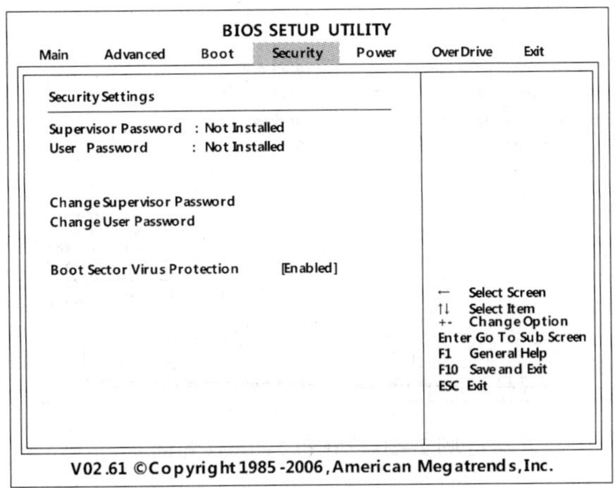

图 2-18　Security 设置界面

1）Change Supervisor Password：“修改超级用户密码”设置。

2）Change User Password：“修改一般用户密码”设置。

3）Boot Sector Virus Protection：“是否开启硬盘引导扇区病毒入侵警告功能”设置，有［Enabled］和［Disabled］两个选项。当设置为［Enabled］时，如果有程序企图在此区中写入信息，BIOS 会在屏幕上显示警告信息，并发出蜂鸣警报声。

6. Power（电源管理设置）

Power 设置菜单如图 2-19 所示，在此菜单中可以对“ACPI 高级配置和电源管理接口”和“APM 高级电源管理”进行设置，并且可以查看“PC Health”（计算机健康）状态。

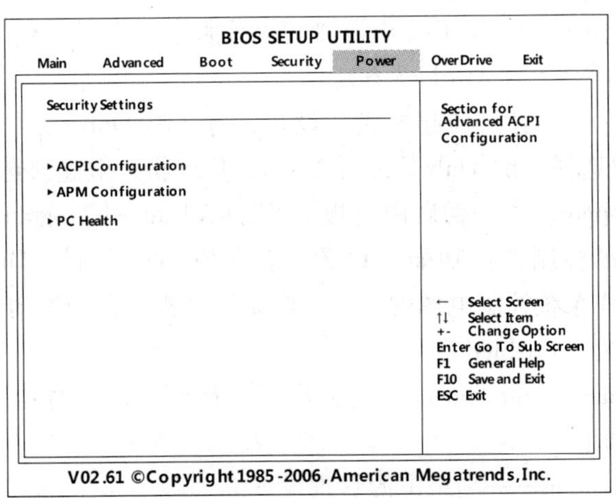

图 2-19　Power 设置界面

（1）ACPI Configuration——高级配置和电源管理接口设置

ACPI Configuration 可以对计算机挂起模式、是否支持 APIC 等功能进行设置，设置界面如图 2-20 所示。

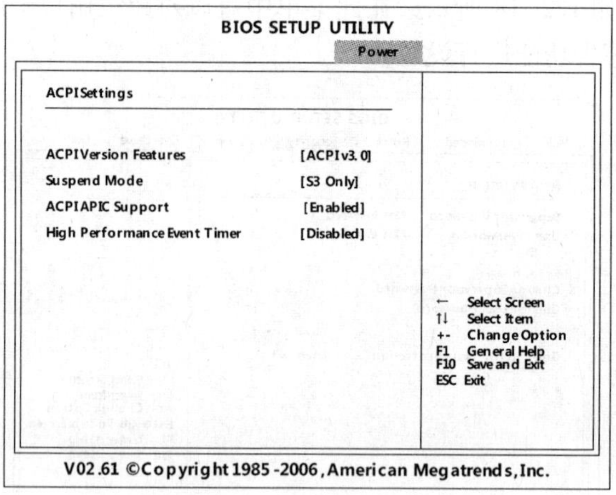

BIOS SETUP UTILITY

Power

ACPI Settings

ACPI Version Features	[ACPI v3.0]
Suspend Mode	[S3 Only]
ACPI APIC Support	[Enabled]
High Performance Event Timer	[Disabled]

← Select Screen
↑↓ Select Item
+- Change Option
F1 General Help
F10 Save and Exit
ESC Exit

V02.61 ©Copyright 1985-2006, American Megatrends, Inc.

图 2-20　ACPI Settings 界面

ACPI（Advanced Configuration and Power Management Interface，高级配置和电源管理接口）是 1997 年由 Intel、Microsoft、TOSHIBA 公司提出的新型电源管理规范，意图是让系统而不是 BIOS 来全面控制电源管理，使系统更加省电。其特点主要有：提供立刻开机功能，即开机后可立即恢复到上次关机时的状态，光驱、软驱和硬盘在未使用时会自动关掉电源，使用时再打开；支持光驱、软驱和硬盘在开机状态下即插即用、随时更换的功能。Windows 2000 以后的操作系统开始支持 ACPI，Windows 98 则不支持。

ACPI 共有 S0～S5 六种状态：S0（平常的工作状态，所有设备全开），S1（CPU 关闭，其他的部件仍然正常工作），S2（CPU 停止，总线时钟关闭，其余的设备仍然运转），S3（睡眠到内存，除了内存供电保持现场外，所有设备都停止），S4（休眠到硬盘，系统主电源关闭，硬盘存储现场信息），S5（关机）。

1）ACPI Version Features：“ACPI 电源管理规范版本”设置，有［ACPI v3.0］和［ACPI v2.0］两个选项，默认是［ACPI v3.0］。

2）Suspend Mode：“计算机挂起模式”设置，有［S3 Only］、［Auto］和［S1 Only］3 个选项。PC 一般建议选择［S3 Only］或［Auto］，POS 机一般建议选择［S1 Only］。

3）ACPI APIC Support：“是否启用主板 APIC（Advanced Programmable Interrupt Controller，高级可编程序中断控制器）功能”设置，有［Enabled］和［Disabled］两个选项。此项用于让 Windows 操作系统控制电源的开关，即系统关机后自动关闭电源，无须再按下电源按钮，一般建议设置为［Enabled］。

4）High Performance Event Timer：“是否启用高精度事件定时器”设置，有［Enabled］和［Disabled］两个选项。

（2）APM Configuration——高级电源管理设置

APM Configuration 可以对计算机电源管理方面的选项进行设置，设置界面如图 2-21 所示。APM（Advanced Power Management，高级电源管理），目前最新的标准是 1.2，它提供了 CPU 和设备电源管理。但是由于这种电源管理方式主要是由 BIOS 实现，所以存在一些缺陷，如对 BIOS 的过度依赖、新老 BIOS 之间不兼容、无法判断电源管理命令是由用户发起的还是由 BIOS 发起的，以及对某些新硬件如 USB 和 IEEE1394 不支持等。

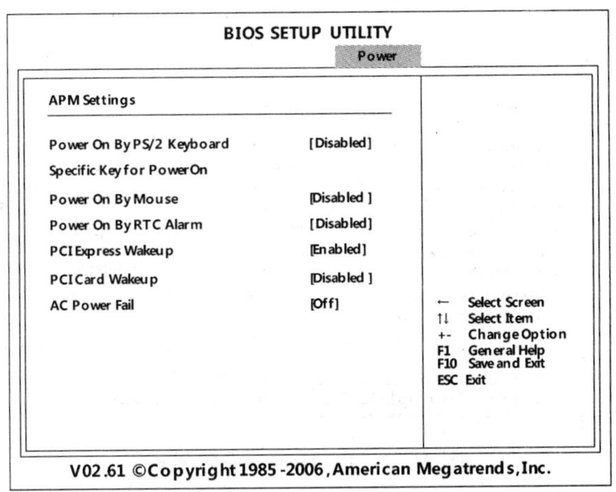

图 2-21　APM Settings 界面

1）Power On By PS/2 Keyboard：“是否启用键盘开机”设置，可设置为［Enabled］（启用）或［Disabled］（禁用）。当设置为［Enabled］时，可通过“Specific Key for PowerOn”选项设置键盘开机的按键。

2）Power On By Mouse：“是否启用鼠标开机”设置，可设置为［Enabled］（启用）或［Disabled］（禁用），默认是［Disabled］。

3）Power On By RTC Alarm：“是否启用实时时钟开机”设置，可设置为［Enabled］（启用）或［Disabled］（禁用）。当设置为［Enabled］时，需要设置日期和时间。

4）PCI-Express Wakeup：“是否启用 PCI-Express 设备唤醒”设置，可设置为［Enabled］（启用）或［Disabled］（禁用），默认是［Disabled］。

5）PCI Card Wakeup：“是否启用 PCI 设备唤醒”设置，可设置为［Enabled］（启用）或［Disabled］（禁用），默认是［Disabled］。

6）AC Power Fail：此项设置当计算机非正常断电后、恢复供电时计算机恢复到什么状态。有［Off］（关机）、［On］（开机）和［Last State］（保持最后状态）3 个选项，默认是［Off］。如设置为［Last State］，恢复供电时，若非正常断电之前是关机则继续保持关机，之前是开机就恢复到开机状态。

（3）PC Health——计算机健康状态查看和相关设置

PC Health 可以查看机箱环境温度、CPU 温度、CPU 散热风扇当前转速、主板各供电电压情况（CPU 核心电压、内存电压、北桥电压、主板 3.3V/5V/12V 和 CMOS 电池电压等），还可以对 CPU 散热风扇进行调速，设置界面如图 2-22 所示。

1）System Temperature：机箱环境温度显示，图 2-22 中显示为 31℃。

2）CPU Temperature：CPU 温度显示，图 2-22 中显示为 47℃。

3）CFAN Speed：CPU 散热风扇转速，图 2-22 中显示为 1854r/min。

4）CPU FAN0 Mode Setting：CPU 散热风扇工作模式，有［Auto Mode］和［Manual Mode］两个选项。当设置为［Auto Mode］时，散热风扇根据 CPU 的当前温度自动调速；当设置为［Manual Mode］时，散热风扇转速由 PWM（脉冲宽度调制）进行调节，可手工设

BIOS SETUP UTILITY
Power
PC Health
System temperature :31℃/87℉
CPU temperature :47℃/116℉
CFAN Speed :1854 RPM
CPUCore Voltage Detected :1.312 V
+3.3v Voltage Detected :3.392 V
+12v Voltage Detected :11.827 V
DIMM Voltage Detected :1.920 V
NBCore Voltage Detected :1.136 V
+5v Voltage Detected :5.120 V
VBAT Voltage Detected :3.248 V
CPUFAN0 Mode Setting [Manual Mode]
CPUFAN0 PWM Control [250]
← Select Screen
↑↓ Select Item
+- Change Option
F1 General Help
F10 Save and Exit
ESC Exit
V02.61 ©Copyright 1985-2006, American Megatrends, Inc.

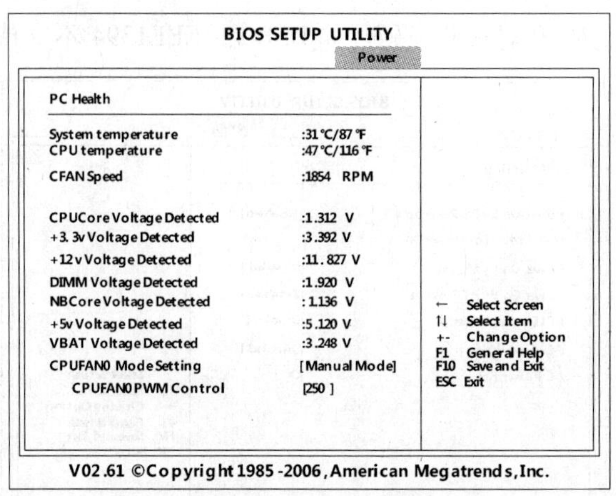

图 2-22　PC Health 设置界面

置脉冲周期，图中设置为“250”。

7. OverDrive（计算机超频设置）

OverDrive 设置界面如图 2-23 所示，在此界面中可以对 CPU 和内存的超频进行设置。

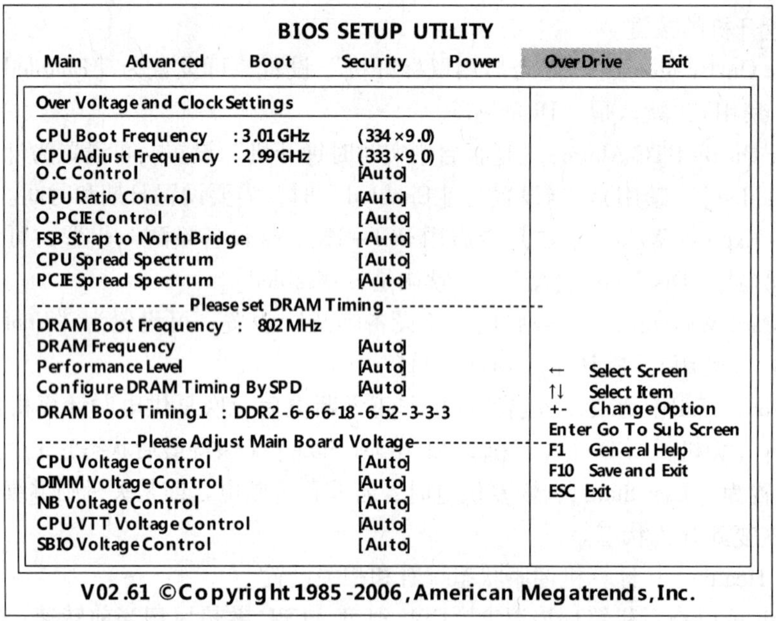

BIOS SETUP UTILITY
Main Advanced Boot Security Power OverDrive Exit
Over Voltage and Clock Settings
CPU Boot Frequency : 3.01 GHz (334×9.0)
CPU Adjust Frequency : 2.99 GHz (333×9.0)
O.C Control [Auto]
CPU Ratio Control [Auto]
O.PCIE Control [Auto]
FSB Strap to NorthBridge [Auto]
CPU Spread Spectrum [Auto]
PCIE Spread Spectrum [Auto]
------------------ Please set DRAM Timing ------------------
DRAM Boot Frequency : 802 MHz
DRAM Frequency [Auto]
Performance Level [Auto]
Configure DRAM Timing By SPD [Auto]
DRAM Boot Timing1 : DDR2-6-6-6-18-6-52-3-3-3
------------Please Adjust Main Board Voltage------------
CPU Voltage Control [Auto]
DIMM Voltage Control [Auto]
NB Voltage Control [Auto]
CPU VTT Voltage Control [Auto]
SBIO Voltage Control [Auto]
← Select Screen
↑↓ Select Item
+- Change Option
Enter Go To Sub Screen
F1 General Help
F10 Save and Exit
ESC Exit
V02.61 ©Copyright 1985-2006, American Megatrends, Inc.

图 2-23　Overdrive 设置界面

从图 2-23 中可以看出，超频可供用户调节的参数有三大类：CPU 相关参数、内存时序参数和主板各部分供电电压。

（1）CPU 相关参数调节

1）O. C Control：“OverClock 超频控制”设置，有［Auto］和［Manual］两个选项。设置为［Auto］时不超频，设置为［Manual］时可以手工调节参数进行超频。

2）CPU Ratio Control：“CPU 倍频控制”设置，不同的 CPU 有不同的设置参数，当设置为［Auto］时，保持默认的 CPU 倍频系数。大多数 CPU 的倍频系数均被生产厂商锁定，只有少数 CPU 的倍频系数可调，如 AMD 公司的“黑盒”系列 CPU。

3）O. PCIE Control：“PCIE 总线超频控制”设置，有［Auto］、［Strap 200MHz］、［Strap 266MHz］、［Strap 333MHz］3 个选项，不同的 CPU、内存和主板在超频时有不同的选项。

4）FSB Strap to North Bridge：“外频绑定”设置，用于 CPU 超频时控制内存的分频比例。

5）CPU Spread Spectrum：“是否启用 CPU 展频技术”设置，有［Auto］和［Disabled］两个选项。展频技术可以降低脉冲发生器所产生的电磁干扰，在没有遇到电磁干扰问题时，应将此类项目的值全部设置为［Disabled］，这样可以优化系统性能，提高系统稳定性；如果遇到电磁干扰问题，则应将该项设置为［Auto］或［Enabled］，以便减少电磁干扰。在将处理器超频时，最好将该项设置为［Disabled］，因为即使是微小的“峰值漂移”也会引起时钟的短暂突发，这样会导致超频后的处理器被锁死。

6）PCIE Spread Spectrum：“是否启用 PCIE 总线展频技术”设置，有［Auto］和［Disabled］两个选项，其设置同“CPU Spread Spectrum”项。

（2）内存时序参数调节

1）DRAM Frequency：“内存频率调节”设置，用于调节内存的等效频率，不同的内存有不同的设置参数。

2）Performance Level：“内存性能级别”设置，保持默认［Auto］即可。

3）Configure DRAM Timing By SPD：“是否启用从 SPD 芯片读取预置的内存时序参数”设置，有［Enabled］和［Disabled］两个选项。当设置为［Enabled］时，读取内存 SPD 芯片中预置的内存时序参数；当设置为［Disabled］时，由用户手工调节内存的各项时序参数以优化性能。

（3）主板各部分供电电压调节

1）CPU Voltage Control：“CPU 核心电压控制”设置，此项用于超频时调节 CPU 核心供电电压大小，可以“0.0125V”为增幅进行调节，不同的 CPU 有不同的选项。

2）DIMM Voltage Control：“内存供电电压控制”设置，此项用于调节内存的供电电压，不同类型（DDR、DDR2、DDR3）的内存有不同的选项。

3）NB Voltage Control：“北桥芯片供电电压控制”设置。

4）CPU VTT Voltage Control：“CPU 的 AGTL 总线终端电压控制”设置。

5）SBIO Voltage Control：“南桥 I/O 供电电压控制”设置。

8. Exit（保存与退出设置）

Exit 设置界面如图 2-24 所示，在此菜单中可以对退出 BIOS 设置程序的相关参数进行设置，并且可以直接载入 BIOS 的“最优默认设置”和“安全默认设置”。

1）Save Changes and Exit：“保存修改并退出”设置。

2）Discard Changes and Exit：“退出而不保存”设置。

3）Discard Changes：“放弃所有修改”设置。

4）Load Optimal Defaults：“加载最优默认值”设置。一般在跳线清除 CMOS 参数后，可以通过此项加载优化值，然后再进行各项设置。

5）Load Failsafe Defaults：“加载安全默认值”设置，如果 BIOS 设置得比较混乱，可以

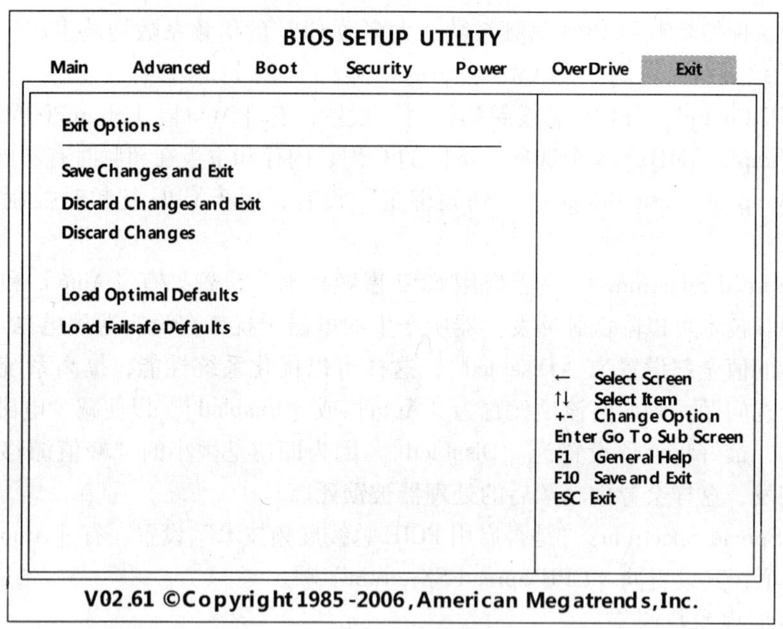

图 2-24　Exit 设置界面

用此项加载默认的安全值。

2.1.3　任务实施

2.1.3.1　进入 BIOS 设置程序

计算机开机后，在 P. O. S. T.（Power On Self Test，开机自检）界面根据画面提示按下相应的按键进入 BIOS 设置程序，如图 2-25 所示。不同类型的计算机，进入 BIOS 设置程序的方法可能有所不同。

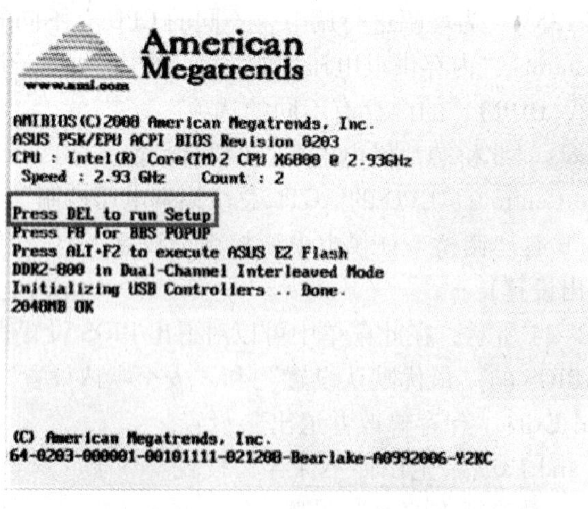

图 2-25　按〈DEL〉键进入 BIOS 设置程序

2.1.3.2 设置计算机启动顺序为光驱优先

1）进入 AMI BIOS 设置程序，选择“Boot”菜单，移动光标至“Boot Device Priority”选项，按下〈Enter〉键进入二级菜单。

2）移动光标至“1st Boot Device”选项，按下〈Enter〉键，在弹出的“Options”对话框中选中“ATAPI CD - ROM”选项，即可设置计算机的启动顺序为光驱优先，如图 2-26 所示。

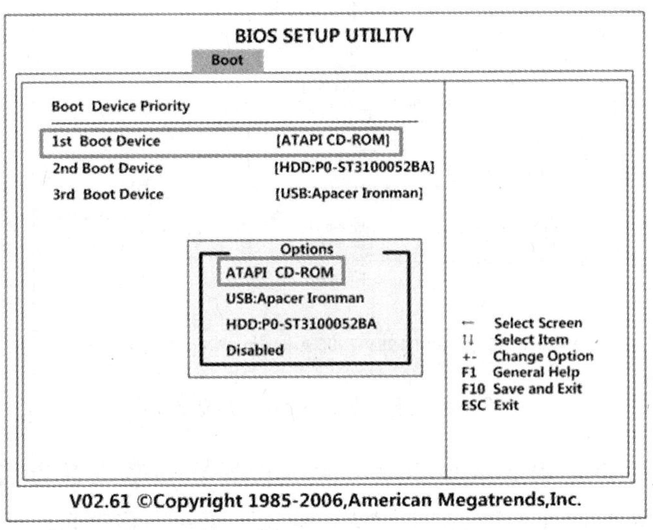

图 2-26 设置第一启动设备

2.1.3.3 设置硬盘的传输模式为增强模式并启用 AHCI

1）进入 AMI BIOS 设置程序，选择“Advanced”菜单，移动光标至“Onboard Device”选项，按〈Enter〉键进入二级菜单。

2）移动光标至“SATA Configuration”选项，按〈Enter〉键，在弹出的“Options”对话框中选中“Enhanced”选项，即可设置硬盘的传输模式为增强模式，如图 2-27 所示。

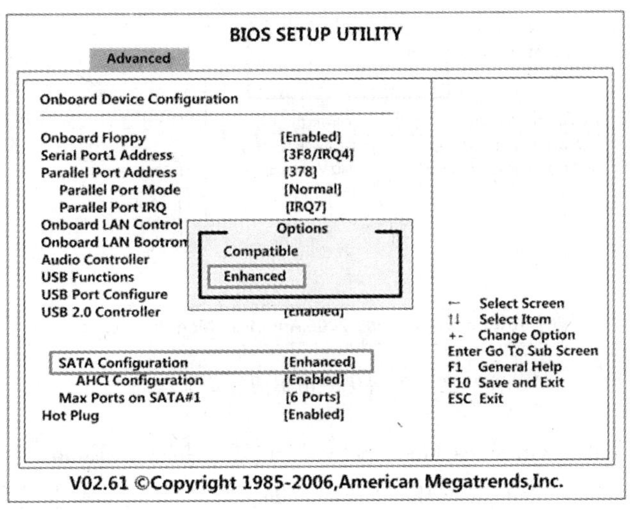

图 2-27 设置硬盘传输模式

3）移动光标至“AHCI Configuration”选项，按〈Enter〉键，在弹出的“Options”对话框中选中“Enabled”选项，即可启用硬盘的 AHCI 传输方式，如图 2-28 所示。

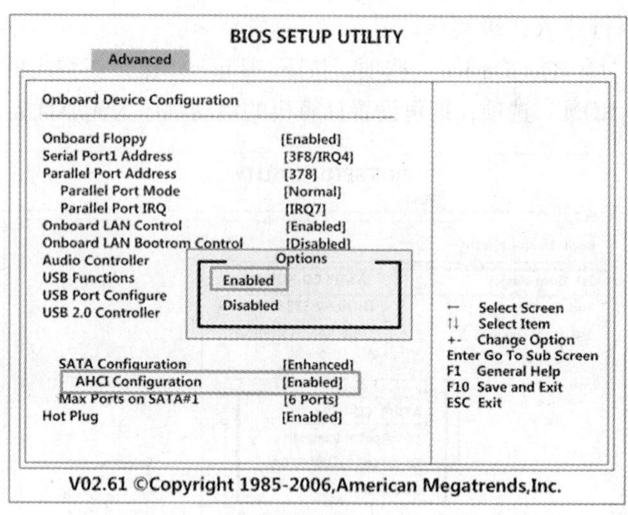

图 2-28　启用硬盘的 AHCI 传输方式

2.1.3.4　设置优先由集成显示卡引导并设置其共享显存为 128MB

1）进入 AMI BIOS 设置程序，选择“Advanced”菜单，移动光标至“Chipset”选项，按下〈Enter〉键进入二级菜单。

2）移动光标至“Initiate Graphic Adapter”选项，按下〈Enter〉键，在弹出的“Options”对话框中选中“PEG/IGD”选项，即可设置计算机优先由集成显示卡引导，如图 2-29 所示。

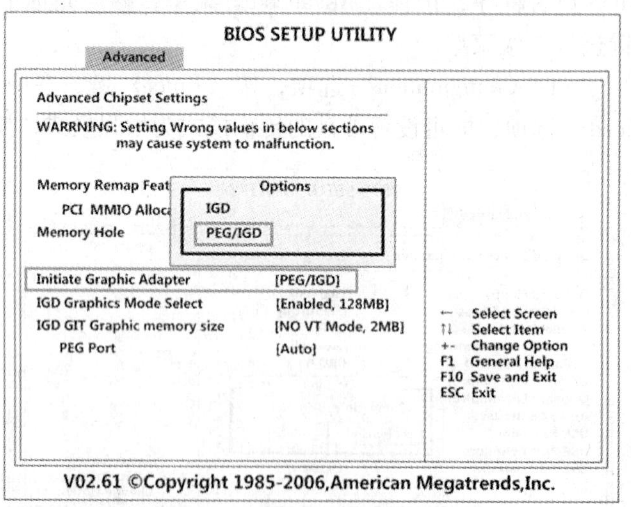

图 2-29　设置优先由集成显示卡启动

3）移动光标至“IGD Graphics Mode Select”选项，按下〈Enter〉键，在弹出的“Options”对话框中选中“Enabled，128MB”选项，即可设置集成显示卡的共享显存为 128MB，如图 2-30 所示。

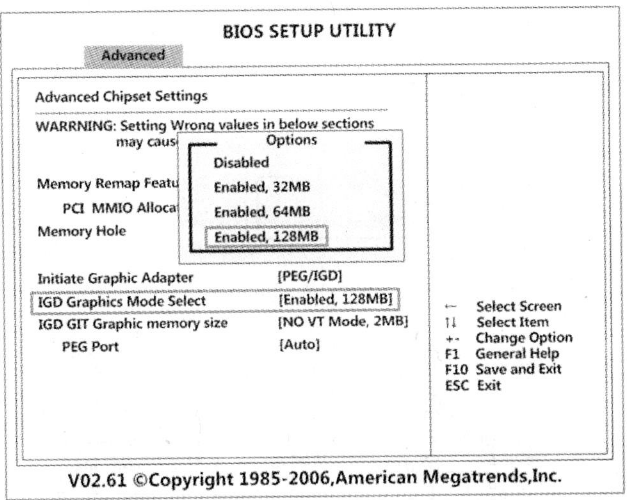

图 2-30　设置集成显示卡共享显存为 128MB

2.1.3.5　设置开启 USB 2.0 控制器使其工作在“高速”模式

1）进入 AMI BIOS 设置程序，选择“Main”菜单，移动光标至“USB Device”选项，按下〈Enter〉键进入二级菜单。

2）移动光标至“USB 2.0 Controller”选项，按下〈Enter〉键，在弹出的“Options”对话框中选中“Enabled”选项，即可开启 USB 2.0 控制器，如图 2-31 所示。

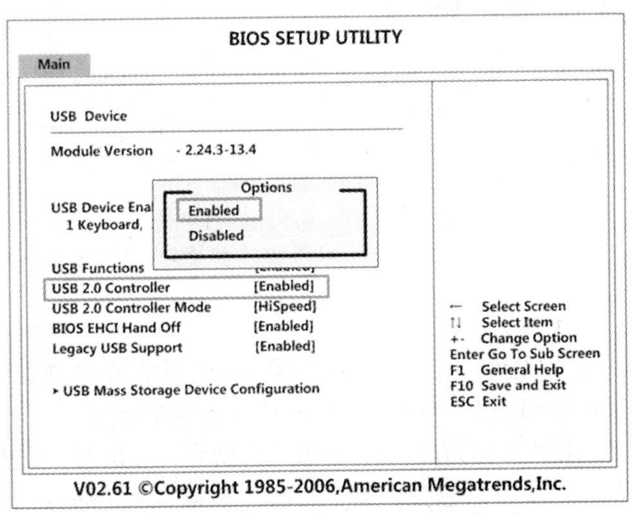

图 2-31　开启 USB 2.0 控制器

3）移动光标至“USB 2.0 Controller Mode”选项，按下〈Enter〉键，在弹出的“Options”对话框中选中“HiSpeed”选项，即可使 USB 2.0 控制器工作在“高速”模式下，如图 2-32 所示。

2.1.3.6　设置用户密码

1）进入 AMI BIOS 设置程序，选择“Security”菜单，移动光标至“Change Supervisor Password”选项，按下〈Enter〉键会弹出输入密码对话框，连续输入两遍密码后，即可完成超级用户的密码设置，如图 2-33 所示。

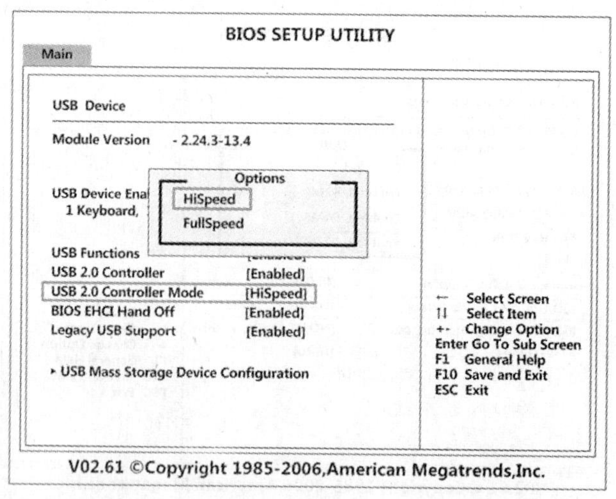

图 2-32　设置 USB 2.0 的“高速”模式

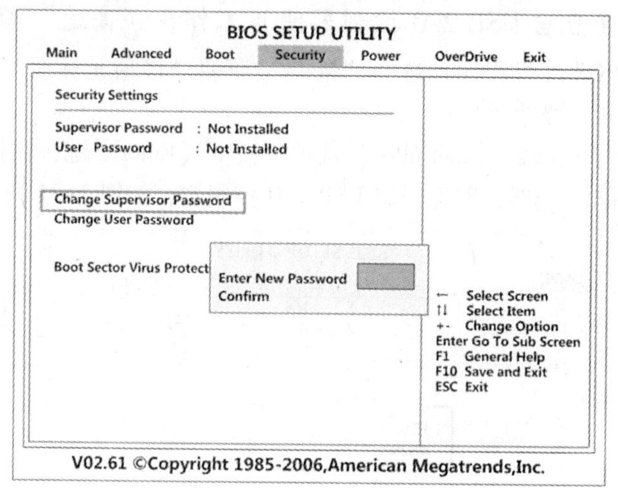

图 2-33　设置超级用户密码

2）完成超级用户密码设置后，“Security”菜单会多出两个选项，分别是“User Access Level”（一般用户访问级别）和“Password Check”（密码验证）。

3）按照设置超级用户密码的方式设置一般用户密码，建议两者设置为不同的密码。将光标移动至“User Access Level”选项，按下〈Enter〉键弹出“Options”对话框，可设定一般用户的访问级别，如图 2-34 所示。其中“No Access”代表一般用户不能进入 BIOS 设置程序；“View Only”代表一般用户可以进入 BIOS 设置程序但是不能修改；“Limited”代表一般用户只能修改部分影响级别低的 CMOS 参数，如日期、时间，而类似“Chipset”（芯片组）等重要的 CMOS 参数禁止修改；“Full Access”代表一般用户可以完全访问 BIOS 设置程序，其权限和超级用户一样。

4）将光标移动至“Password Check”选项，按下〈Enter〉键弹出“Options”对话框，如图 2-35 所示，可设置开机后在何时验证密码。“Setup”代表进入 BIOS 设置程序时需要输入密码验证；“Always”代表进入 BIOS 设置程序和操作系统时均需要输入密码验证。

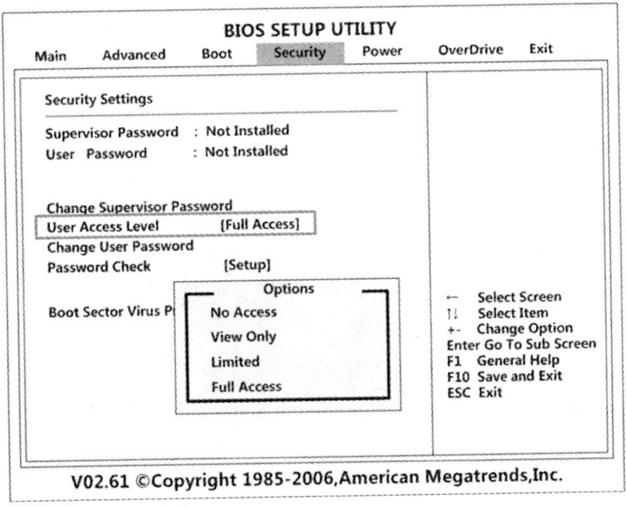

图 2–34　设置一般用户访问级别

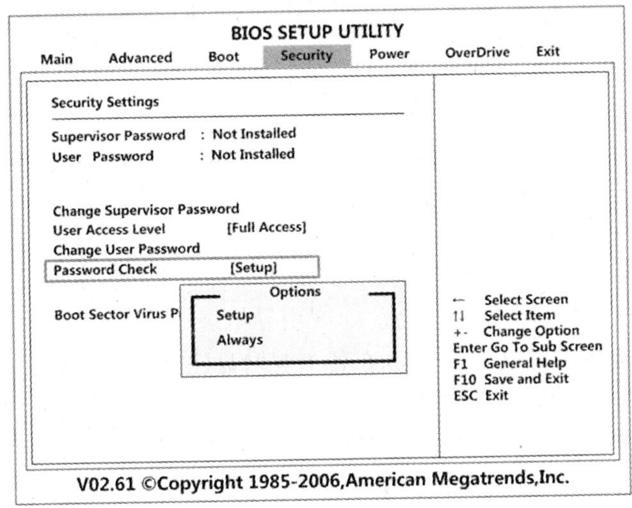

图 2–35　设置密码验证

任务 2.2　硬盘分区

2.2.1　任务描述

小王新购置了一台计算机，由于要安装操作系统，现欲对新硬盘进行分区，同时他还想对旧硬盘中不合理的分区大小进行调整。使用适当的硬盘分区工具完成以上任务。

2.2.2　任务资讯

2.2.2.1　硬盘分区概述

硬盘在出厂后必须经过低级格式化、分区和高级格式化（以下简称为格式化）3 个处理步骤后才能用于数据的存储。其中硬盘的低级格式化的目的是划定磁盘可供使用的扇区和磁道并标记有问题的扇区，通常由生产厂家完成此项操作。用户则需要使用由操作系统或第三方提供的硬盘分区工具进行硬盘的分区和格式化。硬盘分区的主要目的是方便日常的使用和管理。

2.2.2.2 硬盘分区的类型与步骤

目前，计算机的硬盘分区共有两种类型：主分区和扩展分区。两者的区别是：主分区可以引导操作系统且可以直接存储数据；扩展分区不但无法直接引导操作系统，而且必须在内划分逻辑驱动器（或称“逻辑盘”，与物理驱动器即硬盘实物相对的一个概念）后，才能用于存储数据。它们之间的关系如图 2-36 所示。

硬盘分区的基本操作步骤是：先建立主分区，再建立扩展分区，然后在扩展分区中划分逻辑驱动器，如图 2-37 所示。

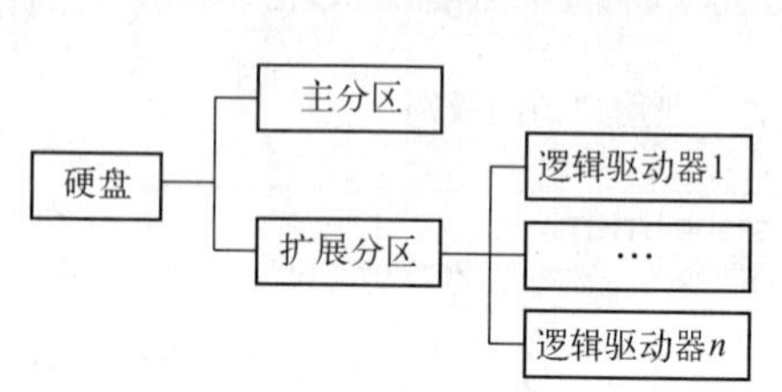

图 2-36　硬盘分区的类型

步骤	操作
第一步	建立主分区
第二步	建立扩展分区
第三步	在扩展分区中划分逻辑驱动器

图 2-37　硬盘分区的步骤

2.2.2.3 硬盘的格式化与分区格式

高级格式化是对磁盘分区的初始化，其目的主要有：①从各个逻辑盘指定柱面开始，对扇区进行逻辑编号；②在基本分区上建立 DOS 引导记录（DBR），若命令中带有参数“/S”，则装入 DOS 的 3 个系统文件（SYS）；③在各个逻辑盘建立文件分配表；④建立根目录相应的文件目录表（FDT）及数据区（DATA）。

分区格式是操作系统用于明确磁盘或分区上的存放文件的方法，即在磁盘上组织文件的方法。一个磁盘可以被格式化成不同的格式，目前 Windows 操作系统主要使用以下两种分区格式。

1. FAT32

该分区格式属于 FAT 系列文件系统，采用了 32 位的文件分配表，使其对磁盘的管理能力大大增强，突破了 FAT16 分区格式对每一个分区容量只有 2GB 的限制。而且它适用范围广，磁盘空间利用率较高。目前除了 Windows 系列操作系统支持这种分区格式外，Linux 操作系统也对 FAT32 提供了有限支持（Linux 无法从 FAT32 文件系统的分区启动）。

但 FAT32 分区格式所支持的单个文件的大小不能超过 4GB，这使得它无法满足当今海量数据及大体积文件的存储需求，渐渐地会被性能更优异的 NTFS 分区格式所取代。

2. NTFS

NTFS 分区格式是一个基于安全性的文件系统，是 Windows NT 内核操作系统所采用的独特的分区格式结构，它是建立在保护文件和目录数据基础上，同时照顾节省存储资源、减少磁盘占用量的一种先进的分区格式。相对 FAT32 文件系统，NTFS 分区格式具有以下优点：

1）NTFS 支持的分区大小可以达到 2TB，FAT32 支持的分区大小最大为 32GB。

2）NTFS 是一个可恢复的文件系统。在 NTFS 分区上用户很少需要运行磁盘修复程序。NTFS 通过使用标准的事物处理日志和恢复技术来保证分区的一致性。

3）NTFS 支持对分区、文件夹和文件的压缩。任何基于 Windows 的应用程序对 NTFS 分区上的压缩文件进行读写时不需要事先由其他程序进行解压缩，当对文件进行读取时，文件将自动进行解压缩；文件关闭或保存时会自动对文件进行压缩。

4）NTFS 采用了更小的簇，可以更有效率地管理磁盘空间。在 FAT32 分区格式的情况下，分区大小在 2 ~ 8GB 时，簇的大小为 4KB；分区大小在 8 ~ 16GB 时，簇的大小为 8KB；分区大小在 16 ~ 32GB 时，簇的大小则达到了 16KB。而 NTFS 分区格式，当分区的大小在 2GB 以下时，簇的大小都比相应的 FAT32 文件系统的簇小；当分区的大小在 2GB 以上（2GB ~ 2TB）时，簇的大小均为 4KB。相比之下，NTFS 可以比 FAT32 更有效地管理磁盘空间，最大限度地避免了磁盘空间的浪费。

5）在 NTFS 分区上，可以为共享资源、文件夹及文件设置访问许可权限。许可的设置包括两方面的内容：一是允许哪些组或用户对文件夹、文件和共享资源进行访问；二是获得访问许可的组或用户可以进行什么级别的访问。访问许可权限的设置不但适用于本地计算机的用户，同样也适用于通过网络的共享文件夹对文件进行访问的网络用户。与 FAT32 文件系统下对文件夹或文件进行访问相比，安全性要高得多。

6）在 NTFS 分区格式下可以进行磁盘配额管理。磁盘配额就是管理员可以为用户所能使用的磁盘空间进行配额限制，每一用户只能使用最大配额范围内的磁盘空间。

2.2.2.4 常见的硬盘分区工具

1. Fdisk

Fdisk 是操作系统自带的一条硬盘分区的命令。它在 DOS 环境下运行，运行时输入"Fdisk"，然后按下〈Enter〉键即可。使用它可以完成创建分区、删除分区、激活主分区和查看分区信息等功能。

2. PowerQuest PartitionMagic

PowerQuest PartitionMagic（分区魔术师）是 PowerQuest 公司出品的一个高性能、高效率的磁盘分区软件，是一款优秀的硬盘分区管理工具。该工具可以在不损失硬盘中已有数据的前提下对硬盘进行重新分区、格式化分区、复制分区、移动分区、隐藏/重现分区、从任意分区引导系统、转换分区结构属性（如 FAT 和 FAT32 之间）等操作。PowerQuest PartitionMagic 目前不支持 Windows Vista 和 Windows 7。

3. Partition Manager

Partition Manager 是一个类似于 Norton PartitionMagic 的磁盘分区工具集，能够优化磁盘使应用程序和系统速度变得更快，可以对磁盘进行分区，并可以在不损失磁盘数据的前提下在不同的分区之间进行大小调整、移动、隐藏、合并、删除、格式化、搬移分区等操作。可复制整个硬盘资料到分区，恢复丢失或者删除的分区和数据。能够管理安装多操作系统，方便地转换系统分区格式，也有备份数据的功能，支持 Windows Vista 和 Windows 7。

4. Diskgenius

Diskgenius 是一款磁盘分区及数据恢复软件。支持对 GPT 磁盘（使用 GUID 分区表）的分区操作。除具备基本的分区建立、删除、格式化等磁盘管理功能外，还提供了强大的已丢失分区搜索功能、误删除文件恢复功能、误格式化及分区被破坏后的文件恢复功能、分区镜像备份与还原功能、分区和硬盘复制功能、快速分区功能、整数分区功能、分区表错误检查与修复功能、坏道检测与修复功能。提供基于磁盘扇区的文件读写功能，支持 VMware、Virtual PC、Virtual Box 虚拟硬盘格式，支持 IDE、SCSI、SATA 等各种类型的硬盘，支持 U 盘、USB 硬盘、存储卡（闪存卡），支持 FAT16/FAT32/NTFS/EXT3 等文件系统。该软件有 DOS 版和 Windows 版。

5. Acronis Disk Director Suite

Acronis 公司出品的一款功能强大的磁盘无损分区工具，支持 Windows 7 系统。使用它可以改变磁盘容量大小，复制、移动硬盘分割区时不会遗失数据。它整合了 4 个硬盘分区类的工具包，分别如下。

1）Acronis Disk Director Suite：在无损硬盘数据的前提下可以进行更改分区大小、移动硬盘分区、复制硬盘分区、硬盘分区分割、硬盘分区合并等操作。

2）Acronis Disk Editor：硬盘修复工具，允许对硬盘进行高级操作，如硬盘引导记录表操作和十六进制编辑。

3）Acronis Recovery Expert：硬盘恢复工具，用来扫描和恢复丢失的分区。

4）Acronis OS Selector：安装多操作系统的用户可用它来控制多启动界面。

2.2.3 任务实施

以“Norton PartitionMagic”工具为例，完成新硬盘的分区和旧硬盘分区大小的调整。

2.2.3.1 分区的规划

在创建分区前应首先规划分区的数量和容量。操作系统分区的容量根据所安装的操作系统的不同而改变，除了系统文件之外，还应预留一部分空间给系统软件、应用软件和虚拟内存所用。一般来说，安装 Windows 2000 操作系统可划分 10GB 左右的空间，Windows XP 操作系统需要 15GB 左右，Windows 7 32 位操作系统需要 22GB 左右，Windows 7 64 位操作系统需要 25GB 左右。其他分区的数量和容量的规划一般取决于硬盘的总容量和使用者的习惯。

2.2.3.2 Norton PartitionMagic 界面介绍

安装并打开“Norton PartitionMagic”硬盘分区工具，其操作界面如图 2-38 所示。上部为菜单栏和快捷方式，左部为操作选项和待应用的操作，右部显示安装的磁盘情况和分区情况。当前计算机安装了两个 130GB 的磁盘：磁盘 1 有两个分区，C 盘 40GB 安装 Windows XP 操作系统，是主分区，扩展分区为 90GB 左右，只有一个逻辑驱动器 D 盘；磁盘 2 为新安装的磁盘，还没有进行分区。

2.2.3.3 新硬盘的分区

新硬盘欲分 3 个分区，分别作为系统分区（安装 Windows 7 32 位操作系统）、数据分区和备份分区。综合考虑磁盘的总容量和平时的使用习惯，确定系统分区为 22GB、数据分区为 80GB、备份分区为 28GB。

1. 创建主分区

单击“磁盘 2”位置，选中磁盘 2 作为操作对象。然后单击左部“分区操作”下的“创建分区”操作选项，在弹出的“创建分区”对话框中设置分区的各种信息，如图 2-39 所示。创建为“主分区”，分区类型为“NTFS”，卷标为“Windows7”，分区大小为

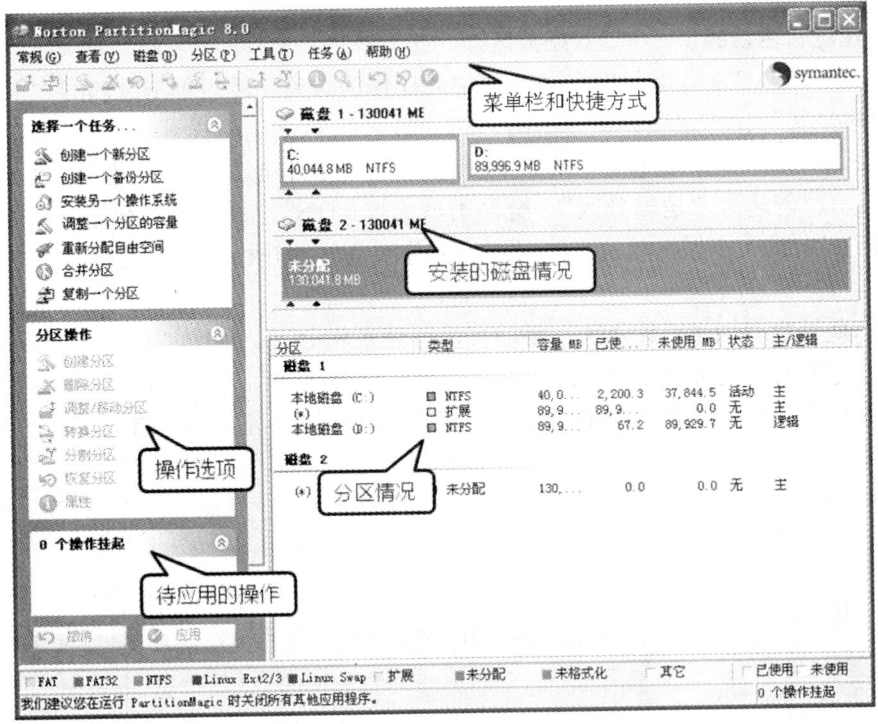

图 2-38　Norton PartitionMagic 操作界面

"22GB"，簇大小保持默认，分区位于未分配空间的开始。设置完毕后单击"确定"按钮。

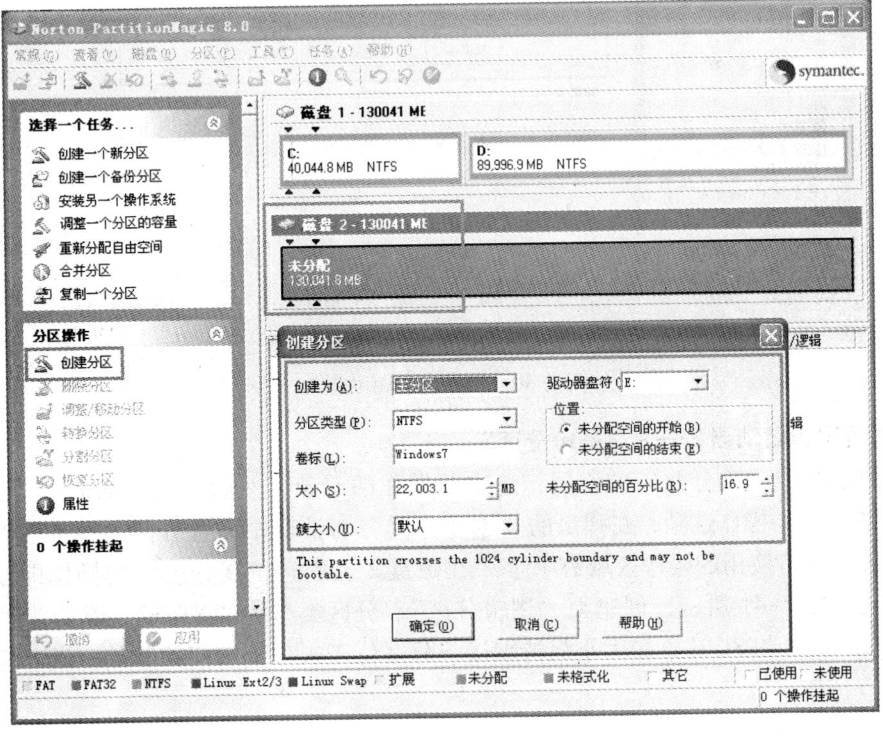

图 2-39　创建主分区

2. 创建逻辑驱动器 1——“数据分区”

单击磁盘 2 中“未分配”的空间，选中要操作的对象，然后单击左部的“分区操作”下的“创建分区”操作选项，在弹出的“创建分区”对话框中设置分区的各种信息，另外可以看到左下角待应用的操作区域已经有 1 个操作被挂起，即创建主分区的操作。如图 2-40 所示，创建为“逻辑分区”、分区类型为“NTFS”、卷标为“数据分区”、分区大小为“80GB”、簇大小保持默认，分区位于未分配空间的开始。设置完毕后单击“确定”按钮。

注意：此处没有创建扩展分区，而是直接创建逻辑分区，因为“Norton PartitionMagic”工具会自动把所有的逻辑分区容量加起来并创建扩展分区。而使用老式的“Fdisk”命令进行硬盘分区时，应严格遵循“创建主分区”→“创建扩展分区”→“在扩展分区中创建逻辑分区”的步骤。

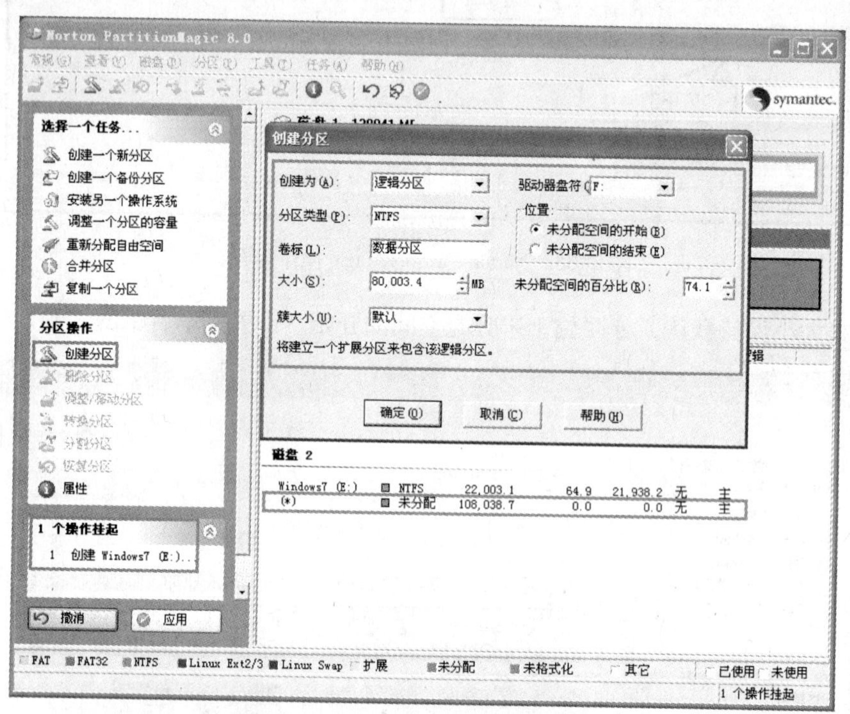

图 2-40　创建逻辑驱动器 1

3. 创建逻辑驱动器 2——“备份分区”

单击磁盘 2 中“未分配”的空间，选中要操作的对象，然后单击左部的“分区操作”下的“创建分区”操作选项，在弹出的“创建分区”对话框中设置分区的各种信息，另外可以看到左下角待应用的操作区域有 1 个“在磁盘 2 上创建扩展分区”的操作即是工具自行完成的。如图 2-41 所示，创建为“逻辑分区”、分区类型为“NTFS”、卷标为“数据分区”、分区大小为“28GB”、簇大小保持默认、分区位于未分配空间的开始。设置完毕后单击“确定”按钮。

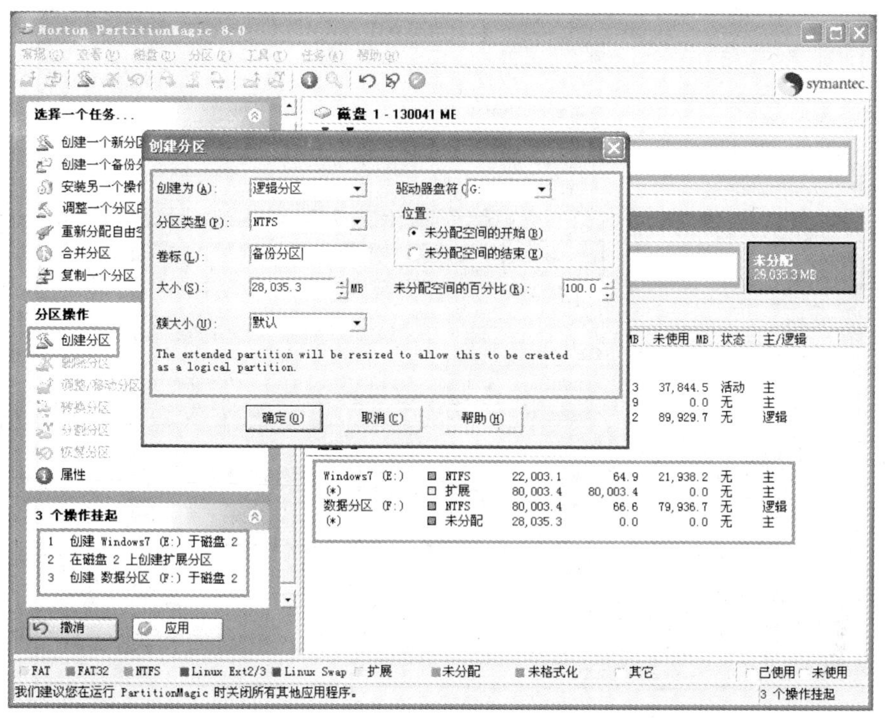

图 2-41　创建逻辑驱动器 2

4. 激活主分区

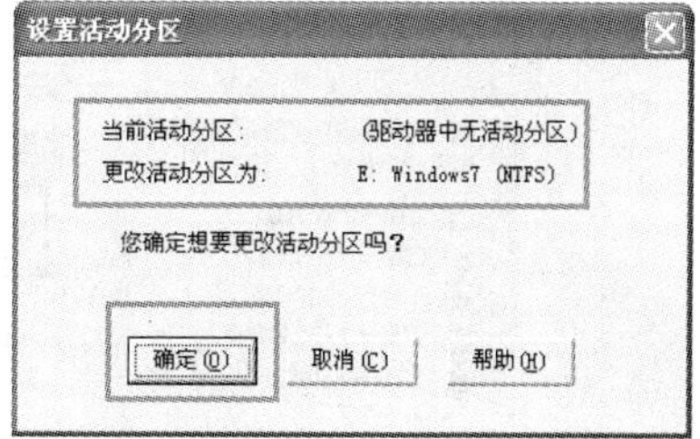

图 2-42　激活主分区

在一个磁盘中创建主分区之后，应将主分区激活后才能引导操作系统，因此必须将磁盘 2 中的“Windows7”主分区进行激活。鼠标右键单击“Windows7”主分区，选中“高级/设置激活”，单击“确定”按钮后将其激活，如图 2-42 所示。

5. 新硬盘分区完成后的效果

操作完成后，单击待应用的操作区域的“应用”按钮，分区工具便会应用刚才所有的分区操作，分区完成后的效果如图 2-43 所示，可以看到，磁盘 2 主分区 22GB 为活动状态；扩展分区为 108GB，其中有两个逻辑分区分别为 80GB 和 28GB。

2.2.3.4　旧硬盘分区的调整

原有旧硬盘为两个分区，C 盘安装 Windows XP 操作系统，磁盘容量为 40GB。因此应对 C 盘大小进行调整，调整为 15GB，多余的空间并入 D 盘。

1. 缩小 C 盘大小为 15GB

单击“磁盘 1”中的“C 盘”位置，选中要操作的对象，然后单击左部的“分区操作”下的“调整/移动分区”操作选项，在弹出的对话框中设置新分区的大小。由于只有相邻的空间才能合并，而且 D 盘的空间位于 C 盘之后，因此在调整 C 盘空间时应将自由空间置于其后，如图 2-44 所示。

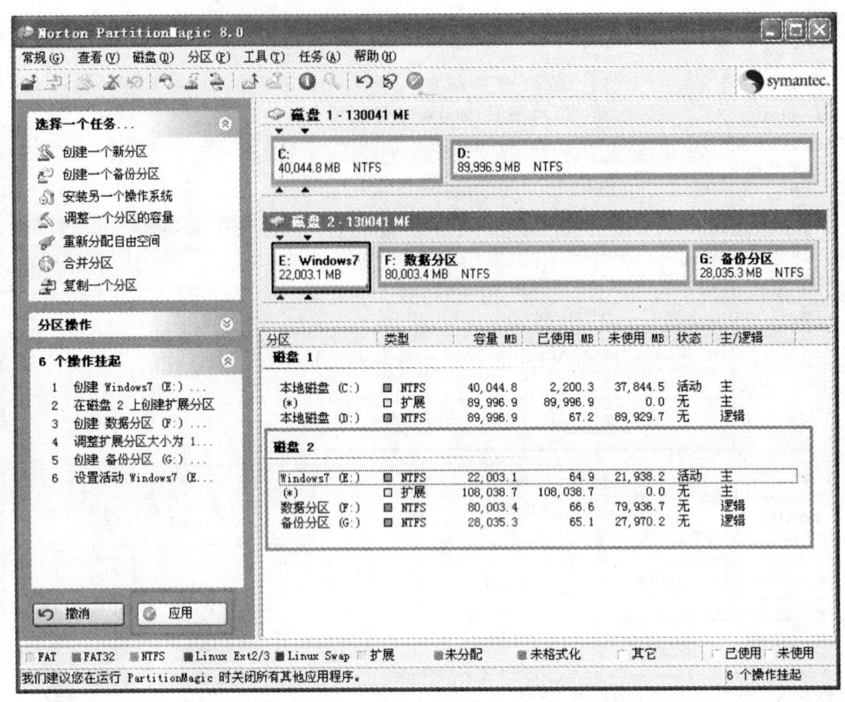

图 2-43　分区完成后的效果

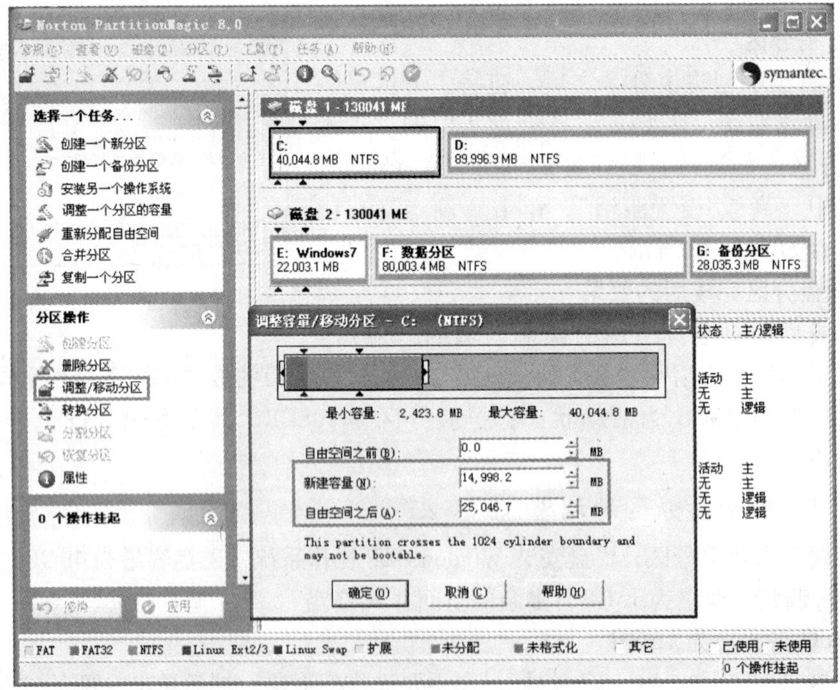

图 2-44　调整 C 盘空间大小

2. 将自由空间并入 D 盘

调整 C 盘空间后，可以看到 D 盘之前有一块未分配的 25GB 左右的自由空间。单击“磁盘 1”中的“D 盘”位置，选中要操作的对象，然后单击左部的“分区操作”下的“调整/

移动分区”操作选项，在弹出的对话框中设置新分区的大小。将“自由空间之前”的选项设置为0后，即可将自由空间并入D盘，如图2-45所示。

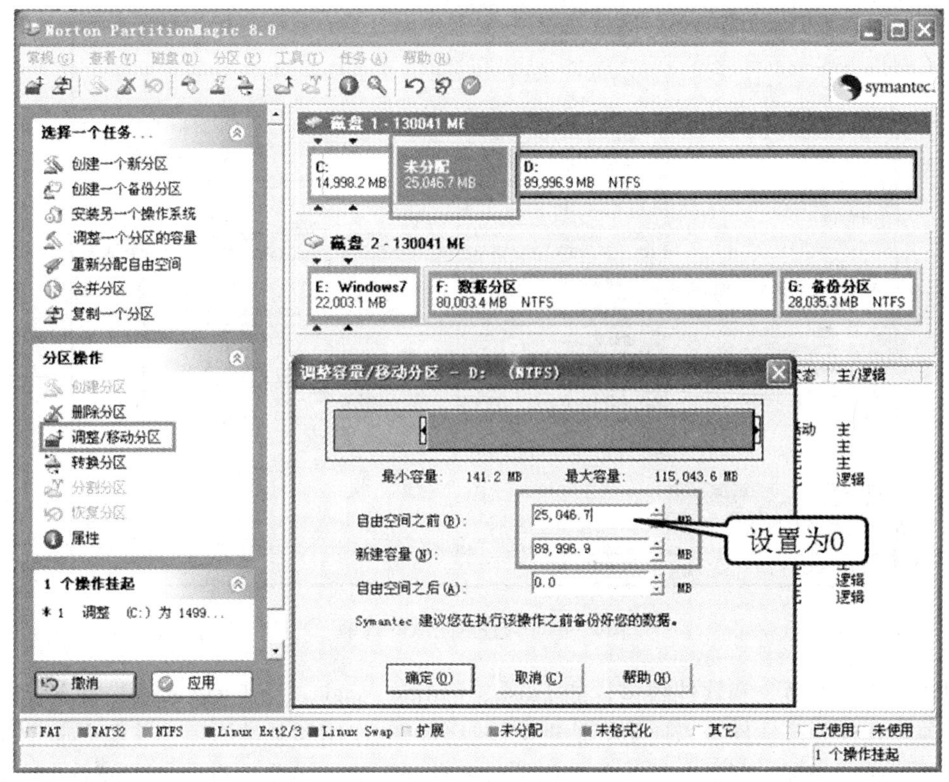

图2-45　将自由空间并入D盘

3. 旧硬盘调整空间后的效果

操作完成后，单击待应用的操作区域的“应用”按钮，分区工具便会应用刚才所有的分区操作，调整空间后的效果如图2-46所示，可以看到，磁盘1主分区C盘为15GB；扩展分区为115GB，其中有一个逻辑分区D盘为115GB。

项目小结

1）主板在出厂前，生产厂家已经预置了CMOS参数的默认值，计算机在此默认值下能正常运行。但在以下情况下需对CMOS参数进行设置：系统优化、CMOS参数数据意外丢失、新增设备。

2）不同品牌的BIOS设置程序之间、品牌机与组装机之间或者便携式计算机与台式机之间，进入BIOS设置程序方法可能有所不同。在进行CMOS参数设置时，应先仔细阅读主板说明书，并对主板所用的BIOS设置程序各选项的含义进行充分了解。

3）硬盘出厂后，必须经过低级格式化、分区和格式化3个处理步骤后才能用于数据的存储，其中由用户完成的是分区和格式化操作。

4）硬盘分区的类型有主分区和扩展分区两种，另外在扩展分区中再划分逻辑驱动器。

图 2-46　调整空间后的效果

常用的硬盘分区的命令和软件很多，如 Fdisk、PartitionMagic、Diskgenius 等，用户应能熟练使用一种或几种分区软件，以便更好地理解硬盘分区的作用和基本原理，并能更加合理地对自己的硬盘进行分区。硬盘分区的格式化是对磁盘分区的初始化。目前，Windows 系列操作系统常见的分区格式有 FAT32 和 NTFS 两种。

项目练习

一、填空题

1. BIOS 的全称是“Basic Input & Output System”，中文名称为（　　）。它是一组固化在计算机主板 ROM 芯片上的程序，主要负责（　　）参数的设置。

2. （　　）是指计算机主板上一块可读写的 RAM 芯片，主要用来保存当前计算机系统的硬件配置和操作人员对某些参数的设定。

3. 一般进入 BIOS 设置程序的方法是在开机时按下（　　）按键。

4. 目前 BIOS 设置程序主要有（　　）、（　　）和 UEFI 三种类型。

5. BIOS 设置程序的主要功能有（　　）、（　　）、系统启动自举 、BIOS 硬件中断处理和程序服务请求 。

6. 硬盘在出厂后要经过低级格式化 、（　　）和（　　）3 个处理步骤后才能用于数据的存储。

7. 计算机硬盘分区主要有（　　）和（　　）两种类型。

8. 硬盘分区的基本操作步骤是：先建立（　　），再建立（　　），然后划分逻辑驱动器 。

9. 目前在 Windows 操作系统中常用的硬盘分区格式有（　　）和（　　）。

二、选择题

1. 想使硬盘工作在“增强”模式并开启“AHCI”功能，“SATA Configuration”和“AHCI Configuration”两个选项设置成（　　）。

A. Compatible，Enabled　　B. Enhanced，Enabled

C. Compatible，Disabled　　D. Enhanced，Disabled

2. 为了用光盘直接启动进行操作系统安装，应将计算机的启动顺序设置为（　　）。

A. C（硬盘），A（软驱），CD-ROM　　B. C Only

C. CD-ROM，C，A　　D. A，C

3. 下列选项中，不属于 AMI BIOS 的“PC Health”界面设置选项的是（　　）。

A. System Temperature　　B. CFAN Speed

C. Reset Configuration Data　　D. CPU Temperature

4. 想调节内存的时序参数以提高计算机的性能，应首先把以下哪个选项设置为［Enabled］？（　　）

A. DRAM Frequency　　B. Performance Level

C. Configure DRAM Timing By SPD　　D. DRAM Boot Frequency

5. NTFS 是一种主要应用于（　　）操作系统的分区格式。

A. UNIX　　B. Linux　　C. Windows 7　　D. SUN OS

6. 目前 Windows XP 操作系统主要使用的文件系统是 NTFS 和（　　）。

A. FAT32　　B. WINFS　　C. EXT2　　D. HTFS

7. 以下哪个分区工具不能在无损数据的情况下实现分区大小的调整？（　　）

A. Norton PartitionMagic　　B. Fdisk

C. Paragon Partition Manager　　D. Acronis Disk Director Suite

三、简答题

1. 简述 CMOS 和 BIOS 的区别和联系。
2. 何时需要对 CMOS 参数进行设置？
3. AMI BIOS 设置程序有哪些设置菜单？
4. 在一般情况下，需要对哪些主要的 CMOS 参数进行设置？
5. 以一种工具为例，简述硬盘分区和分区大小调整的步骤。

项目实训

一、实训目的

1. 掌握主要的 CMOS 参数的设置方法。
2. 掌握硬盘分区和分区大小调整的方法。

二、实训条件

1. 能正常运行的计算机。
2. 每组一个计算机启动光盘。
3. 每组有两种硬盘分区软件。

三、实训步骤

1. 启动 BIOS 设置程序。

2. 熟悉各选项参数的功能和含义。

3. 设置系统日期和时间，并禁用软驱检测。

4. 查看系统外部存储设备如硬盘、光驱的连接情况及参数，并做相关记录。

5. 查看当前计算机的健康情况，如 CPU 温度、机箱温度、CPU 散热风扇转速、主板各输出电压情况等，并做相关记录。

6. 设置计算机的启动顺序为光驱优先。

7. 设置硬盘的传输模式为增强模式并启用 AHCI。

8. 设置优先由 PCI－E 独立显示卡引导。

9. 设置开启 USB 2.0 控制器并使其工作在“高速”模式。

10. 设置计算机挂起模式为“S3 Only”，并开启“ACPI APIC”支持。

11. 设置超级用户和一般用户密码。

12. 加载 BIOS 的安全默认值并保存，重新启动计算机。

13. 用计算机启动光盘启动计算机，进入硬盘分区软件。

14. 若计算机需要安装 Windows XP 和 Windows 7 双引导系统，使用者平时用计算机完成图片、视频的编辑处理工作，并利用此计算机进行音乐、电影和游戏等娱乐活动，写出比较合理的分区策略。

15. 使用硬盘分区软件实施以上分区策略并对分区进行高级格式化操作。

16. 使用硬盘分区软件调整硬盘上两个非系统分区的大小。

项目 3　系统软件的安装和 Ghost 软件的使用

项目的目标

1. 技能目标

- 能根据需要安装 Windows XP 和 Windows 7 等系统软件。
- 能安装各种常用的驱动程序。
- 能使用克隆软件进行系统软件或数据分区的备份和恢复。

2. 知识目标

- 熟悉 Windows XP 和 Windows 7 的系统软件的安装条件和主要版本。
- 了解常用驱动程序的主要作用。
- 掌握克隆软件的版本和基本概念。

项目的实施

任务 3.1　系统软件的安装

3.1.1　任务描述

小王新购买一台台式计算机和一台便携式计算机，台式计算机安装 Windows XP 操作系统，便携式计算机安装 Windows 7 操作系统。

3.1.2　任务资讯

3.1.2.1　Windows XP 主要版本

Windows XP 于 2001 年 8 月 24 日正式发布。它的零售版于 2001 年 10 月 25 日上市。Windows XP 的外部版本是 2002，内部版本是 5.1（即 NT5.1），正式版的 Build 是 5.1.2600。微软公司最初发行了两个 32 位版本：专业版（Windows XP Professional Edition）和家庭版（Windows XP Home Edition）。Windows XP 64 位专业版于 2003 年 3 月 28 日发布，在 2005 年又发行了媒体中心版（Windows XP Media Center Edition）和平板计算机版（Windows XP Tablet PC Edition）。

3.1.2.2　Windows XP 64 位版本

64 位的 Windows XP 根据不同的微处理器架构，分为两个不同版本：

1. IA－64 版的 Windows XP

针对英特尔（Intel）公司的 IA－64 架构的安腾 2（Itanium2）纯 64 位微处理器的 Windows XP 64 – Bit Edition Version 2003 for Itanium – based Systems 是一款拥有 64 位寻址能力的强大的操作系统，主要面向顶级的高端 IA – 64 架构的工作站，可用在高端的科学运算，如石油探测工艺、立体绘图、复杂的动画制作等，所以说它是一种用在高效能运算（High Performance Computing）的强大的操作系统。它支持双处理器，最低支持 1GB 的内存，最高支持 16GB 的内存。

2. X86 – 64 版的 Windows XP

它是一款针对 X86 – 64 架构的 Opteron 与 Athlon 64 所属的 64 位扩展微处理器的 Windows XP 64 – Bit Edition for 64 – Bit Extended Systems 版本。由于 Intel 公司也发布了 X86 – 64 架构的 EM64T 技术的 Xeon 与 Pentium 4 的 64 位扩展微处理器，故微软公司将该版本的 Windows XP 64 – Bit Edition 改为 Windows XP Professional X64 Edition，它支持 AMD 与 Intel 公司的 X86 – 64 架构。可以使用在一般 X86 – 64 架构的工作站、桌面计算机及便携式计算机上，用途与 32 位 Windows XP Professional 一样，但具有 64 位寻址能力。它支持双处理器，最低支持 256MB 的内存，最高支持 16GB 的内存。

3. 1. 2. 3 Windows XP 硬件需求

Windows XP 32 位版本和 64 位版本硬件需求方面的不同见表 3–1。

表 3–1 Windows XP 32 位版本和 64 位版本硬件需求

硬件	Windows XP 32 位（专业版）	Windows XP 64 位版本
最小 CPU 速度	233 MHz	733 MHz
推荐 CPU 速度	300 MHz	无
最小 RAM	64 MB	1 GB
推荐最小 RAM	128 MB	无
硬盘需求	1. 5GB 可用空间	1. 5GB 可用空间

3. 1. 2. 4 Windows 7 的版本

Windows 7 包含 6 个版本，分别为 Windows 7 Starter（初级版）、Windows 7 Home Basic（家庭普通版）、Windows 7 Home Premium（家庭高级版）、Windows 7 Professional（专业版）、Windows 7 Enterprise（企业版）及 Windows 7 Ultimate（旗舰版）。

1. Windows 7 Starter（初级版）

这是功能最少的版本，缺乏 Aero 特效功能，没有 64 位支持，没有 Windows 媒体中心和移动中心等，对更换桌面背景有限制。它主要设计用于类似上网本的低端计算机，通过系统集成或者 OEM 计算机上预装获得，并限于某些特定类型的硬件。

2. Windows 7 Home Basic（家庭普通版）

这是简化的家庭版。支持多显示器，有移动中心，限制部分 Aero 特效，没有 Windows 媒体中心，缺乏 Tablet 支持，没有远程桌面，只能加入而不能创建家庭网络组（Home Group）等。

3. Windows 7 Home Premium（家庭高级版）

面向家庭用户，满足家庭娱乐需求，包含所有桌面增强和多媒体功能，如 Aero 特效、多点触控功能、媒体中心、建立家庭网络组、手写识别等，不支持 Windows 域、Windows XP 模式、多语言等。

4. Windows 7 Professional（专业版）

面向计算机爱好者和小企业用户，满足办公开发需求，包含加强的网络功能，如活动目录和域支持、远程桌面等，另外还有网络备份、位置感知打印、加密文件系统、演示模式、Windows XP 模式等功能。64 位可支持更大内存（192GB）。此版本可以通过全球 OEM 厂商和零售商获得。

5. Windows 7 Enterprise（企业版）

面向企业市场的高级版本，满足企业数据共享、管理、安全等需求。它包含多语言包、UNIX 应用支持、BitLocker 驱动器加密、分支缓存（BranchCache）等，通过与微软公司有软件保证合同的公司进行批量许可出售，不在 OEM 和零售市场上发售。

6. Windows 7 Ultimate（旗舰版）

拥有所有功能，与企业版相比，基本上是相同的产品，仅仅在授权方式及其相关应用及服务上有区别，面向高端用户和软件爱好者。专业版用户和家庭高级版用户可以付费通过 Windows 随时升级（WAU）服务升级到旗舰版。

在这 6 个版本中，Windows 7 家庭高级版和 Windows 7 专业版是两大主力版本，前者面向家庭用户，后者针对商业用户。此外，32 位版本和 64 位版本没有外观或者功能上的区别，但 64 位版本支持 16GB（最高至 192GB）内存，而 32 位版本只能支持最大 4GB 内存。目前所有新的和较新的 CPU 都是 64 位兼容的，均可使用 64 位版本。

3.1.3 任务实施

3.1.3.1 Windows XP 的安装

Windows XP 是基于 NT 内核的操作系统，大致可分为 Windows XP 全新安装和 Windows XP 升级安装。下面是具体的安装方法。

1. 全新安装

利用 DOS 系统启动计算机，在 DOS 提示符下，进入“i386”目录，然后执行“winnt. exe”文件即可进行安装。但是在应用这种方法进行安装时可以先加载 Smartdrv. exe，以加快安装的速度。

2. 升级安装

升级安装一般是指在 Windows 9x/2000 的计算机上安装 Windows XP。

将 Windows XP 安装光盘置入光驱，安装程序即会自动运行，如果没有自动运行，可双击光盘根目录的 Setup. exe 开始安装。

3. 具体安装步骤

Windows XP 的安装过程使用高度自动化的安装程序向导，用户不需要做太多的工作，就可以完成整个安装工作，其安装过程大概可分为收集信息、动态更新、准备安装、安装 Windows XP 和完成安装等 5 个步骤。

1）当用户在刚开机启动微机时，要在键盘上按〈Delete〉键，这时会进入 BIOS 设置界面，用户需要将第一启动顺序改为从光盘驱动器启动，然后保存退出，再将光盘放入光盘驱动器中，这时将从 DOS 状态启动，运行光盘的安装软件进行安装。

2）Windows XP 的安装程序引导系统并自动运行安装程序。安装程序运行后会出现如图 3-1 所示的界面，按〈Enter〉键开始安装。

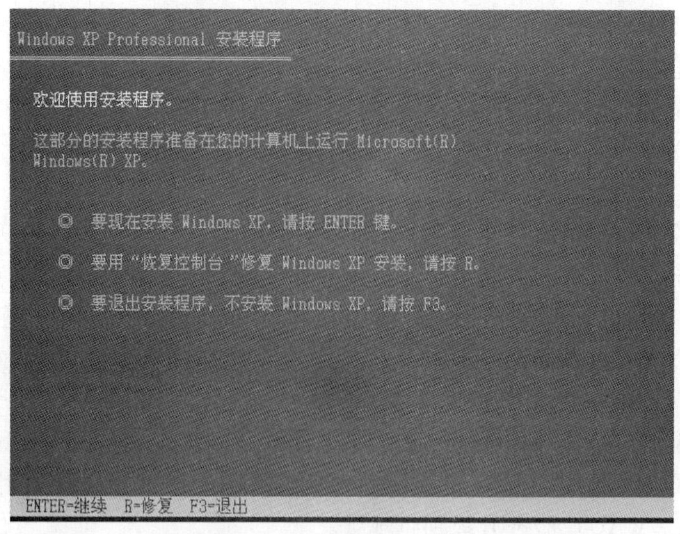

图 3-1　Windows XP 安装界面

3）接下来会出现 Windows XP 的许可协议，按〈F8〉键同意，即可进行下一步操作，如果不同意，则按〈Esc〉键退出，如图 3-2 所示。

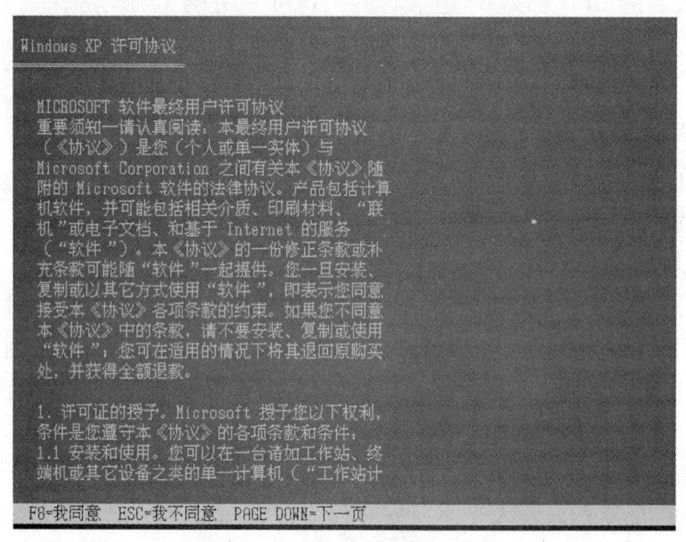

图 3-2　许可协议

4）选择安装的分区，接下来的界面会显示硬盘中的现有分区或尚没有划分的空间，在这里要用上下光标键选择 Windows XP 将要使用的分区，选定后按〈Enter〉键即可，如图 3-3 所示。

选定或创建好分区后，还需要对磁盘进行格式化。可使用 FAT32 文件系统或 NTFS 对磁盘进行格式化，建议使用 NTFS，如图 3-4 所示。

5）格式化完成后，安装程序即开始从光盘中向硬盘复制安装文件，如图 3-5 所示。

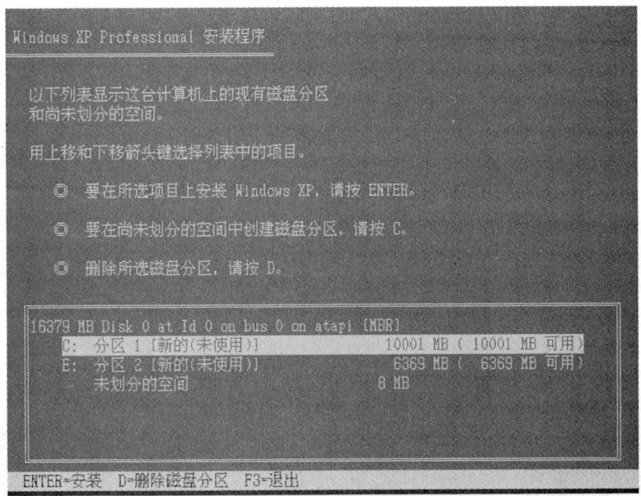

图 3-3　选择安装的分区

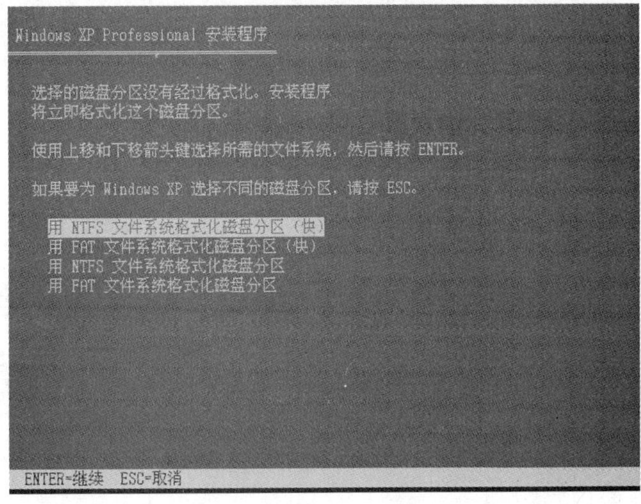

图 3-4　使用 NTFS 格式化分区

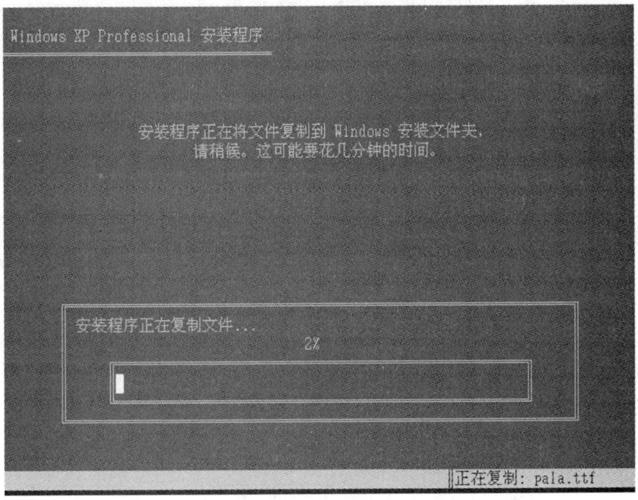

图 3-5　向硬盘复制安装文件

6）当复制完所需要的安装文件后，会自动重新启动计算机，开始安装 Windows XP 阶段，出现自动安装系统界面，如图 3-6 所示，左边显示安装的步骤和安装所剩余的时间。

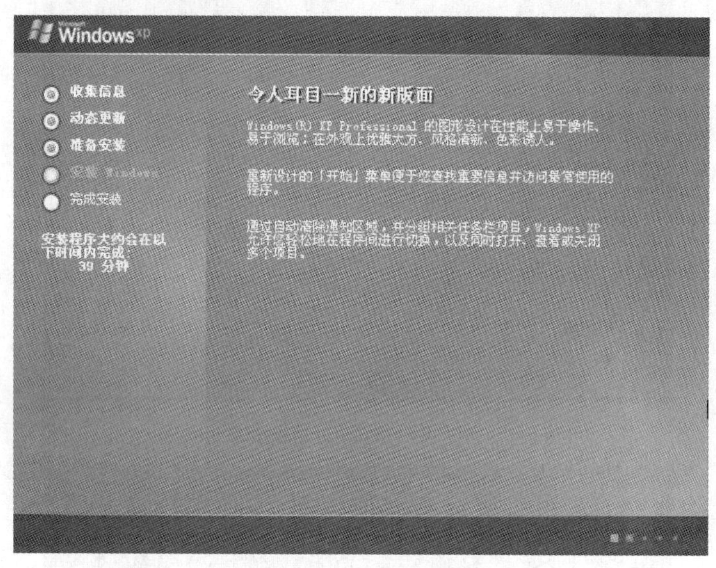

图 3-6　自动安装系统界面

7）安装软件过程中出现“区域和语言选项”对话框，如图 3-7 所示，直接按“下一步”按钮即可。

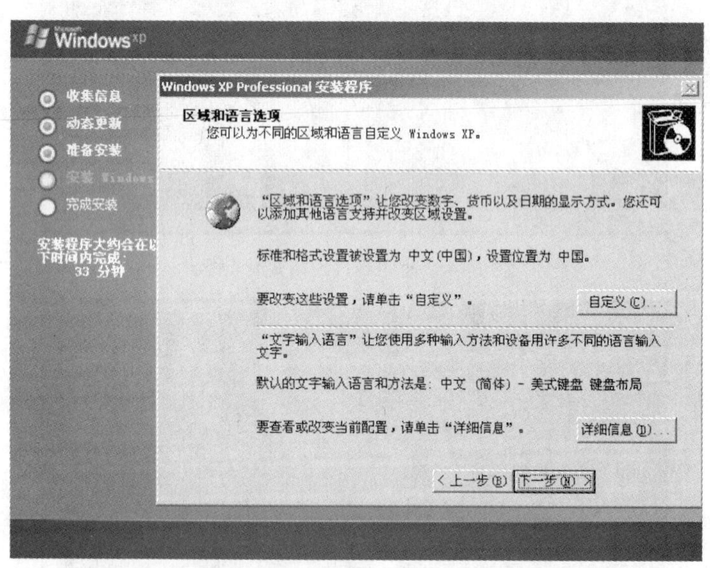

图 3-7　“区域和语言选项”对话框

8）然后会出现如图 3-8 所示的对话框，输入姓名和单位名称，然后单击“下一步”按钮。

9）然后会出现一个输入产品密钥的对话框，这个密钥一般附带在光盘上或说明书中，输入密钥，然后单击“下一步”按钮，如图 3-9 所示。

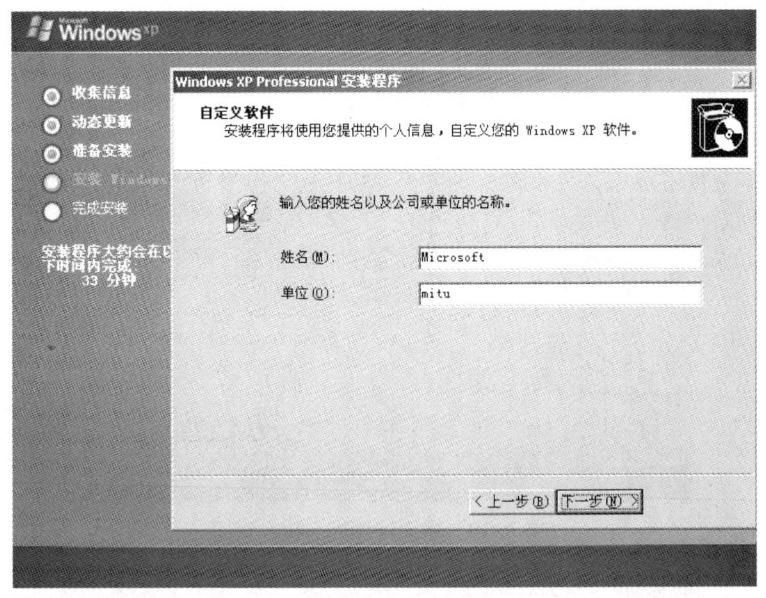

图 3-8　输入姓名和单位名称

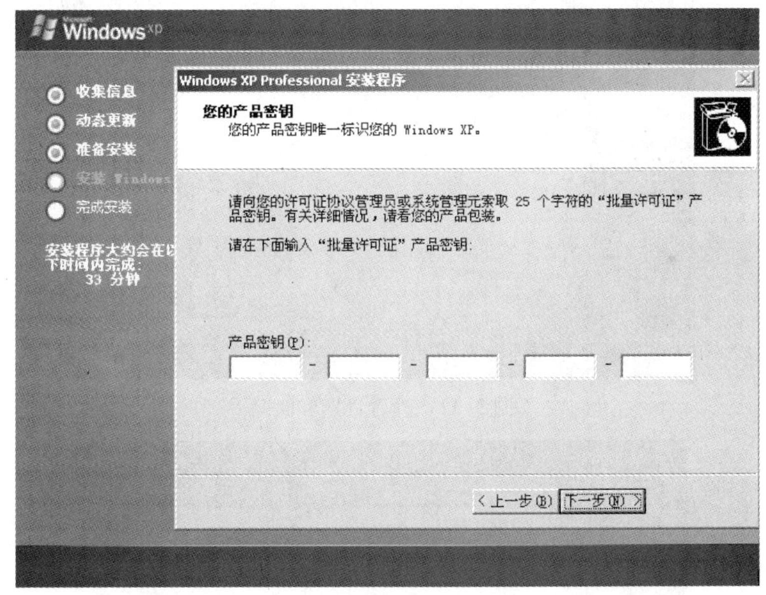

图 3-9　输入产品密钥

10）然后弹出如图 3-10 所示的对话框，在此对话框的“计算机名”文本框中输入本计算机的名称，在下面两个密码输入框中输入两次一样的密码，安装好系统后，再次进入系统时，必须输入正确的密码才能进入，然后单击“下一步”按钮。

11）接下来要求设置日期和时间，如图 3-11 所示，可以直接单击“下一步”按钮。

12）接着对网络进行设置，如图 3-12 所示，如果计算机不在局域网中使用默认的设置，单击“下一步”按钮就可以了。

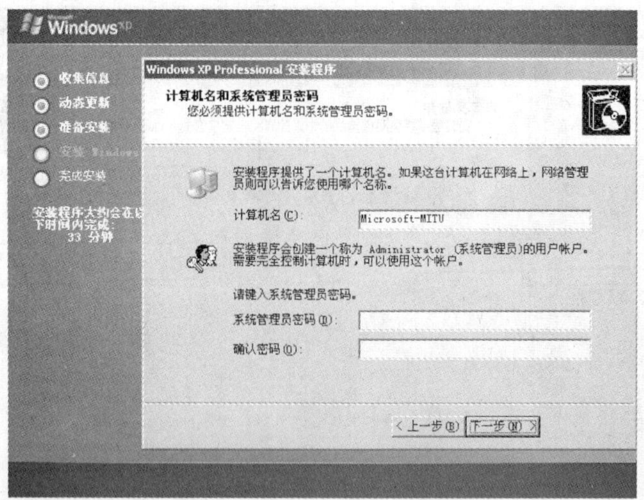

图 3-10　输入计算机名称和密码

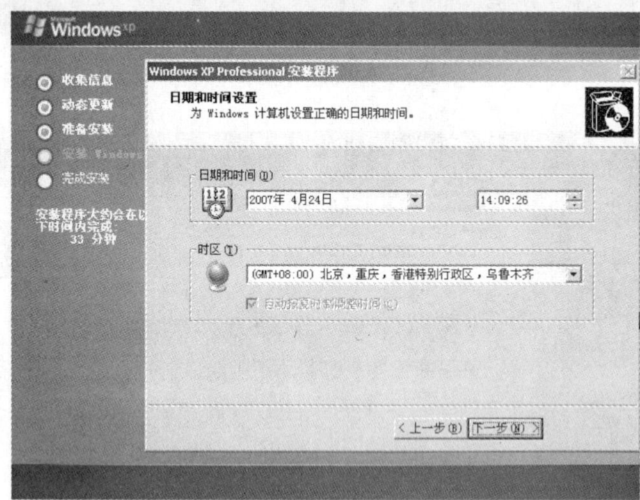

图 3-11　设置日期和时间

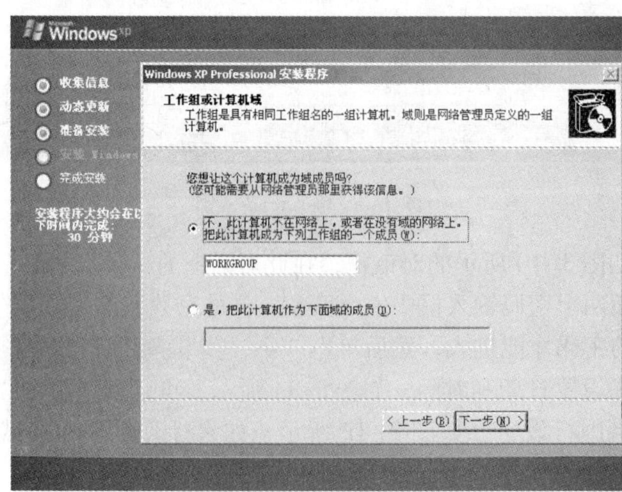

图 3-12　网络设置

如果是局域网中的用户，要在网络管理员的指导下安装，安装完成后系统会自动重新启动。

第一次运行 Windows XP 时还会要求设置 Internet 和用户，并进行软件激活。

13）接着安装软件会自动安装菜单项、注册组件等，如图 3-13 所示。

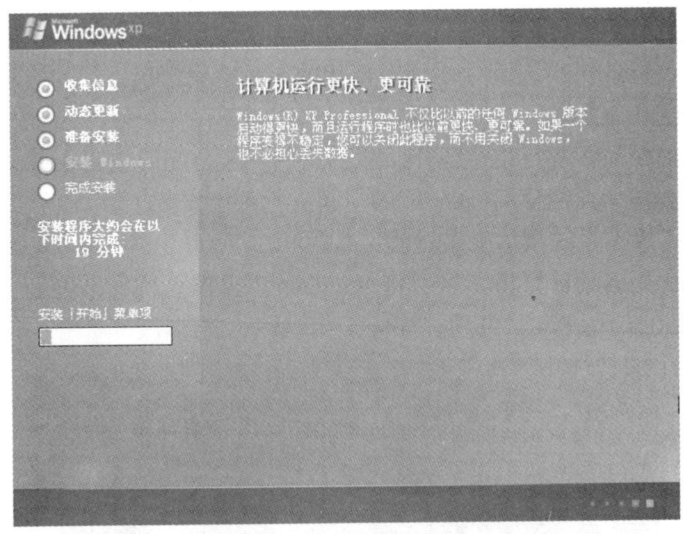

图 3-13　安装软件自动安装菜单项和注册组件等

Windows XP 安装整个过程是全自动的，由于安装方式不同，整个安装过程进行步骤也是不同的，用户可根据实际情况具体对待，只要按安装程序向导的提示进行就可以成功安装 Windows XP。安装成功界面如图 3-14 所示。

图 3-14　安装成功界面

3.1.3.2　Windows 7 的安装

1. Windows 7 主要安装步骤

Windows 7 一般采用全新安装，主要有以下 4 个步骤：

1）从 Windows 7 DVD 启动程序，按照提示选择一个自定义（高级）的安装，然后单击“下一步”按钮进入安装界面。

2）单击驱动器选项（高级）显示所有可用的磁盘空间情况。

3）从列表中选择一个分区，然后删除。

4）对其他任何额外盘进行重复操作，直到只剩下未分配的空间。

现在，可以使用驱动器上所有未分配的空间进行系统安装了。

2. Windows 7 操作系统具体安装过程

1）通过光驱优先启动计算机，然后将 Windows 7 操作系统安装光盘放入光驱，启动安装向导，选择“现在安装（I)”选项，如图 3-15 所示。

图 3-15　启动 Windows 7 安装向导

2）出现安装许可条款界面，如图 3-16 所示。选中“我接受许可条款（A)”复选框，单击“下一步”按钮。

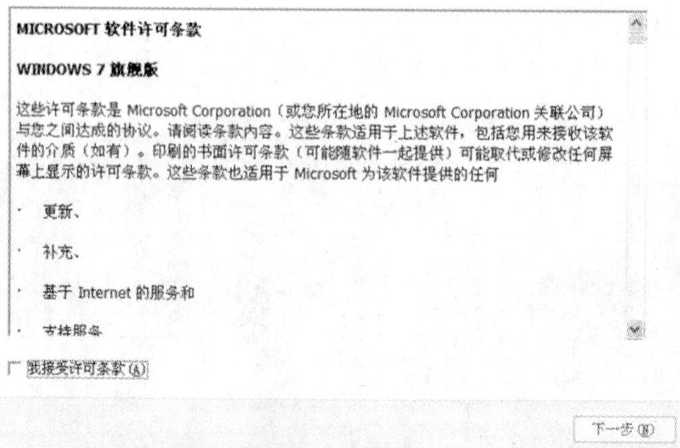

图 3-16　阅读安装许可条款

3）出现进行何种类型安装界面，如图 3-17 所示。根据原来机器情况和用户的要求选择，这里有升级安装和自定义安装可供选择，它们的主要区别在于：升级安装是指将 Windows XP 升级到 Windows 7，而自定义安装就是进行全新的安装，不过一般的机器都不支持升级安装，所以这里选择自定义安装。

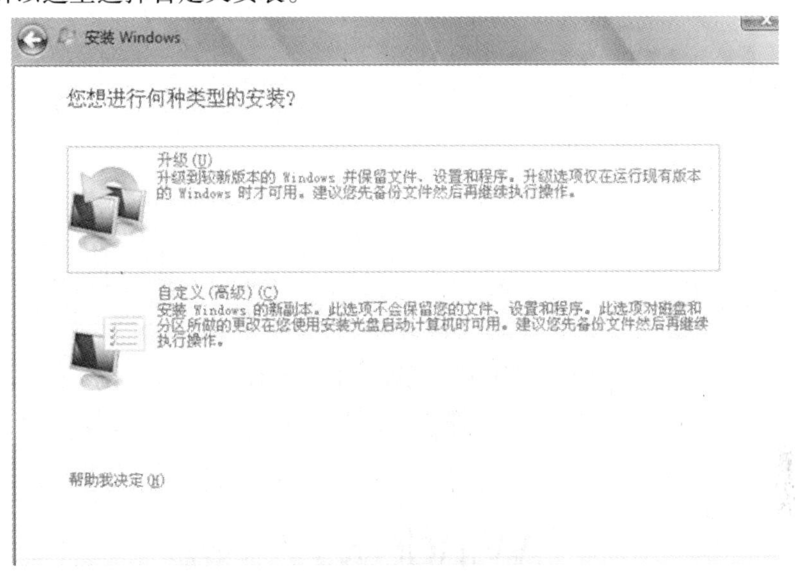

图 3-17　选择何种类型安装

4）出现 Windows 7 安装位置选择界面，如图 3-18 所示。安装 Windows 7 系统的分区必须要有足够的空间，而且磁盘格式必须为 NTFS 格式。选择操作系统要安装硬盘的位置，“选择驱动器选项（高级）”会对驱动器进行分区和格式化，再单击“下一步”按钮。

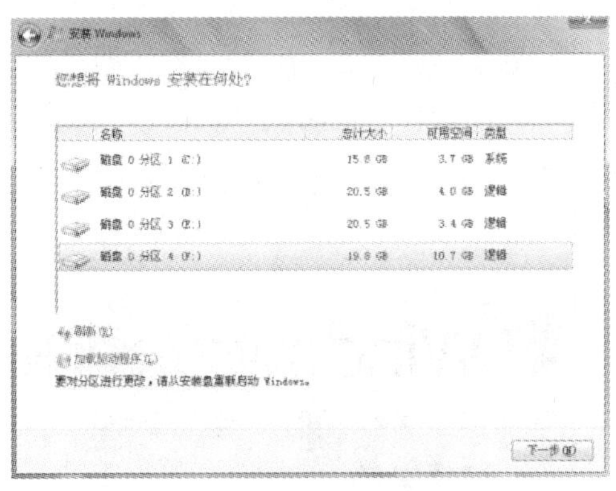

图 3-18　选择安装位置

5）出现复制安装软件界面，如图 3-19 所示。这里需要重启系统数次，所以要等待数分钟。

6）出现选择国家或地区的界面，如图 3-20 所示。选择“中国”，单击“下一步”按钮。

7）出现设置用户名的界面，如图 3-21 所示。输入用户名，单击“下一步”按钮。

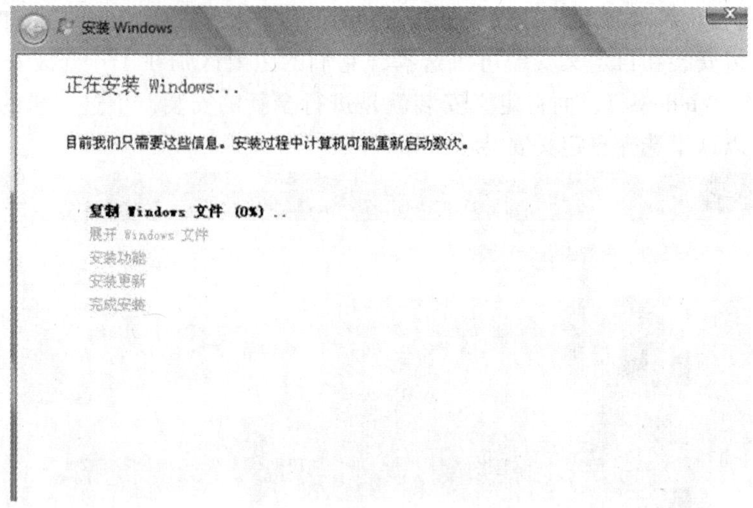

图 3-19　开始复制安装软件

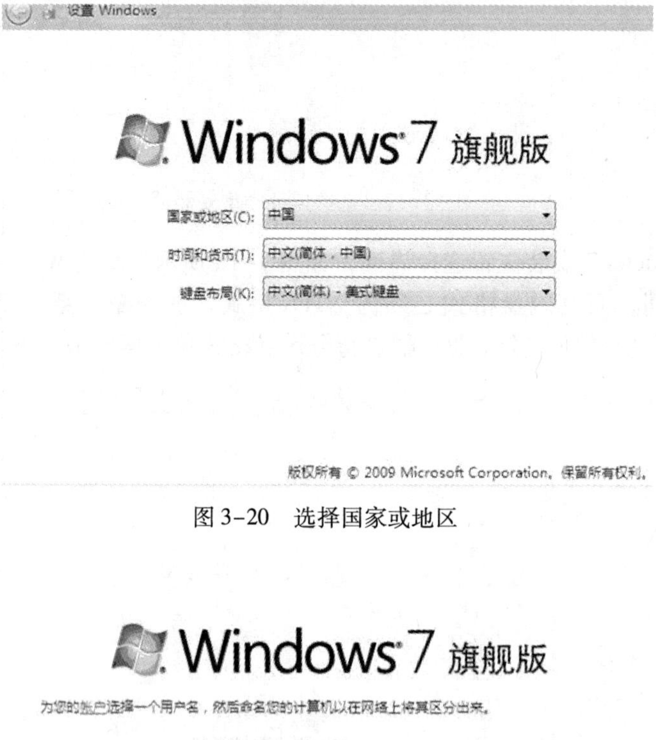

图 3-20　选择国家或地区

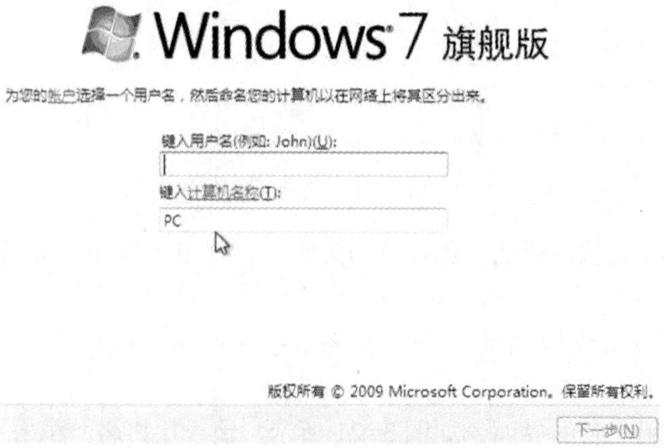

图 3-21　设置用户名

8）出现输入产品密钥的界面，如图 3-22 所示。输入密钥，然后单击“下一步”按钮。

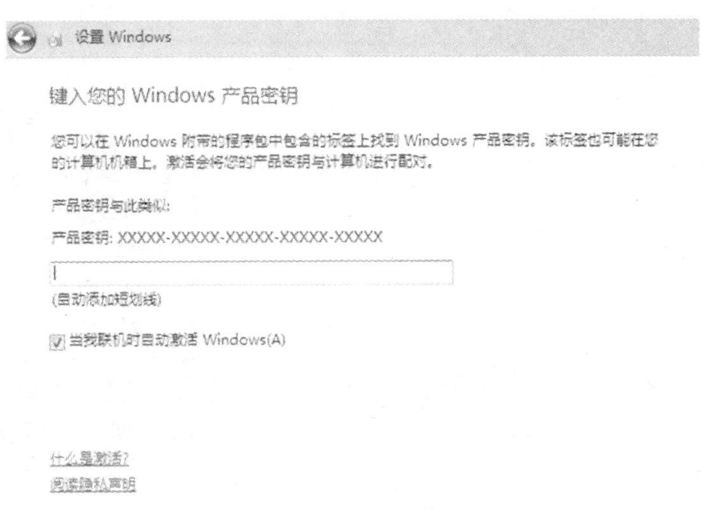

图 3-22　输入产品密钥

9）出现 Windows 自动保护界面，如图 3-23 所示。这里选择“使用推荐设置（R)”选项。

图 3-23　自动保护界面

10）出现操作系统安装完毕界面，如图3-24 所示。单击“开始”按钮，最后进入 Windows 7 操作系统。

Windows 7 自带了许多硬件设备驱动，而且均为正版设备驱动，接下来 Windows 7 要激活才能使用，其实 Windows 7 的激活是一个非常简单的过程，手动可能非常麻烦，所以使用工具激活就是非常简单的事情了，只需要一步即可激活。

11）图 3-25 显示已成功激活了 Windows 7 操作系统，然后就可以进入 Windows 7 操作系统了。

图 3-24　安装完毕提示

系统

分级:　系统分级不可用

处理器:　Intel(R) Pentium(R) Dual CPU E2180 @ 2.00GHz 2.00 GHz

安装内存(RAM):　516 MB

系统类型:　32 位操作系统

笔和触摸:　没有可用于此显示器的笔或触控输入

计算机名称、域和工作组设置

计算机名:　sdsd-PC　更改设置

计算机全名:　sdsd-PC

计算机描述:

工作组:　WORKGROUP

Windows 激活

Windows 已激活

产品 ID: 004[illegible]-OEM-8992662-00497　正版授权

图 3-25　已成功激活提示

3.1.3.3　常用驱动程序的安装

常用驱动程序的安装对于用户安装新的硬件或让部件性能更好地发挥作用都非常重要，在 Windows 系列操作系统中，需要安装主板、光驱、显示卡、声卡、显示器等完整的驱动程序，如果需要连接别的硬件设备，则还要安装相应的驱动程序。计算机的标准设备如键盘、鼠标、硬盘，Windows 系列操作系统用自带的标准驱动程序来驱动，版本越高，自带的驱动程序就越多。为了更好地发挥计算机部件的性能，也要更新驱动程序。以 Windows XP 操作系统为例，主要介绍声卡、显示卡、打印机等驱动程序的安装。

1. 声卡驱动程序的安装

内置在主板上的声卡，其驱动程序安装过程很简单。用户在安装 Windows 操作系统或系统启动时，系统会自动检测到相应的声卡并安装相应的驱动程序，此时在系统启动后，在任务栏的右边会看到扬声器（喇叭）图标，并且扬声器发声。但如果系统启动后，在任务栏的右边没有扬声器图标，或者有扬声器图标但扬声器不发声，或者用户使用的是外置声卡，则用户需要用相应的声卡驱动程序进行重新安装，其安装过程如下：

1）在装好系统后，会自动查找硬件设备的驱动程序，如果安装光盘没有驱动程序，则会出现如图3-26所示的对话框。或进入“控制面板”，选择“打印机和其他设备”，在左边单击“添加硬件”，出现添加硬件向导，单击“下一步”按钮进行操作。在向导中，选择“安装我手动从列表选择的硬件（高级）（M）”，单击“下一步”按钮继续。

2）系统列出一个清单，包含所有常见硬件类型，如图3-27所示。选择“声音、视频和游戏控制器”，单击“下一步”按钮继续。

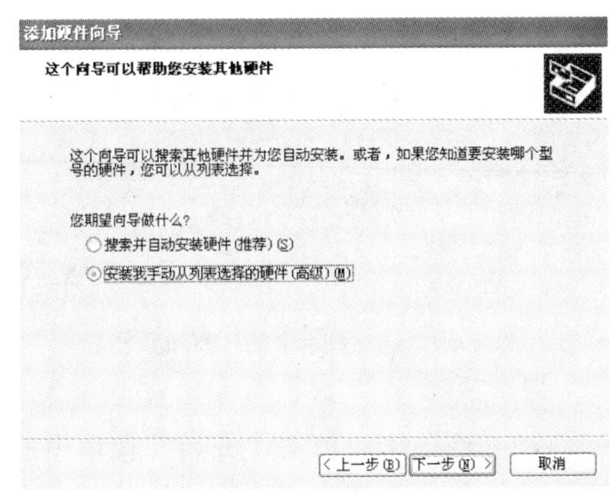

图3-26 选择安装的硬件类型

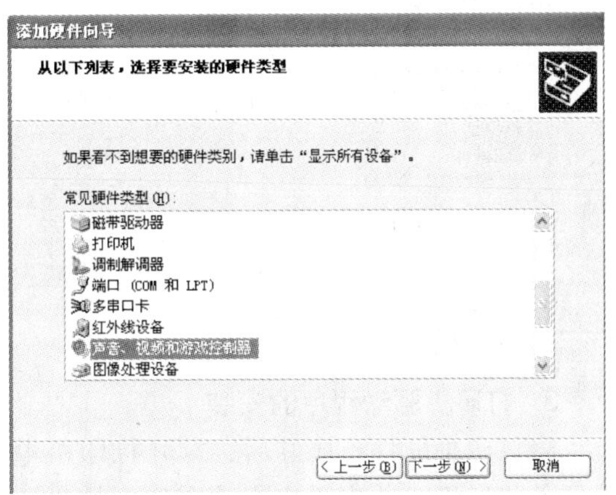

图3-27 常见硬件类型

3）在图3-28中，从左边的“厂商”栏中选择厂商，然后在“型号”栏中选择相应的型号。然后单击“下一步”按钮，可安装Windows中相应的声卡驱动程序。若单击“从磁盘安装”按钮，此时可插入相应的驱动光盘到光驱中，然后输入相应的路径（或通过“浏览”按钮进行查找），单击“确定”按钮，即可安装相应的光盘声卡驱动程序。

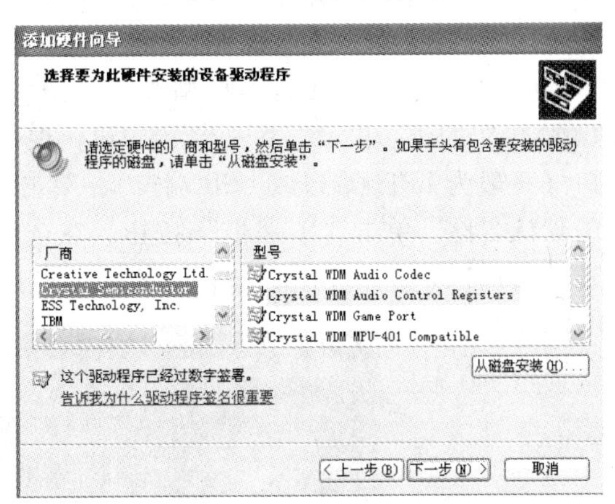

图3-28 选择厂商和型号

2. 显示卡驱动程序的安装

对于内置在主板上的显示卡，用户在安装Windows操作系统或系统启动时，系统会自动检测到相应的显示卡并安装相应的驱动程序。此时，即在系统启动后，在桌面空白处单击鼠标右键，再单击“属性”，选择“设置”选项卡，屏幕会出现对话框，用户可在“颜色”中调节屏幕的显示颜色。此时屏幕颜色应至少有256色、16位增强色，但如果能调节的颜色只有单色和16色两种，则说明显示卡驱动程序未安装或安装的显示卡驱动程序不对，或者用户使用的是外置显示卡，则用户需要用相应的显示卡驱动程序进行重新安装，其安装过程如下。

1）进入“控制面板”，选择“打印机和其他设备”，在左边单击“添加硬件”，出现添加硬件向导，单击“下一步”按钮继续。

2）根据添加硬件的操作步骤进行到如图3-29所示的界面后，在列表中选择“显示卡”，然后单击“下一步”按钮；在图3-30中选择厂商和型号，或单击“从磁盘安装”按钮，此时可插入相应的驱动光盘到光驱中，然后输入相应的路径（或通过“浏览”按钮进行查找），单击“确定”按钮，即可安装相应的显示卡驱动程序。

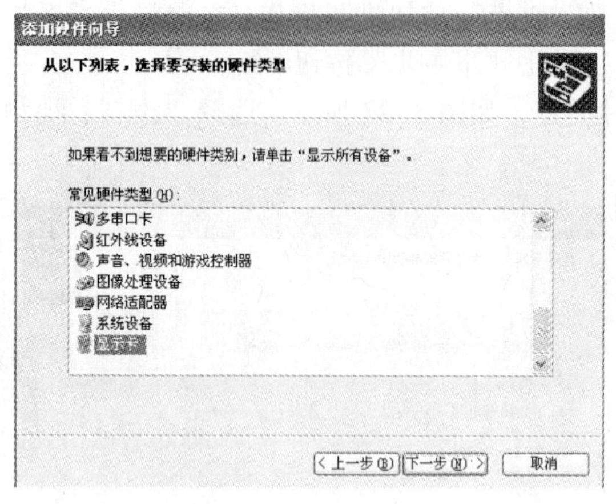

图3-29　选择“显示卡”

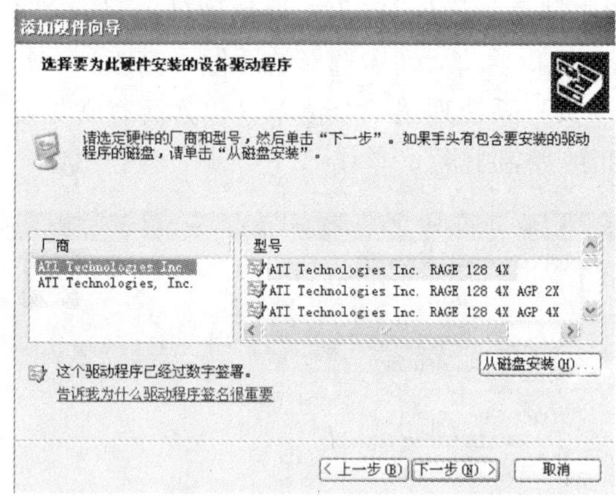

图3-30　选择显示卡的厂商和型号

3. 打印机驱动程序的安装

将打印机硬件连接好后，打开打印机电源，启动系统，然后单击“开始”菜单中的设置的打印机，单击弹出来的窗口中的“添加打印机”图标，单击“下一步”按钮，在出现如图3-31所示的界面后，根据打印机的连接形式，选择“本地打印机”或者“网络打印机”。单击“下一步”按钮，在“生产商”中选择打印机的生产厂商，在其相应的“打印机”中选择相应的打印机型号（一般的打印机都可以找到），然后将Windows系统光盘放入光驱中，单击“下一步”按钮，根据打印机的连接情况设置好打印机所使用的端口（一般为LPT1端口或USB端口），单击“下一步”按钮，输入打印机名称或使用系统的默认名称，单击“下一步”按钮，在选择是否要打印测试页时，建议用户选择“是-建议打印”（这样可检测打印机的硬件连接是否有问题）。单击“完成”按钮，系统将

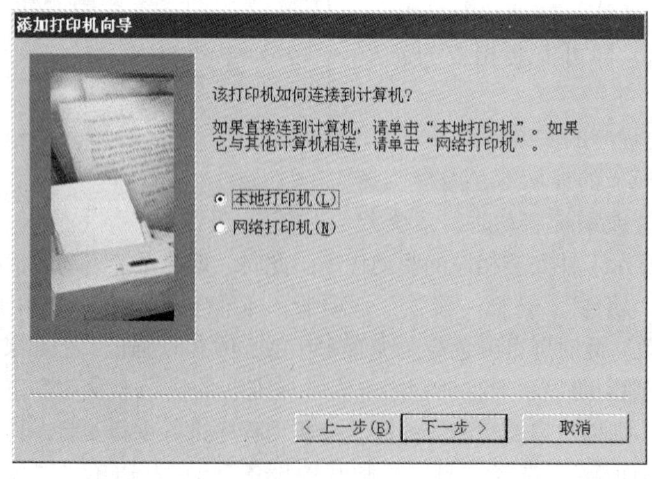

图3-31　添加打印机向导

自动从系统光盘上安装相应的打印机驱动程序，显示相应的打印机图标。另外，用户也可以通过“控制面板”中的“打印机”和“添加新硬件”完成打印机的驱动程序安装，方法与上述类似。

任务 3.2 Ghost 软件的使用

3.2.1 任务描述

小王的计算机操作系统和一些重要工具文件都安装在 C 盘，为了防止系统软件损坏时较快恢复，不必要重新用光盘安装操作系统和工具文件，对操作系统所在的 C 盘进行备份成镜像文件以便今后需要时（如系统崩溃）恢复。

3.2.2 任务资讯

3.2.2.1 Norton Ghost for DOS

Norton Ghost（Norton General Hardware Oriented Software Transfer）是美国赛门铁克（Symantec）公司旗下的一款硬盘备份还原工具。Ghost 可以实现 FAT16、FAT32、NTFS、OS2 等多种硬盘分区格式的分区及硬盘的备份还原。在这些功能中，数据备份和备份恢复的使用频率特别高。

为避免 Windows 操作系统原始完整安装的费时和重装系统后驱动应用程序再安装的麻烦，可以将自己装好的“干净”系统用 ghost 来备份和还原。为使这个操作易于实现，流程被一键 Ghost、一键还原精灵等进一步简化。现在又把 Windows XP、Windows VISTA、Windows 7 等与系统引导文件、硬盘分区工具等集成一体，进一步得到配套，用户在需要重装系统时可有效、简便地完成系统的快速重装，所以，Ghost 在狭义上被特指为能快速恢复的系统备份文件。

Norton Ghost 既然称为克隆软件，说明其 Ghost 的备份还原是以硬盘的扇区为单位进行的，也就是说，可以将一个硬盘上的物理信息完整复制，而不仅仅是数据的简单复制。Ghost 支持将分区或硬盘直接备份到一个扩展名为 . gho 的文件里（称为镜像文件），也支持直接备份到另一个分区或硬盘里。

Ghost 包括 DOS 版本和 Windows 版本，DOS 版本只能在 DOS 环境中运行，Windows 版本只能在 Windows 环境中运行。由于 DOS 的高稳定性，且在 DOS 环境中备份 Windows 操作系统已经脱离了 Windows 环境，所以建议备份 Windows 操作系统，使用 DOS 版本的 Ghost 软件。

由于 Ghost 在备份还原是按扇区来进行复制，所以在操作时一定要小心，不要把目标盘（分区）弄错了，若将目标盘（分区）的数据全部“抹掉”，根本没有多少恢复的机会，所以一定要认真、细心。

3.2.2.2 Norton Ghost for Windows

Ghost 2003 可以在 Windows 环境下运行，但其核心的备份和恢复仍要在 DOS 下完成，所以它还不能算真正意义上的 Windows 克隆软件。2005 年，Symantec 公司推出了使用更加方便实用的 Ghost 8.5，以后又推出了其他版本，目前的最新版本是 Ghost 15.0。Windows 下的 Ghost 已经完全抛弃了原有的基于 DOS 环境的内核，其"Hot Image"技术可以让用户在 Windows 环境下直接对系统分区进行热备份而无须关闭 Windows 系统；它新增的增量备份功能，可以将磁盘上新近变更的信息添加到原有的备份镜像文件中去，不必再反复执行整盘备份的操作；它还可以在不启动 Windows 的情况下，通过光盘启动来完成分区的恢复操作。Windows 版本的 Ghost 的最大优势在于：全面支持 NTFS，不仅能够识别 NTFS 分区，而且还能读写 NTFS 分区目录里的备份文件，彻底解决了 Windows 98 启动盘无法识别 NTFS 分区的难题。Ghost 被设计为在新的 Windows Vista 操作系统中运行，并且已经过测试；同时它仍然支持以前版本的 Windows 操作系统。

3.2.2.3 Ghost 备份还原与虚拟系统的区别

Ghost 备份还原与虚拟系统都具有备份数据和还原数据的能力，但 Ghost 备份还原与虚拟系统不同点是：

1）Ghost 采取镜像系统分区或者文件夹的方式备份和还原数据，而虚拟系统采取操作系统与应用程序分离，并且利用重定向技术实现，操作系统崩溃不影响存储的数据与应用程序。

2）Ghost 由于其设计特点只能还原早期的备份数据，所以不能还原当前的系统状态，而虚拟系统由于实现了操作系统与应用程序分离，并且重定向了操作系统操作和访问数据的路径，实现了实时保存数据和应用程序设置的能力，因此系统崩溃不会导致类似收藏夹丢失、我的文档丢失、上网历史记录丢失、聊天记录丢失、一些系统设置丢失和一些软件设置丢失等情况发生。

3.2.3 任务实施

3.2.3.1 硬盘管理

1. 硬盘复制

当在多台计算机安装相同的操作系统和应用软件时，需在每台计算机上重复整个安装过程，操作极为烦琐。利用 Ghost 的全盘复制功能，只需在其中一台计算机上安装操作系统及应用软件，然后再利用 Ghost 将该计算机硬盘中的内容复制到其他硬盘上即可。

1）首先在其中一台计算机中安装所需的操作系统、驱动程序、应用软件，然后清除系统中的"垃圾"，并进行硬盘碎片整理，做好复制前的准备工作。

2）将需要复制的目标硬盘安装到该计算机上，在纯 DOS 状态下启动 Ghost。

3）在 Ghost 窗口中依次执行"Local"→"Disk"→"To Disk"命令，激活 Ghost 的硬盘复制功能。

4）在系统给出的物理硬盘列表中依次选择需要复制的源盘和目标盘。

5）单击"Yes"按钮进行确认，Ghost 即开始硬盘的复制工作。

在使用 Ghost 的硬盘复制功能时，还应注意以下几点：

1）硬盘复制过程中，Ghost 会将源盘中的内容覆盖目标盘上的所有数据，用户在复制之前务必将目标盘上的重要数据进行备份。

2）用 Ghost 对硬盘进行复制时，尽量使用容量完全相同的硬盘。当使用不同容量的两个硬盘时，只能将小硬盘中的数据复制到大硬盘上。

3）由于 Ghost 在复制硬盘时完全按照簇进行，它会将硬盘上的“垃圾”及文件碎片也复制到目标盘中，因此在复制之前最好先对源盘进行清理，并对硬盘碎片进行整理，然后再进行复制。

4）Ghost 在复制硬盘的时候会将源盘中的坏道复制到目标盘中，因此用户在对那些包括有坏道的源盘进行复制时要小心。

2. 硬盘备份

Ghost 在对硬盘进行备份时，将按照簇方式将硬盘上的所有内容全部备份下来，并采用映像文件的形式保存到另外一个硬盘上，在需要的时候就能利用这个映像文件进行恢复，从而真正达到了对整个硬盘进行备份的目的。

用户要使用 Ghost 将整个硬盘上的内容全部备份到另外一个硬盘上（注意：是备份而不是复制），必须拥有一块闲置硬盘，并将其安装到计算机中，然后执行如下步骤：

1）启动 Ghost，在窗口中依次执行“Local”→“Disk”→“To Image”命令，激活 Ghost 的硬盘映像功能。

2）在源盘选择界面中选择需要备份的原始硬盘；选择目标盘，用户还应分别对目标盘、分区、路径及映像文件的文件名等选项进行设置。

3）单击“Yes”按钮，Ghost 即会将源盘上的所有内容全部采用映像文件的形式备份到目标盘上，从而达到了对硬盘进行备份的目的。

3. 硬盘恢复

按照前面的方法对硬盘进行备份后，如果需要恢复则应执行如下步骤：

1）启动 Ghost 后，在窗口中依次执行“Local”→“Disk”→“From Image”命令，激活 Ghost 的映像文件还原功能。

2）利用映像文件选择窗口选择需要还原的映像文件；在弹出的目标盘中选择需要还原的目标盘。

3）单击“OK”按钮，Ghost 即会将保存在映像文件中的数据还原到硬盘上，恢复后的目标盘与备份时的状态（包括分区、文件系统、用户数据等）是完全一致的。

在使用 Ghost 的硬盘备份/恢复功能时，应注意以下几点：

1）使用 Ghost 恢复后，目标盘上原有的数据将全部丢失，因此在恢复之前一定要将硬盘上的有用数据备份下来。

2）对于 Ghost 生成的硬盘映像文件，除了将其保存到闲置硬盘上之外，还能利用刻录光盘、U 盘等存储媒介加以保存，降低保存成本并提高保存效率。

3.2.3.2 分区管理

除了以硬盘为单位进行复制、备份、恢复外，Ghost 还允许以硬盘分区为单位，即对某个硬盘分区进行复制、备份和恢复，这在某些情况下更能满足用户的需要。

1. 复制分区

如今硬盘的容量都非常大，在使用的时候都会对硬盘进行分区，而操作系统及相关应用软件仅仅只占据其中的一个硬盘分区（一般是 C 盘），没有必要为了这一个分区中的内容而将整个硬盘全部复制一遍（尽管 Ghost 的复制速度非常快），单独复制特定硬盘分区的效果无疑会更好。

正是基于这一原因，Ghost 特意提供了复制硬盘分区的功能，它将某个硬盘分区视为一个操作单位，将该硬盘分区复制到同一个硬盘的另外一个分区或另外一个硬盘的某个分区中，这就进一步地满足了用户的需要。

要使用 Ghost 对硬盘分区进行复制，应执行如下步骤：

1）启动 Ghost，在窗口中依次执行“Local”→“Partition”→“To Partition”命令，启动 Ghost 的分区复制功能，并选择复制的原始盘，如图 3-32 和图 3-33 所示。

2）在 Ghost 的分区列表中选择需要复制的原始分区，如图 3-34 所示。

3）在 Ghost 的指导下选择需要复制的目标盘和目标分区，如图 3-35 和图 3-36 所示。

4）单击“Yes”按钮加以确认，如图 3-37 所示，Ghost 即会将原始分区中的内容复制到目标分区中。

值得注意的是，Ghost 的分区复制功能要求目标分区的大小绝对不能小于原始分区的大小，否则目标硬盘上的后续分区将被全部删除。

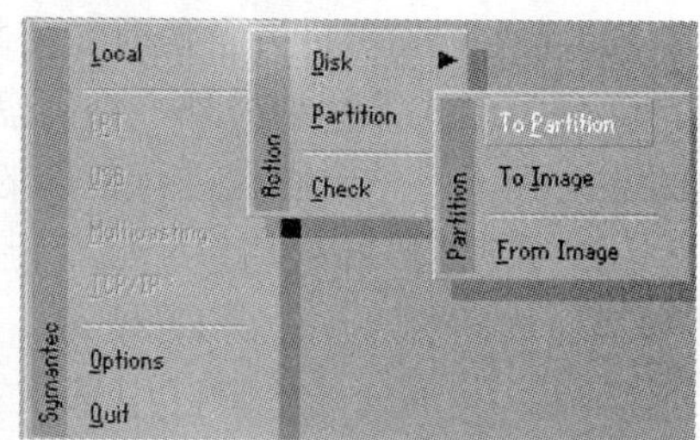

图 3-32　启动 Ghost 的分区复制功能

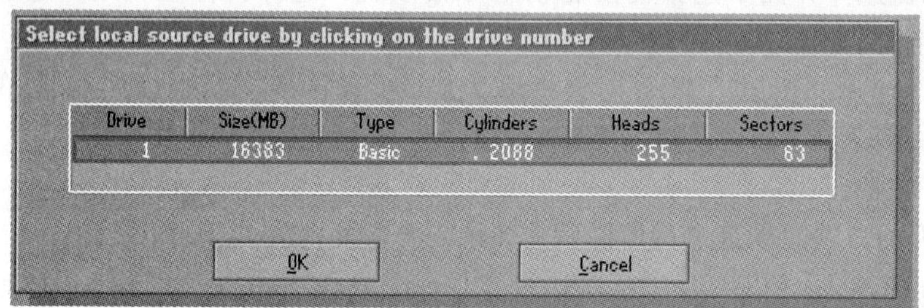

图 3-33　选择复制的原始盘

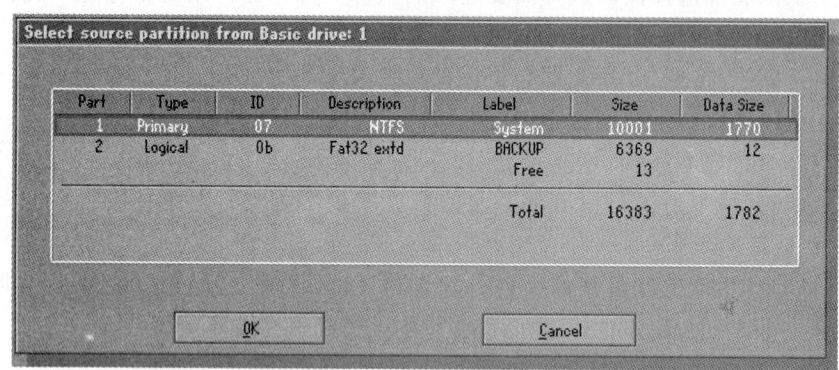

图 3-34　选择复制的原始分区

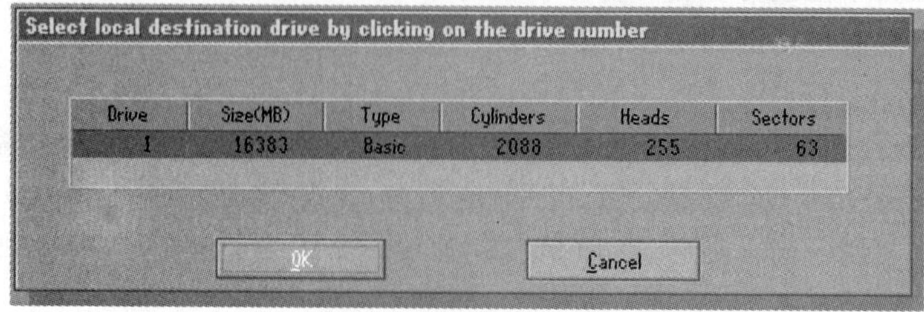

图 3-35　选择复制的目标盘

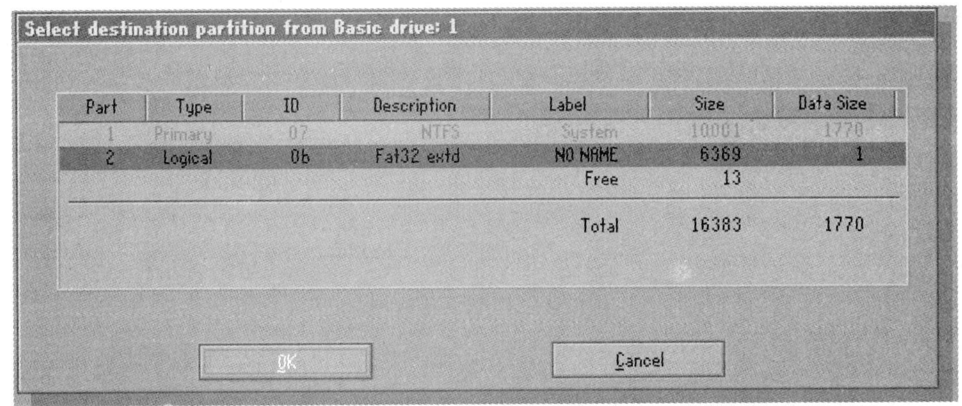

图 3-36　选择复制的目标分区

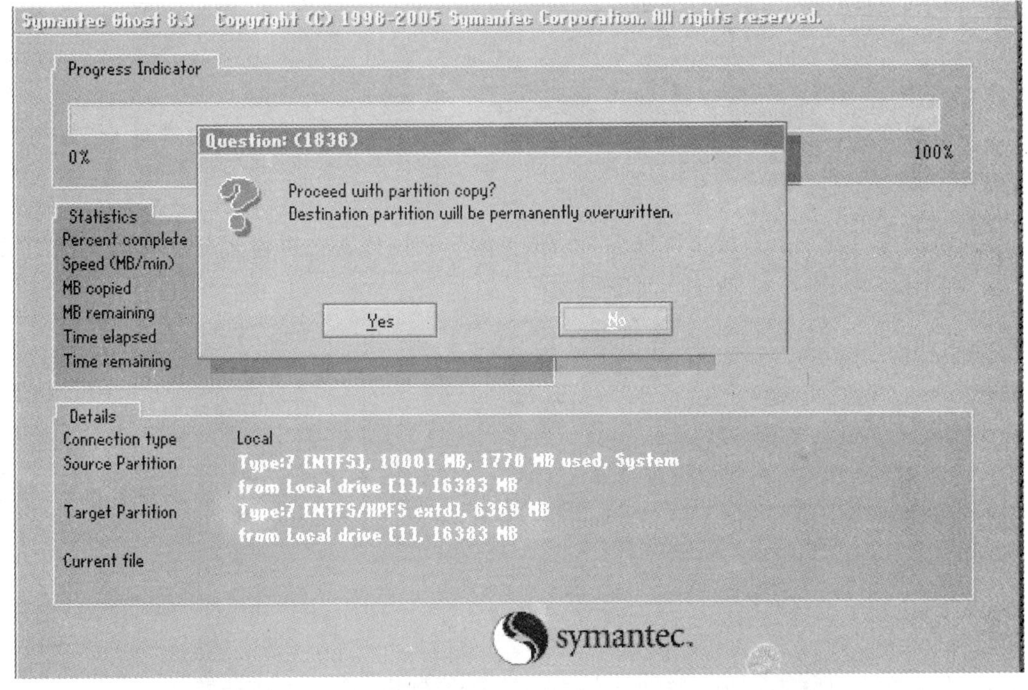

图 3-37　开始复制

2. 分区备份

与分区复制功能一样，Ghost 也提供了分区备份功能。利用这一功能，将安装有操作系统（或重要数据文件）的硬盘分区采用映像文件的形式备份下来，然后在需要时恢复。分区备份的具体步骤为：

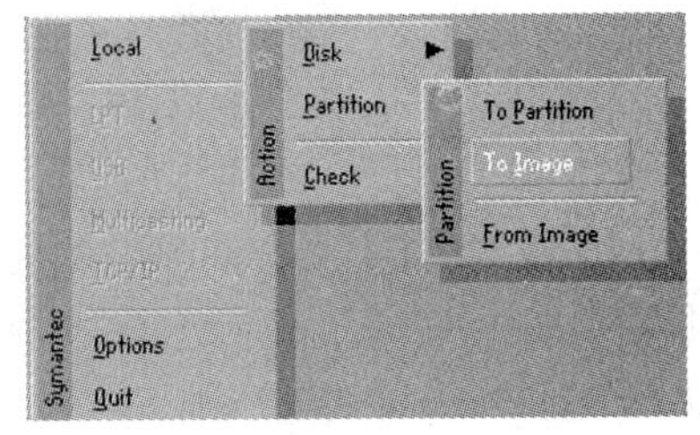

图 3-38　打开分区备份窗口

1）启动 Ghost，在窗口中依次执行“Local”→“Partition”→“To Image”命令，打开分区备份窗口，如图 3-38 所示。

2）在 Ghost 的分区备份选择窗口中依次选择需要

备份的硬盘及分区，分别如图 3-39 和图 3-40 所示。

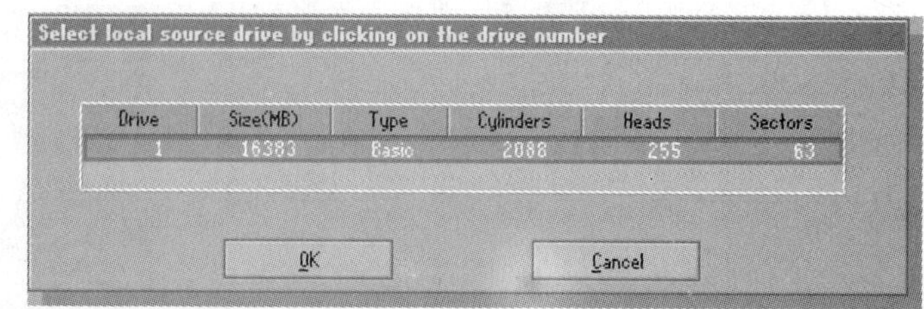

图 3-39 选择备份的硬盘

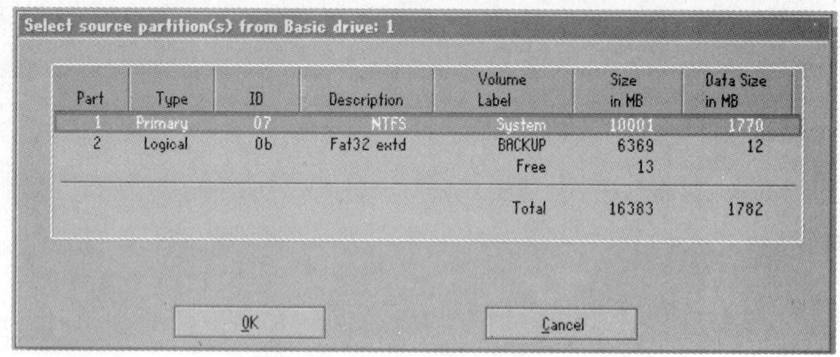

图 3-40 选择备份的分区

3）系统将打开一个备份文件保存对话框，用户利用该对话框设置分区映像文件的保存路径及文件名，如图 3-41 所示。

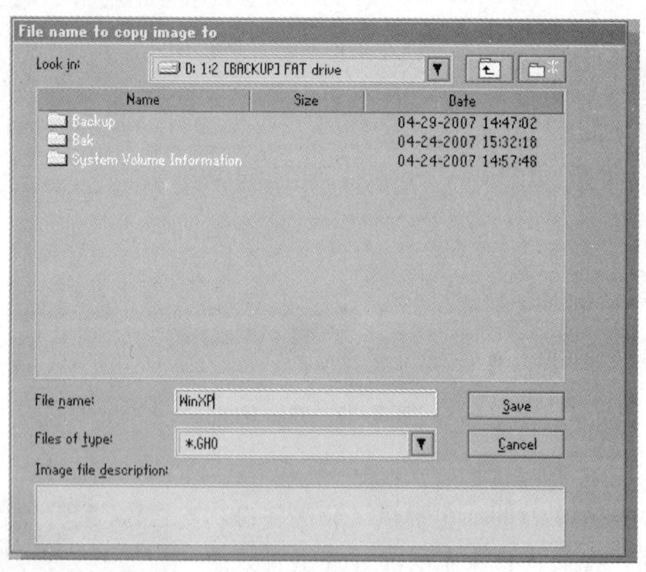

图 3-41 选择存储的路径和文件名

4）此时，Ghost 会询问用户是否对备份的映像文件进行压缩，在出现的如图 3-42 所示的提示框中：“No”表示备份的时候不进行压缩处理，它占用的磁盘空间最大，但速度也最快；“Fast”表示快速压缩，其压缩速度比较快，压缩效果相对来说要差一些；而“High”则是最大压缩率，映像文件的容量最小，但压缩速度也最慢。用户可根据自己的实际需要加以选择（一般选择 Fast 比较合适）。

5）单击“Yes”按钮进行确认，Ghost 即会按照要求将指定分区中的数据采用映像文件的形式备份下来。

3. 分区恢复

利用 Ghost 对备份的映像文件进行恢复的步骤为：

1）启动 Ghost 后，在 Ghost 中依次执行“Local”→“Partition”→“From Image”命令，激活 Ghost 的分区还原功能，如图 3-43 所示。

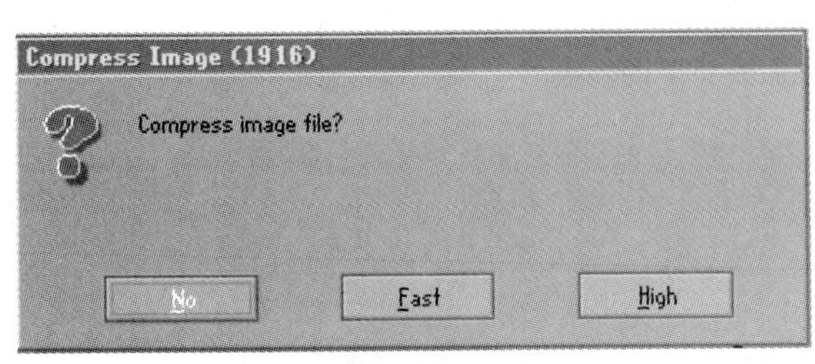

图 3-42　选择备份类型

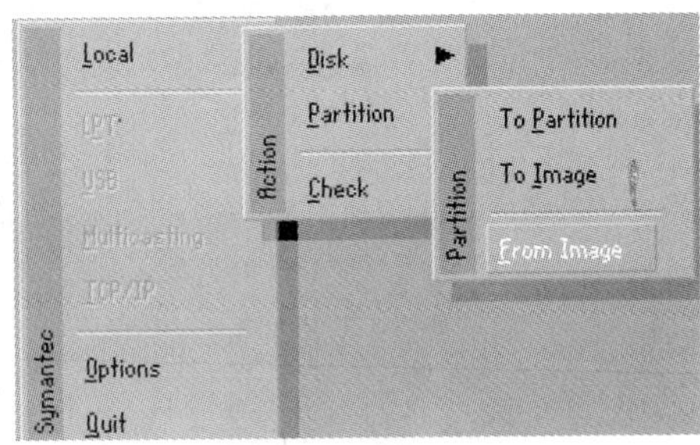

图 3-43　分区还原功能

2）在分区还原窗口中选择事先备份好的分区映像文件和备份的分区，分别如图 3-44 和图 3-45 所示。

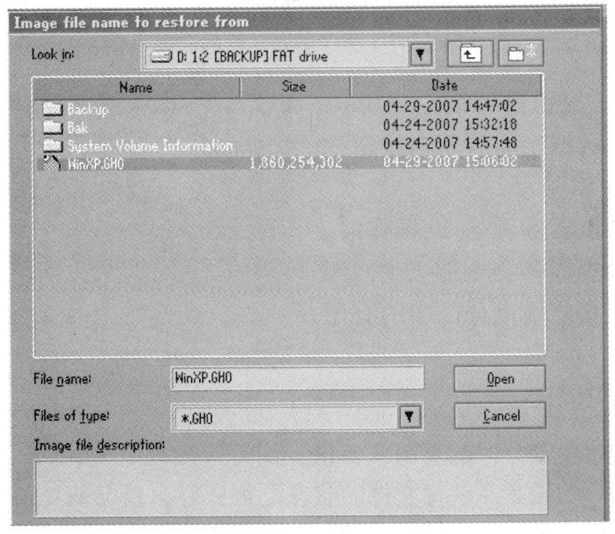

图 3-44　选择备份的分区映像文件

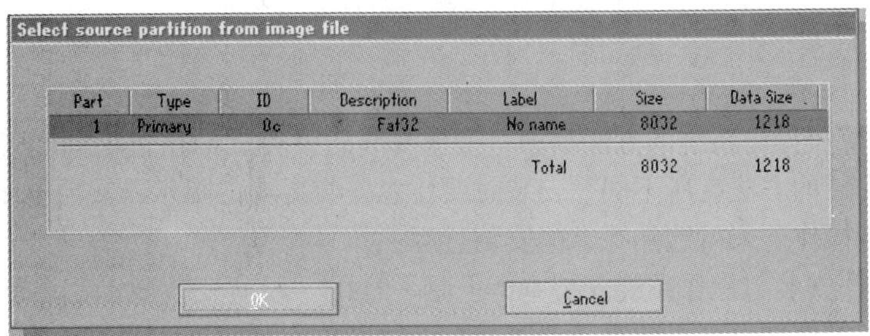

图 3-45　选择备份的分区

3）在 Ghost 的目标分区选择窗口中选择需要还原的硬盘和分区，分别如图 3-46 和图 3-47 所示。

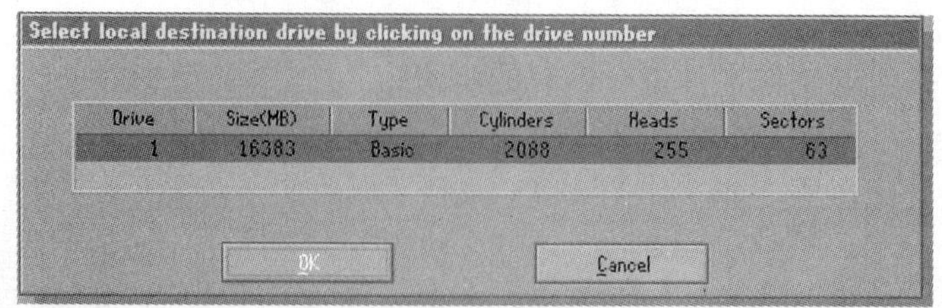

图 3-46　选择需要还原的硬盘

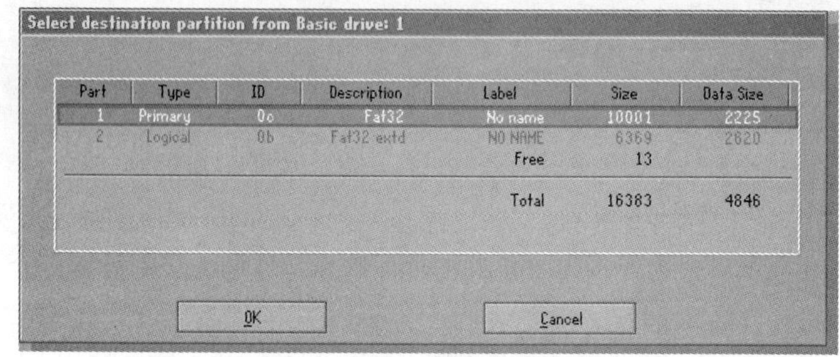

图 3-47　选择需要还原的分区

4）单击“Yes”按钮进行确认，Ghost 即会将映像文件中的数据恢复到用户指定的硬盘分区中，如图 3-48 所示。

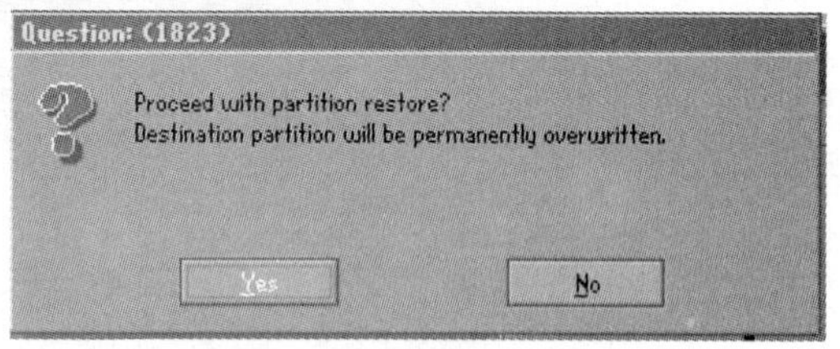

图 3-48　开始还原恢复

在使用 Ghost 的分区备份/还原操作时，目标硬盘分区中的数据同样会全部丢失，因此在还原之前也应将相应硬盘分区中的有用数据备份下来。

3.2.3.3　硬盘检查

除了前面介绍的硬盘及分区的复制、备份、恢复等功能之外，Ghost 还提供了硬盘的检查功能，它能检查用户的硬盘及映像文件的状态是否良好，以保证复制、备份、恢复工作的顺利进行。

项目小结

1）安装计算机操作系统的方法很多，根据安装软件存放的位置不同和现有计算机硬盘的状态不同而安装的方法有所不同，安装时要注意安装界面的提示，按照提示进行下一步操作，这样一步步操作下来就能熟练掌握安装过程。

2）驱动程序安装与操作系统安装基本上是一样的，没有安装驱动程序就不能提高对应部件的性能，有的部件没有安装驱动程序甚至无法工作。驱动程序的版本要及时更新，这样有利于提高计算机的硬件性能。

3）Norton Ghost 软件是实现操作系统和系统软件维护的非常实用的软件，通过该软件可以将硬盘的所有数据或某一分区的数据备份到镜像文件中，需要时能快速地将镜像文件恢复到硬盘或某一分区中。

项目练习

一、填空题

1. 安装系统软件时，进入 BIOS 设置界面，用户需要将（　　）启动顺序改为从（　　）启动，然后保存退出，将光盘放入光盘驱动器中，这时将从 DOS 状态启动，运行光盘的安装软件进行安装。

2. 用 Ghost 对硬盘进行复制时，尽量使用容量完全相同的硬盘。当使用不同容量的两个硬盘时，只能将（　　）硬盘中的数据复制到（　　）硬盘中。

3. Ghost 会询问用户是否对备份的映像文件进行压缩，在出现的提示框中："No" 表示备份的时候不进行压缩处理，它占用的磁盘空间（　　），但速度也（　　）；"Fast" 表示快速压缩，其压缩速度比较快，压缩效果相对来说要差一些；而 "High" 则是最大（　　），映像文件的容量（　　），但压缩速度也最慢。

4. 启动 Ghost，在窗口中依次执行 "Local" → "Partition" → "To Partition" 命令，启动 Ghost 的（　　）复制功能。

5. Windows 7 包含 6 个版本，分别为 Windows 7 Starter（初级版）、Windows 7 Home Basic（家庭普通版）、Windows 7 Home Premium（家庭高级版）、Windows 7 Professional（　　）、Windows 7 Enterprise（企业版）及 Windows7 Ultimate（　　）。

6. Windows 7 的 6 个版本中，Windows 7 家庭（　　）和 Windows 7（　　）是两大主力版本，前者面向家庭用户，后者针对商业用户。32 位版本和 64 位版本没有外观或者功能上的区别，但 64 位版本支持（　　）（最高至 192GB）内存，而 32 位版本只能支持最大 4GB 内存。

二、选择题

1. Windows XP 的安装过程使用高度自动化的安装程序向导，用户不需要做太多的工作，就可以完成整个安装工作，其安装过程大概可分为（　　）、动态更新、准备安装、安装 Windows XP 和完成安装。

A. 识别硬件　　B. 收集信息　　C. 清理软件　　D. 高级格式化

2. Windows 7 Home Premium（家庭高级版），面向家庭用户，满足家庭娱乐需求，包含所有桌面增强和多媒体功能，不支持（　　）、Windows XP 模式、多语言等。

A. 手写识别　　B. Aero 特效　　C. Windows 域　　D. 媒体中心

3. 如果系统启动后，在任务栏的右边没有扬声器（喇叭）图标，或者有扬声器图标但扬声器不发声，说明（　　）。

A. BIOS 设置不正确　　B. 声卡驱动程序安装不正确

C. 音箱没连接　　D. 系统软件有问题

4. 在对 Ghost 生成的硬盘映像文件进行硬盘备份时，除了将其保存到闲置硬盘上之外，还能保存在（　　）等存储媒介加以保存，降低保存成本并提高了保存效率。

A. 刻录光盘　　B. 软盘上　　C. 本硬盘　　D. 本硬盘分区上

三、简答题

1. Windows 7 安装一般采用全新安装，主要有哪 4 个步骤？

2. 叙述 Ghost 对备份的映像文件进行恢复的操作步骤。

3. 叙述 Ghost 分区备份的具体步骤。

4. 显示卡驱动程序没安装或安装不正确会出现什么现象？

5. Ghost 对硬盘进行备份主要有哪些步骤？

项目实训

一、实训目的和要求

1. 掌握一种 Windows 操作系统的安装方法。

2. 熟悉驱动程序安装方法。

3. 了解克隆软件的作用和使用方法。

二、实训条件

1. 每组计算机一台，Windows XP 安装光盘一张。

2. 带有克隆软件并可以直接启动的光盘一张。

三、实训步骤

1. 启动计算机，设置 CMOS 系统启动顺序，设置光驱为第一启动顺序，插入启动光盘，运行光盘某分区软件，进行分区硬盘操作。

2. 安装 Windows 操作系统并进行设置。

3. 安装主要部件的驱动程序。

4. 进行克隆软件分区备份和分区恢复操作。

项目 4　计算机系统优化与性能测试

项目目标

1. 技能目标

- 能使用常用的系统优化工具对计算机系统进行优化。
- 能使用常见的硬件检测工具对计算机各硬件参数进行检测与识别。
- 能使用常见的性能测试工具对计算机系统各种性能进行测试。

2. 知识目标

- 掌握系统优化的原理。
- 理解计算机各硬件参数的含义及其联系。
- 分析影响计算机系统性能测试成绩的各项因素。

项目实施

任务 4.1　计算机系统优化

4.1.1　任务描述

小王的计算机在使用了一段时间后出现了以下现象：系统盘空间不足、系统启动时间长、系统响应迟钝、应用程序运行缓慢等。现欲通过对系统进行优化，从而使计算机恢复至正常的运行速度。

4.1.2　任务资讯

操作系统是计算机软件系统的基础。操作系统稳定、高效运行是正常使用计算机的必要前提。但在计算机使用过程中，其性能会随着时间的推移而逐渐下降，常见的现象有系统盘空间不足、系统启动时间长、系统响应迟钝、应用程序运行缓慢等。而影响系统运行速度的因素有很多，如安装了过多的应用程序导致系统“臃肿”、开启了太多的系统服务以及注册表中冗余键值或垃圾文件太多等。因此，系统优化应从多个方面来开展，通常有下面几种方式。

4.1.2.1　修改注册表

1. 注册表概述

注册表（Registry）是 Windows 操作系统中用于存放各种硬件信息、软件信息和系统设置信息的核心数据库。通常来说，几乎所有软件和硬件的设置问题都与注册表有关，而 Windows 操作系统也是借助注册表来实现统一管理计算机的各种软、硬件资源。作为用户来说，在掌握注册表相关知识的情况下，可以通过软件或手工修改和编辑注册表信息，实现维护、配置和优化操作系统的目的。

2. 注册表编辑器

注册表编辑器是用户修改和编辑注册表的工具，选择“开始”菜单，单击“运行”，在弹出的文本框中输入“regedit”，就可以启动注册表编辑器，如图 4-1 所示。注册表编辑器由左、右两部分组成，左部是树状目录，右部是当前所选的注册表项的具体参数，如图 4-2 所示。

图 4-1　输入“regedit”

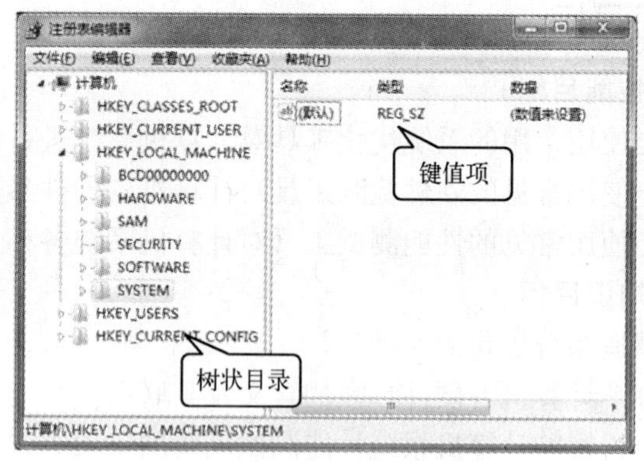

图 4-2　注册表编辑器

3. 注册表的结构

注册表由根键、子键和键值项 3 部分组成，各部分的功能和作用如下。

（1）根键

系统定义的配置单元类别，特点是键名采用“HKEY_ ”开头，Windows 注册表共有 5 个根键，每个根键所负责管理的系统参数各不相同。

1）HKEY_CLASSES_ROOT：主要用于定义系统内所有已注册的文件扩展名、文件类型、文件图标，以及所对应的程序等内容，从而确保资源管理器能够正确显示和打开该类型文件。

2）HKEY_CURRENT_USER：主要用于定义与当前登录用户有关的各项设置，包括用户文件夹、桌面主题、屏幕壁纸和控制面板设置等信息。

3）HKEY_LOCAL_MACHINE：该根键下保存了当前计算机内所有的软、硬件配置信息。其中，该根键下的 HARDWARE、SOFTWARE 和 SYSTEM 子键分别保存当前计算机的硬件、软件和系统信息。

4）HKEY_USERS：该根键保存了当前系统内所有用户的配置信息。

5）HKEY_CURRENT_CONFIG：该根键包含了计算机在本次启动时所用到的各种硬件配置信息。

（2）子键

子键位于左窗格中，以根键子目录的形式存在，用于设置某些功能，本身不含数据，只负责组织相应的配置参数。

（3）键值项

键值项位于注册表编辑器的右窗格内，包含计算机及其应用程序在执行时所使用的实际数据，由名称、类型和数据 3 部分组成，有“REG_SZ”（字符串值）、“REG_MULTI_SZ”（多重字符串值）、“REG_EXPAND_SZ”（可扩充字符串值）、“REG_DWORD”（DWORD

值）和“REG_BINARY”（二进制值）5 种数据类型。

4.1.2.2 禁用系统自动加载的程序

操作系统在启动时，有些系统常驻程序和用户应用程序会自动加载。过多的系统自动加载的程序不但会延长操作系统的启动时间，还会消耗内存资源。因此可将多余的自动加载程序禁用，达到加快系统启动速度的目的。

4.1.2.3 关闭不需要的系统服务

系统服务是维持 Windows 操作系统正常运行的基础程序，这些程序不但保证了操作系统的稳定运行，还能够协助用户更好地管理和使用计算机。但并不是所有的系统服务都是必需的，因此，用户在了解某系统服务功能的基础上，可关闭某些不需要的服务来达到系统优化的目的。

4.1.2.4 清除系统垃圾文件

用户在应用程序的安装与卸载、文件的创建与删除等过程中，操作系统会留下垃圾文件或碎片信息，注册表也会产生冗余文件。随着计算机使用时间的推移，此类垃圾文件或垃圾信息会越来越多，并最终导致系统运行速度缓慢。因此，应定期对操作系统内的垃圾文件与垃圾信息进行清除，实现操作系统的“瘦身”。

4.1.2.5 整理硬盘碎片

硬盘使用时间长了，文件会散布在硬盘的不同扇区上，这些“碎片文件”会降低硬盘的工作效率，还会增加数据丢失和损坏的可能性。碎片整理程序把这些碎片收集在一起，并把它们作为一个连续的整体存放在硬盘上，可减少硬盘读取时间，加快应用程序的运行速度。

4.1.3 任务实施

进行系统优化一般有两种手段，一是手工优化，二是借助相关的应用程序来优化。下面分别对它们进行介绍。

4.1.3.1 手工优化

1. 优化系统自动加载的程序

单击“开始”菜单，选择“运行”，在弹出的文本框中输入“msconfig”，打开“系统配置”对话框，单击“启动”选项卡，如图 4-3 和图 4-4 所示。可将不需要的自动加载程序前的“√”去掉，达到加快系统启动速度的效果。例如，图 4-4 中将不需要在开机时启动的“Flashget3”和“iTunes”等应用程序禁止自动加载。

2. 缩短程序等待时间

1）打开“注册表编辑器”，找到 HKEY_CURRENT_USER \ Control Panel \ Desktop，将“HungAppTimeout”键值“3000”修改为“1000”，缩短“程序出错的等待响应时间”为 1 s，该项对应于系统在用户强行关闭某个进程或应用程序后，如果该对象没有响应时的等待时间，如图 4-5 所示；将“WaitToKillAppTimeout”键值“10000”修改为“1000”，缩短“关闭无响应程序的等待时间”为 1 s，这样 Windows 在发出关机指令后如果等待 1 s 仍未收到某个应用程序或进行的关闭信号，将弹出相应的警告信号，并询问用户是否强行终止，如图 4-6 所示。

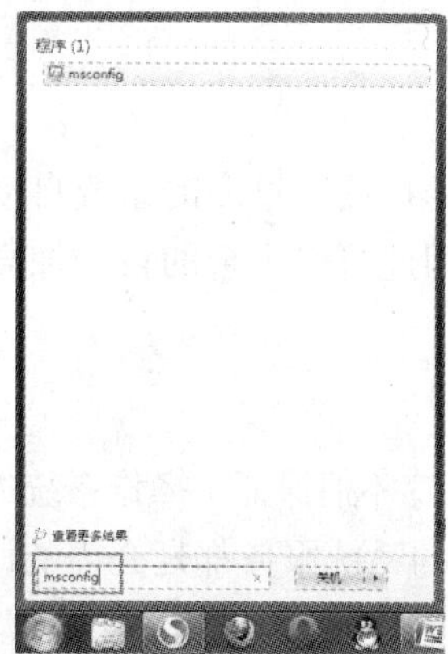

图 4-3　输入“msconfig”

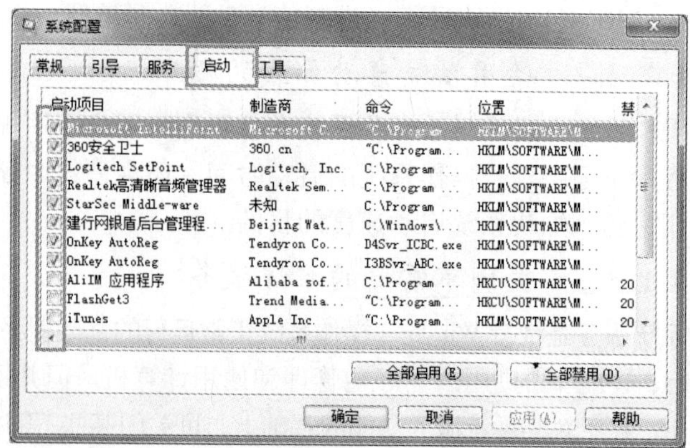

图 4-4　修改系统自动加载程序

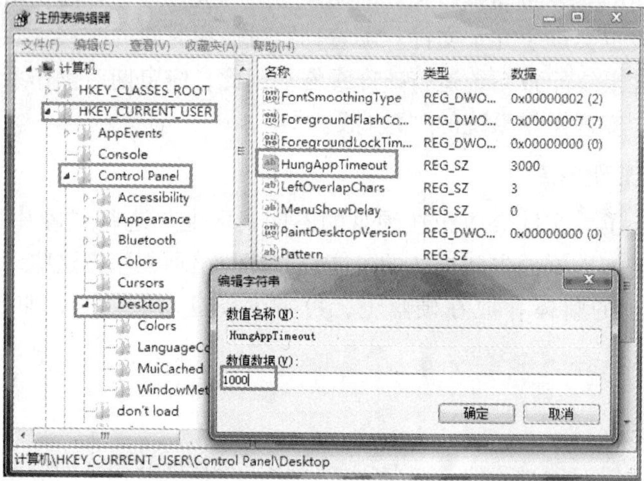

图 4-5　修改“HungAppTimeout”键值

图 4-6　“WaitToKillAppTimeout”键值

2）打开“注册表编辑器”，找到 HKEY_LOCAL_MACHINE\SYSTEM\CurrentControlSet\Control，将“WaitToKillServiceTimeout”键值“12000”修改为“1000”，缩短“关闭服务的等待时间”为 1 s，这样，如果 Windows 在设置的 1 s 内没有收到服务关闭信号，系统即会弹出一个警告窗口，通知用户该服务无法终止，并给出强制终止服务或继续等待的选项等待用户选择，如图 4-7 所示。

图 4-7　修改“WaitToKillServiceTimeout”键值

3. 让 Windows 自动终止没有响应的进程

前面已经提到，通过修改“HungAppTimeout”键值可以缩短“程序出错的等待响应时间”，但是即使将“HungAppTimeout”的键值设置得很小，也不意味着 Windows 在等待时间超过该时限后便会自动中止该程序或进程，而仍会弹出对话框让用户确认是否中止。如果用户感觉这样的方式过于烦琐，可通过修改注册表项让 Windows 在超过等待时限后自动强行中断该进程的运行。

找到如下的注册表分支：HKEY_CURRENT_USER\Control Panel\Desktop，可看到有一个名称为“AutoEndTasks”的注册表项，其默认键值为“0”，将其修改为“1”，即让 Windows 自动终止没有响应的进程，而不要让用户确认，如图 4-8 所示。

4. 磁盘清理和整理磁盘碎片

大多数应用程序都安装在系统盘上，因此，由于应用程序的数据交换或安装完毕后留下的临时文件的缘故，系统盘会越来越“臃肿”，使用 Windows 提供的“磁盘清理”工具可有效地解决这个问题。打开“我的电脑”，在系统盘上单击鼠标右键，选择“属性”，打开“常规”选项卡，单击“磁盘清理”按钮，按照向导提示即可完成系统盘的磁盘清理工作，如图 4-9 所示。

打开“我的电脑”，在需要进行磁盘碎片整理的分区上单击鼠标右键，选择“属性”，打开“工具”选项卡，单击“立即进行碎片整理”按钮，按照向导提示即可完成磁盘碎片整理的工作，如图 4-10 所示。

5. 加大 Windows 的虚拟内存

虚拟内存是计算机系统内存管理的一种技术。由于计算机中所运行的程序均需经由内存执行，若执行的程序很大或很多则会导致内存消耗殆尽。为解决该问题，Windows 中运用了虚拟内存技术，即匀出一部分硬盘空间来充当内存使用。当内存耗尽时，Windows 就会自动调用这部分硬盘空间来充当内存，以缓解内存的紧张情况。

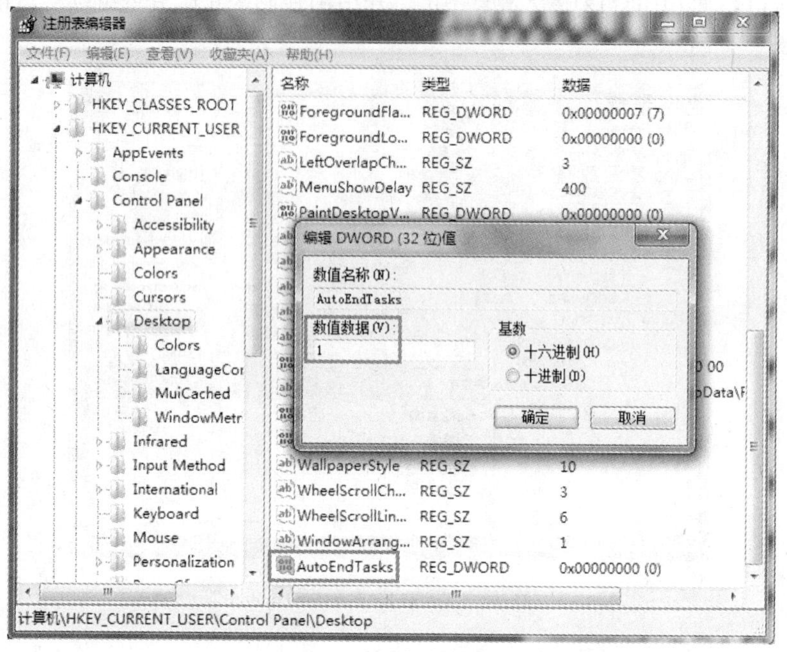

图 4-8　修改“AutoEndTasks”键值

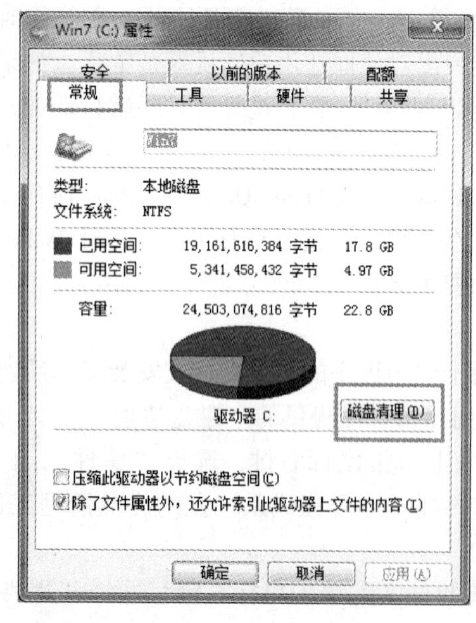

图 4-9　磁盘清理

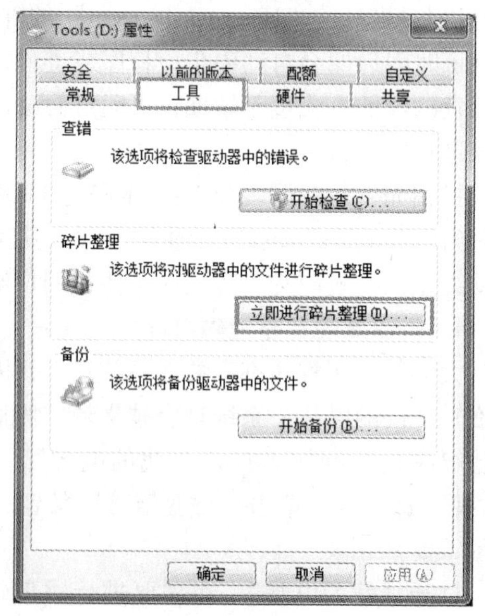

图 4-10　整理磁盘碎片

因此，适当地设置虚拟内存的大小，可有效地提高系统的响应速度。下面介绍虚拟内存的设置步骤：

1）使用鼠标右键单击“我的电脑”，选择“属性”，打开“系统”窗口，单击“高级系统设置”，如图 4-11 所示。

图 4-11　选择“高级系统设置”

2）打开“高级”选项卡，单击“性能”中的“设置”按钮，如图 4-12 所示。

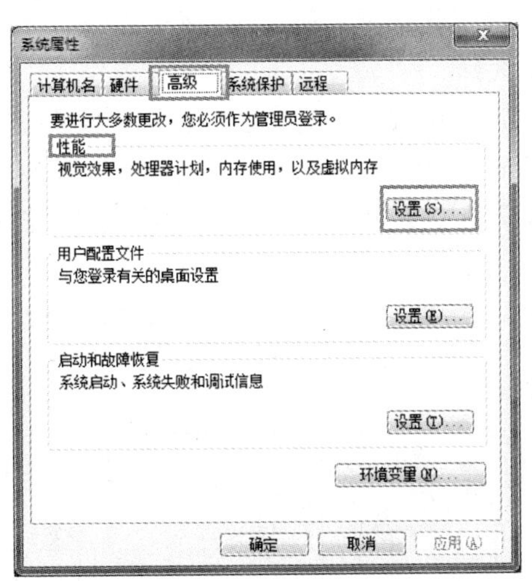

图 4-12　“系统属性”对话框

3）打开“性能选项”对话框中的“高级”选项卡，单击“虚拟内存”中的“更改”按钮，打开“虚拟内存”设置对话框，如图 4-13 所示。

4）选定虚拟内存存放的分区，选择“自定义大小”，在“初始大小”和“最大值”后的文本框中输入欲设置的虚拟内存大小。如果系统物理内存在 2GB 以上，则设置 1GB 左右的虚拟内存就够用了。因此，在两个文本框中均输入“1024”，然后单击“设置”按钮，并保存及重启计算机使之生效，如图 4-14 所示。

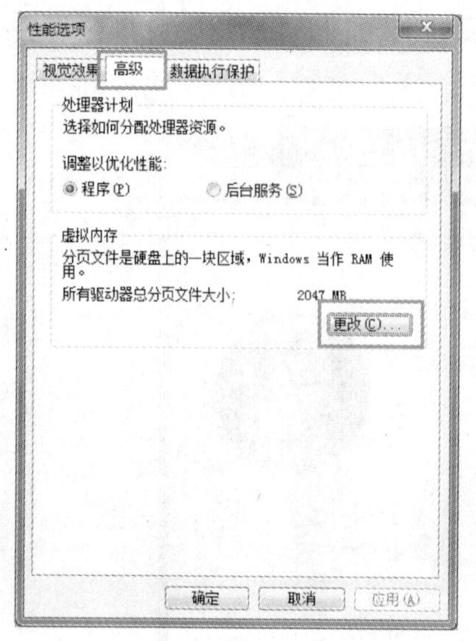

图 4-13 “性能选项”对话框

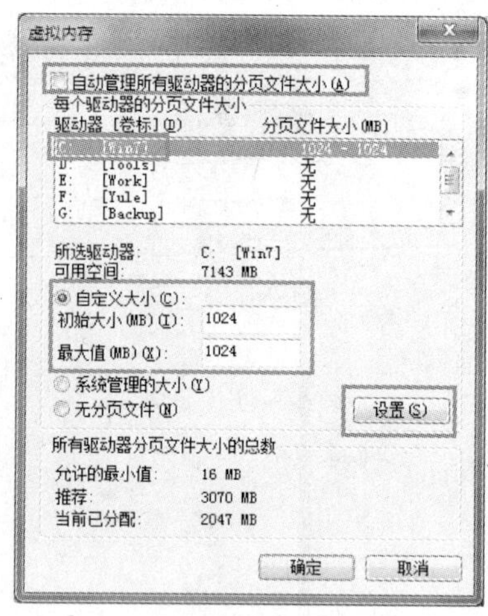

图 4-14 设置虚拟内存

4.1.3.2 使用系统优化工具进行优化

手工优化操作系统需要对操作系统的工作原理比较了解，且操作比较烦琐。对于普通的用户来说，则可以借助系统优化工具达到提升系统启动时间与运行速度的目的，其特点是操作简单、便捷。目前，Windows 操作系统上的优化工具很多，如 Windows 优化大师、360 安全卫士等，本节将以 Windows 优化大师为例，简要介绍第三方优化工具的使用方法。

1. 打开 Windows 优化大师

安装完 Windows 优化大师，初次运行时会进入首页，简要显示当前系统的信息及简单的共 4 步完成系统优化的选项，如图 4-15 所示。可单击“一键优化”按钮调校各项系统参数，使其与当前计算机更加匹配，或单击“一键清理”按钮完成清理垃圾文件、历史痕迹和注册表的工作。

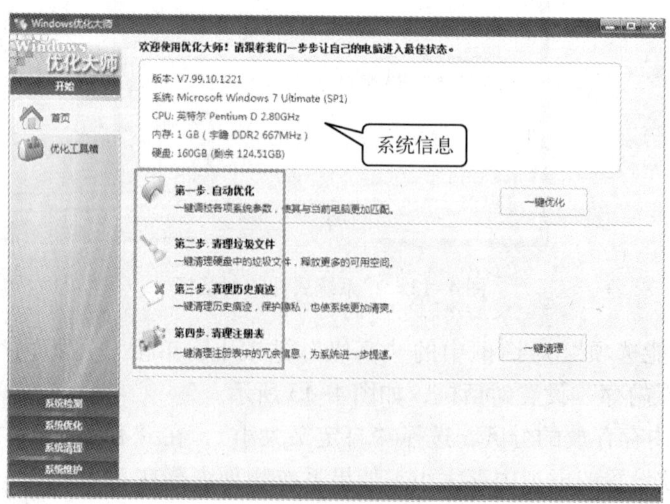

图 4-15 Windows 优化大师首页

2. 打开“系统优化”标签

单击 Windows 优化大师主界面左侧的“系统优化”标签，可手工对操作系统的各方面进行优化，其中包括磁盘缓存优化、桌面菜单优化、文件系统优化、网络系统优化、开机速度优化、系统安全优化和后台服务优化等，如图 4-16 所示。

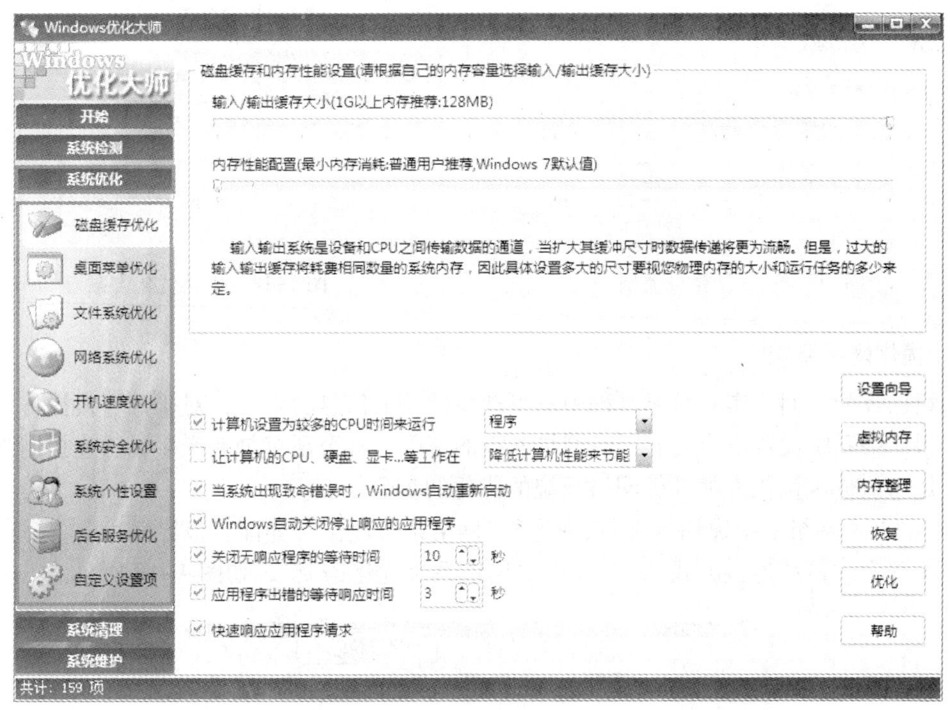

图 4-16 “系统优化”标签

3. 优化磁盘缓存

在“磁盘缓存优化”界面，可进行“磁盘缓存和内存性能设置”优化、“应用程序响应速度”优化，也可设置虚拟内存大小（此功能与直接在 Windows 操作系统中操作相同），针对物理内存较小的用户，还提供了“内存整理”的功能，用户可根据需要进行设置。同时，用户可通过“设置向导”进行优化，操作简单、快捷。下面通过“设置向导”进行磁盘缓存的优化。

1）单击图 4-16 右侧的“设置向导”按钮，并在弹出的“磁盘缓存设置向导”对话框中直接单击“下一步”按钮。

2）然后在“请选择计算机类型”栏中选择计算机的应用场合。有 5 个选项可供选择，分别是 Windows 标准用户、系统资源紧张用户、大型软件用户、网络文件服务器和多媒体爱好者/光盘刻录用户。本例选中“系统资源紧张用户”单选按钮，单击“下一步”按钮，如图 4-17 所示。

3）根据用户选择的计算机的应用场合，Windows 优化大师会列出推荐的优化方案，如图 4-18 所示。确认无误后，单击“下一步”按钮。

4）在弹出的对话框中，选中“是的，立刻执行优化”并单击“完成”按钮，返回“磁盘缓存优化”界面，即成功地按照优化方案对操作系统进行了调整。

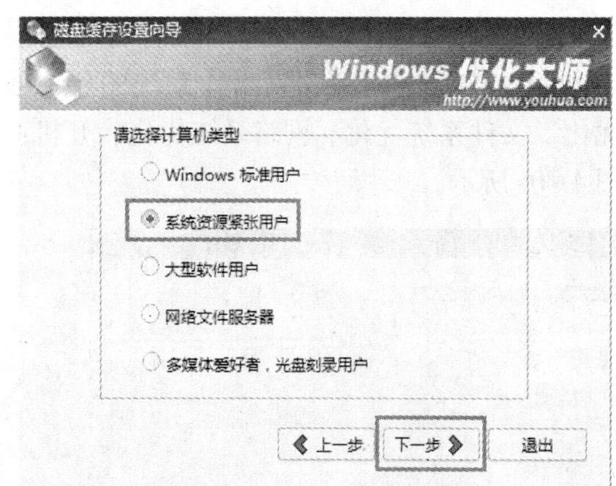

图 4-17　选择计算机类型

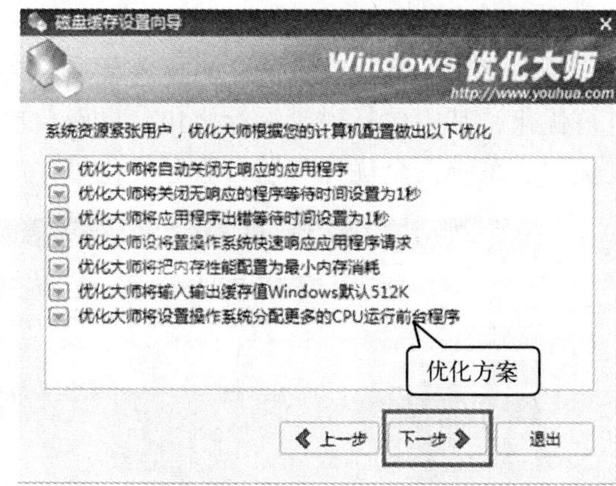

图 4-18　确认优化方案

4. 优化网络系统

网络已成为人们工作和学习过程中不可缺少的获取信息的渠道，对于计算机操作系统来说，如果网络系统设置不当，会影响网络连接的速度，甚至还有可能产生无法连接网络的情况。使用 Windows 优化大师进行网络系统的优化的步骤如下。

1）单击“网络系统优化”标签，打开“网络系统优化”界面。该界面由上、下两部分组成，上部为“网络连接方式”，下部为“网络系统优化选项”，如图 4-19 所示。

图 4-19　“网络系统优化”界面

2）单击“设置向导”按钮，在弹出的“Wopti 网络系统自动优化向导”对话框中单击“下一步”按钮。

3）然后选择当前计算机的上网方式，完成后单击“下一步”按钮，本例选择“PPPoE”连接方式，如图 4-20 所示。

4）根据用户所选的不同的上网方式，Windows 优化大师会提供一套适用于当前计算机的网络系统优化方案。在确认使用该优化方案后，单击“下一步”按钮，即可按照此方案优化网络系统，如图 4-21 所示。

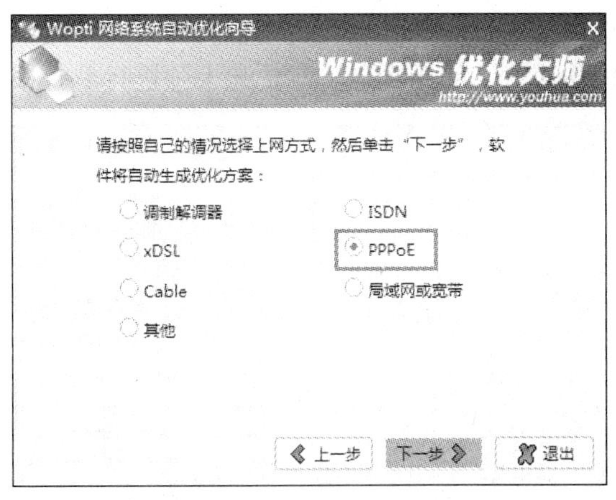

图 4-20　选择上网方式

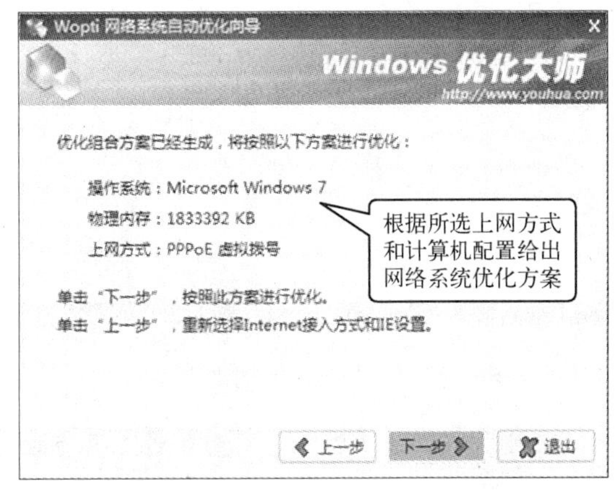

图 4-21　确认网络系统的优化方案

5）按照优化方案重新设置网络系统后，单击“Wopti 网络系统自动优化向导”对话框中的“退出”按钮，即可完成网络系统优化并返回“网络系统优化”界面。

5. 优化开机速度

在 Windows 操作系统开机过程中，若自动运行过多的启动项，会使开机速度变慢。通过 Windows 优化大师，用户可对操作系统的启动项进行优化，并调节系统启动的预读方式与各项时间参数，以加快系统的开机速度。具体操作步骤如下：

1）单击“开机速度优化”标签，打开“开机速度优化”界面。在该界面中可设置“系统启动信息停留时间”、“系统启动预读方式”、“需要时显示恢复选项显示的时间”、“等待启动磁盘错误检查时间”和“开机时自动运行的项目”等，如图 4-22 所示。

2）调整“系统信息停留时间”为“3 秒”，“需要时显示恢复选项的时间”为“5”，“系统启动预读方式”为“应用程序加载预读（推荐）”，“等待启动磁盘错误检查时间”为“2”。选中不需要自动运行的项目前的复选框，并单击“优化”按钮，以保存优化设置，如图 4-23 所示。

6. 优化后台服务

Windows 操作系统的后台运行着许多服务，但根据计算机应用场合的不同，并不是所有的服务都是必要的，而这些用不到的服务也将占用系统资源。因此可根据需要禁用部分用不到的服务，提高系统运行的速度。使用 Windows 优化大师进行后台服务优化的步骤如下：

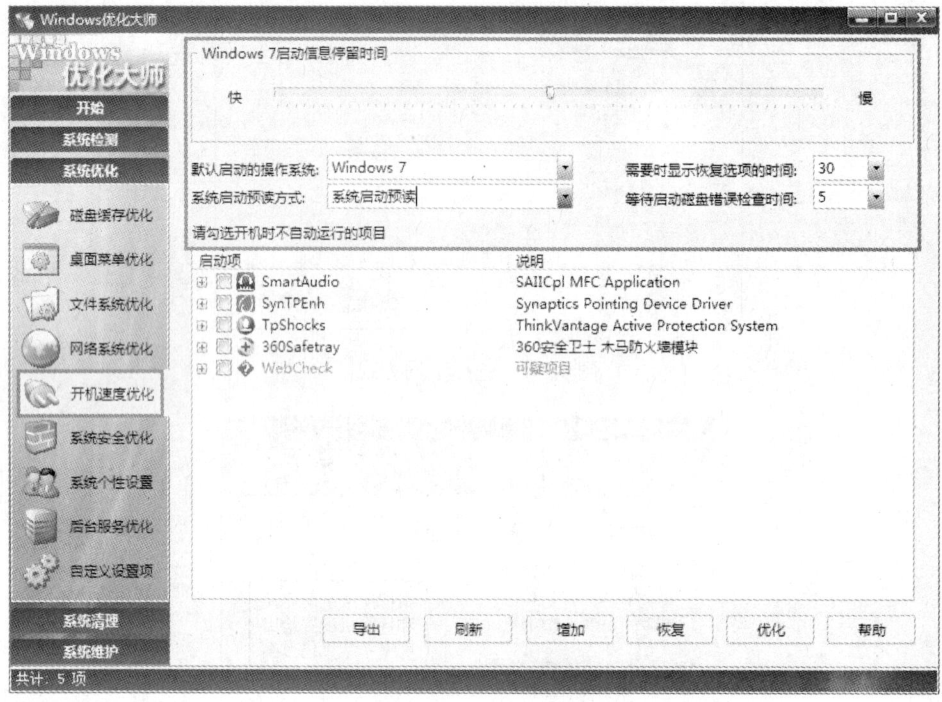

图 4-22　“开机速度优化”界面

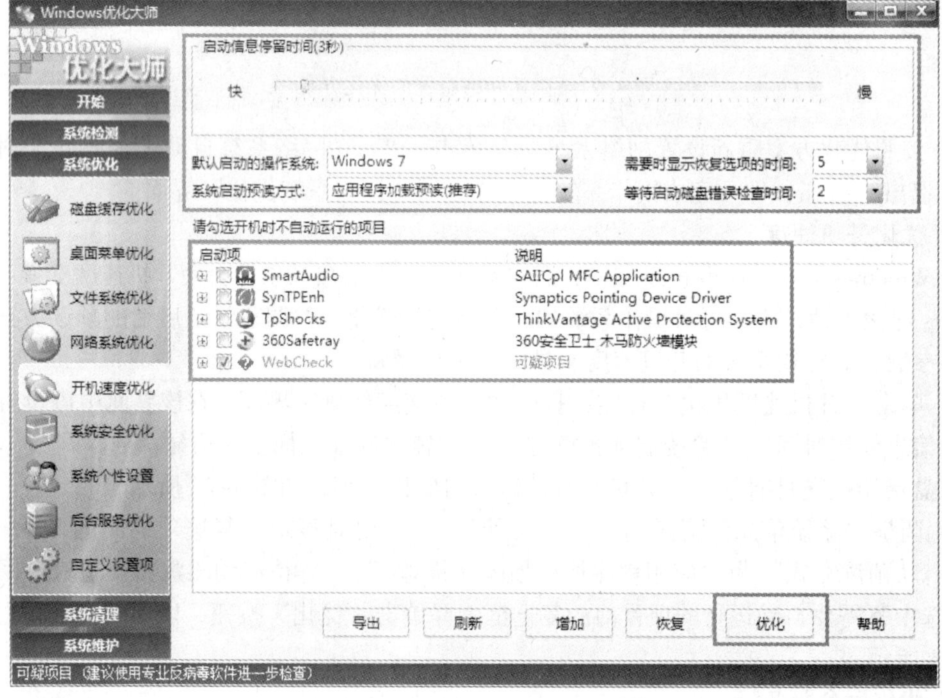

图 4-23　调整各项参数

1）单击“后台服务优化”标签，打开“后台服务优化”界面。此界面中列出了当前操作系统所有的系统服务，以及这些服务的运行状态，如图 4–24 所示。

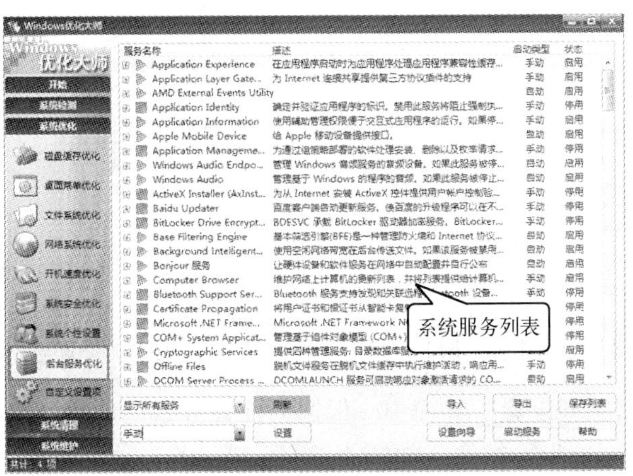

图 4–24　查看系统服务

2）在“后台服务优化”界面中，可通过手工或设置向导的方式对系统服务进行优化。手工优化方式对操作者要求高，要求操作者熟悉各项欲优化的服务，操作不当会对操作系统造成损坏，因此一般用户推荐使用设置向导的方式。单击“设置向导”按钮，弹出“服务设置向导”对话框，直接单击“下一步”按钮。

3）选择优化后台服务的方式，有“自动设置”与“自定义设置”两种可供选择，推荐选择“自定义设置”选项，根据自己的需要对优化大师提供的常用服务配置进行选择，如图 4–25 所示。

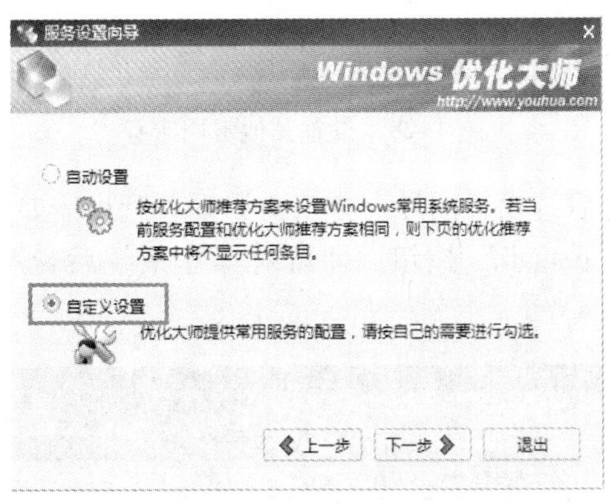

图 4–25　选择优化方式

4）在“与网络相关的常用服务设置”界面中，根据当前计算机的网络连接情况对相关选项进行设置，完成后单击“下一步”按钮，如图 4–26 所示。若当前计算机无须远程联机访问、无须测试 IPv6 网络等，即可去除相关选项并禁止相关服务。

5）在“与外设相关的常用服务设置”界面中，根据当前计算机外设的使用情况对相关选项进行设置，完成后单击“下一步”按钮，如图 4–27 所示。若当前计算机无须使用打印机、扫描仪，或者不希望硬件自动播放等，即可去除相关选项并禁止相关服务。

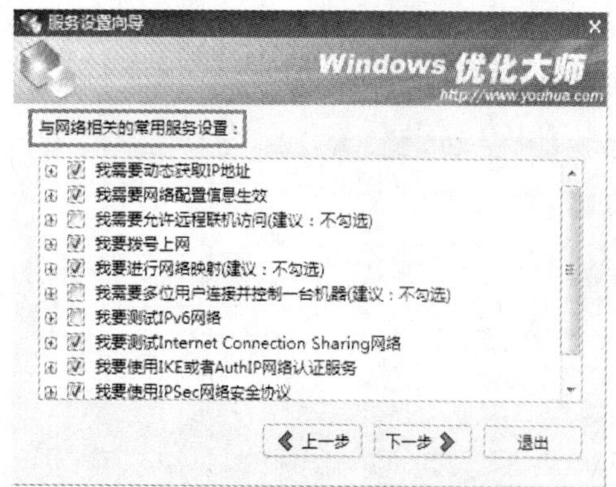

图 4-26　设置与网络相关的服务

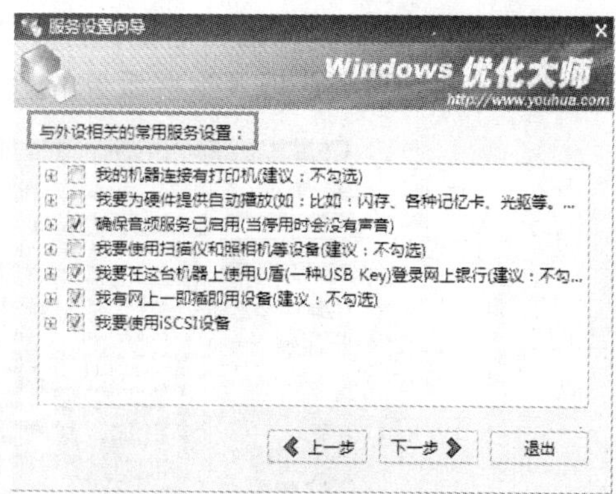

图 4-27　设置与外设相关的服务

6）在“其他常用服务设置”界面中，根据当前计算机的应用场合对相关系统服务进行设置，完成后单击“下一步”按钮，如图 4-28 所示。若当前计算机无须远程运行/修改注册表、无须使用脱机文件服务等，即可去除相关选项并禁止相关服务。

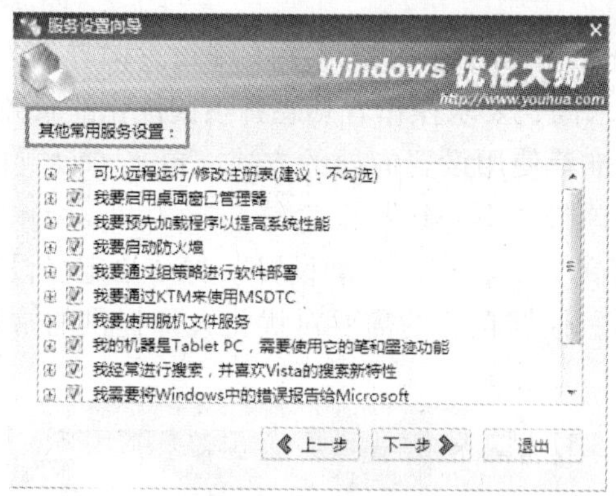

图 4-28　设置其他常用服务

7）完成后台服务设置后，设置向导会弹出对话框并列出需要进行调整的系统服务选项，用户确认无误后，单击“下一步”按钮，即可对操作系统后台服务进行优化，如图 4-29 所示。

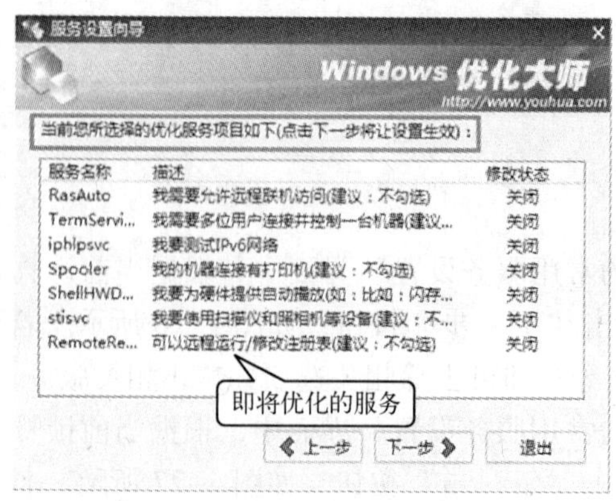

图 4-29　确认服务优化设置

任务4.2 计算机硬件参数检测

4.2.1 任务描述

小王新购买了一台计算机，想查看新购计算机的各主要硬件的参数，可以使用相关应用程序在免拆机的情况下完成此任务。

4.2.2 任务资讯

查看计算机各主要硬件的参数可以通过“拆机查看”或“使用硬件检测软件”两种方式完成。由于使用硬件检测软件的方法可在免拆机的情况下完成，因此使用十分广泛。通常需要检测的硬件主要有CPU、主板、内存、显示卡、硬盘等，可使用的软件也很多，如综合检测软件：AIDA64、鲁大师等；专项检测软件：CPU－Z、GPU－Z、HD Tune等。下面分别介绍常用检测工具与可检测的参数。

4.2.2.1 CPU检测

选用“CPU－Z”或“AIDA64”软件，可对CPU的以下参数进行检测：型号、核心代号、接口类型、制造工艺、核心电压、支持的指令集、前端总线FSB、外频、倍频、主频、各级缓存大小，以及CPU的核心数、线程数等。

4.2.2.2 主板检测

选用“CPU－Z”或“AIDA64”软件，可对主板的以下参数进行检测：品牌、型号、北桥芯片、南桥芯片、BIOS型号版本日期、图形接口信息等。

4.2.2.3 内存检测

选用“CPU－Z”或“AIDA64”软件，可对内存的以下参数进行检测：类型、大小、通道数、频率、时序参数、SPD信息等。

4.2.2.4 显示卡检测

选用“GPU－Z”或“AIDA64”软件，可对显示卡的以下参数进行检测：GPU型号、核心代号、制造工艺、光栅单元个数、总线接口类型、着色器个数、支持的API（应用程序编程接口）及其版本、像素填充率、材质填充率、显存类型、显存位宽、显存大小、显存带宽、GPU频率、显存频率等。

4.2.2.5 硬盘检测

选用“HD Tune”软件，可对硬盘的以下参数进行检测：型号、容量、当前温度、分区情况、支持的特性、扇区大小、接口标准、接口工作模式、平均速度和磁盘转速等。

4.2.3 任务实施

4.2.3.1 计算机硬件参数概览

打开“鲁大师”软件，单击“硬件检测”按钮，可查看计算机硬件参数。如图4-30所示，可查看操作系统、处理器、主板、内存等硬件参数，并能查看当前计算机各主要硬件的温度和风扇转速。

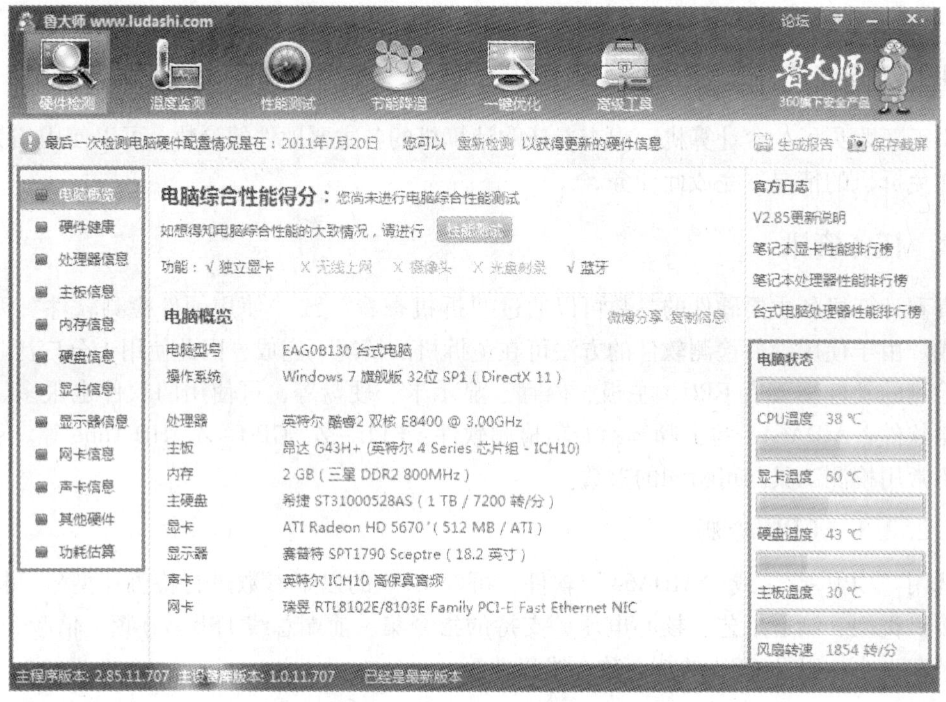

图 4-30　计算机硬件参数概览

4.2.3.2　检测 CPU 的参数

打开“CPU - Z”软件，单击“处理器”选项卡，检测 CPU 的各项详细参数（如图 4-31 所示）并做相关记录（见表 4-1）。

图 4-31　使用 CPU - Z 检测处理器

表 4-1　CPU 各项详细参数

序号	参数名称	参数值	序号	参数名称	参数值
1	型号	Intel Core 2 Duo E8400 3.00 GHz	8	外频	333.7 MHz
2	核心代号	Wolfdale	9	倍频	×6.0
3	接口类型	Socket 775 LGA	10	主频	2002.2 MHz
4	制造工艺	45 nm	11	一级缓存	数据 64 KB、指令 64 KB
5	核心电压	1.160 V	12	二级缓存	6 MB
6	支持的指令集	MMX，SSE（1、2、3、3S、4.1），EM64T，VT－x	13	核心数	2
7	前端总线 FSB	1334.8 MHz	14	线程数	2

4.2.3.3　检测主板的参数

打开“CPU－Z”软件，单击“主板”选项卡，检测主板的各项详细参数（如图 4-32 所示）并做相关记录（见表 4-2）。

图 4-32　使用 CPU－Z 检测主板

表 4-2　主板各项详细参数

序号	参数名称	参数值	序号	参数名称	参数值
1	品牌	昂达（Onda）	5	BIOS 型号	American Megatrends Inc.（AMI）
2	型号	G43H＋	6	BIOS 版本	080015
3	北桥芯片	G43	7	BIOS 日期	2009 年 6 月 25 日
4	南桥芯片	ICH10	8	图形接口	PCI－Express x16

4.2.3.4　检测内存的参数

打开“CPU－Z”软件，单击“内存”和“SPD”选项卡，检测内存的各项详细参数（如图 4-33 和图 4-34 所示）并做相关记录（见表 4-3）。

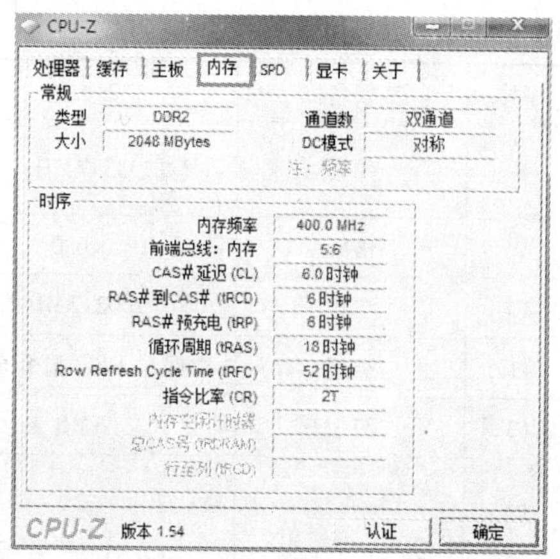

图 4–33 使用 CPU – Z 检测内存

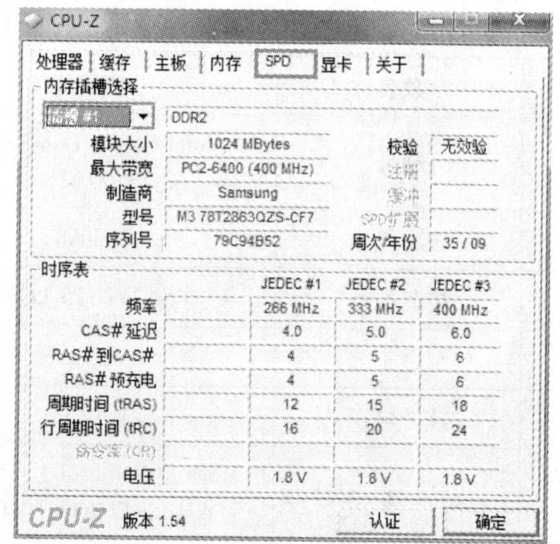

图 4–34 使用 CPU – Z 检测 SPD 信息

表 4–3 内存各项详细参数

序号	参数名称	参数值	序号	参数名称	参数值
1	内存类型	DDR2	6	内存颗粒品牌	Samsung
2	内存大小	2048 MB	7	内存颗粒型号	M3 78T2863QZS – CF7
3	通道数	双通道（128 bit 位宽）	8	内存带宽	6. 4GB/s
4	内存频率	400MHz	9	内存电压	1. 8V
5	CL-tRCD-tRP-tRAS	6 – 6 – 6 – 18	10	支持工作频率	266/333/400 MHz

表 4–3 中相关数据说明如下。

1）单条内存位宽为 64 bit，因此双通道内存位宽为 128 bit。

2）内存频率是该内存的工作频率，该内存的核心频率、工作频率和等效频率分别为 200 MHz、400 MHz 和 800 MHz。

3）内存带宽计算公式为：等效频率 × 内存位宽/8（MB/s），因此该内存带宽 = 800 × 64/8 MB/s = 6400 MB/s = 6. 4 GB/s。

4. 2. 3. 5 检测显示卡的参数

打开“GPU – Z”软件，检测显示卡的各项详细参数（如图 4–35 所示）并做相关记录（见表 4–4）。

表 4–4 显示卡各项详细参数

序号	参数名称	参数值	序号	参数名称	参数值
1	GPU 型号	ATI Radeon HD 5670	9	材质填充率	15. 5GTexel/s
2	核心代号	Redwood	10	显存类型	GDDR5
3	制造工艺	40 nm	11	显存位宽	128 bit
4	光栅单元个数	8	12	显存大小	512MB
5	总线接口类型	PCI – E 2. 0 x16	13	显存带宽	57. 6 GB/s
6	着色器个数	400 Unified （统一着色器）	14	GPU 频率	775 MHz
7	支持的 API 及其版本	DirectX 11. 0/SM 5. 0	15	显存频率	900 MHz
8	像素填充率	6. 2GPixel/s			

图 4-35　使用 GPU-Z 检测显示卡

表 4-4 中相关数据说明如下。

1）显存位宽为 128 bit，显存大小为 512 MB，因此可推断单颗显存颗粒的规格为：32 MB ×32 bit。

2）显存频率为 900 MHz，由于采用了 GDDR5 的显存，因此显存的等效频率为 3600 MHz（900 MHz ×4）。

3）显存带宽 = 显存等效频率 × 显存位宽/8 =（3600 ×128/8）MB/s = 57600 MB/s = 57.6 GB/s

4.2.3.6　检测硬盘的参数

打开“HD Tune”软件，单击“信息”选项卡，检测硬盘的各项详细参数（如图 4-36 所示）并做相关记录（见表 4-5）。

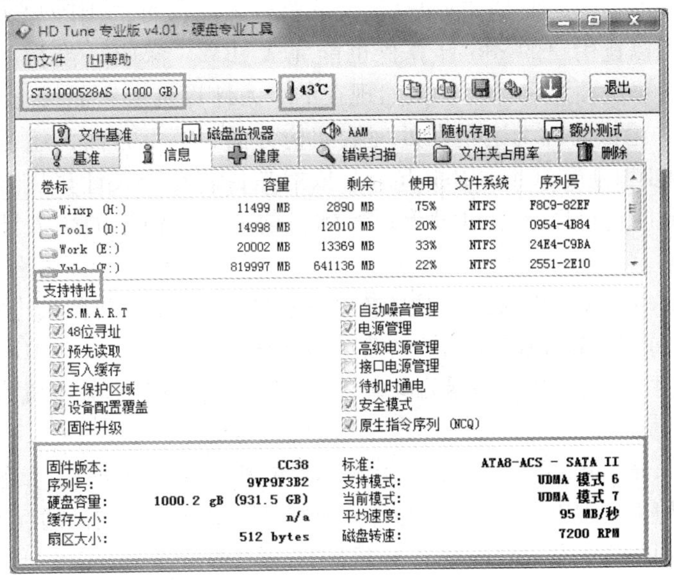

图 4-36　使用 HD Tune 检测硬盘

表 4-5 硬盘各项详细参数

序号	参数名称	参数值	序号	参数名称	参数值
1	硬盘型号	ST31000528AS	6	接口标准	SATA II
2	容量	1000GB（约1TB）	7	接口工作模式	UDMA 模式7
3	支持的特性	S. M. A. R. T 等	8	平均速度	95MB/s
4	扇区大小	512B	9	磁盘转速	7200r/min
5	当前温度	43℃			

任务 4.3 计算机系统性能测试

4.3.1 任务描述

小王想知道新购买计算机的系统各方面的性能，可以使用相关硬件性能测试软件完成此项任务。

4.3.2 任务资讯

4.3.2.1 计算机系统性能测试的基本原理

计算机系统性能测试应借助相应的硬件性能测试软件来完成，其测试原理是让计算机系统运行一个或若干个测试程序，通过测试程序给出的分数来评估计算机整机的综合性能或某方面的处理性能。

4.3.2.2 常用计算机系统性能测试软件介绍

1. Fritz Chess Benchmark

Fritz Chess Benchmark 是一款国际象棋测试软件，它侧重于测试 CPU 的逻辑运算能力。它并不是独立存在的，而是“Fritz9”这款获得国际认可的国际象棋程序中的一个测试性能部分。它可以让用户的 x86 计算机也能完成 IBM“深蓝”当初所做的事情，那就是完成国际象棋的步法预测和计算，虽然现在的个人计算机依然无法与 10 年前 IBM 公司的“深蓝”相提并论，并且无论是在处理器架构方面、节点方面，还是 AIX 操作系统方面，都有很大的差距。Fritz Chess Benchmark 依然是目前在个人计算机方面最好的步法计算和预测软件，同时也可以让用户对等地看到目前他们所使用的个人计算机到底达到了一个什么样的水平。

Fritz Chess Benchmark 可以根据 CPU 的核心数量自动检测出参与测试的线程数，将 CPU 的潜能都发挥出来。同时该软件还给出了一个基准参数——“Pentium 3 1.0GHz 处理器可以每秒运算 480 千步”，用户可将本机处理器的运算结果与基准参数对比获知本机的性能。

2. 3D Mark

3D Mark 是 FutureMark 公司出品的一款显示性能基准测试的软件，该软件不但评测指标众多、细致，且使用范围广泛，逐渐成为计算机显示卡显示性能测试的标准，使用它测试显示性能具有很准确的得分参考。随着计算机硬件的不断升级和 3D 图形特效的不断发展，FutureMark 公司也不断地更新 3D Mark 测试软件的版本，并加入新的图形 API 和特效的支持，现已发行3D Mark 99、3D Mark 2001、3D Mark 2003、3D Mark 2005、3D Mark 2006、3D Mark Vantage 和 3D Mark 2011 等多个版本。

3. SiSoftware Sandra

SiSoftware Sandra 是一套功能强大的系统分析评比工具，拥有超过 30 种以上的分析与测试模组，还有 CPU、Drives、CD－ROM/DVD、Memory 的 Benchmark 工具，它还可将分析结果报告列表存盘。SiSoftware Sandra 除了可以提供详细的硬件信息外，还可以进行产品的性能对比，提供性能改进建议。

4. AIDA64

AIDA64 是一款测试软、硬件系统信息的工具，它可以详细地显示出 PC 的每一个方面的信息。AIDA64 不仅提供了诸如协助超频、硬件侦错、压力测试和传感器监测等多种功能，而且还可以对处理器、系统内存和磁盘驱动器的性能进行全面评估。

5. PCMark

PCMark 是由图形及系统测试软件开发公司——FutureMark 开发的一款用于整机性能测试的工具。PCMark 可以衡量各种类型计算机系统的综合性能，从多媒体家庭娱乐系统到便携式计算机，从专业工作站到高端游戏平台，无论是专业人士还是普通用户，都能通过 PCMark 对其计算机系统进行全面了解，从而发挥最大性能。FutureMark 公司现已发行 PCMark 2002、PCMark 04、PCMark 05、PCMark Vantage 和 PCMark 7 等多个版本，最新版的 PCMark 7 只能运行在 Windows 7 操作系统上。

PCMark 7 包含 7 个不同的测试环节，由总共 25 个独立工作负载组成，涵盖了存储、计算、图像与视频处理、网络浏览、游戏等 PC 日常应用的各个方面。不同的测试环节有类似的工作负载，彼此互相交叉，如果选择的不同测试环节中有相同的工作负载，那么这些负载只会运行一次，所得结果直接用于所有包含它的测试项目。7 个测试环节的简要介绍如下。

- PCMark 测试：用于衡量桌面应用环境中的 PC 性能。
- Lightweight（轻量级）测试：用于衡量低配置系统在典型桌面应用环境中的 PC 性能，包括入门级台式机、便携式计算机、上网本、平板机等；
- Entertainment（娱乐）测试：用于衡量娱乐应用中的 PC 性能，测试负载主要来自多媒体方面。
- Creativity（创建）测试：用于衡量典型多媒体内容创建应用中的 PC 性能。
- Productivity（办公）测试：用于衡量典型办公环境中的 PC 性能，测试负载主要有应用程序启动、文字编辑等。
- Computation（计算）测试：用于单独测试 PC 的计算性能，测试负载主要有视频转码、图片处理等。
- Storage（存储）测试：用于单独测试 PC 的存储子系统性能。

4.3.3 任务实施

4.3.3.1 CPU 性能测试

安装并打开“Fritz Chess Benchmark”软件，软件会自动识别 CPU 核心数和线程数，单击“开始”按钮，软件便开始测试。经过一段时间测试完毕后，软件主界面显示当前计算机进行“国际象棋步法预测和计算”工作的速度，单位为“千步/s”，如图 4-37 所示。

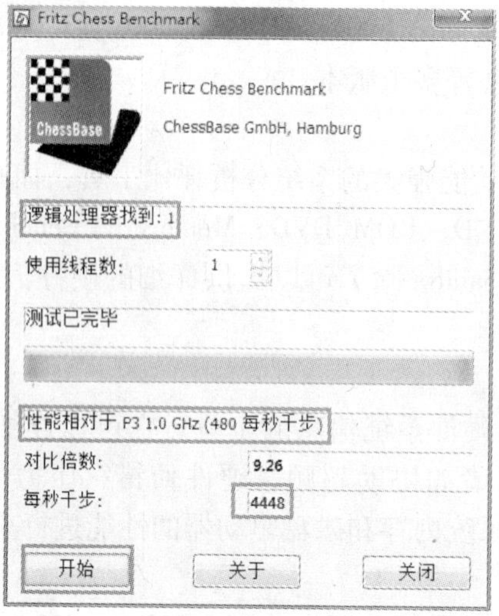

图 4-37　Fritz Chess Benchmark 测试

可以看到，计算机进行“国际象棋步法预测和计算”工作的速度为 4448 千步/s。由此可见，Fritz Chess Benchmark 软件可以很好地反映不同 CPU 之间的性能差别，CPU 核心和线程越多、架构越先进，其逻辑运算能力就越强。读者可以自行查询其他型号 CPU 的运算成绩。

4.3.3.2　内存性能测试

计算机系统的内存性能测试，一般测试其“读取”、“写入”、“复制”和“延迟时间”等几个方面的性能，选用“AIDA64”软件可完成此任务。打开“AIDA64”软件，单击“工具”菜单，选择“内存与缓存测试”选项，在随后打开的“AIDA64 Cache & Memory Benchmark”对话框中单击底部的“Start Benchmark”按钮，软件便开始内存性能测试。经过一段时间测试完毕后，显示当前计算机系统的内存性能，如图 4-38 所示。

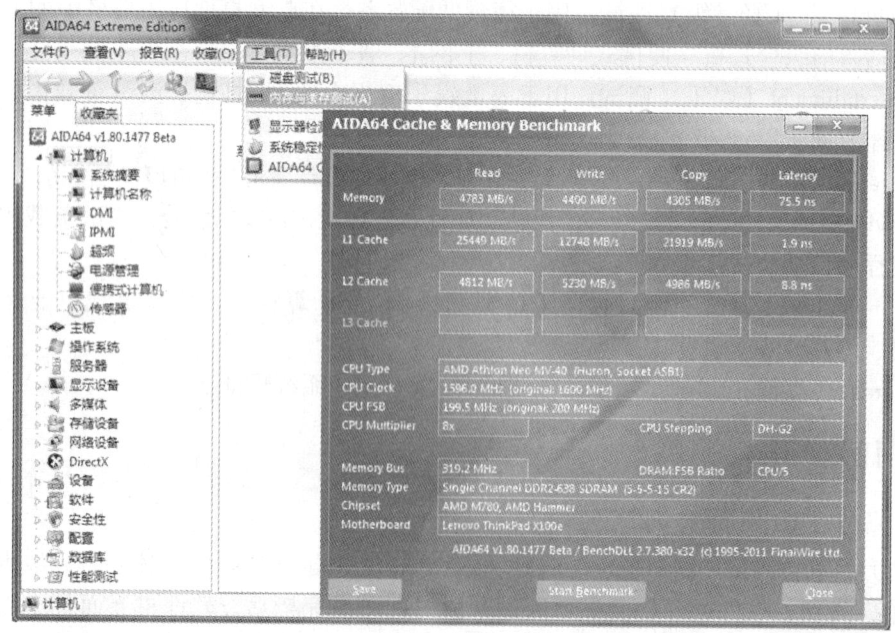

图 4-38　使用 AIDA64 测试内存性能

可以看到，计算机系统内存的读取速率为4783 MB/s，写入速率为4400 MB/s，复制数据速率为4305 MB/s，延迟时间为75.5 ns。

4.3.3.3 显示性能测试

1. 理论性能测试

安装并打开“3D Mark 11”软件。它支持3种不同强度负载的性能测试模式，分别是：

- Entry（E）1024×600像素分辨率，支持低负载，适用于大多数便携式计算机和上网本。
- Performance（P）1280×720像素分辨率，支持中等级别负载，适用于大多数游戏型计算机。
- Extreme（X）1920×1080像素分辨率，支持高负载，适用于高端游戏型计算机。

可根据当前计算机的配置选择合适的测试模式，选择“Performance（P）”模式，然后单击“运行3D Mark 11”，软件便开始运行测试程序，如图4-39所示。经过一段时间测试完毕后，显示当前计算机的测试成绩，如图4-40所示。

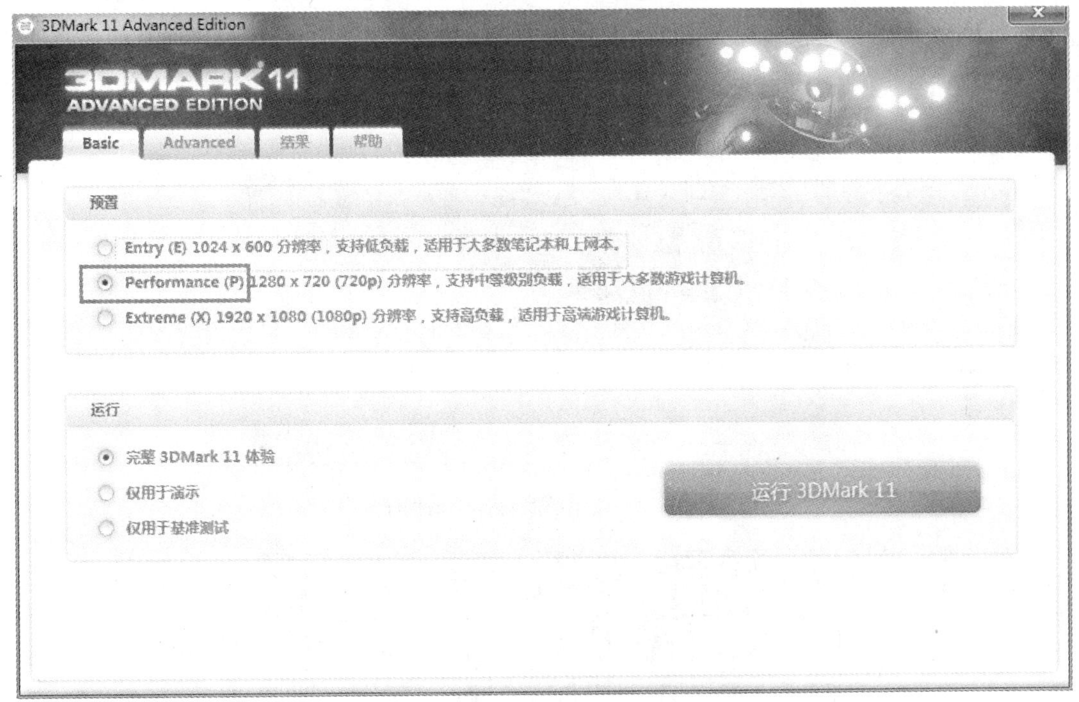

图4-39 选择“Performance”模式

可以看到，计算机系统显示性能测试成绩为“P1532”，可单击“在3DMark.com上查看结果”按钮来查看其他机器的测试成绩并与之进行对比。

2. 实际游戏性能测试

3D Mark软件可测试计算机系统的理论显示性能，另外还可通过游戏软件来测试实际游戏性能。一是通过游戏软件自带的测试程序来完成，二是借助相关的游戏帧数显示软件（如Fraps）来完成，分别如图4-41和图4-42所示。

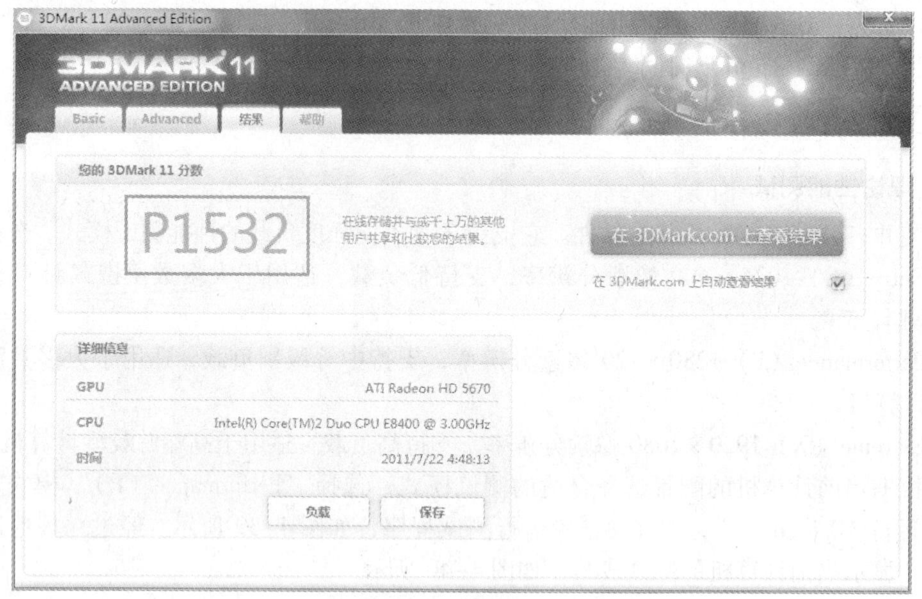

图 4-40　测试成绩显示

图 4-41　使用游戏自带测试程序

图 4-42　使用 Fraps 软件测试

4.3.3.4　系统综合性能分析测试

安装并打开 PCMark 7 软件，在“Benchmark”选项卡的左半部可设置测试环节，右半部显示测试的工作负载，如图4-43 所示。单击“Run benchmark”按钮，软件开始进行计算机系统综合性能测试。经过一段时间测试完毕后，切换到“Results”选项卡的，在“Your PCMark 7 Score”（PCMark 7 得分）框中会显示一个分数，这就是具有官方性质的正式成绩，来自之前介绍的 PCMark 综合测试，能够与其他系统进行对比。在下方的“Details”（细节）框中，不但可以看到各个单独测试环节的分数，还能逐一展开，分别显示每种工作负载的详细结果，如图 4-44 所示。展开“System Information”（系统信息）还可以了解测试系统的详细硬件配置。

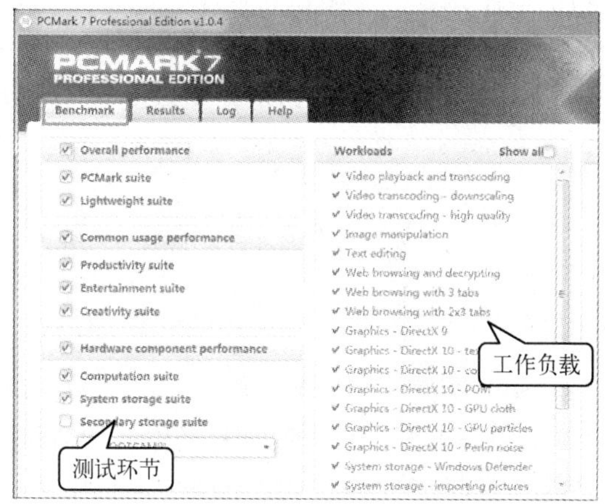

图 4-43　选择 Benchmark 测试环节

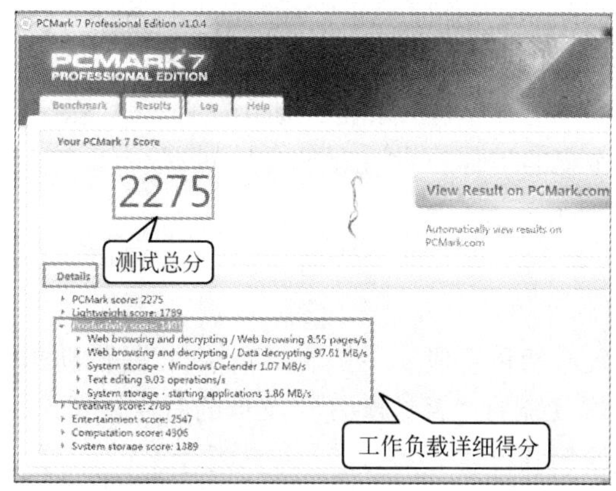

图 4-44　使用 PCMark 7 测试系统综合性能

项目小结

1）操作系统在使用过程中，其性能会随着时间的推移而逐渐下降，常见的现象有系统盘空间不足、系统启动时间长、系统响应迟钝、应用程序运行缓慢等。系统优化常常从以下几个方面来开展：修改注册表、禁用系统自动加载的程序、关闭不需要的系统服务、清除系统垃圾文件、整理磁盘碎片等。

2）操作系统优化常用的手段有“手工优化”和“使用系统优化工具进行优化”两个。手工优化对操作者要求较高且操作比较烦琐，使用系统优化工具进行优化操作简单、便捷，也能达到提升系统启动时间与运行速度的目的。目前，Windows 操作系统上的优化工具很多，如 Windows 优化大师、360 安全卫士等，用户应掌握其中一种或多种工具的使用方法，定期对操作系统进行优化。

3）借助计算机硬件参数检测软件可在免拆机的情况下完成硬件参数的检测工作，通常对计算机中主要硬件如 CPU、主板、内存、显示卡、硬盘等参数进行检测。可使用的软件也很多，如综合检测软件：AIDA64、鲁大师等。

4）计算机系统性能测试是让计算机系统运行一个或若干个测试程序，通过测试程序给出的分数来评估计算机整机的综合性能或某方面的处理性能。常用的性能测试软件有 3D Mark、AIDA64、SiSoftware Sandra、PCMark 等，可使用以上软件对计算机系统的综合性能或单项性能进行测试。

项目练习

一、填空题

1. 注册表是（　　）结构，它由（　　）、子键、（　　）3 部分组成。

2.（　　）是注册表中的最小单元，每个都含有名称、类型和数据 3 个部分。

3. 系统启动时，过多的系统自动加载的程序不但会延长操作系统的启动时间，还会消耗（　　），因此可将多余的自动加载程序（　　），达到加快系统启动速度的目的。

4.（　　）是维持 Windows 操作系统正常运行的基础程序，这些程序不但保证了操作系统的稳定运行，还能够协助用户更好地管理和使用计算机。

5. 硬盘使用时间长了，会产生碎片文件，使用（　　）程序可以把这些碎片收集在一起，并把它们作为一个连续的整体存放在硬盘上，可减少（　　），加快应用程序的运行速度。

6. 系统优化可以从修改（　　）、禁用（　　）程序、关闭（　　）服务、清除（　　）文件、整理磁盘碎片等几个方面来进行。

7. 进行系统优化一般有两种手段，一是（　　），二是借助相关的（　　）来优化。

8. 打开 Windows 操作系统的“系统配置”菜单的命令是（　　）。

9. 计算机硬件参数检测软件主要对（　　）、内存、（　　）、（　　）、显示卡等几个部件的参数进行检测。

10. 单条内存的位宽是（　　）bit。

二、选择题

1. 下列选项中，不属于注册表根键的是（　　）。

A. HKEY_USERS　　B. HKEY_CLASSES_ROOT

C. HKEY_CURRENT_USER　　D. HKEY_USERS\SOFTWARE

2. “DDR2 667”的内存，其核心频率、工作频率和等效频率分别为（　　）。

A. 166 MHz，166 MHz，667 MHz　　B. 333 MHz，333 MHz，667 MHz

C. 166 MHz，333 MHz，667 MHz　　D. 166 MHz，667 MHz，667 MHz

3. “DDR2 800”的内存，其带宽为（　　）。

A. 0. 8 GB/s　　B. 1. 6 GB/s

C. 3. 2 GB/s　　D. 6. 4 GB/s

4. 以下哪个软件可以较真实地测试 CPU 的逻辑运算能力？（　　）

A. AIDA64　　B. 3D Mark

C. Fritz Chess Benchmark　　D. CPU - Z

5. 在硬盘性能参数中，以下哪个参数反映了硬盘的外部传输速率？（　　）

A. 最低传输速率　　B. 最高传输速率

C. 平均传输速率　　D. 突发传输速率

6. FutureMark 公司出品的一款显示性能基准测试的软件是（　　）。

A. Fritz Chess Benchmark　　B. 3D Mark

D. SiSoftware Sandra　　C. AIDA64

三、简答题

1. 什么是注册表？

2. 简述优化操作系统的意义。

3. 简述计算机系统性能测试的基本原理。

4. 列出常用的性能测试软件并说明其主要功能。

项目实训

一、实训目的

1. 掌握使用优化工具进行系统优化的方法。

2. 掌握主要的计算机硬件参数检测的方法。

3. 掌握计算机系统性能测试的方法。

二、实训条件

1. 每组一台能正常运行的计算机。

2. 常用计算机硬件参数检测软件。

3. 常用计算机系统性能测试软件。

三、实训步骤

1. 使用 Windows 优化大师进行磁盘缓存、网络系统、开机速度和后台服务的优化。

2. 使用 Windows 优化大师进行桌面菜单、文件系统和系统安全的优化。

3. 使用 Windows 优化大师扫描并清理系统垃圾。

4. 安装各硬件参数检测软件，利用它们检测计算机系统主要部件的参数并做相关记录，简述参数对硬件性能的高低有何影响。

5. 安装各系统性能测试软件，利用它们测试计算机的 CPU、内存、显示卡及其综合性能。

项目5　计算机主要输入设备和输出设备的使用及维护

项目目标

1. 技能目标

- 能正确使用和维护扫描仪。
- 能正确使用和维护数码相机。
- 能正确安装、使用和维护针式打印机。
- 能正确安装、使用和维护喷墨打印机。
- 能正确安装、使用和维护激光打印机。

2. 知识目标

- 熟悉扫描仪的工作原理和主要技术指标。
- 了解数码相机的工作原理和主要技术指标。
- 了解针式打印机的结构、基本工作原理。
- 掌握喷墨打印机的分类、结构和基本工作原理。
- 掌握激光打印机的分类、结构和基本工作原理。

项目实施

任务5.1　计算机主要输入设备的使用和维护

5.1.1　任务描述

由于某单位经常要宣传本单位的产品，所以要对产品进行拍摄，也要截取有用的图文信息，这样就少不了利用扫描仪截取图文、利用数码相机拍摄图片，再通过计算机进行编辑处理。

5.1.2　任务资讯

5.1.2.1　扫描仪

一般扫描仪按其操作方式和用途的不同，大体上分为：平板式扫描仪、名片扫描仪、底片扫描仪、馈纸式扫描仪、文件扫描仪。除此之外，还有手持式扫描仪、鼓式扫描仪、笔式扫描仪、实物扫描仪和3D扫描仪等。

平板式扫描仪又称台式扫描仪，是办公室和家庭常用的扫描设备，如图5-1所示。

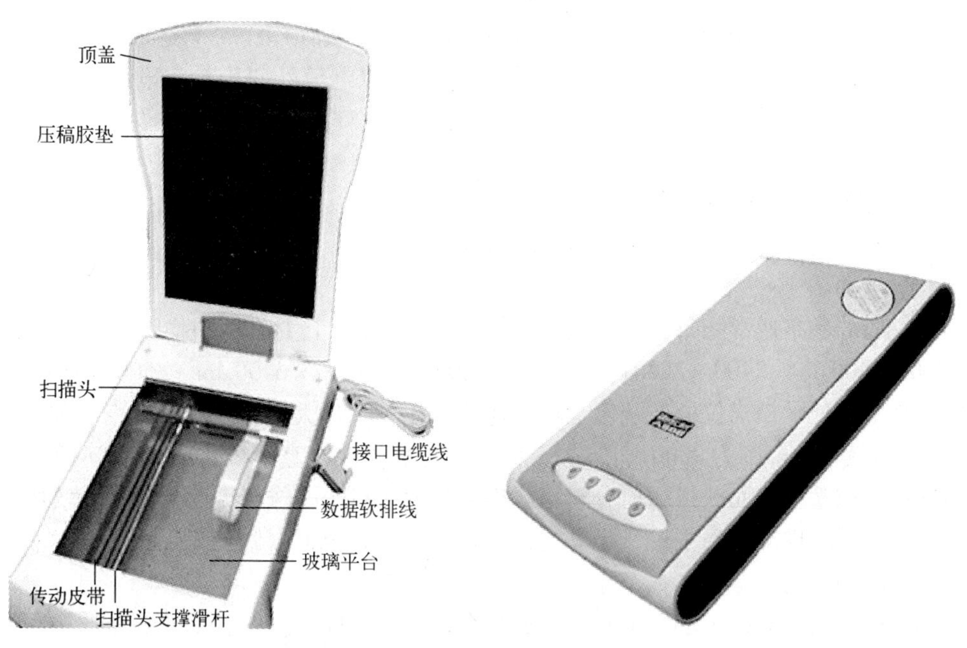

图 5-1　平板式扫描仪

1. 扫描仪的基本工作原理

扫描仪主要由光学部分、机械传动部分和转换电路部分组成。扫描仪的核心部分是完成光/电转换的光/电转换部件。目前大多数扫描仪采用的光/电转换部件是感光器件（包括 CCD、CIS 和 CMOS）。冷阴极荧光灯具有体积小、亮度高、寿命长的特点，但工作前需要预热，该类光源已经广泛应用于平板式扫描仪中。

扫描仪工作时，首先由光源将光线照在欲输入的图稿上，产生表示图像特征的反射光（反射稿）或透射光（透射稿）。光学系统采集这些光线，将其聚焦在感光器件上，由感光器件将光信号转换为电信号，然后由电路部分对这些信号进行 A/D（Analog/Digital）转换及处理，产生对应的数字信号输送给计算机，如图 5-2 所示。当机械传动机构在控制电路的控制下带动装有光学系统和 CCD 的扫描头与图稿进行相对运动时，将图稿全部扫描一遍，一幅完整的图像就输入到计算机中了。

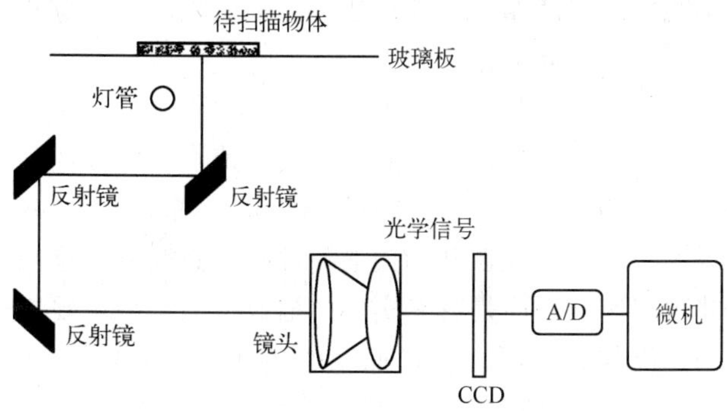

图 5-2　平板式扫描仪的结构原理图

在整个扫描仪获取图像的过程中，有两个器件起到关键作用：一个是感光器件，它将光信号转换成为电信号；另一个是 A/D 转换器，它将模拟电信号变为数字电信号。这两个器件的性能直接影响扫描仪的整体性能，同时也关系到用户选购和使用扫描仪时如何正确理解和处理某些参数及设置。

2. 扫描仪的主要技术指标

影响扫描仪的性能的指标主要有以下几方面。

（1）分辨率

扫描仪的分辨率通常指每英寸上的点数，即 dpi。市场上主流的扫描仪其光学分辨率通常为 1200×2400 dpi、2400×2400 dpi、2400×4800 dpi、3200×6400 dpi、4800×9600 dpi。除了光学分辨率之外，扫描仪的包装箱上通常还会标注一个最大分辨率，如光学分辨率为 600×1200 dpi 的最大分辨率为 9600 dpi，这实际上是通过软件在真实的像素点之间插入经过计算得出的额外像素，从而获得插值分辨率。插值分辨率对于图像精度的提高并无实质上的好处，事实上只要软件支持而主机又足够快，这种分辨率完全可以做到无限大。

（2）色深和灰度

色深是指扫描仪对图像进行采样的数据位数，是每个像素点能表示的颜色数量用二进制位表示，也就是扫描仪所能辨析的色彩范围。较高的色深位数可以保证扫描仪反映的图像色彩与实物的真实色彩尽可能一致，同时使图像色彩更加丰富。扫描仪的色彩深度值一般有 36 bit、42 bit 和 48 bit 等几种，一般光学分辨率为 2400×2400 dpi 的色彩深度值为 48 bit 等。而灰度值是指进行灰度扫描时对图像由纯黑到纯白整个色彩区域进行划分的级数，编辑图像时一般都要用到 16 bit，而主流扫描仪通常为 16 bit。

（3）感光器件

扫描仪采用何种感光器件对扫描仪的性能影响也很大，扫描仪的核心部分是完成光/电转换的部件—扫描元件（也称为感光器件）。目前市场上扫描仪所使用的感光器件有 4 种：电荷耦合元件（CCD，有硅氧化物隔离 CCD 和半导体隔离 CCD）、接触式感光器件（CIS）、光电倍增管（PMT）和互补金属氧化物导体（CMOS）。

光电倍增管实际上是一种电子管，一般只用在昂贵的专业滚筒式扫描仪上；目前，CCD 已成为应用最广泛的感光器件；CIS 技术最大的优势在于生产成本低，仅有 CCD 的 1/3 左右，所以在一些低端扫描仪产品中得到广泛应用。不过，仅从性能考虑，CIS 存在明显的先天不足，由于不能使用镜头，只能贴近稿件扫描，实际清晰度与标称指标尚有一定差距，而且由于没有景深，无法对立体物体扫描。

（4）扫描速度

扫描速度可分为预扫速度和扫描速度。对于这两个速度，应该注重预扫速度而不是实际的扫描速度。这是因为，扫描仪受接口（目前绝大多数扫描仪为 USB 接口）带宽的影响，通常速度差别并不是很大。而扫描仪在开始扫描稿件时，必须通过预扫的步骤确定稿件在扫描平台上的位置，因此预扫速度反而是影响实际扫描效率的一个主要指标。因此在选择扫描仪时，应尽量选择预扫速度快的产品。扫描速度的表示方式一般有两种：一种用扫描标准 A4 幅面所用的时间来表示，另一种使用扫描仪完成一行扫描的时间来表示。扫描仪扫描的速度与系统配置、扫描分辨率设置、扫描尺寸、放大倍率等有密切关系。

（5）接口

扫描仪的常见接口包括 SCSI、IEEE 1394 和 USB，目前的家用扫描仪以 USB 接口居多。USB 2.0 接口是目前最常见的接口，易于安装，支持热插拔。

SCSI 的扫描仪安装时需要 SCSI 卡的支持，成本较高。

采用 IEEE 1394 接口的扫描仪的价格比使用 USB 接口的扫描仪高许多。IEEE 1394 接口也支持外设热插拔，可为外设提供电源，省去了外设自带的电源，能连接多个不同设备，支持同步数据传输，速率可达 400 Mbit/s。

（6）扫描幅面

扫描幅面即可扫描的纸张的大小，平板式扫描仪主要为 A4 和 A3 幅面规格。一般的扫描仪的扫描幅面为 A4 规格。

5.1.2.2 数码相机

1. 数码相机的分类

数码相机（如图 5-3 所示）主要按以下方法分类。

图 5-3 数码相机外观

按照结构类型划分：单反、卡片、长焦、广角、可更换镜头相机等。

按照像素划分：2000 万像素以上、1001 万 ~2000 万像素、1000 万像素以内。

按照变焦功能划分：2 ~5 倍、5.1 ~10 倍、10.1 ~20 倍、20 倍以上等。

按照摄像清晰度划分：高清晰度和全高清晰度。

按照屏幕划分：触摸屏、旋转屏、双屏幕和高清屏等。

2. 数码相机的基本工作原理

数码相机用 CCD（电荷耦合元件）光敏器件替代胶卷感光成像，其原理是利用 CCD 元件的光/电转化效应。CCD 元件根据镜头成像之后投射到其上的光线的光强（亮度）与频率（色彩），将光信号转化为电信号，记录到数码相机的内存中，形成计算机可以处理的数字图像信号，因此有人又将这种元件称为“电子胶卷”。数码相机中内存记录的图像信息直接下载到计算机中进行显示或加工。光学成像部分的原理和装置与传统相机基本相同。

3. 数码相机的主要技术指标

（1）有效像素数

有效像素数（Effective Pixels）与最大像素不同，有效像素数是指真正参与感光成像的像素值。最大像素的数值是感光器件的真实像素，这个数据通常包含了感光器件的非成像部分，而有效像素是在镜头变焦倍率下所换算出来的值。以佳能 IXUS 105 为例，其 CCD 像素为 1270 万像素（最大像素），因为 CCD 有一部分并不参与成像，有效像素只有 1210 万像素。

数码图片的存储方式一般以像素（Pixel）为单位，像素是数码图片里面积最小的单位。

像素越大，图片的面积就越大。要增加一个图片的面积大小，如果没有更多的光进入感光器件，唯一的办法就是把像素的面积增大，这样一来，可能会影响图片的锐利度和清晰度。所以，在像素面积不变的情况下，数码相机能获得最大的图片像素，即为有效像素。

（2）变焦

变焦分为光学变焦和数码变焦。

光学变焦（Optical Zoom）是指数码相机依靠光学镜头结构来实现变焦。数码相机的光学变焦方式与传统35mm相机差不多，就是通过镜片移动来放大与缩小需要拍摄的景物，光学变焦倍数越大，能拍摄的景物就越远。如今的数码相机的光学变焦倍数大多在2～5倍之间，即可把10m以外的物体拉近至3～5m近；也有一些数码相机拥有20倍以上的光学变焦效果。

数码变焦是通过数码相机内的处理器，把图片内的每个像素面积增大，从而达到放大目的。这种手法如同用图像处理软件把图片的面积变大，只不过是在数码相机内进行的，即把原来CCD影像感应器上的一部分像素使用“插值”处理手段放大，将CCD影像感应器上的像素用插值算法增加，以达到画面放大的效果。目前数码相机的数码变焦一般在6倍左右。

（3）色彩深度

色彩深度的含义同扫描仪的色彩深度相同，每个像素点能表示色彩的数量，描述数码相机对色彩的分辨能力，它取决于“电子胶卷”的光/电转换精度。目前几乎所有的数码相机的色彩深度都达到了36 bit，可以生成真彩色的图像。某些高档数码相机甚至达到了48 bit。

（4）存储能力

数码相机内存的存储能力及是否具有扩充功能，成为数码相机选购时的重要指标，因为它们决定了在未下载信息之前相机可拍摄照片的数目。当然，同样的存储容量，所能拍摄照片的数目还与分辨率有关，分辨率越高则存储的照片数目就越少，同时还与照片的保存格式有关。使用何种分辨率进行拍摄，要在图像质量与拍摄数量间进行折中考虑。随机存储体一般为xD卡和SD卡，容量原配为32～64MB。用户通常要另外购买存储体，否则随机存储体可记录的图片和文件将会非常有限。存储卡的种类也分很多种，如CF卡、SD卡和索尼公司的记忆棒等。

（5）光圈与快门

光圈是一个用来控制光线透过镜头进入机身内感光面的光量的装置，它通常是在镜头内。光圈F值＝镜头的焦距/镜头口径的直径。快门包括电子快门、机械快门和B门。电子快门是用电路控制快门线圈磁铁的原理来控制快门时间的，齿轮与连动零件大多为塑料材质。机械快门控制快门的原理是，齿轮带动控制时间，连动与齿轮为铜与铁的材质居多。当需要超过1 s曝光时间时，就要用到B门了。使用B门时，快门释放按钮按下，快门便长时间开启，直至松开释放按钮，快门才关闭。

5.1.3 任务实施

5.1.3.1 扫描仪的安装使用和维护

1. 扫描仪的安装

（1）打开扫描单元的锁扣

在连接扫描仪和计算机之前要打开扫描单元的锁扣。如果保持在锁定状态，扫描仪可能会发生故障。打开扫描单元的锁扣的具体步骤如下：

1）撕下扫描仪上的封条。

2）轻轻地将扫描仪翻过来。

3）将锁扣开关推向解锁标志一侧，如图 5-4 所示。

4）重新将扫描仪水平放置。

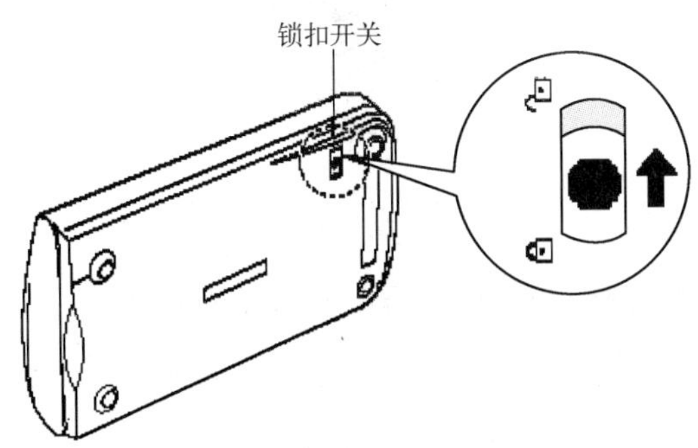

图 5-4　锁扣开关推向解锁标志一侧

（2）连接扫描仪

如果是 SCSI 的扫描仪，需要将计算机电源关掉，打开计算机机箱，将接口卡插好，然后盖好机箱，将数据线一端接于扫描仪接口，另一端接于计算机 SCSI 卡接口；如果是 USB 接口，连接扫描仪按以下顺序进行。

1）用随机提供的 USB 接口电缆将扫描仪连接到计算机中，如图 5-5 所示。

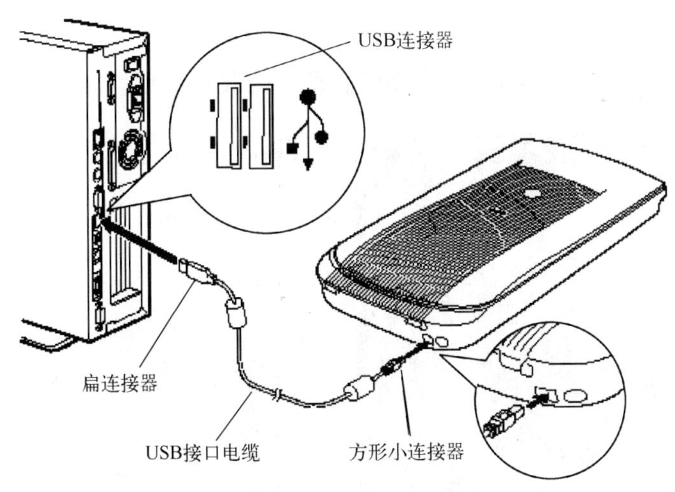

图 5-5　使用 USB 接口电缆将扫描仪连接到计算机中

2）将随机提供的 AC 适配器连接到扫描仪上，如图 5-6 所示。

本扫描仪无电源开关，插入 AC 适配器，扫描仪的电源即接通。

（3）安装驱动程序

接通扫描仪的电源，启动计算机，将扫描仪的驱动程序安装光盘放入光盘驱动器中，按说明书和屏幕提示完成安装即可。

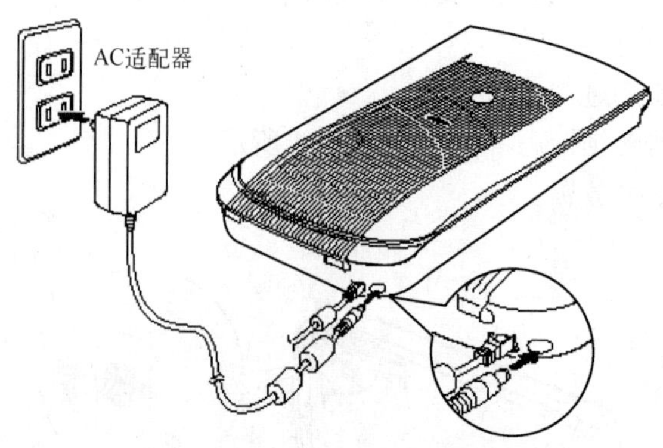

图 5-6　把 AC 适配器连接到扫描仪上

2. 扫描仪的使用

扫描仪可以扫描照片、印刷品及其他一些实物。扫描时通常要使用 Photoshop 或扫描仪自带的图像编辑软件。下面简单介绍扫描仪扫描图像的步骤。

1）安装好扫描仪后，打开扫描仪的电源，在 Windows 桌面上会有一个扫描仪图标。

2）把需要扫描的图稿放在扫描仪的台面上，单击扫描仪图标即可打开扫描操作的界面，如图 5-7所示。该界面有两个窗口，在右边的窗口中，可以对扫描的色彩、分辨率和输出图像尺寸等内容进行设置。在下边的窗口中，有“新扫描”和“接受”两个文字按钮，扫描前，先单击“新扫描”按钮，进行预览，在预览界面中选择扫描范围，然后再单击“接受”按钮进行扫描。

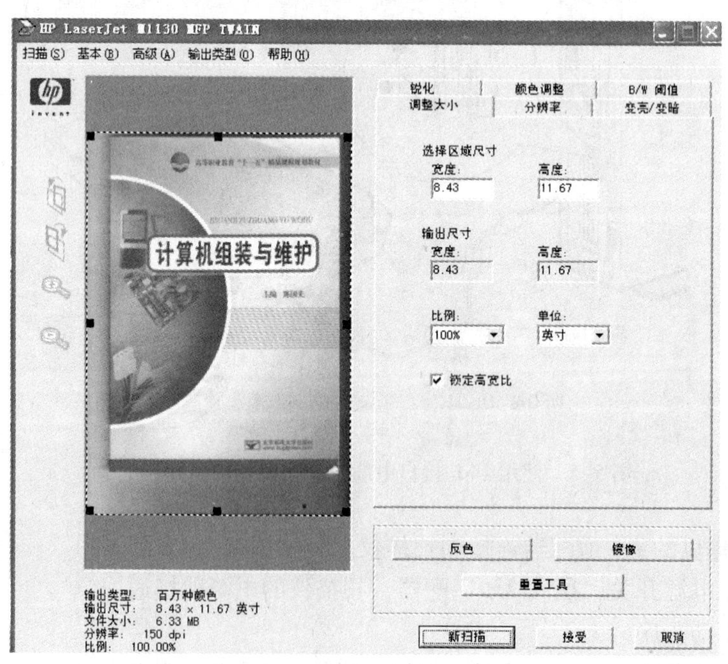

图 5-7　扫描仪操作界面

3. 扫描仪的维护

扫描仪是目前最实用的图像输入设备之一，为了保证扫描仪的扫描质量及使用寿命，可以从以下几个方面来对扫描仪进行维护。

1）不要经常插拔电源线与扫描仪的接头。经常插拔电源线与扫描仪的接头，会造成连接处的接触不良，导致电路不通，维修起来也是十分麻烦。正确的电源切断方式应该是拔掉电源插座上的直插式电源变换器。

2）不要中途切断电源。由于镜组在工作时运动速度比较慢，当扫描一幅图像后，它需要一部分时间从底部归位，所以在正常供电的情况下不要中途切断电源，等到扫描仪的镜组全部归位后，再切断电源。

3）放置物品时尽量一次定位准确。有些型号的扫描仪是可以扫描小型立体物品的，在使用这类扫描仪时应当注意：放置物品时尽量一次定位准确，不要随便移动以免刮伤玻璃，更不要在扫描过程中移动物品。

4）不要在扫描仪上面放置物品。有些用户常将一些物品放在扫描仪上面，时间长了，扫描仪的塑料板受压将会导致变形，影响其使用。

5）长期不使用时需切断电源。

6）建议不要在靠窗口的位置使用扫描仪。由于扫描仪在工作中会产生静电，时间长了会吸附灰尘进入机体内部影响镜组工作，所以尽量不要在靠窗口或容易吸附灰尘的位置使用扫描仪，另外要保证使用环境的湿度，减少浮尘对扫描仪的影响。

7）机械部分的保养。扫描仪长期使用后，要拆开盖子，用浸有缝纫机油的棉布擦拭镜组两轨道上的油垢，擦净后，再将适量的缝纫机油滴在转动的齿轮组及皮带两端的轴承上，最后装机测试，噪声就会小很多。

4. 扫描仪的维修

(1) 扫描仪的故障类型

安装不正确：扫描仪的驱动程序版本过早或安装错误，以及扫描仪数据线松脱等原因都可能造成此类故障。

本身故障：主要是扫描仪内部硬件的故障所造成的，如扫描仪内部的反射镜不干净，扫描出的图像就会不清晰。

接口故障或 SCSI ID 冲突：这是扫描仪经常发生故障的原因之一。

扫描图片太大：当扫描一些大型彩色图片时，有时会出现“磁盘空间不足”的错误提示。

(2) 扫描时出现“磁盘空间不足”的信息

扫描时出现“磁盘空间不足”的信息，可能的原因有以下几种：

1）扫描的图像所需的内存大小超过可用的磁盘空间时，Windows 的虚拟内存会占去一部分磁盘空间，导致程序和扫描进来的图像可用磁盘空间减少。

2）选用了“去除网纹”功能。使用“去除网纹”功能时，需要的内存空间是图像大小的 8 倍。如果不使用去除网纹功能，需要的磁盘空间是图像大小的 2.5 倍。

（3）扫描的图像色彩模糊不清

扫描的图像色彩模糊不清，排除故障的步骤如下：

1）检查扫描仪的平板玻璃是否很脏，若较脏，可用专用玻璃纸将其擦拭干净。

2）检查扫描仪所使用的分辨率是否合适。例如，使用300dpi的扫描仪扫描900dpi的图像时，会比较模糊，因为相当于将像素放大了3倍。

3）检查显示器的色彩显示是否为16位彩色或更高。

5.1.3.2 数码相机的使用和维护

1. 数码相机的外观

本书以适马数码相机（如SIGMA DP2S）为例进行介绍。SIGMA DP2S的前视图，如图5-8所示，SIGMA DP2S的俯视图，如图5-9所示，SIGMA DP2S的后视图，如图5-10所示。

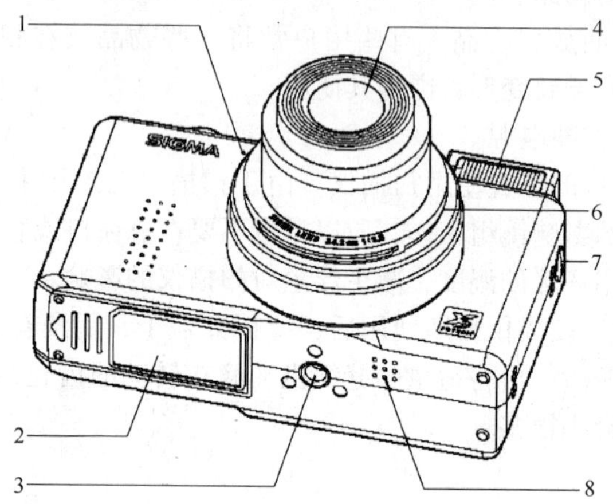

图5-8　SIGMA DP2S的前视图

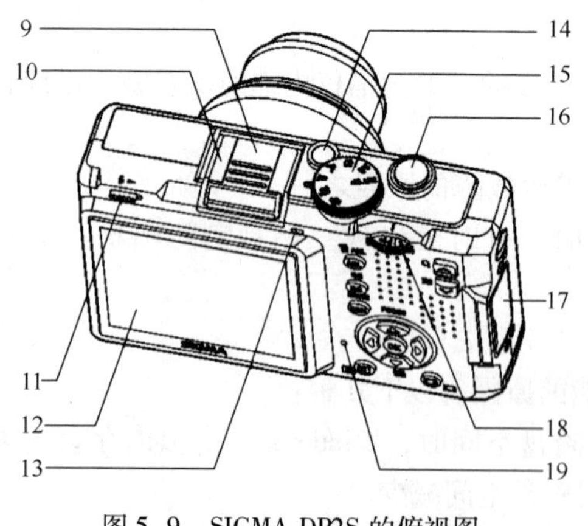

图5-9　SIGMA DP2S的俯视图

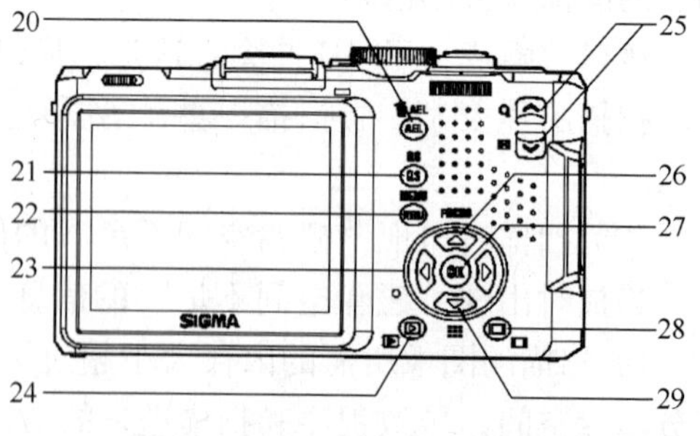

图5-10　SIGMA DP2S的后视图

SIGMA DP2S各部分的名称见表5-1。

在图像拍摄过程中，显示屏显示的标志类型和位置如图5-11所示，显示的标志含义见表5-2。

表 5-1 SIGMA DP2S 各部分的名称

序号	名称	序号	名称
1	传声器	16	快门释放按钮
2	电池/记忆卡遮盖	17	端子遮盖
3	三脚架连接孔	18	MF 距离表尺转盘
4	镜头	19	工作中显示灯
5	闪光灯	20	自动曝光锁定/删除键
6	镜头盖接环	21	快速设定键
7	肩带连接环	22	选单键
8	扬声器	23	四方向控制盘
9	闪光灯热靴盖	24	浏览图像键
10	闪光灯热靴	25	上键与下键
11	闪光灯弹升推杆	26	对焦模式键
12	彩色液晶显示屏	27	确认键
13	自动对焦灯	28	显示键
14	电源开关	29	对焦点键
15	模式转盘		

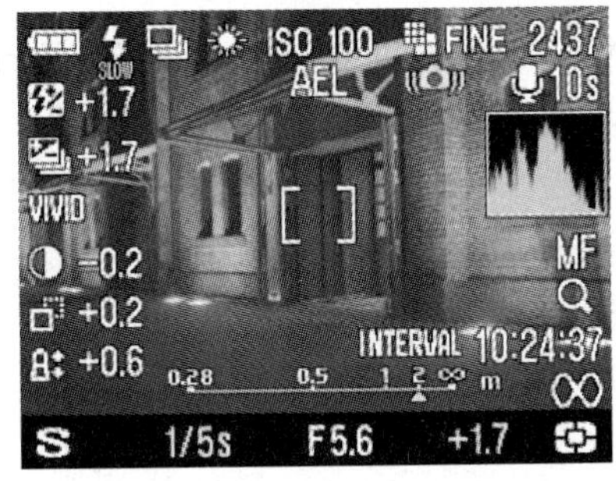

图 5-11 显示屏显示的标志类型和位置

表 5-2 显示的标志含义

序号	含义	序号	含义
1	电池电量指示	15	对比度
2	闪光灯模式	16	清晰度
3	驱动模式	17	饱和度
4	白平衡	18	对焦方框
5	ISO 设定	19	对焦模式
6	图像大小	20	手动对焦放大显示
7	图像质量	21	手动对焦比例尺
8	剩余拍摄数量	22	间歇定时拍摄
9	闪光灯曝光补偿值	23	曝光模式
10	自动曝光锁定	24	快门速度
11	相机震动提示	25	光圈 F 数值
12	附声音图像	26	曝光补偿值/测光值
13	自动包围曝光	27	测光模式
14	色彩模式	28	矩形图

2. 数码相机的使用

下面以适马数码相机（SIGMA DP2S）为例介绍其使用方法。

（1）拍摄前的准备工作

准备工作主要是为电池充电，随机的锂电池必须使用随机附带的专用充电器充电。安装电池，将电池放置在机底电池仓内，然后设定日期和时间，再安装记忆卡，最后启动电源开关和移除镜头遮盖。

（2）自动曝光拍摄照片

1）选定曝光模式，即将机械转盘设定为“P”（程序自动曝光）。自动曝光适合简易拍照方法，相机按照物体的光亮程度，自动选择适合的快门、速度和光圈数值组合。

2）对焦。利用相机上的彩色显示屏，对要拍摄的影像进行构图，并半按下快门释放按钮以启动测光系统。DP2S 快门释放按钮分两个部分，当按下快门至一半时，相机的自动对焦功能和测光/曝光系统即时生效，若继续完全按下快门按钮，快门即行释放进行拍摄，动作才算完成。若物体太亮或太暗，快门速度和光圈值指示便会闪动及显示限制值，如果以此数值进行拍摄，便会出现曝光过度或曝光不够的问题。

3）拍摄。完全按下快门释放按钮以拍摄影像。

（3）使用手动曝光拍摄

根据测光表指示，调校快门速度和光圈数值，这样就可依据个人喜好来更改曝光值。

1）将模式转盘设定为 M。快门值提示将以绿色显示，光圈数值以橙色显示。

2）使用上、下选择键设定所需的快门值。

3）使用左、右选择键设定曝光值 ±0.0，曝光误差值最大读数为 +/－3 级，以每 1/3 级为单位。若误差值超越此范围，测光读数将会闪动。

4）半按下快门释放按钮取焦距及锁定被摄物体，继而全按下拍摄。

（4）使用闪光灯

当在夜晚、室内拍照时，需要使用闪光灯。闪光灯的模式有正常闪光灯（标准闪光模式）、防红眼（消除红眼闪光）、慢速同步（慢速闪光同步模式）和防红眼 + 慢速同步（消除红眼闪光 + 慢速闪光同步模式）。

1）标准闪光模式。当内置闪光灯启用时，相机将以正常标准闪光灯模式操作。此模式可用于日常拍摄。

2）消除红眼闪光。使用闪光灯进行人像拍摄时，通常被摄人物在照片中的眼睛不时会呈现红斑点现象，这被称为“红眼”。为避免上述情况，闪光灯在正式闪亮前，先以微弱光度向被摄体闪亮数次，让眼球先适应才正式闪亮，以避免“红眼”现象出现。

“防红眼”效果将根据被摄人物所处的环境情况和光亮度不同而不同，所以并不是任何情况下都可以产生满意的效果。

3）慢速闪光同步模式。在使用此模式时，快门值将规定以 1/40 s 为最高值，慢速闪光同步值自 15 s 起，将视现场光亮度而变化。此模式特别适合夜景拍摄。

（5）实时和快速浏览图像

1）实时浏览图像。按动相机背面上的“浏览图像”按钮，以单张形式浏览存储卡中的图像。当以单张形式浏览图像时：按动►按钮，浏览下一图像；按动◄按钮，浏览上一图像。

2）快速浏览图像。DP2S 可设定在拍摄后，即时自动显示所拍摄的每幅图像，这样有利于即时观察曝光和构图状况。快速浏览图像具有自设置图像浏览时间或关闭的功能。快速浏览的显示时间设定可在“拍摄设定”的“快速浏览”中进行。若需要停止快速浏览，轻半按快门释放按钮就可以了。

(6) 删除单一和多张照片

1) 删除单一照片。使用四方向控制盘，在相关页面或单一图片浏览时，选择所需删除的照片，按下“删除”按钮，显示删除选单，按下“OK”按钮，确定删除照片，若照片没有被锁定，按下“删除”按钮将即时删除，不需要使用“OK”按钮。若照片已经被锁定，在删除时画面将显示“此档案已被锁定，要删除?”的提示，如确需删除，可按下“◄►”按钮，选择“是”，然后按下“OK”按钮确认，如不需删除，可选择“否”，然后按“OK”按钮确认。

2) 删除多张图像。按下“删除”按钮，显示删除选单，再使用上、下按钮选择已全部标记。已锁定图像不能删除，如果要删除先解锁。若存储卡中并没有标记的图片，便无法选用全标记。按下“OK”按钮，显示“确认”对话框。若删除所有图像，使用◄►按钮选择“是”，接着按“OK”按钮；若删除某一照片，选择“否”，接着按“OK”按钮。

在选用删除已全部标记时，已锁定和标记的照片将受保护，不会被删除。若被锁定的记号被解除，则全部照片和带有标记的均被删除。

(7) 短片的拍摄和播放

可拍摄附声音的短片。影像分辨率大小为 QVGA（320×240 像素），每秒拍摄速度为 30 幅。短片以 AVI 格式存储。

1) 短片的拍摄。将模式转盘旋转于🎥位置，按下快门释放按钮，启动拍摄短片（进入拍摄时，短片模式标志和工作中显示灯将会闪烁）。如需要停止拍摄，可按下快门释放按钮。

若对焦模式设定为 AF（自动对焦），在“半按”快门释放按钮时，焦点即自行锁定，在短片拍摄时，焦点也将保持锁定不变。

2) 重播短片。在选定重播短片后，短片中首幅图像将以静止形式显示在屏幕上（短片模式标志会在屏幕上部显示，操作标志同时在屏幕右下角出现）。按下▼按钮，启动重播短片；按下▲按钮，停止重播；按下▼按钮，暂停重播；按下►按钮，快速往前播放；按下◄按钮，快速往后重播。

(8) 数码相机与计算机的连接

DP2S 数码相机可以使用 USB 接线直接连接计算机。在连接前，先关闭数码相机。数据传输速率与用户的计算机硬件和操作系统有关。

在相机设定中，将“USB 模式”的选项设定为“储存装置”，使用所附上的 USB 接线将相机连接到个人计算机。当使用 USB 接线时，打开数码相机电源开关，然后就可以将数码相机中的照片传输到计算机中了。

3. 数码相机的维护与维修

(1) 防水防潮

数码相机的最大的“敌人”莫过于水气的侵蚀，不小心进水或者长时间不用暴露在潮湿的空气中，都会对其内部的电子元件造成不同程度的腐蚀或氧化。

处理方法：首先，要避免淋雨、溅水和落水这类情况的发生；其次，避免暴露在潮湿的空气中，建议在放置机套内放入干燥剂。

（2）防摔防震

数码相机是脆弱的，内部元器件和镜头组件都要避免摔落和剧烈震动。

处理方法：首先，拍摄时要尽量把相机带挂在脖子上，防止由于持机不稳跌落相机的状况发生；其次，要找一个平稳的地方放置相机，防止由于撑托物不稳让相机滑落，放置时也要注意摆放位置，要立式摆放，平躺放置很容易让镜头磕破前面的玻璃，从而造成成像不良，或者是让硬物划伤 LCD。

（3）防尘防脏

镜头镜片过脏会影响成像，镜筒内部保护不当也会进入灰尘而影响 CCD 感光，还有，LCD 污垢较多也会影响用户查看屏幕的视觉效果。

处理方法：首先，数码相机在风沙等灰尘较大的环境里使用时，拍摄完成后动作要快，用完马上装入机套；数码相机的镜头是重点保护的对象，不使用时要及时盖上镜头盖，拍摄中间也要注意不让手指在镜片上留下指纹。其次，擦拭镜头也是平时保养的重要方式，无论擦拭镜头还是 LCD，只能使用擦拭眼镜的软质眼镜布，正式擦拭镜头时的方向必须从中心向外旋转擦拭，眼镜布也要保证干燥。

（4）防冷防热

摆放数码相机还需要避开高温或较冷的环境。高温有可能使相机内部的机械部分所使用的润滑油溢出，如变焦镜头的镜筒内部漏油；冷空气也会使镜头镜片凝结水珠，内部的电路板也会出现水汽，这样的后果是比较严重的。

处理方法：数码相机需要保存在常温环境下，夏天要防止从空调房间立即拿出到户外使用，否则往往由于骤冷骤热的温差影响，使机身各个部分都会不同程度地出现凝结现象；如果在夏天高温的天气下使用，更需要注意，因为在工作中其本身就会产生相当大的热量，加上高温的环境，必定会给以后使用留下隐患，不使用时也要避免在阳光下暴晒。

任务 5.2　计算机主要输出设备的使用和维护

5.2.1　任务描述

某单位的办公数据经过计算机处理后，有的要进行多页打印（如打印发票），有的要进行彩色打印，有的要求较高分辨率和较快速度打印，对于这些不同类型的打印，可分别选择针式打印机、喷墨打印机和激光打印机完成。

5.2.2　任务资讯

5.2.2.1　针式打印机

针式打印机具有结构简单、使用灵活、技术成熟、分辨率高和速度适中的优点，同时还具有高速跳行、多份备份和长幅面打印的独特功能，性价比较高，所以目前被广泛使用。

针式打印机（如图 5-12 所示）是由单片机、精密机械和电气构成的机电一体化智能设备。它可以概括性地划分为打印机械装置和电路两大部分。

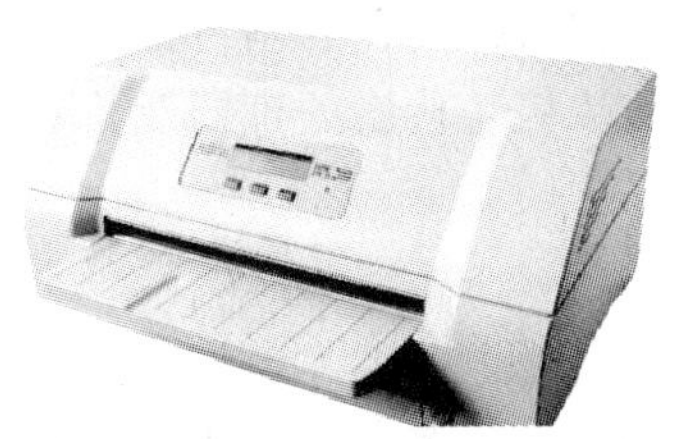

图 5-12　针式打印机的外观

1. 打印机械装置

（1）打印头

打印头（印字机构）是成字部件，装载在字车上，用于印字，是打印机中的关键部件。它一般有 24 根针。打印机的打印速度、打印质量和可靠性在很大程度上取决于打印头的性能和质量。

（2）字车机构

字车机构是打印机用来实现打印一个点阵字符或点阵汉字的机构。字车机构中装有字车，采用字车电动机作为动力源，在传动系统的拖动下，字车将沿导轨做左右往复直线间歇运动。从而使字车上的打印头能沿字行方向、自左至右或自右至左完成一个点阵字符或点阵汉字的打印。

（3）输纸机构

输纸机构按照打印纸有无输纸孔来分，可分为两种：一种是摩擦传动方式输纸机构，适用于无输纸孔的打印纸；另一种是链轮传动方式输纸机构，适用于有输纸孔的打印纸。一般的针式打印机，其输纸机构基本上都同时具有这两种机构。

（4）色带机构

色带是在带基上涂黑色或蓝色油墨染料制成的，可分为两类：薄膜色带和编织色带。

针式打印机中普遍采用单向循环色带机构。色带机构有 3 种形式：盘式结构色带盒、窄型（小型）色带盒和长型（大型）色带盒。针式打印机的主要结构如图 5-13 所示。

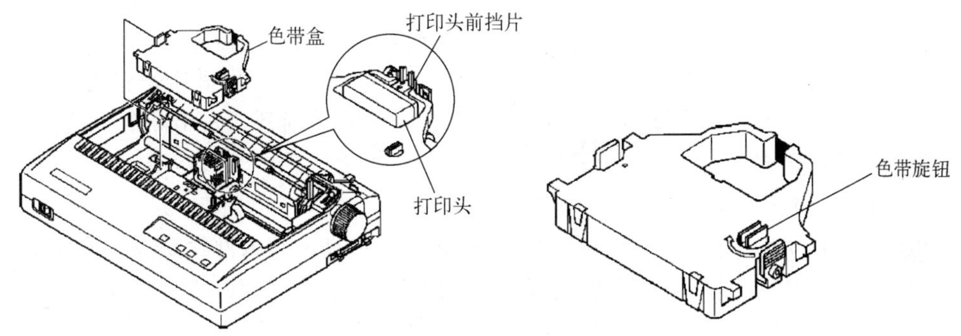

图 5-13　针式打印机的主要结构

2. 控制电路

打印机的主控电路本身是一个完整的微型计算机，一般由微处理器（通称 CPU）、读写存储器（RAM）、只读存储器（ROM）、地址译码器和输入/输出（I/O）电路等组成，另外还有打印头控制电路、字车电动机控制电路和输纸电动机控制电路等。微处理器是控制电路的核心，由于当前微电子技术的高速发展，单片计算机（简称单片机）已将微型计算机的主要部分如微处理器、存储器、输入/输出电路、定时/计时器、串行接口和中断系统等集成在一个芯片上，所以有许多打印机都用高性能的单片机替代微处理器及其外围电路。

3. 检测电路

（1）字车初始位置（Home Position）检测电路

打印机在加电后的初始化过程中，不管字车处于哪个位置，都将字车向左移动到初始位置，或打印过程中遇到回车控制码，字车也返回到初始位置。字车所停止的位置即为打印字符（汉字）的起始位置。为了使字车每次都能回到初始位置，在打印机机架左端设置有一个初始位置检测传感器，该传感器和相应的电路组成字车初始位置检测电路。

（2）纸尽（PE）检测电路

无论哪种打印机都设置有纸尽检测电路，用于检测打印机是否装上打印纸。若没有装上打印纸或打印过程中纸用尽，则打印机停止打印。

（3）机盖状态检测电路

有的打印机设置有机盖状态检测电路，一般采用簧片开关作为传感器。机盖盖好时开关闭合；反之开关弹开，由检测电路发出信号传给 CPU，令打印机不能启动。也有使用霍尔电路作为传感器的。

（4）输纸调整杆位置检测电路

输纸调整杆位置检测电路的传感器采用簧片开关，用开关的打开或关闭两种状态设置输纸方式。例如，AR－3200 打印机，当输纸调整杆在摩擦输纸方式时，开关闭合；在链轮输纸方式时，开关打开。

（5）压纸杆位置检测电路

打印机有一种可选件——自动送纸器（ASF）。打印机上是否安装自动送纸器，由压纸杆位置检测电路检测，所用传感器也为簧片开关。例如，AR－4400 打印机装上自动送纸器时开关闭合，否则断开。开关闭合时为自动送纸方式（无论是连续纸或单页纸），纸便自动卷入打印机，开关断开时为手动或导纸器送纸方式。

（6）打印辊间隙检测电路

打印机设置有打印辊间隙检测电路，用以检测打印头调节杆的位置，此电路也用簧片开关作为传感器，当打印头调节杆拨在第 1～3 挡时，开关闭合，发出低电平信号给 CPU，打印方式为正常方式；当打印头调节杆拨在第 4～8 挡时，开关断开，发出高电平信号给 CPU，打印方式变为复制方式（打印多份）。

（7）打印头温度检测电路

打印机在长时间连续打印过程中，打印头表面温度很高，其内部线圈温度更高，为了防止破坏打印头内部结构，打印机都设置有打印头温度检测电路，用以检测温度的传感器普遍采用具有负温度系数的热敏电阻，安装在打印头内部。

4. 电源电路

电源电路主要是将交流输入电压转换成打印机正常工作时所需要的直流电压。

所有打印机的电源电路都要输出 +5V 直流电压，它是打印机控制电路中各集成电路芯片工作所必需的一种电源电压。有些打印机电源还要求输出 ±12V 直流电压，这是提供给串行接口电路的。

电源电路还要输出一个较高值的直流电压。这个电压值依打印机不同而异，这种高值的直流电压在打印机中通常被称为驱动高压，主要用于字车电动机、走纸电动机、针驱动电路的工作电源。

5. 针式打印机基本工作原理

打印机在联机状态下，通过接口接收主机发送的打印控制命令、字符打印命令或图形打印命令，再通过打印机的 CPU 处理后，从字库中寻找到与该字符或图形相对应的图像编码首列地址（正向打印时）或末列地址（反向打印时），然后按顺序一列一列地找出字符或图形的编码，送往打印头控制与驱动电路，激励打印头出针打印。

对于无汉字字库的 24 针打印机来说，应由主机传送汉字字形编码（点阵码），一个 24 ×24 点阵组成的汉字，主机要传送 72 B 字形编码给打印机；对于带有汉字库的 24 针打印机来说，主机应向打印机传送控制命令和汉字国际码（2B），经打印机内 CPU 处理后，转换成对应的汉字字形点阵码送至打印机行缓冲存储区中，再送打印头控制与驱动电路，激励打印针线圈，打印针受到激励驱动后“冲击”打印色带，在打印纸上打印出所需的汉字。

5.2.2.2 喷墨打印机

喷墨打印机外观如图 5-14 所示。

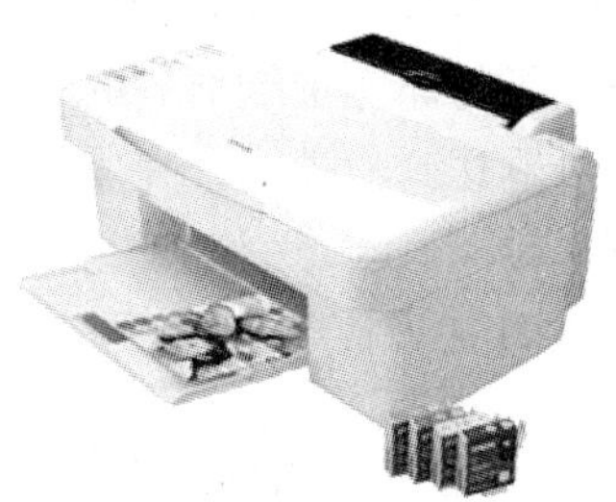

图 5-14 喷墨打印机的外观

1. 喷墨打印机的分类

1）按所用墨水的性质划分，可将喷墨打印机分为水性喷墨打印机和油性喷墨打印机。

水性喷墨打印机所用的墨水是水性的，因此喷墨口不容易被堵塞，打印效果较好。

油性喷墨打印机所用的墨水是油性的，沾水也不会扩散开，但是喷墨口容易堵塞。

2）按墨盒类型划分，主要墨盒颜色的种类，墨盒的数量和是否采用独立的墨盒。一般有黑、青、洋红、黄四色墨盒。中高端的产品已经普遍采用了黑、青、洋红、黄、淡青、淡洋红的六色墨盒。有的在六色基础上增加红色和蓝色，最后配以亮光墨从而达到了八色。

3）按主要用途可以分为 3 类：普通型喷墨打印机，数码照片型喷墨打印机和便携式喷墨打印机。普通型喷墨打印机是目前最为常见的打印机，它的用途广泛，可以用来打印文稿和图形图像。数码照片型喷墨打印机和普通型喷墨打印机相比，具有数码读卡器，在内置软件的支持下，它可以直接连接数码相机的数码存储卡或直接连接数码相机，可以在没有计算机支持的情况下直接进行数码照片的打印。便携式喷墨打印机体积小巧，一般重量在 1000 g 以下，方便携带，并且可以使用电池供电。

4）按打印机的分辨率划分，有低分辨率喷墨打印机、中分辨率喷墨打印机和高分辨率喷墨打印机。目前，一般喷墨打印机的分辨率均在 4800 × 1400 dpi 以上。

2. 喷墨打印机的组成

气泡式喷墨打印机是目前应用最为广泛的喷墨打印机之一。该类打印机具有打印速度快、打印质量高以及易于实现彩色打印等特点。目前市场上已推出很多型号的喷墨打印机都是气泡式喷墨打印机，本书以BJ喷墨打印机为例进行介绍，该打印机基本上可以分成机械和电气两部分。

（1）机械部分

主要由喷头和墨盒，以及清洁机构、字车部分和走纸部分等组成。

1）喷头和墨盒。喷头和墨盒是打印机的关键部件，打印质量和速度在很大程度上取决于该部分的质量和功能。喷头和墨盒的结构分为两类，一类是把喷头和墨盒集成在一起，墨盒内既有墨水又有喷头，墨盒本身即为消耗品，当墨水用完后，需更换整个墨盒，所以耗材成本较高；另一类是将喷头和墨盒分开，当墨水用完后仅需要更换墨盒，耗材成本较低。

2）清洁机构。喷墨打印机中均设有清洁机构，它的作用就是清洁和保护喷嘴。清洗喷嘴的过程比较复杂，包括抽吸和擦拭两种操作。

3）字车部分。喷墨打印机的字车部分和针式打印机相似。字车电动机通过齿轮的传动作用，使字车引导丝杠转动，从而带动字车沿着丝杠的方向移动，实现打印位置的变化。当字车归位时，引导丝杠又转动，从而推动清洁机构齿轮完成清洗工作。

4）走纸部分。它是实现打印中纵向送纸的机构，通过此部分的纵向送纸和字车的横向移动，实现整张纸打印。走纸部分的工作是走纸电动机通过传动齿轮驱动一系列胶辊的摩擦作用，将打印纸输送到喷嘴下，完成打印操作。

（2）电气部分

喷墨打印机的电气部分主要由主控制电路、驱动电路、传感器检测电路、接口电路和电源部分构成。

1）主控电路。它主要由微处理器单元、打印机控制器、只读存储器（ROM）、读写存储器（RAM）组成。ROM中固化了打印机监控程序、字库；RAM用来暂存主机送来的打印数据；打印机控制器和接口电路、传感器检测电路、操作面板电路、驱动电路连接，用以实现接口、指示灯、面板按键、喷头、走纸电动机和字车电动机的控制。

2）驱动电路。它主要包括喷头驱动电路、字车电动机驱动电路和走纸电动机驱动电路。这些驱动电路都是在控制电路的控制下工作的。喷头驱动电路把送来的串行打印数据转换成并行打印信号，传送到喷头内的热元件，喷头内热元件的一端连到喷头加热控制器，作为加热电极的激励电压，另一端和打印信号线相连，只有当加热控制信号和打印信号同时有效时，对应的喷嘴才能被加热；字车电动机控制与驱动电路的功能是驱动字车电动机正转和反转，通过齿轮的传动使字车在引导丝杆上左右横向移动，在BJ-10ex喷墨打印机中，当字车回到左边初始位置时，把引导丝杆的齿轮推向清洁装置，字车电动机驱动清洁装置工作，走纸电动机控制与驱动电路的功能是驱动走纸电动机运转，经过齿轮的传递作用带动胶辊转动，执行走纸操作。

3）传感器检测电路。它主要用于检测打印机各部分的工作状态。喷墨打印机一般有以下几种检测电路：

- 纸宽传感器。纸宽传感器附在打印头上，进纸后，打印头沿着每页的上部横扫，而测出纸宽，以避免打印到压纸辊上。此类传感器一般为光电传感器。
- 纸尽传感器。用来检测打印机是否装纸，或在打印过程中发现纸用完及时反馈给控制电路，所用传感器为光电传感器。

- 字车初始位置传感器。当打印机开机，或接到主机的初始信号，或回车换行时，字车就返回左边初始位置（复位），该传感器用于检测出现上述情况时字车能否复位，其传感器也是光电传感器。
- 墨盒传感器。它用于检测墨盒是否安装或安装是否正确，其传感器也是光电传感器。
- 打印头内部温度传感器。此传感器为一个热敏电阻，用于检测气泡喷头的温度，使其处于最佳温度，当温度降低时，经热敏电阻测出后，由升温加热器加热。
- 墨水传感器。此传感器是薄膜式压力传感器，用于检测墨盒中墨水的有无。

4）接口电路。主机和打印机是通过接口相连接的。接口一般为并行或 USB 接口，也可选用 RS－232 串行接口（属选配件）。

5）电源。电源一般输出 3 种直流电压，＋5 V 用于逻辑电路，还有两种分别用于加热喷头和驱动电动机。

3. 喷墨打印机的基本工作原理

喷墨打印机的喷墨技术有连续式和随机式两种。目前，采用随机式喷墨技术的喷墨打印机逐渐在市场占据主导地位。

采用随机式喷墨技术的喷墨系统供给的墨滴只在需要印字时才喷出，它的墨滴喷射速度低于连续式技术，但可通过增加喷嘴的数量来提高印字速度。随机式喷墨技术常采用单列、双列或多列小孔，一次扫描喷墨即可印出所需印字的字符和图像。

许多计算机外设厂家都投入大量资金集中力量发展随机式喷墨打印机。其中气泡式技术属于随机式喷墨打印机技术的一种，发展较快，其喷墨过程可分为以下 7 步。

1）喷嘴在未接收到加热信号时，喷嘴内部的墨水表面张力与外界大气压平衡，处于平衡稳定状态。

2）当加热信号发送到喷嘴上时，喷嘴电极被加上一个高幅值的脉冲电压，加热器元件迅速加热，使其附近墨水温度急剧上升并汽化形成气泡。

3）墨水汽化后，加热器表面的气泡变大形成薄蒸气膜，以避免喷嘴内全部墨水被加热。

4）当加热信号消失时，加热器表面温度开始下降，但其余热量仍使气泡进一步膨胀，使墨水挤出喷嘴。

5）加热器元件的表面温度继续下降，气泡开始收缩。墨水前端因挤压而喷出，后端因墨水的收缩使喷嘴内的压力减小，并将墨水吸回喷嘴内，墨水滴开始与喷嘴分离。

6）气泡进一步收缩，喷嘴内产生负压力，气泡消失，喷出的墨水滴与喷嘴完全分离。

7）墨水由墨水缓存器再次供给，恢复平衡状态。

5.2.2.3 激光打印机

激光打印机（如图 5-15 所示）具有高质量、高速度、低噪声、易管理等特点，目前已成为办公领域的主力产品。

1. 激光打印机的分类

1）按打印输出速度划分，有低速激光打印机、中速激光打印机和高速激光打印机。

低速激光打印机：其打印速度小于 20 页/min。

中速激光打印机：其打印速度为 20～60 页/min。

高速激光打印机：其打印速度大于 60 页/min。

2）按色彩划分，有单色激光打印机和彩色激光打印机。

图 5-15　激光打印机

单色激光打印机：只能打印一种颜色。

彩色激光打印机：可以打印逼真的彩色图案，能达到印刷品的效果。

3）按与计算机连接的接口划分，有并口、SCSI、串口、USB 接口、自带网卡的网络接口（连接到网络中成为网络打印机）等激光打印机。常用是 USB 接口激光打印机。

4）按分辨率划分，有高分辨率、中分辨率和低分辨率等 3 种激光打印机。

2. 机械结构

激光打印机的内部机械结构十分复杂，这里就其主要部件——墨粉盒和纸张传送机构进行介绍。

（1）墨（碳）粉盒

激光打印机的重要部件，如墨粉、感光鼓（又称硒鼓）、显影轧辊、显影磁铁、初级电晕放电极、清扫器等，都装置在墨粉盒内。HP 和 Canon 公司的激光打印机基本上都是这样的一体化结构，但其他一些激光打印机也有鼓粉分离的（如联想公司的 LJ6P 和 LJ6P + 等）。当盒内墨粉用完后，可以将整个墨粉盒卸下更换。其中感光鼓是一个关键部件，一般是用铝合金制成的一个圆筒，鼓面上涂敷一层感光材料（硒 - 碲 - 砷合金）。

（2）纸张传送机构

激光打印机的纸张传送机构和复印机相似。纸由一系列轧辊送进机器内，轧辊有的有动力驱动，有的没有。通常，有动力驱动的轧辊都是通过一系列的齿轮与电动机联系在一起。主电动机采用步进电动机，当电动机转动时，通过齿轮离合器使某些轧辊独立地启动或停止。齿轮离合器的闭合由控制电动机的 CPU 控制。

3. 激光扫描系统

激光打印机的激光扫描系统的核心部件是激光写入部件（即激光印字头）和多面转镜。高、中速激光打印机的光源都采用气体（He - Ne）激光器，用声光（AO）调制器对激光进行调制。为拓宽调制频带，由激光器发生的激光束，需经聚焦透镜进行聚焦后再射入声光调制器。根据印字信息对激光束的光强度进行调制，为使印字光束在感光体表面形成所需的光点直径，还需经扩展透镜进行放大。

4. 电路

（1）控制电路

激光打印机的控制电路是一个完整的被扩展的微型计算机系统，主要包括 CPU、ROM、RAM、定时控制、I/O 控制、并行接口、串行接口等。该计算机系统通过并口或串口接收主机输入信号；通过接口控制/接收信息；通过面板接口控制/接收操作面板信息；另外，还控制直流控制电路，再由直流控制电路控制定影控制、离合控制、各个驱动电动机、扫描电动机、激光发生器及各组高压电源等。

（2）电源系统

激光打印机内有多组不同的电源。例如，HP33440 型激光打印机中直流低压电源有 3 组：+5 V、-5 V 和 +24 V。

5. 开关及安全装置

激光打印机设置有许多开关，控制电路利用这些开关检测并显示打印机各个部件的工作状态。许多开关还带有安全器件，以防止伤害操作人员或损坏打印机。

6. 激光打印机的基本工作原理

激光打印机是将激光扫描技术和电子照相技术相结合的印字输出设备，其基本工作原理可用图 5-16 描述。

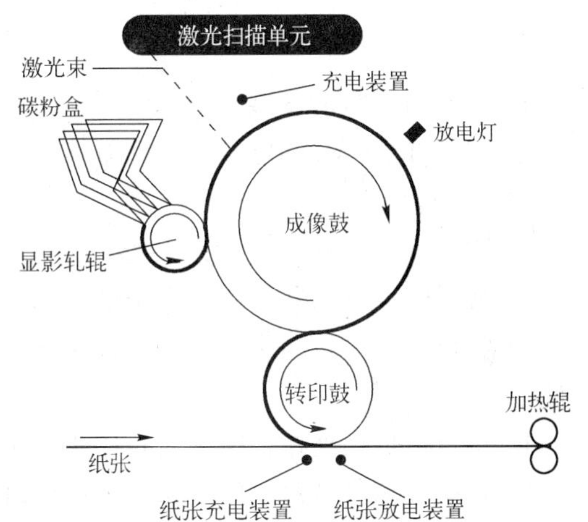

图 5-16　激光打印机的基本工作原理图

二进制数据信息来自计算机，由视频控制转换为视频信号，再由视频接口/控制系统把视频信号转换为激光驱动信号，然后由激光扫描系统产生载有字符信息的激光束，最后由电子照相系统使激光束成像并通过一些步骤转印到纸上输出。激光打印机的工作过程主要包括以下几个步骤。

1）带电。在感光鼓（体）表面的上方设有一个充电的电晕电极，其中有一根屏蔽的钨丝，当传动感光鼓（体）的机械部件开始动作时，用高压电源对电晕电极加数千伏的高压，这样就会开始电晕放电，电晕电极放电时钨丝周围的空气就会被电离，变成能导电的导体，使感光鼓表面带上正（负）电荷。

电晕放电，就是给导体加上一定程度的电压，使导体周围的空气（或其他气体）被电离，变成离子层。一般认为空气是非导电体，电离后就变成了导体。

2）曝光。随着带正（负）电荷的感光鼓（体）表面的转动，遇有激光源照射时，鼓表面曝光部分变为良导体，正（负）电荷流向地（电荷消失）。

文字的笔画或图像的像素，即未曝光的鼓表面，仍保留有电荷，这样就生成了不可见的文字或图像的静电潜像。

3）显影（显像）。显影也称为显像。随着鼓表面的转动，接着对静电潜像进行显像操作。显像就是用载体和着色剂（单成分或双成分墨粉）对潜像着色。载体带负（正）电荷，着色剂正（负）电荷，这些着色剂就会裹附在载体周围，由于静电感应作用，着色剂就会被吸附在放电的鼓表面上（即生成潜像的地方），使潜像着色变为可视图像。

4）转印。被显像的鼓表面的转动通过转印电晕电极时，显像后的图像即可转印在普通纸上。因为转印电晕电极使记录纸带有负（正）电荷，鼓（体）表面着色的图像带有正（负）电荷，这样，显像后的图像就能自动地转印在纸面上。

5）定影（固定）。图像从鼓面上转印在普通纸上之后，进一步通过定影器进行定影。定影器（或称固定器）有两种：一种是采用加热固定，即烘干器；另一种是利用压力固定，即压力辊。带有转印图像的记录纸，通过烘干器加热，或通过压力辊加压后使图像固定，使着色剂融化渗入纸纤维中，最后形成可永久保存的记录结果。

6）清除残像。转印过程中着色剂从鼓面上转印到纸面上时，鼓面上多少总会残留一些着色剂。为清除这些残留的着色剂，记录纸下面装有放电灯泡，其作用是消除鼓面上的电荷，经过放电灯泡照射后，可使残留的着色剂浮在鼓面上，通过进一步清扫后，这些残留的着色剂就会被刷掉。

5.2.3 任务实施

5.2.3.1 针式打印机的安装使用和维护

1. 针式打印机的安装

下面以 STAR AR3200 + 打印机为例说明其安装过程。

（1）安装色带盒

1）先把面盖取开（先把面盖揭起，后取下）。

2）按顺时针方向转动色带盒上的旋钮，将色带拉紧。

3）把色带夹在打印头和打印头保护片中间，并转动色带盒上旋钮，使色带盒卡紧在字车座上。

4）确定色带已夹在打印头与打印头保护片中间，色带盒已固定在字车座适当位置上。

5）再次转动色带盒上的旋钮，确保色带已被拉紧。

6）把面盖后端两旁凸出处插入打印机机壳内，然后盖上，打印机正常工作时，盖上面盖可以隔灰尘，同时减低打印时产生的噪声，打开面盖仅是为了更换色带及进行调整。

（2）接口电缆连接图

使用标准并行接口电缆连接打印机和计算机，如图 5-17 所示，一端使用 25 芯 D 形插头连接计算机，另一端使用 36 芯 Centronics 插头与打印机相连。

按下列步骤连接接口电缆：

1）关掉打印机及计算机电源。

2）将接口电缆连接到打印机上，确定插头插紧。

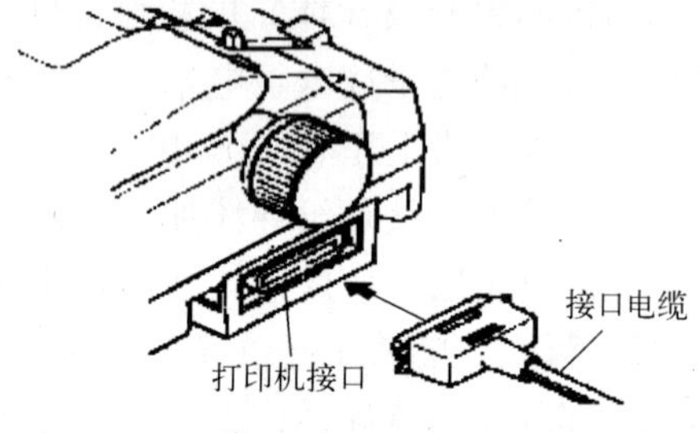

图 5-17　接口电缆与打印机接口连接

3）用接口两边的扣杆把电缆插头扣紧直至听到接口卡紧的声响为止。

4）将接口电缆另一端连接到计算机上。

（3）安装打印纸

1）穿孔打印纸。

- 把一叠的穿孔打印纸放置在打印机后面的进纸口上。
- 切断打印机的电源。
- 把送纸调杆向前拨，以选择链式送纸。
- 取下导纸板并放在一边。
- 取下后盖。
- 打开纸夹，对齐两边纸孔并对准链齿装上打印纸。

- 沿着横杆调节链轮距离，用位于每个链轮背后的锁杆去释放或锁住位置。当锁杆压下，链轮可动；锁杆朝上，链轮锁住。
- 合上纸夹，再次检查打印纸孔是否对准链齿，如果没有对准，在走纸时可能有问题，会导致打印纸撕开或卡住。
- 盖上后盖板，并装上导纸板（以水平位置）以使打印纸和打印过的纸分离。
- 打开打印机前端电源开关，打印机会发出鸣响，指示没有装入打印纸，缺纸灯亮起。
- 现在按“装纸/出纸/退纸”按钮，打印纸会自动装入至打印起始位置。
- 如果要设置打印不同位置，按“联机”按钮进入脱机状态，然后使用微量送纸功能设置打印纸位置。

2）装入单页纸。

- 将导纸板下部凸出的两边插进打印机后盖位置。
- 调节导纸边框与所选纸张大小相吻合，打印机起始打印时在左边有一定的距离。
- 打开电源，打印机发出鸣响，警告缺纸，缺纸灯亮。
- 确定送纸调杆拨至打印机后方。若是穿孔打印纸已经装在打印机上，脱机状态下，按着［装纸/出纸/退纸］按钮，然后把送纸调杆拨后。
- 把要打印的一面朝着打印机后方倒转插进导纸板框内，直至纸不能再向前进为止。
- 按“装纸/出纸/退纸”按钮一次，压纸杆自动离开滚筒而纸张随即被送至打印头可打印的位置准备打印。
- 如果要置纸在不同位置，可按“联机”按钮至脱机，然后用微量走纸功能置纸。

（4）自检

将打印纸装上并关闭打印机的电源，如果按下“联机”按钮，然后打开打印机的电源开关，则打印机即进入短自检，首先打出打印机 ROM 的版本号，随后打印出 7 行字符，每一行的字符将比后一行超前一个字符码。

因为自检要占整个打印宽度，所以建议装上宽行纸以防损坏打印头和打印滚筒。

如果按下“跳行”按钮，然后打开打印机的电源开关，则进行长自检，首先打印其 ROM 的版本号及当前 EDS（电子开关）设置，随后是每一种英文字体及宋体的所有字符打印。

打印的行数很多，建议使用穿孔打印纸。

2. 针式打印机的维护与维修

（1）打印机日常维护和使用过程中的注意事项

为了延长打印机的使用寿命，在日常使用过程中要注意做好以下各项工作。

1）用户应经常进行打印机表面的清洁维护，保持打印机外观的清洁。如果打印机上有脏迹，可用潮湿一点的柔软布条进行擦拭。注意：擦拭要在关掉电源的情况下进行，不可使用酒精擦洗。

2）认真阅读打印机操作使用手册，学会正确设置开关和熟练使用操作面板，避免乱操作带来的故障。

3）打印机必须在干净、无尘、无酸碱腐蚀气体的环境中工作，避免日光直晒，避免过潮过热。打印机工作台面必须平稳。打印机无论运行与否其上不可放置任何物品，以免异物掉入机内产生机械和电气故障。打印机不使用时最好加上布罩。

4）根据使用环境和负荷情况，定期（每隔 1 ~3 个月）清除打印机内部的纸屑和灰尘。

5）每次打印前，必须检查一下打印机进纸和出纸是否畅通、打印机内部是否有异物落入、打印机色带是否在正确位置。

6）打印机供电、接地应该正确。在与主机连接、插拔电缆时，一定要先关闭主机和打印机电源，以防烧坏接口元件。闲置不用时，也要定期加电。

7）打印机在加电状况下，应尽量避免人为转动打印字辊。如果一定要调整行距、打印纸位置等，应先按打印机操作面板的“联机/脱机”开关，使打印机脱机后，用换行、换页、退纸等功能键来实现。调整好后，再按一下“联机/脱机”开关恢复联机打印状态。

8）要经常检查打印头前端与打印辊之间的距离是否符合要求。距离过小，打印针打在字辊上的力量过大，容易断针；距离过大，打印字迹太浅，同时针头伸出较长，也易断针。应以打印字迹清楚为标准，根据打印纸的厚度来调节打印头间隙调节杆位置。对于90g的打印纸来说，一张时，调节杆可置于位置1，两张时可置于位置2……对于新打印机，新色带则可适当间隙大一些。

9）不用或尽量少用蜡纸打印，因为蜡纸上的石蜡会与打印辊上的橡胶起化学反应，使橡胶涨大变形，同时石蜡进入打印头的打印针导向孔内会使打印针运动阻力增加，易断针。若一定要用蜡纸打印，可将蜡纸下面的一层棉纸去掉，垫一张质量较好的纸（如复印纸等），以减少打印横向运动的摩擦阻力。且一定要将打印机设置于低速、单向打印状态，以避免断针。打印机打印结束后，要及时用酒精清洗橡胶打印辊。

10）日常使用中要注意机械运动部件、部位的润滑，定期用柔软的布擦去油污垢，然后加油，一般用钟表油或缝纫机油，特别是打印头滑动部件，更要经常保持清洁润滑，既能减小机械磨损，又能降低摩擦噪声。否则，容易产生卡位或“咬死”等故障。加油时要注意位置，不要加到不该加油的地方，以免沾染灰尘，给平时保养增加麻烦。当开机发现打印头、输纸机构等机械部位运行困难时，必须立即断电检查，以免故障扩大，损坏电路和机械部分。

11）要尽量使用高质量色带，不宜使用过湿和油墨过浓的色带。在启用新色带前应认真进行检查，检查有无起毛、接头是否良好等。色带使用时间不宜过长，表面起毛或有破损则不宜再用，旧色带也不宜加油墨后重用。起毛后的色带若不及时更换，则极易挂针，损坏打印头。另外，要经常观察色带的运转是否顺畅、自然，如不正常，应查明原因，及时处理。

12）打印头是打印机的关键部件，由于打印针是用很细的钢丝做成，经热处理加工后，硬度高，脆性大，极容易发生断裂，为此，打印针头部均装有导向装置，以保证打印针正确打印。当打印针的导向孔被灰尘和油污堵塞时，打印针由于进出受阻，速度减慢，就容易折断，所以，要经常清洁打印头，尤其是使用油墨多、质量差的色带，以及打印蜡纸后，一定要及时进行清洁。

（2）打印头漏针、断针的主要原因与打印头清洁

1）漏针、断针的主要原因如下。

- 打印头脏及针孔堵塞。由于打印机的长期使用，色带的油墨、污垢，以及打印纸的粉尘等粘结在打印针和导针板上，堵塞了打印针导向板的针孔；或者长时间打印蜡纸，蜡纸上的石蜡与字辊上的橡胶会引起化学反应，使橡胶涨大变形。同时，石蜡进入了打印针导向板针孔。这都使得打印针在打印过程中运动阻力增加，以致引起断针。
- 打印针的支撑弹簧弹性不好。若使用时间太长，打印头内打印针下的支撑弹簧老化，就起不到弹簧的作用。打印出针后，弹簧不能及时将针缩回，从而导致断针。

- 色带质量不佳和破损。一方面，使用的色带质量低劣，上面有斑孔，接头处不平滑；另一方面，由于色带使用时间过长，弹性减弱，表面松弛，表面起皱、起毛甚至有毛孔、沙头、破损等。以上这些情况都使得在打印时，色带不能保持平整，当针击打后由于褶皱影响而来不及缩回，此时就比较容易拉断打印针。
- 使用劣质色带盒或色带。在打印过程中，劣质色带盒因盒盖与盒体上下结合不紧，被动齿轮脱离原位，使得被动齿轮与主动齿轮啮合不紧，导致齿轮不绞带，使色带松弛；也可能由于使用的色带质量差，上面有斑孔，或者色带与色带盒不匹配，拉线长度太长，张紧力不够，使色带运动受阻甚至转不动，造成色带被打破或打穿。以上这些情况都容易拉断打印针。
- 色带安装不妥。安装色带不到位，使打印头两边色带反向、缠绕打结而导致打印头“跑空车”，或打印针穿越色带直接撞击字辊引起断针。
- 打印纸质量差或安装不当。打印纸质量欠佳（纸面不平整、有疤点或纸张受潮），或者打印纸安装不合适（使纸重叠，或打印信封时经常打印在信封接头上）都容易在打印时划纸，使打印头运行不畅而导致断针。
- 经常使用打印机制作表格。在打印表格时，由于表格线对应的有限几根打印针使用过于频繁，这几根打印针容易因打印负载过重而引起断针。
- 打印胶辊磨损或与打印头之间的间隔调整不当。例如，由于保养不够或长时间击打等原因，打印胶辊磨损严重而没有及时更换，或者在使用不同厚度的打印纸时，没有调整好打印头与打印胶辊之间的间隔。该间隔过小，打印针打在字辊上的力量过大，容易断针；间隔过大，不但打印出的字迹太浅，而且因为针头伸出导板较长，也容易造成断针。
- 使用操作不当。在打印过程中，人为转动字辊，容易引起断针。在打印机工作时，打印头随字车不断地来回运动，在水平方向具有一定的惯性，如果人为地转动字辊给它以纵向的拉力，此时最容易引起断针。

在打印过程中不要强行拉扯打印纸，因为在拉扯纸时色带芯紧贴打印头，会使打印针打穿色带而拉断打印针。

在打印时，突然关机或停电，会使打印针来不及缩回，也可能导致断针，或者当正在打印时，调整打印机上的一些开关等，也容易引起断针，而且往往是多个打印针同时折断。

2）打印头的清洁方法。

容易装卸打印头的打印机主要有 EPSON 系列（如 LQ1600K）、NECP7、Brother 系列等，下面以 EPSON LQ1600K 打印机为例进行说明。由于 LQ1600K 上的打印头可以很方便地从打印头座上卸下来，所以可将打印头直接卸下来进行清洁。具体方法如下：

- 将打印头从打印头座上取下，并将扁平电缆与打印头脱离。
- 将打印头前端出针处朝下浸入无水酒精，注意出针处至少浸入无水酒精 2 cm，一般浸泡 2 h 左右。
- 用医用注射器吸入无水酒精对准出针口上端及下端注射多次将污染物清除。
- 将打印头与扁平电缆连接好，但先不要把打印头装到打印头座上，打印头朝下浸入无水酒精中，打开打印机电源并使打印机自检，驱动打印针运动 2 min 左右即可。这时要注意浸入打印头后，打印头针部还应离容器底部 10 mm 左右的距离，以防打印针撞击容器底部而造成断针。另外，打印机在进行自检时，应手持打印机的打印头和浸泡的容器随打印头座移动并拉动扁平电缆而一起动作，以免将打印头电缆拉坏。打印头空打出针时不得碰到其他任何物体，以免引起断针。若污垢较重，应反复清洗数次，直至将固化在针与针之间的污垢全部清洗干净。以上操作最好两个人配合进行。

- 待打印头上的无水酒精挥发后，在导针孔处加入少量高级机油，达到出针时润滑的效果，以减少阻力。将打印头装回打印头座，连接好扁平电缆即可。

5.2.3.2 喷墨打印机的安装使用和维护

1. 喷墨打印机的结构

以 HP Officejet 7000（E809）喷墨打印机为例，介绍它的安装和使用方法。

HP Officejet 7000（E809）喷墨打印机前视图如图 5-18 所示。

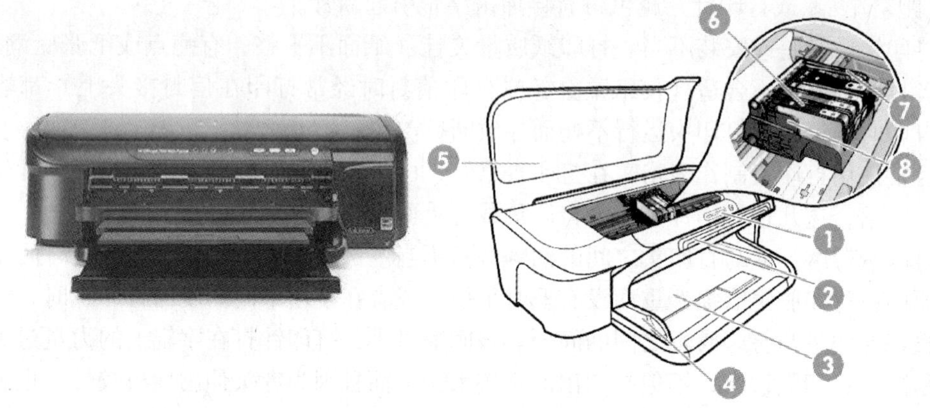

图 5-18　HP Officejet 7000（E809）喷墨打印机前视图

1—控制面板　2—出纸架　3—入纸盘　4—宽度导板　5—顶盖　6—墨盒/硒鼓　7—打印头锁栓　8—打印头

HP Officejet 7000（E809）喷墨打印机后视图如图 5-19 所示。

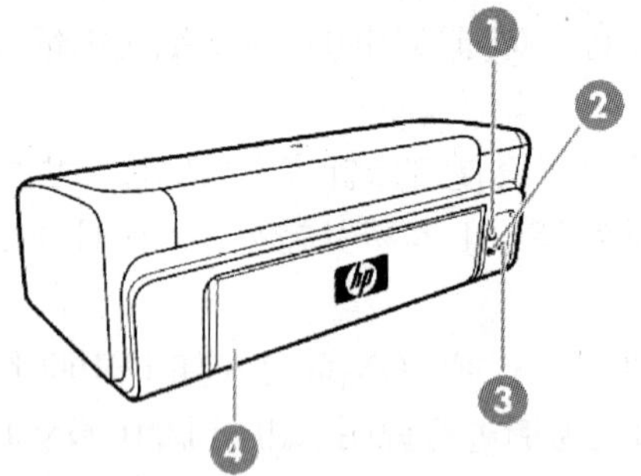

图 5-19　HP Officejet 7000（E809）喷墨打印机后视图

1—背面的通用串行总线（USB）端口　2—以太网网络端口　3—电源输入　4—后检修面板

控制面板指示灯的详细信息如图 5-20 所示。

2. 喷墨打印机的安装

(1) 安装纸介质

安装纸介质操作步骤：①提起出纸盘；②将介质导板滑出到最宽设置，如果正放入较大尺寸的介质，拉出进纸盒将其延长；③沿着纸盒右侧将介质打印面朝下插入纸盒，确保介质与纸盘的右侧和后侧对齐，高度不超出纸盘的标记线。注意不要在设备正在打印时装纸；④滑动并调节纸盒中的介质导板，以适合装入介质的尺寸，然后放下出纸盒；⑤拉出出纸盘的延伸板，如图 5-21 所示。

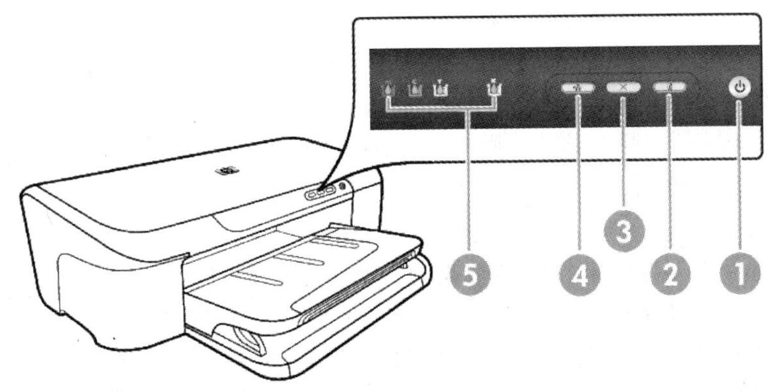

图 5-20　控制面板指示灯的详细信息

1—电源按钮和指示灯　2—恢复按钮和指示灯　3—取消按钮　4—网络按钮和指示灯　5—墨盒指示灯

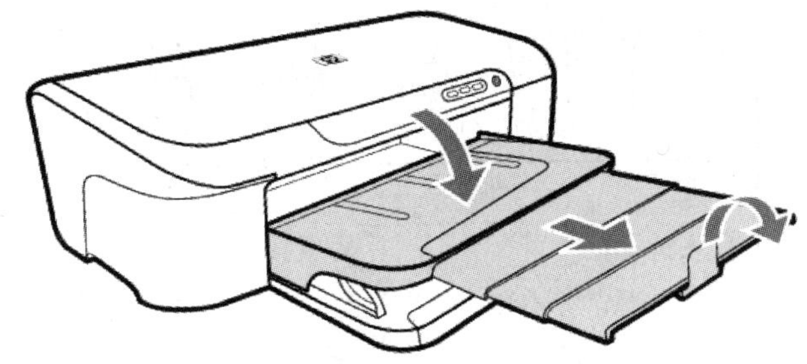

图 5-21　拉出出纸盘的延伸板

（2）更换墨盒

更换墨盒的操作步骤（如图 5-22 所示）：①确保打印机已开启；②打开墨盒检修门，等待墨盒停止移动，再执行下一步操作；③按下墨盒前部的卡销，释放墨盒，然后将其从插槽中取出；④将橘黄色拉环平直向后拉动，取下新墨盒的塑料包装，然后将其从包装中取出；⑤扭转橘黄色拉环帽，将其取下；⑥使用彩色有形图标获取帮助，将墨盒滑入空的墨盒槽中，直到其卡入就位，并牢固地固定在墨盒槽中，同时确保插入的墨盒槽与正安装的墨盒具有相同的形状图标和颜色；⑦对每个需要更换的墨盒重复步骤 3 ~ 6；⑧关闭墨盒门。

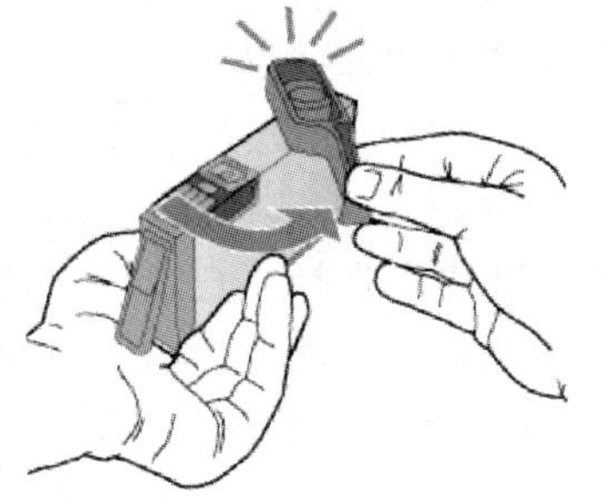

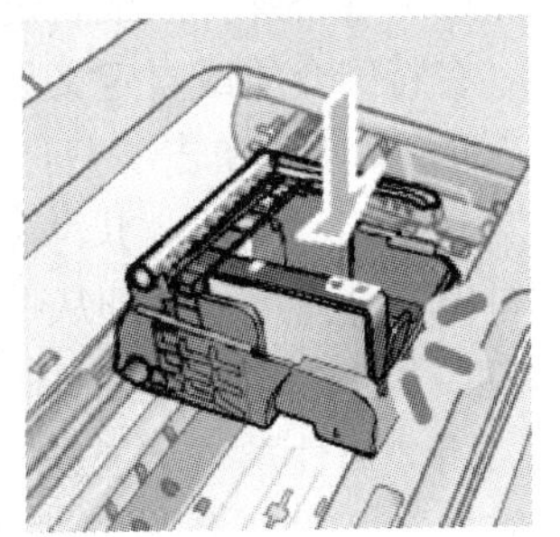

图 5-22　更换墨盒操作

（3）安装驱动程序

可以将设备直接连接到计算机，也可以与网络上的其他用户共享设备。可以用 USB 电缆将设备直接连接到计算机。在连接设备之前安装软件的操作步骤：①关闭所有运行的应用程序。②将驱动程序安装 CD 插入 CD 驱动器。CD 菜单将自动运行。如果 CD 菜单未自动启动，双击安装 CD 中的 Setup 图标。③在 CD 菜单上单击一种安装选项，然后按照屏幕上的说明进行操作。如果在安装设备软件之前将设备与计算机连接，则会在计算机屏幕上出现“发现新硬件”向导，按照向导进行操作。

3. 喷墨打印机的使用

（1）打印数据

当在应用程序中创建用于打印的数据时，需要根据打印纸尺寸调整数据，步骤如下：①装入打印纸，在选择介质后，把它装入打印机；②运行打印机驱动程序；③单击“主窗口”选项卡，然后进行质量选项设置（如图 5-23 所示）；④选择进纸器作为来源设置；⑤进行合适的介质类型设置；⑥进行合适的尺寸设置；⑦单击“确定”按钮即可。

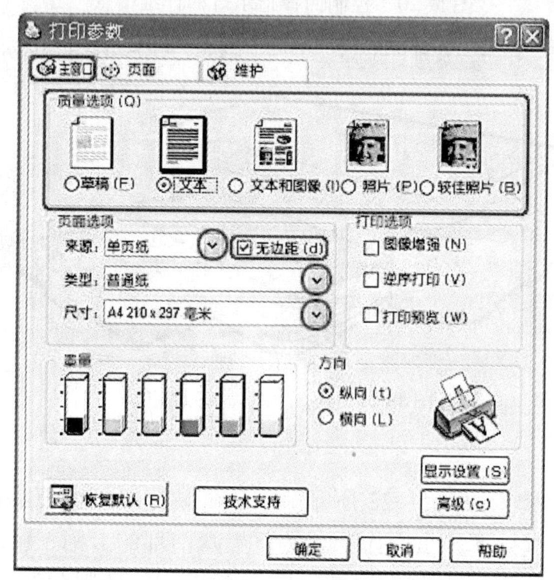

图 5-23　打印参数设置

完成上面所有步骤后，开始打印。在打印整个作业之前最好先打印一个测试副本来检测打印输出效果。

（2）在特殊介质或自定义尺寸介质上打印

在特殊介质或自定义尺寸介质上打印的操作步骤：①装入适当的介质；②打开文档，在“文件”菜单中单击“打印”，然后单击“设置”、“属性”或“首选项”；③然后单击“功能”选项卡；④从“尺寸”下拉列表框中选择介质尺寸。如果没有看到介质尺寸，创建一个自定义介质尺寸，即从下拉列表框中选择“自定义”，输入新的自定义尺寸的名称，并在“宽度”和“高度”文本框中输入尺寸，然后单击“保存”按钮，再单击“确定”按钮两次关闭“属性”或“首选项”对话框，再次打开对话框，选择新的自定义尺寸；⑤从“纸张类型”下拉列表框中选择纸张类型；⑥从“纸张来源”下拉列表框中选择介质来源；⑦更改其他设置，然后单击“确定”按钮；⑧打印文档。

（3）在本地共享网络中共享设备

在本地共享网络中，设备直接连接到选定计算机（也就是服务器）的 USB 连接器上，其他计算机（客户机）可共享该设备。操作步骤：①单击“开始”按钮，然后单击“打印机”或“打印机和传真”，或者依次单击“开始”→“控制面板”，然后双击“打印机”；②右键单击设备图标，在弹出的快捷菜单中单击“属性”命令，然后单击“共享”选项卡；③单击共享设备，然后为设备指定共享名。

（4）清洁打印头

如果打印输出中出现条纹、颜色不正确或缺失等情况，则可能需要清洁打印头。清洁共分两个阶段，每个阶段持续大约两分钟，使用一页纸，并逐渐增加墨水用量。每个阶段完成后，检查打印后的页面质量。只有打印质量较差时，才应该开始清洁的下一阶段。

如果完成清洁的所有阶段之后打印质量仍然较差，尝试校准打印机。由于清洁打印头会耗费墨水，因此在必要时才需清洁打印头。清洁打印头前，确保打印机放入纸张。

用控制面板清洁打印头的操作步骤：①在主进纸盒中放入未使用的 letter、A4 或 legal 的普通白纸；②按住“电源”按钮，再按“取消”按钮两次，按“继续”按钮一次，然后松开“电源”按钮。

（5）校准打印头

在初始设置期间，产品会自动校准打印头。如果打印机状态页的色带中有条纹或白线，或者打印输出有打印质量问题，那么可能要使用此功能。

用控制面板校准打印头的操作步骤：①在主进纸盒中放入未使用的 letter、A4 或 legal 的普通白纸；②按住“电源”按钮，再按“继续”按钮 3 次，然后松开“电源”按钮。

4. 喷墨打印机的常见故障排除

喷墨打印机打印效果好、噪声低，越来越受到广大用户的青睐，下面主要以 EPSON 喷墨打印机为例说明一些常见故障的排除方法。

如果喷墨打印机本身存在问题，或者它的硬件和驱动程序安装不正确，或者打印机的设置不对，都会造成打印工作不正常。

（1）在 Windows 操作系统中不打印文件

这种情况通常的解决步骤如下：

1）对打印机进行自检。按照打印机的说明书，进行自检，看看是不是打印机本身的问题而引起无法打印文件。如果不能自检，则说明打印机自身有问题。查看打印机本身的问题的步骤：确认打印机中有无纸；确认有没有卡纸；查明是否需要更换墨水盒；喷头是否已经复位等。

2）如果能够自检，则说明打印机本身没有问题。问题可能出在打印机与主机连接或打印机的设置及驱动程序方面。

3）向打印机发送测试页。如果成功地打印测试页，说明打印机与主机的连接没有问题，问题可能出现在打印机和主机，以及一些程序的设置方面，如在某些应用程序里所选的打印机驱动程序不对或纸张边界设置为 0 等。一般进行相应的软件设置或修改就可解决问题。

（2）测试页打印失败

如果测试页打印失败，按照以下方法进行检查：

1）首先确认已接好打印机电源，并且打印机与主机连接正确，打印机处于“联机”状态（大多数打印机都有“联机”按钮和相应的指示灯）。

2）利用替代法确认打印机与主机的连接线没有问题。

3）查看打印机驱动程序。依次选择“开始”→“设置”→“打印机”，再选中相应打印机图标，然后在“文件”菜单中单击“属性”，判断打印机驱动程序与该打印机是否相匹配。如果不匹配，则重新安装驱动程序；如果打印机驱动程序没有问题，则进行下列步骤。

4）检查打印机设置。依次选择“开始”→“设置”→“打印机”，再选中相应打印机图标，然后在“文件”菜单中，单击“属性”，查看打印端口是否存在问题，如与其他硬件是否发生冲突。另外，还要注意检查打印机是否处于“暂停”状态。检查所有选项卡中的设置，即内存设置、确认设置要与实际安装的打印机相匹配。

5）检查后台打印设置。依次选择“开始”→“设置”→“打印机”，选中相应打印机图标，在“文件”菜单中，单击“属性”，单击“详细资料”选项卡，然后单击“后台打印设置”。如果后台打印的数据格式为EMF，可试一下将其改为RAW；如果后台打印的数据格式为RAW，可试一下关闭其后台打印功能（单击“直接输出到打印机上”）。

6）检查磁盘空间。要确认硬盘上至少有2MB以上的可用空间，如果没有足够的可用空间，需删除多余的文件，否则会造成打印不正常。如果磁盘空间足够，但打印机不工作，则进行下一步。

7）重新安装打印机驱动程序。依次选择“开始”→“设置”→“打印机”，选中相应打印机图标，在“文件”菜单中，单击“删除”，删除原打印机驱动程序。双击“添加打印机”图标，然后按屏幕提示重新安装打印机驱动程序。

（3）在Windows操作系统中只能打印文件的部分内容

若出现只打印文件的部分内容的情况，可按下列步骤进行检查：

1）检查纸张方向和页面设置。在程序的“文件”菜单中，单击“打印”或“页面设置”，确认已选择正确的打印方向（横向或纵向），如果设置正确，重新打印文件，如果还有问题，则进行下列检查。

2）检查非打印区域。依次选择“开始”→“设置”→“打印机”，选中相应打印机图标，在“文件”菜单中，单击“属性”，单击“纸张”选项卡，然后单击“非打印区域”。确认已正确设置打印机及纸张大小，确认非打印区域设置正确，重新打印文件，如果还存在问题继续下面的检查。

3）检查图形模式。依次选择“开始”→“设置”→“打印机”，选中相应打印机图标，在“文件”菜单中，单击“属性”，单击“图形”选项卡。如果“图形方式”为“使用矢量图形”，可将其改为“使用光栅图形”。重新打印文件，如果还有问题继续下列检查。

4）更改超时设置。如果文件中包含复杂图形或各种字体，按如下步骤修改超时设置：依次选择“开始”→“设置”→“打印机”，选中相应打印机图标，在“文件”菜单中，单击“属性”，单击“详细资料”选项卡，在“超时设置”中，增加时间值。

5）检查打印机是否有足够内存。如果文件中包含复杂图形或各种特殊字体，可能会造成由于打印机没有足够内存而导致打印不完整的问题。可以先打印一个较小且简单的文件测试一下。

（4）喷墨打印机不喷墨的处理方法

使用喷墨打印机打印资料时，发现开始打印的字体笔画清晰，后来出现了缺笔画现象，最后打印纸上一片空白，一点墨迹都没有，但打印头仍正常地来回动作。

检查墨盒里是否还有墨水，最好换上一盒新的墨水进行打印测试，若故障依旧，按使用手册上的自检方法进行自检打印，若纸上仍然空白一片可继续其他检查，但可以说明打印机的硬件没有问题，电路信号正常。在自检或开机时，墨水能正常地被吸到打印头的小方盒处，说明墨水输送管畅通。最后按使用手册中介绍的自动清洁打印头的 3 种方法进行打印头的清洁，若故障仍无法排除，可初步判断是打印喷头被墨水杂质堵塞了，可采用人工法清洁打印喷头，具体操作步骤如下：

1）断开打印机电源，卸下打印机上面外壳盖，小心取下打印喷头。

2）用一干净玻璃或陶瓷皿盛上无水酒精，把喷头垂直浸泡在酒精中半小时左右，注意不要浸着电路部分。然后水平拿起喷头，用一个尖嘴吸球吸入约 2ml 的干净酒精对准喷头上的墨水进口往里用力射入，重复几次直到喷头流出的酒精由黑色变为无色为止。然后把吸球里的空气压出，再套住喷头进墨口，松手让吸球吸出喷头内残留的墨水杂质和酒精，重复几次，喷头就清洗干净了。

3）用干净的脱脂棉球吸干喷头上的酒精，注意，不要让喷头上残留有纤维丝，以防吸入到喷头里。把喷头放置在干净的地方，让剩余的酒精挥发干净，然后把喷头按原样装入打印头中，注意喷头进墨口不要插入墨水管太深，以免吸上墨水。把电路信号线接好，卡好打印头盖，盖上打印机外壳，接好打印机电源和打印电缆，装好打印纸，按住〈LF/FF〉键，打开电源进行自检，若打印正常，则故障排除。

5.2.3.3 激光打印机的安装使用和维护

下面以三星 ML－1430 激光打印机为例介绍激光打印机的安装。

1. 激光打印机的外观

三星 ML－1430 激光打印机的主视图如图 5-24 所示，内部图如图 5-25 所示，后视图如图 5-26 所示。

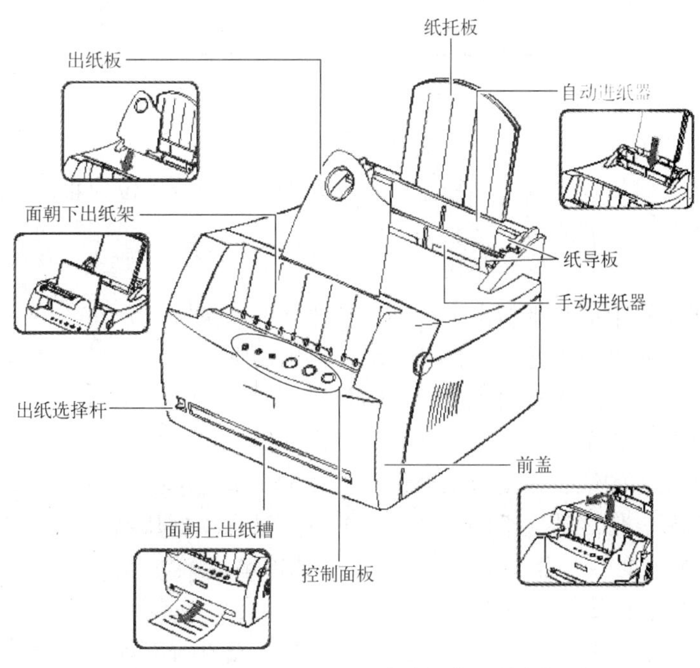

图 5-24　三星 ML－1430 激光打印机的主视图

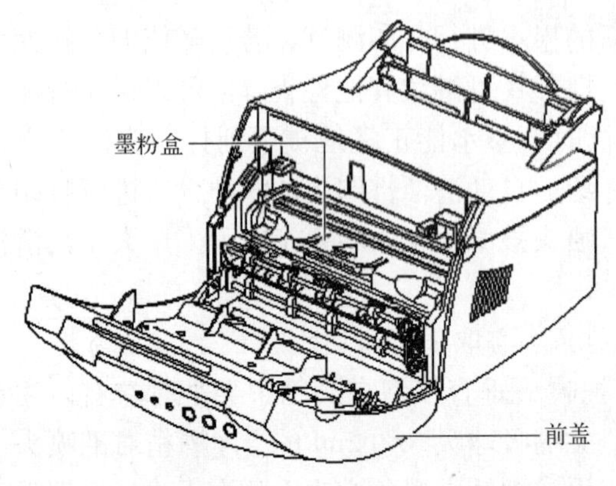

图 5-25　三星 ML－1430 激光打印机的内部图

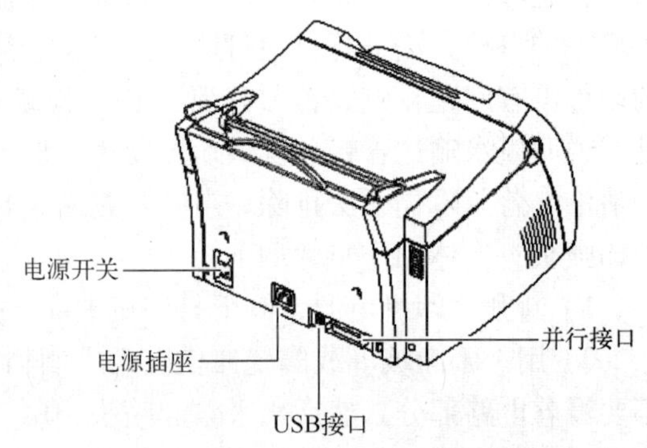

图 5-26　三星 ML－1430 激光打印机的后视图

2. 安装墨粉盒

1）固定前盖的两边，往向外的方向拉，打开打印机。

2）从墨粉盒的包装袋中取出墨粉盒，去掉包住墨粉盒的纸。

3）轻轻地摇晃墨粉盒，使盒内的墨粉分布均匀，如图 5-27 所示。为了防止损坏墨粉盒，不能将墨粉盒暴露在阳光下。

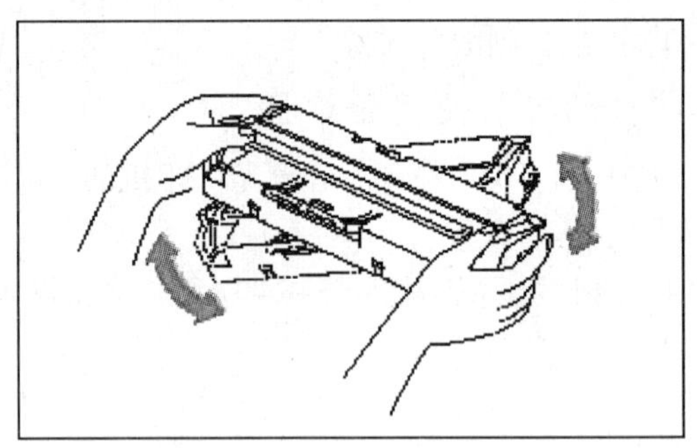

图 5-27　轻轻摇晃墨粉盒

4）找到打印机内的墨粉盒槽，应该是一边一个。

5）扶住把手，将墨粉盒放入墨粉盒槽，直到墨粉盒安装到位为止，如图 5-28 所示。

6）关紧前盖。

3. 装纸

1）将自动进纸器上的托纸板向上拉，直到达到最高位置。

2）在装纸前，将纸来回弯曲，使纸松动，再扇动纸。

装纸前，在桌子上整理齐纸的边缘，这样可以防止卡纸。

3）将纸装入自动进纸器，打印面朝上（如图 5-29 所示）。

4）不要装入太多的纸，自动进纸器最大可装 150 张纸。

5）调整导纸板，使之适应纸的宽度。装纸时要注意以下几点：

● 不要将导纸板推得太紧，那样容易造成纸张拱起。

● 如果未调整导纸板，可能会卡纸。

● 如果需要在打印时向打印机的纸盒中加纸，首先要将打印机纸盒中剩余的纸张拿出来，然后将它们放进新的纸张中再一起重新放入纸盒。直接在打印机纸盒剩余的纸张上加纸，可能导致打印机卡纸或多页纸同时输送。

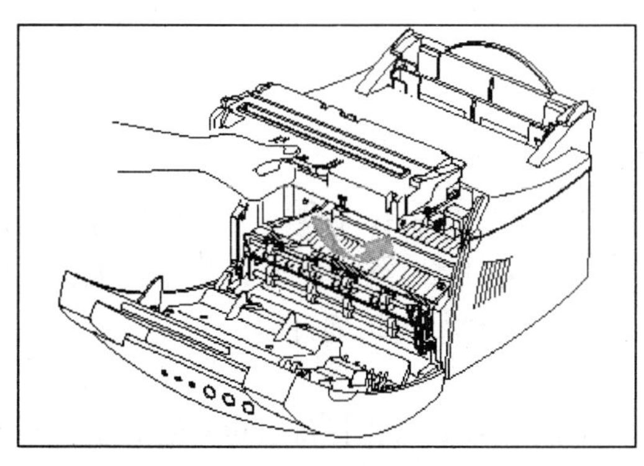

图 5-28　将墨粉盒放入墨粉盒槽

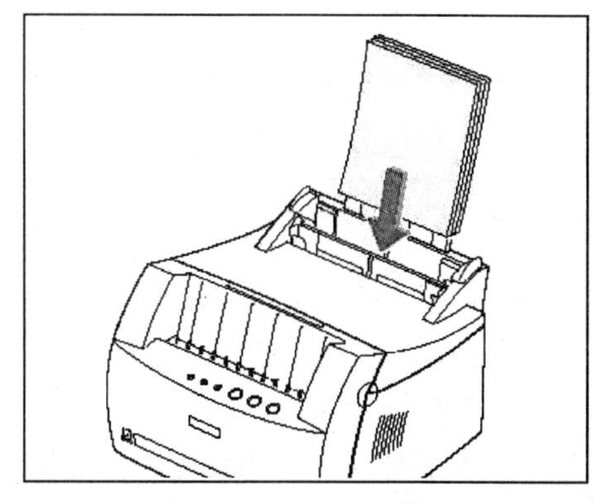

图 5-29　将纸装入自动进纸器

4. 打印机与计算机的连接

1）使用并行接口电缆安装时，打印机和计算机都关闭电源，然后再安装，USB 接口电缆支持热插拔。

2）将打印机并行接口电缆（或 USB 接口电缆）插入到打印机后面的打印端口，将金属卡环推入电缆插头的缺口内。

3）将电缆的另一端与计算机并行接口（或 USB 接口）连接，拧紧螺钉，如图 5-30 所示。

5. 接通电源

1）将电源线插入打印机后面的插座内。

2）将电源线的另一端插入合适的、接地的交流电源插座内。

3）接通交流电源插座并打开打印机的电源开关，如图 5-31 所示。

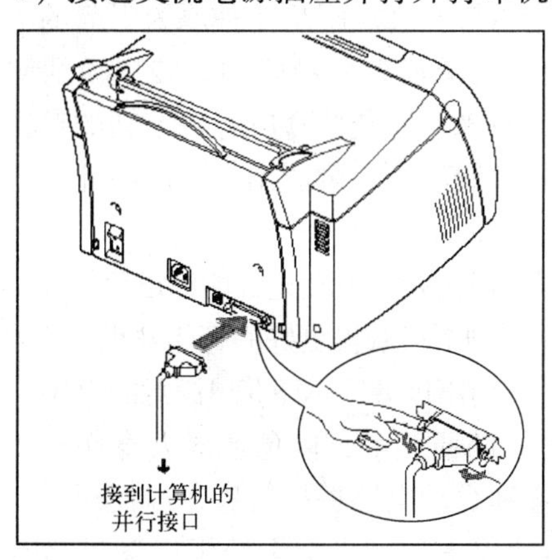

图 5-30　打印机与计算机的连接

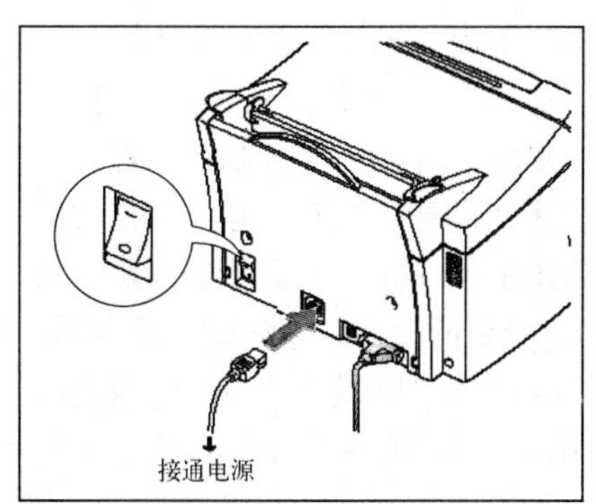

图 5-31　连接电源并打开打印机的电源开关

6. 安装打印机驱动程序

打印机随机提供的光盘中有打印机驱动程序。为了使用打印机，必须安装打印机驱动程序。

如果使用的是并行接口打印，可以找到如何在用并行接口电缆与打印机连接的计算机上安装打印机驱动程序。

如果使用的是 USB 接口打印，可以找到关于在支持 USB 接口通信的计算机中安装打印机驱动程序的信息。

利用光盘安装打印机驱动程序的步骤：

1）将光盘放入光盘驱动器中，驱动程序会自动开始安装。

2）当出现安装程序界面时，选择所需语言。

3）根据计算机屏幕上的引导完成安装操作。

7. 打印机自检

在打印机通电时，打印机控制面板上的所有指示灯都短暂地亮一下。当只有数据灯亮时，按住“演示”按钮，约2s，直到所有指示灯慢速闪烁，然后松开，打印机就会打印自检页。自检页提供了打印质量的样张，并帮助验证打印机是否正确打印。

8. 正确使用激光打印机

1）大部分激光打印机使用可更换的墨盒，墨盒内部不但装有新墨粉，还有新的硒鼓和显影轧辊。更换墨盒时，大多数主要部件也随之更换，这一点与复印机类似。由于使用可更换墨盒，因此一般不需要专门的维护人员对机械部件进行调整。

2）激光打印机最常见的故障是卡纸。遇到这种故障时，控制面板上的指示灯会亮，并向计算机返回一个报警信号。排除这种故障只需打开打印机上盖，取下被卡的纸张即可。但要注意，必须按进纸方向取纸，不可逆着进纸方向或者反方向转动任何旋钮。如果经常卡纸，就应检查进纸通道，纸的前部边缘应该刚好在金属板的上面。有些激光打印机，当纸张在盛纸盘内位置过低时也会卡纸。

3）生产厂家列出的特性能反映出墨盒的可能使用期限。激光打印机墨粉盒的寿命为3000页以上。当打印墨盒快耗尽时，打印纸上的字迹会模糊不清，这种情况可能是由两种原因造成的，一是墨粉快要用完了，此时可加相同型号的墨粉或更换硒鼓，二是硒鼓上的感光材料已经快要失效了，此时只能更换墨盒，当然也可用非常规方法修复硒鼓，但打印效果要差很多，且寿命也不长久。一般激光打印机装有指示灯，会表明是何种原因引起的。

4）多数激光打印机的墨粉都不通用，因此，更换的墨粉型号最好和原装墨粉的型号相同。如果选型不当，墨粉就会粘在轧辊上，引发其他故障。原装墨盒应有一个新的定影轧辊清扫器，旧清扫器上的残渣将会影响清扫功能，并且其润滑油也可能用完了。因此，若要更换墨盒，一定要同时更换清扫器和轧辊。

5）激光打印机所用的纸张与复印机用纸完全通用。现在有专用激光打印纸出售，这类纸表面涂有一层增白剂，能使打印的墨粉紧贴在纸面上，用这种纸可获得更好的打印效果。不要选太光滑或表面有纹路的纸张，这类纸张虽不损坏打印机，但清晰度差，不能获得满意的效果。

6）激光打印机内部电晕丝上电压高达6kV，不要随便接触，以免造成人身伤害。大多数激光打印机上都装有一些安全开关，还有不少熔丝和自动电路保护装置，以便对一些重要的部件进行保护。如HP33440型激光打印机装有热敏保护器，当定影轧辊温度过高时会自动关机。定影轧辊在打印机出纸通道的尽头，正常操作时，不可触及轧辊，以免烫伤。

7）打印机中的激光也具有危险性，激光束能伤害眼睛。当打印机正常运转时，不可用眼睛直接查看打印机内部。

8）机器出故障时，通常会反映在打印的材料上，如打印字迹变淡、纸出现污点、有脏印迹等，用户可以从这些迹象中判断打印机有何故障。

9. 激光打印机的日常维护

目前市场上的激光打印机虽然已有很多型号，但它们的基本维护是类同的。本节就其相同部分说明如下。

在激光打印机使用过程中，需经常对其进行清洁保养，以避免因不注意清洁保养或使用不当而造成不该发生的故障。

需要经常清洁的主要部件为：

1）转印电极丝。转印电极丝是一种非常精细的钢丝，可将吸附着墨粉的负电荷从感光鼓传到打印纸上。打印机使用一段时间后，会有一些残留的墨粉在电极丝周围。清洁时用小毛刷或略浸酒精或清水的棉签清洁电极丝周围的区域，清洁此部位时一定要格外小心，不要弄断横跨在电极丝上方的几根单丝线。

2）传输器条板和传输器锁盘。清洁传输器条板和传输器锁盘的方法是用软布略蘸清水擦净银白色长条板和擦掉传输锁盘上积存的纸屑和尘土。

3）输纸导向板。输纸导向板位于墨盒下方，它的作用是使纸张通过墨盒传输到定影组件。清洁时用软布略蘸清水擦净导向板的表面。

4）静电消除器。静电消除器的位置与转印电极丝的水平位置一致，清洁时需用打印机所带的小刷子清除掉静电消除器周围的纸屑和墨粉（经常清洁此部位可减少卡纸现象）。

另外，激光打印机的感光鼓为有机硅光导体，存在着工作疲劳问题。因此刚使用过的感光鼓不宜连续工作。最好放置一星期左右或更长的时间后再使用，效果会更好。一般建议两只以上墨盒交替使用，可避免感光鼓的疲劳问题。

注意：在做上述工作之前必须先关闭电源，并不要推开感光鼓护盖，以免感光鼓曝光。

项目小结

1）扫描仪和数码相机是计算机的主要输入设备，成像原理基本相同，即光照射到物体后反射到感光元件，感光元件的电信号经 A/D 转换元件转化为数字信号存储到存储器中，然后计算机对存储的物体信息（如照片或文字）进行处理。

2）打印机主要有针式打印机、喷墨打印机和激光打印机，可根据工作需要选择不同的打印机。针式打印机能实现多页打印，适合一次打印多份票据；喷墨打印机能够打印彩色图片，但耗材成本高；激光打印机打印速度快、效果好，适合于网络共享打印。就打印效果、质量和耗材成本而言，一般办公室选择黑白激光打印机较合理。

3）计算机的输入设备和输出设备品种多，首先要了解各种外部设备的作用和类型，然后再根据外部设备的各种性能进行合理选择。

项目练习

一、填空题

1. 目前市面上的扫描仪大体上分为（　　）、名片扫描仪、底片扫描仪、馈纸式扫描仪、文件扫描仪。除此之外，还有手持式扫描仪、鼓式扫描仪、笔式扫描仪、实物扫描仪和（　　）等。

2. 扫描仪的冷阴极荧光灯具有体积小、亮度高、（　　）的特点，但工作前需要（　　）。该类光源已经广泛应用于平板式扫描仪中。

3. 扫描仪有两个器件起到关键作用：一个是（　　）器件，它将光信号转换成为电信号；另一个是（　　）变换器，它将模拟电信号转换为数字电信号。

4. 目前市场上扫描仪所使用的感光器件有4种：电荷耦合元件（CCD，包括硅氧化物隔离CCD和半导体隔离CCD）、（　　）、（　　）和互补金属氧化物导体（CMOS）。

5. 扫描仪的常见接口包括（　　）、（　　）和USB，目前的家用扫描仪以USB接口居多。USB 2.0接口是最常见的接口，易于安装，支持热插拔。

6. 针式打印机的字车机构中装有（　　），采用字车电动机作为动力源，在传动系统的拖动下，字车将沿导轨做（　　）往复直线间歇运动。

7. 针式打印机输纸机构按照打印纸有无输纸孔来分，可分为两种：一种是（　　）传动方式输纸机构，适用于无输纸孔的打印纸；另一种是（　　）传动方式输纸机构，适用于有输纸孔的打印纸。

8. 针式打印机中普遍采用单向循环色带机构。色带机构有3种型式：（　　）结构色带盒、窄型（小型）色带盒和（　　）色带盒。

9. 喷墨打印机按所用墨水的性质划分，可分为（　　）喷墨打印机和（　　）喷墨打印机。

10. 喷墨打印机具有打印速度（　　）、打印质量（　　）以及易于实现彩色打印等特点。

11. 激光打印机的重要部件，如墨粉、感光鼓（又称硒鼓）、（　　）、显影磁铁、初级电晕放电极、（　　）等，都装置在墨盒内。

二、选择题

1. 扫描仪的分辨率通常指（　　）上的点数，即dpi。

A. 平方厘米　　B. 平方毫米　　C. 长与宽　　D. 每英寸

2. 色深是指扫描仪对图像进行采样的数据位数，也就是扫描仪所能辨析的色彩范围，单位是（　　）。

A. 十进制位数　　B. 十六进制位数　　C. 二进制位数　　D. 八进制位数

3. 数码相机的光学变焦倍数越大，能拍摄的景物就越远。如今的数码相机的光学变焦倍数大多在（　　）之间。

A. 2~5倍　　B. 10~20倍　　C. 20~30倍　　D. 30~40倍

4. 目前数码相机存储照片大多使用（　　）。

A. 存储盘　　B. 内存　　C. U盘　　D. 存储卡

5. 目前大部分针式打印机的针是（　　）根。

A. 24　　B. 20　　C. 32　　D. 28

6. 主机传送汉字字形编码（点阵码），一个24×24点阵组成的汉字，主机要传送（　　）字节字形编码给针式打印机。

A. 64个　　B. 72个　　C. 58个　　D. 78个

7. 激光打印机最主要的特点是（　　）和易管理等。

A. 高质量、高速度、高噪声　　B. 高质量、速度较低、低噪声

C. 体积小、高速度、低噪声　　D. 高质量、高速度、低噪声

8. 目前激光打印机与计算机连接的主要接口是（　　）。

A. 并口　　B. USB 接口　　C. 串口　　D. SCSI

三、简答题

1. 简述扫描仪的基本工作原理。
2. 简述扫描仪扫描速度的含义。
3. 简述数码相机的基本工作原理。
4. 数码相机的存储容量的含义是什么？与什么因素有关？
5. 针式打印机有哪些检测电路？
6. 针式打印机如何进行自检操作？
7. 打印头如何进行人工清洁？
8. 喷墨打印机一般有几种检测电路？
9. 喷墨打印机主要有哪些驱动电路？它们的主要作用是什么？
10. 激光打印机的基本原理主要分为哪几部分？

项目实训

一、实训目的和要求

1. 熟悉扫描仪的硬件安装和使用。
2. 熟悉数码相机的硬件安装和使用。
3. 了解针式打印机的色带芯安装方法，以及单页纸和穿孔纸的安装方法。
4. 掌握喷墨打印机的硬件连接以及驱动程序的安装和使用方法。
5. 掌握激光打印机的硬件连接以及驱动程序的安装和使用方法。

二、实训条件

1. 扫描仪一台，含驱动程序和说明书（设备不够可以两组共用一台）。
2. 数码相机一台，含说明书（设备不够可以两组共用一台）。
3. 针式打印机及其驱动程序和说明书。
4. 喷墨打印机及其驱动程序和说明书。
5. 激光打印机及其驱动程序和说明书。

三、实训步骤

1. 扫描仪的信号线连接到主机的 USB 接口上，并安装扫描仪的驱动程序，进行分辨率、灰度和色彩设置，扫描一张图片和文字。

2. 用数码相机进行照相（包括近距离照相）、摄像，熟悉数码相机的各种设置功能。将数码相机的信号线连接到主机的 USB 接口上，并存入所拍摄的资料。

3. 观察针式打印机的色带芯和色带盒的结构并进行安装色带芯操作。

4. 通过说明书了解喷墨打印机的各个按键的作用和操作方法。

5. 掌握喷墨打印机的油墨更换方法。

6. 掌握喷墨打印机的自检、驱动程序安装、喷头清洁和兼容墨水添加方法。

7. 通过说明书了解激光打印机的各个按键的作用和操作方法。

8. 进行激光打印机卡纸排除工作。

9. 进行激光打印机的自检并学会驱动程序安装和墨粉更换的方法。

项目 6　计算机联网

项目目标

1. 技能目标

- 能使用工具制作交叉线和直通线，并使用测试仪测试双绞线的连通性。
- 能正确地连接交换机与 PC 并进行配置，实现对等网通信。
- 能正确地连接 ADSL Modem 与 PC 并建立拨号连接，以连接 Internet。
- 能正确地配置宽带路由器，实现多机共享上网。

2. 知识目标

- 掌握双绞线的结构与线缆线序标准。
- 了解主要联网设备的作用。
- 掌握 ADSL 接入技术。

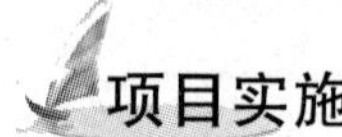

项目实施

任务 6.1　计算机对等网的组建

6.1.1　任务描述

某公司策划部有 30 台计算机，现欲借助交换机、网卡及双绞线将这些计算机连接起来并进行必要的配置，以组建成对等网。

6.1.2　任务资讯

6.1.2.1　传输介质——双绞线

1. 双绞线概述

双绞线（Twisted Pair）是由两条相互绝缘的导线按照一定的规格互相缠绕（一般以顺时针缠绕）在一起而制成的一种通用配线，属于信息通信网络传输介质。它是目前局域网中使用最广泛、价格最低廉的一种有线传输介质。

双绞线一般由两根 22 ~ 26 号绝缘铜导线相互缠绕而成，主要是为了抵御一部分外界电磁波干扰，更主要的是降低自身信号的对外干扰。在实际使用时，双绞线是由多对双绞线一起包在一个绝缘电缆套管里的。典型的双绞线有 4 对的，也有将更多对双绞线放在一个电缆套管里的，这些称为双绞线。

2. 双绞线的结构

到目前为止，EIA/TIA 已颁布了一类线、二类线、三类线、四类线、五类线、超五类线、六类线和七类线共 8 个线缆的标准。其中目前使用比较广泛的是五类线和超五类线。

双绞线可分为非屏蔽双绞线（UTP）和屏蔽双绞线（STP），如图 6-1 所示。屏蔽双绞线的外层由铝铂包裹，以减小辐射。

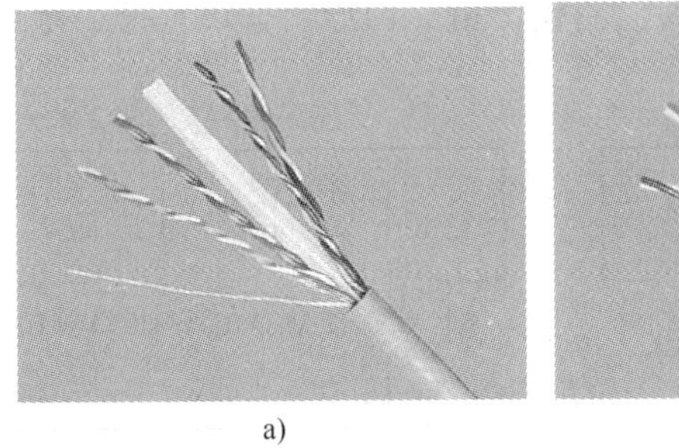
a)

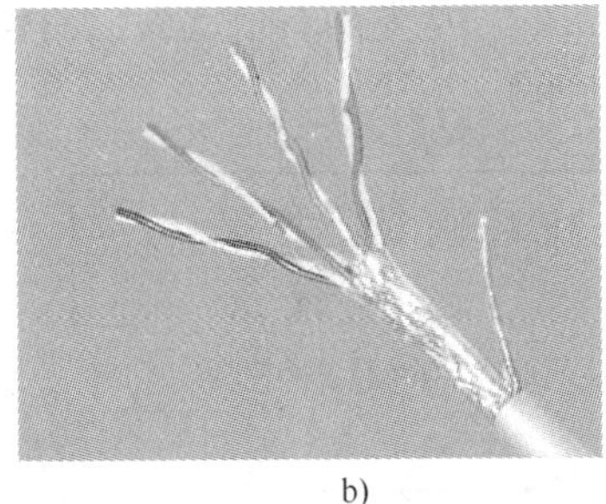
b)

图 6-1　4 对双绞线

a）非屏蔽双绞线　b）屏蔽双绞线

4 对双绞线中的每对线都用不同的颜色标记，分别是蓝色、橙色、绿色和棕色。4 个线对的颜色色标及缩写见表 6-1。

表 6-1　4 对双绞线颜色编码

线　对	颜色色标	缩　写
线对 1	白 - 蓝	W - BL
	蓝	BL
线对 2	白 - 橙	W - O
	橙	O
线对 3	白 - 绿	W - G
	绿	G
线对 4	白 - 棕	W - BR
	棕	BR

3. 连接器件

双绞线的连接器件主要有配线架、信息模块与 RJ - 45“水晶”头，如图 6-2 所示。它们主要用于端接或直接电缆，使电缆和连接器件组成信息传输通道。

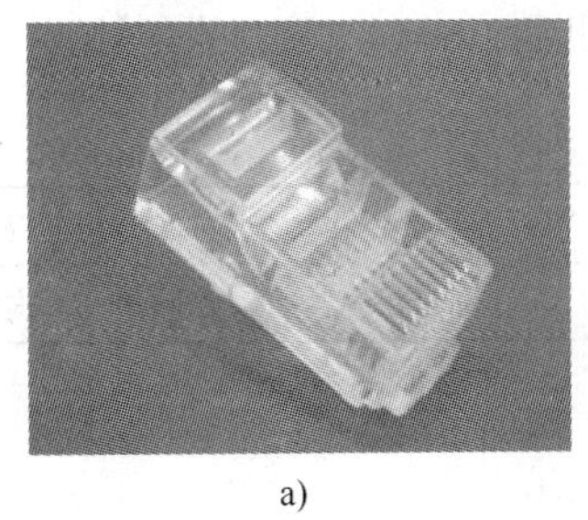
a)

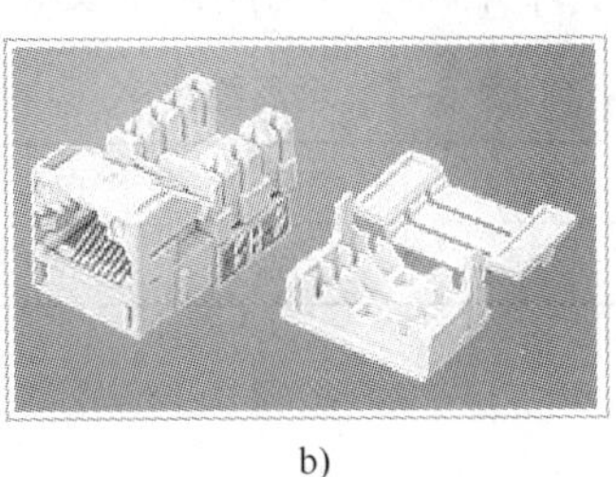
b)

c)

图 6-2　双绞线电缆连接器件

a）RJ - 45“水晶”头　b）信息模块　c）配线架

4. 双绞线的线序标准

双绞线的制作主要遵循两种 EIA/TIA 国际标准：T568－B 和 T568－A。T568－A 标准线序从左到右依次为：白绿、绿、白橙、蓝、白蓝、橙、白棕、棕（如图 6-3b 中 1～8 所示）；T568－B 标准线序从左到右依次为：白橙、橙、白绿、蓝、白蓝、绿、白棕、棕（如图 6-3a 中 1～8 所示）。

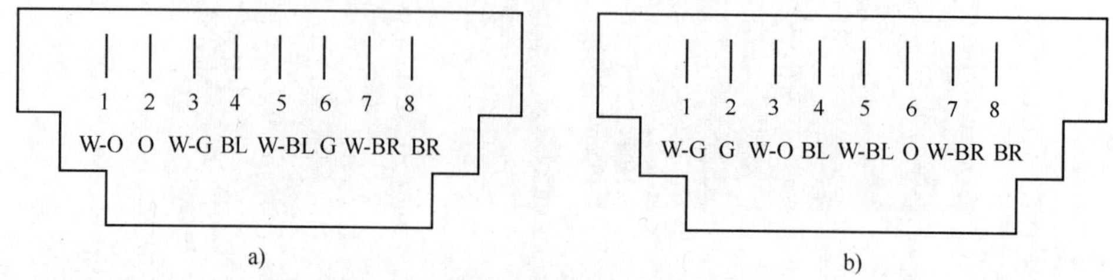

图 6-3　双绞线线序标准

a）T568－B 标准　b）T568－A 标准

根据双绞线两端线序的不同，有 3 种电缆规格。

第 1 种是直通线。即按照 EIA/TIA T568－A 标准或者 T568－B 标准，两端线序排列一致（表 6-2 为两端均为 T568－B 标准的直通线线序）。直通线一般用来连接两种不同类型的接口，如计算机和交换机之间的连接。

表 6-2　T568－B 标准直通线线序

端 1	白橙	橙	白绿	蓝	白蓝	绿	白棕	棕
端 2	白橙	橙	白绿	蓝	白蓝	绿	白棕	棕

第 2 种是交叉线。即双绞线一端按 EIA/TIA T568－A 标准排列，另一端按 T568－B 标准排列（见表 6-3）。交叉线一般用来连接两种相同类型的接口，如两台计算机之间的直连。

表 6-3　交叉线线序

端 1	白橙	橙	白绿	蓝	白蓝	绿	白棕	棕
端 2	白绿	绿	白橙	蓝	白蓝	橙	白棕	棕

第 3 种是全反线。即双绞线其中一端的线序为另一端线序的倒序（见表 6-4）。全反线一般不用于以太网连接，主要用于计算机串口与路由器交换机的 Console 端口的连接。

表 6-4　全反线线序

端 1	白橙	橙	白绿	蓝	白蓝	绿	白棕	棕
端 2	棕	白棕	绿	白蓝	蓝	白绿	橙	白橙

6.1.2.2　交换机

1. 交换机概述

交换机（Switch）是一种在通信系统中完成信息交换的设备，它能把用户线路、电信电路和其他互连的功能单元根据单个用户的请求连接起来。

2. 交换机的类型

为了满足各种不同应用环境的需求，出现了各种类型的交换机。下面介绍当前交换机的一些主流分类。

1）根据网络覆盖范围划分：局域网交换机和广域网交换机。

2）根据传输介质和传输速率划分：以太网交换机、快速以太网交换机、千兆以太网交换机、10 千兆以太网交换机、ATM 交换机和 FDDI 交换机。

3）根据应用层次划分：企业级交换机、校园网交换机、部门级交换机、工作组交换机和桌面级交换机。

4）根据端口结构划分：固定端口交换机和模块化交换机。

5）根据工作协议层划分：第二层交换机、第三层交换机和第四层交换机。

6）根据是否支持网管功能划分：网管型交换机和非网管型交换机。

3. 交换机的结构

从外观上来看，交换机主要有“以太网接口”、“工作指示灯”、“电源接口”和“Console”口。其中“以太网接口”用于与 PC 网卡相连；只有网管型交换机才有“Console”口，用于交换机的配置。工作组交换机和桌面级交换机的外观和接口分别如图 6-4 和图 6-5 所示。

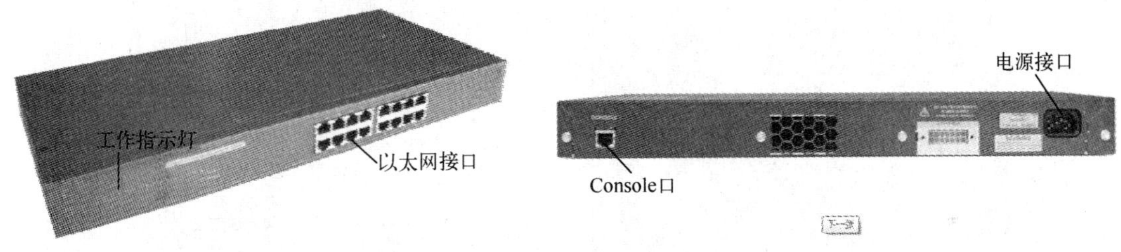

图 6-4　工作组交换机的外观和接口

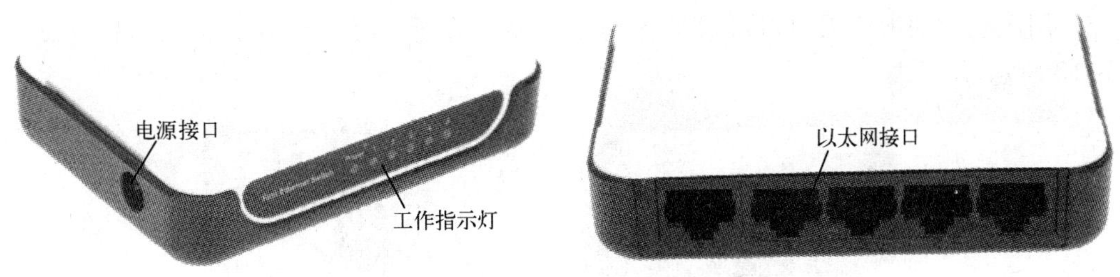

图 6-5　桌面级交换机的外观和接口

6.1.3 任务实施

6.1.3.1　双绞线的制作

1）准备好所需的工具和材料：压线钳、网络电缆测试仪、五类双绞线、RJ－45“水晶”头，如图 6-6 所示。

2）用压线钳的剥线刀口将五类双绞线的外层保护套划开，注意不要将里面的双绞线的绝缘层划破，刀口距离双绞线的端头为 2 cm 为宜。并将划开的外保护套剥去，如图 6-7 所示。

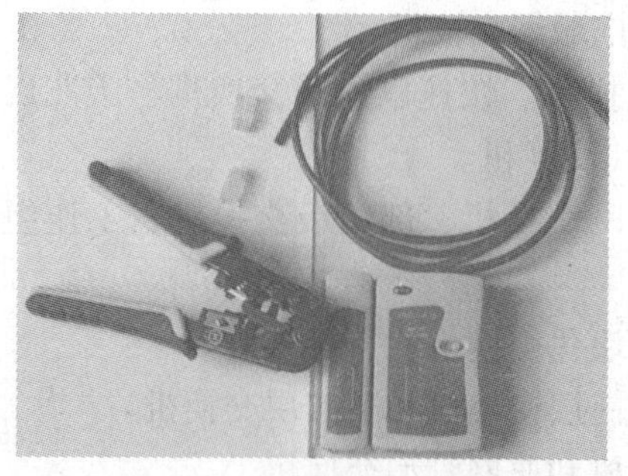

图 6-6　制作工具和材料

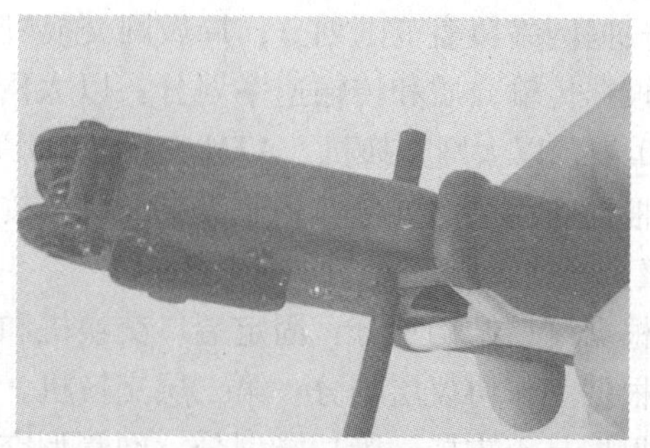

图 6-7　剥去外保护套

3）按照 EIA/TIA T568 - A 标准（1—白绿、2—绿、3—白橙、4—蓝、5—白蓝、6—橙、7—白棕、8—棕）将 8 根导线整理好，如图 6-8 所示。

4）将 8 根导线整齐地平行排放好，导线与导线之间紧挨在一起，如图 6-9 所示。

图 6-8　按标准整理好线序

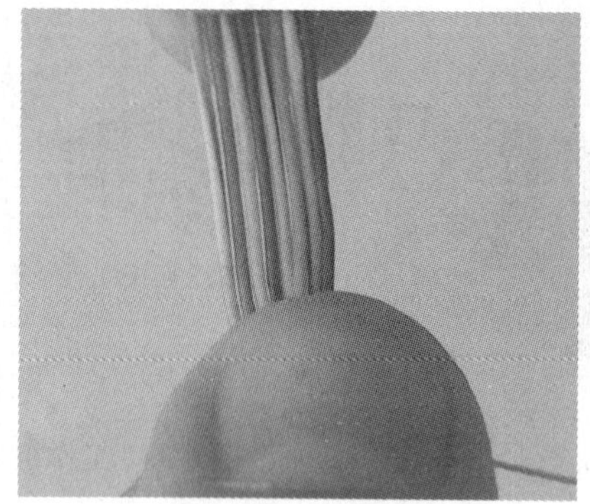

图 6-9　将导线平行排放

5）用压线钳的剪线刀口将排放整齐的 8 根导线剪断，留下约 14 mm 左右的线长，如图 6-10 所示。

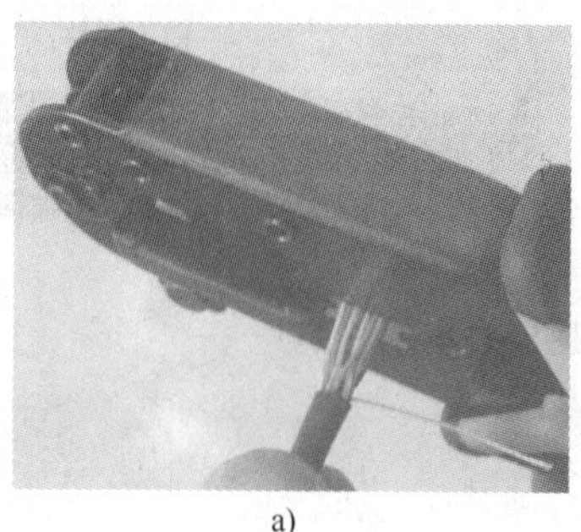

a)

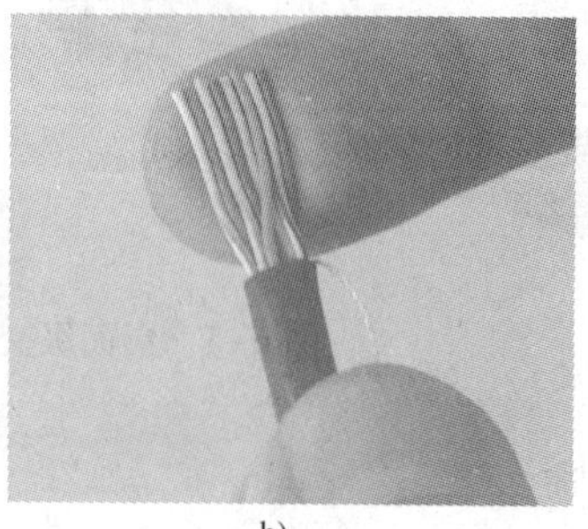

b)

图 6-10　剪线并留下合适的长度

a）剪断多余的线　b）留下约 14 mm 左右的线长

6）将剪断的双绞线按 EIA/TIA T568 - A 标准线序放入 RJ - 45 “水晶” 头内，注意要将电缆线插到 “水晶” 头底部，且外保护层能卡在 “水晶” 头的凹陷处，如图 6-11 所示。

7）用压线钳的压槽将已插好电缆线的 RJ - 45 “水晶” 头压紧，确保 “水晶” 头的 8 个针脚接触点能穿过导线的绝缘层，与 8 根导线紧紧地压接在一起，如图 6-12 所示。

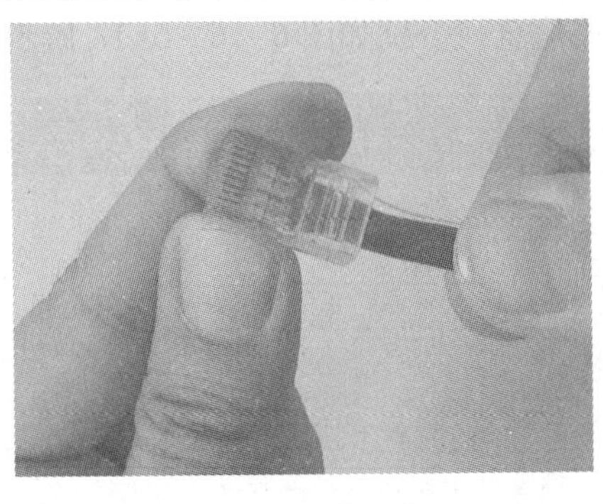

图 6-11　将线插入 “水晶” 头

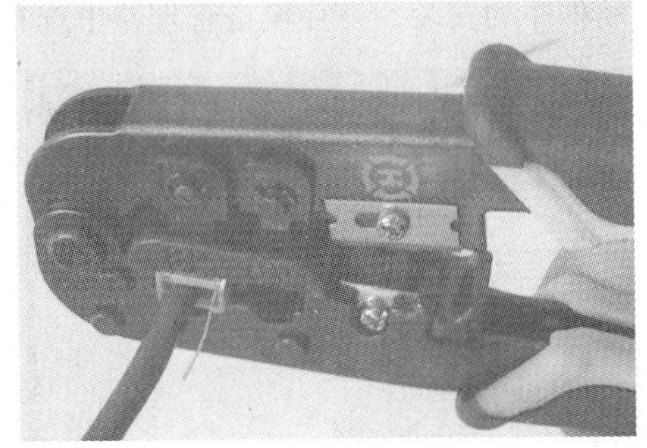

图 6-12　压紧 “水晶” 头

8）完成双绞线一端的 “水晶” 头制作后，另一端按照 EIA/TIA T568 - B 标准（1—白橙、2—橙、3—白绿、4—蓝、5—白蓝、6—绿、7—白棕、8—棕）重复以上步骤 2 ~ 7，完成另一端 “水晶” 头的制作。制作完毕的效果如图 6-13 所示。

9）测试制作好的双绞线的连通性。将双绞线的两端 “水晶” 头分别插入测试仪的两个端口，打开测试仪进行测试。若双绞线制作成功，则主测试仪和远程测试端的指示灯对应关系应为：1 对 3、2 对 6、3 对 1、4 对 4、5 对 5、6 对 2、7 对 7、8 对 8，如图 6-14 所示。

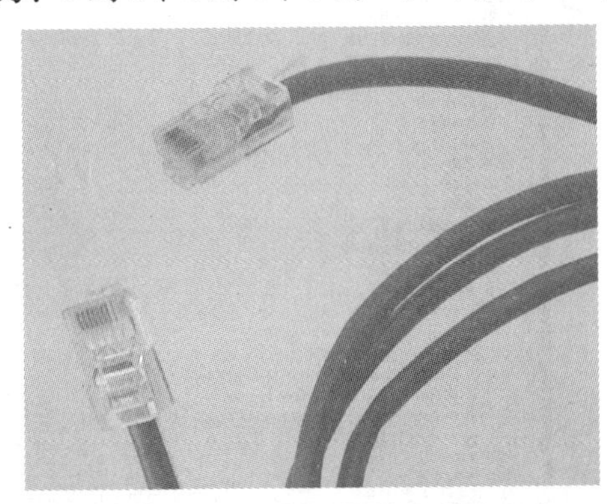

图 6-13　已经做好的双绞线

图 6-14　使用测试仪进行测试

6.1.3.2　组建计算机对等网

利用交换机、网卡和双绞线连接几十台计算机并进行必要的配置，这样可以组建计算机对等网。其中实现通信的具体实施步骤如下。

1. 使用直通线

使用直通线分别连接所有的计算机和工作组交换机。

2. 安装网卡的驱动程序

目前，Windows 操作系统已经集成了大多数网卡的驱动程序，即网卡在安装完毕后，操作系统会自动识别硬件并加载其驱动程序。

若操作系统没有集成该网卡的驱动程序，则用户需要使用网卡厂家提供的驱动程序进行手动安装。

1）启动驱动程序安装向导，选择“浏览计算机以查找驱动程序软件”，如图 6-15 所示。

2）然后单击“浏览”按钮找到网卡驱动程序所在的文件夹，单击“下一步”按钮完成网卡驱动程序的安装，并在设备管理器中查看相关信息，分别如图 6-16 ~ 6-18 所示。

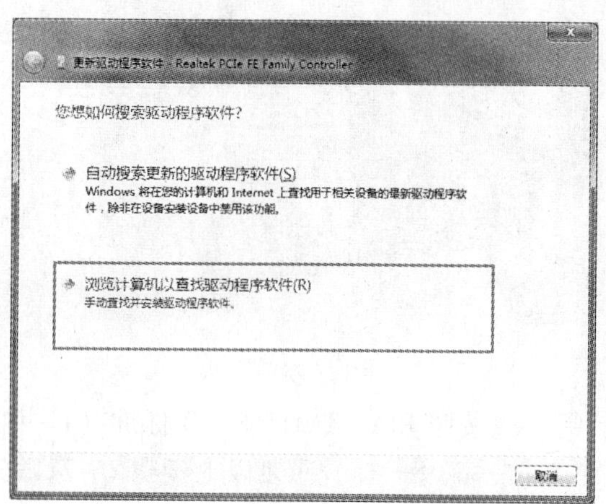

图 6-15　驱动程序安装向导 1

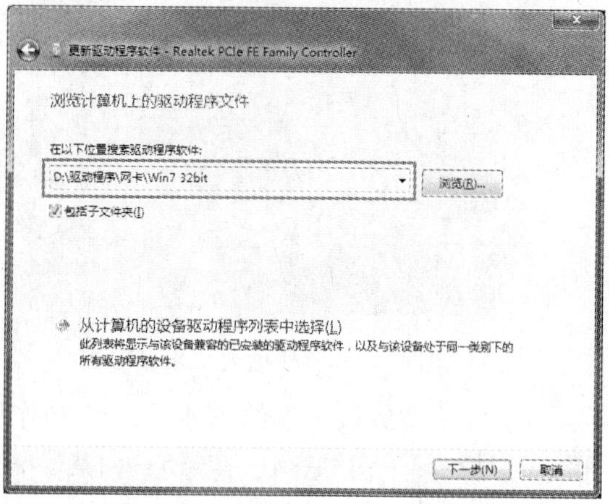

图 6-16　驱动程序安装向导 2

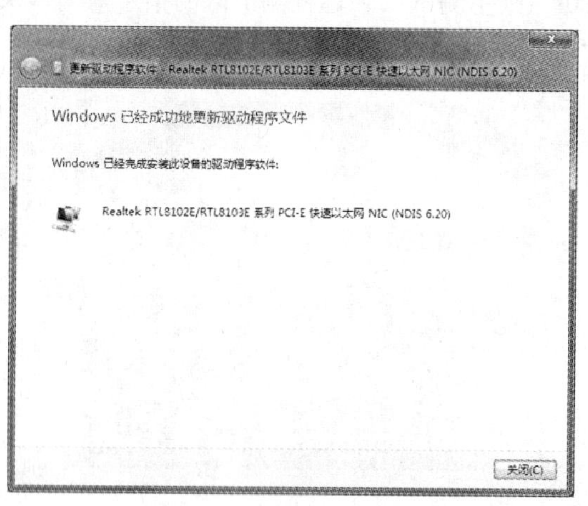

图 6-17　完成驱动程序安装

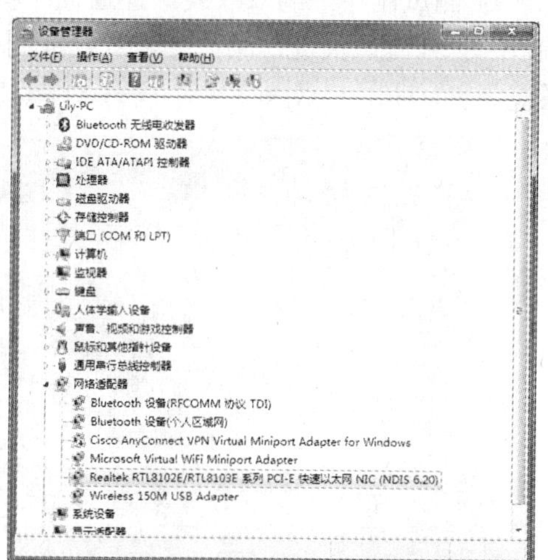

图 6-18　在设备管理器中查看网卡信息

3. 网卡 IP 地址配置

以 Windows 7 操作系统为例，分别为每台计算机配置不同的 IP 地址。配置过程如下。

1）打开“控制面板”，依次选择“网络和 Internet”→“网络连接”，打开“网络连接”窗口。

2）右键单击“本地连接”，在弹出的快捷菜单中选择“属性”命令，打开“本地连接属性”对话框，如图 6-19 所示。

3）选择“本地连接属性”对话框中的“Internet 协议版本 4（TCP/IPv4）”选项，单击“属性”按钮，打开“Internet 协议版本 4（TCP/IPv4）属性”对话框，如图 6-20 所示。

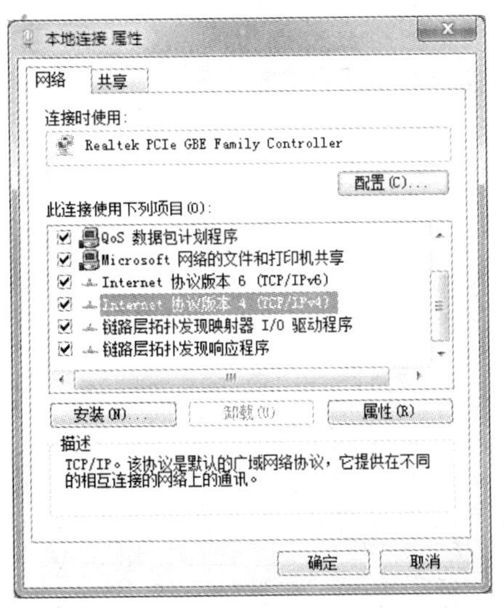

图 6-19 “本地连接属性”对话框

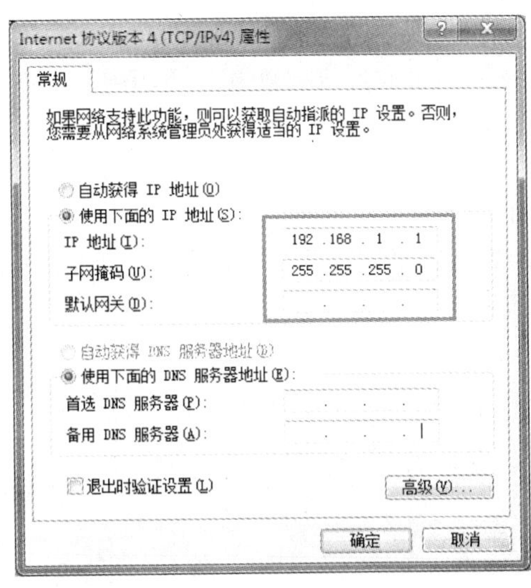

图 6-20 “Internet 协议版本 4（TCP/IPv4）属性”对话框

4）分别为所有计算机配置处于同一个网段的两个不同的 IP 地址。例如，使用 C 类私有地址网段“192.168.1.0”，1 号计算机配置为“192.168.1.1”，2 号计算机配置为“192.168.1.2”，3 号计算机配置为“192.168.1.3”，其他计算机以此类推，子网掩码均为“255.255.255.0”，如图 6-20 所示。

4. 修改计算机的工作组

为保证处于同一个对等网的计算机通信正常，应将所有计算机设置为同一“工作组”，步骤如下。

1）右键单击“我的电脑”，在弹出的快捷菜单中选择“属性”选项，打开计算机系统信息显示窗口，并在“计算机名称、域和工作组设置”区域中单击“更改设置”按钮，如图 6-21 所示。

2）在打开的“系统属性”对话框中，单击“更改”按钮，如图 6-22 所示。

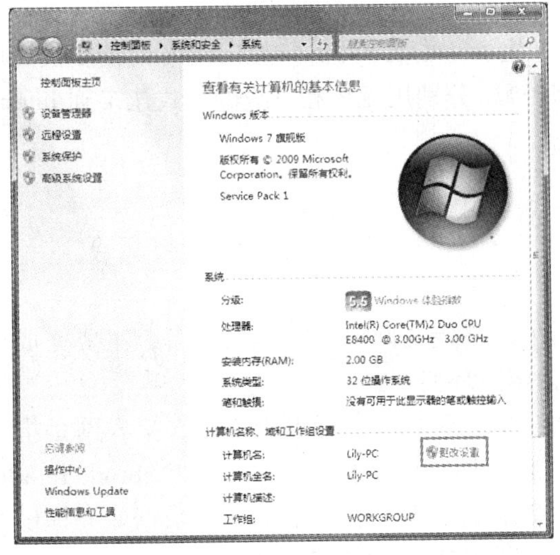

图 6-21 系统信息显示窗口

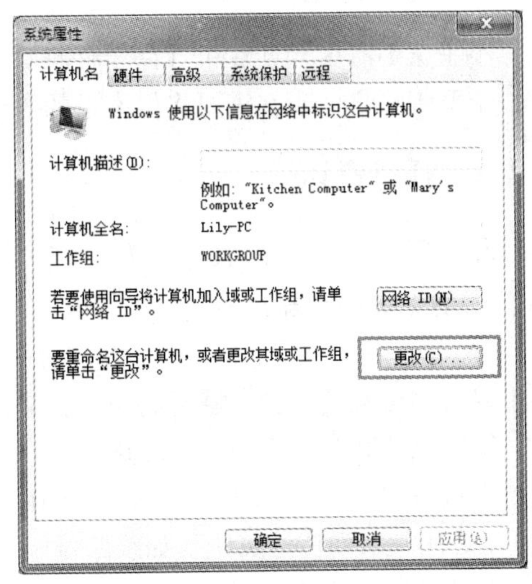

图 6-22 “系统属性”对话框

3）在打开的“计算机名/域更改”对话框中，修改所有计算机为同一工作组，即如图 6-23 所示设置成“WORKGROUP”，然后按提示保存并重启计算机。

5. 使用“ping”命令检测任意两台计算机的连通情况

ping 命令向目的主机连续发送 4 个回送请求报文，在连通的情况下，应收到目的主机 4 个回送应答报文。在 1 号计算机中打开 MS DOS 窗口，输入“ping 192. 168. 1. 2”，测试与 2 号计算机的连通情况，其他计算机的测试方法与此类似。图 6-24 显示的是两台主机 ping 通的情况。

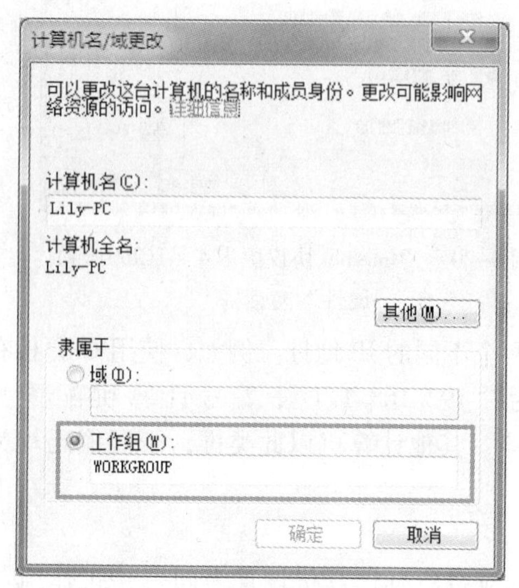

图 6-23　修改计算机工作组

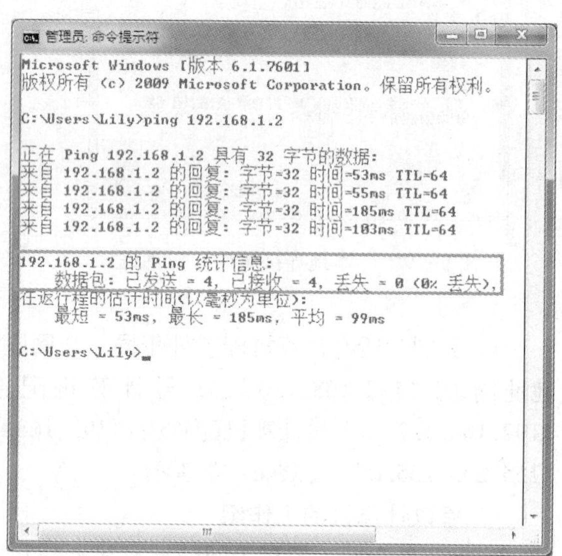

图 6-24　ping 命令的输出信息

任务 6. 2　计算机接入 Internet

6. 2. 1　任务描述

小王家中有 3 台计算机（两台便携式计算机、一台台式机），他向网络服务提供商申请了一个宽带账户，现在需要将他家里的 3 台计算机分别用无线和有线的方式连接到 Internet。

6. 2. 2　任务资讯

6. 2. 2. 1　接入网技术

1. 接入网概念和结构

接入网（Access Network）是指交换局到用户终端之间的所有通信设备，主要完成使用户主机或局域网接入到广域网的任务，又称为用户环路。

国际电信联盟远程通信标准化组织（ITU - T）在 G. 902 标准中规定，接入网是指由业务节点接口（Service Node Interface，SNI）和相关用户网络接口（User to Network Interface，UNI）之间一系列传送实体（如线路设施和传输设施）所组成的，为传送数据业务提供所需传送承受能力的实施系统。核心网与用户接入网的结构如图 6-25 所示。

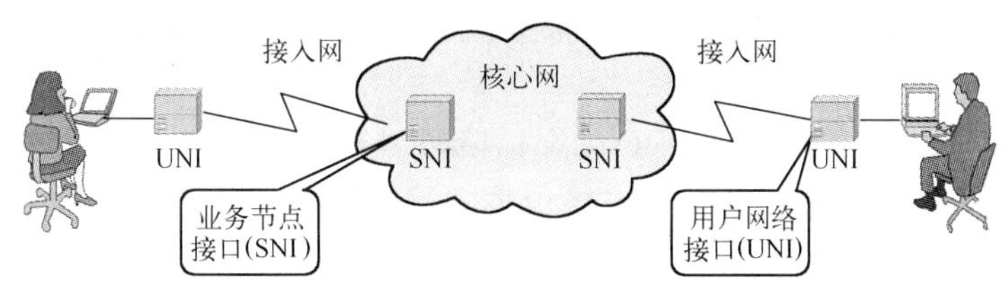

图 6-25　核心网与用户接入网的结构

2. 接入网的分类

接入网的分类方法有很多种，可以按传输媒介、拓扑结构、使用技术、接口标准、业务带宽、业务种类等进行划分。通常按传输媒介划分，可以分为有线接入网和无线接入网两大类，其中有线接入网又可分为铜线接入网、光纤接入网和光纤同轴电缆混合接入网等，无线接入网又可分为固定接入网和移动接入网。

3. Internet 宽带接入技术

Internet 接入技术有很多种，除了早期的窄带拨号接入外，目前已广泛应用的宽带接入充分显示了其优势。宽带是一个相对于窄带而言的电信术语，用于度量用户享用的业务带宽。宽带接入技术主要包括以下几种：以现有电话网铜线为基础的 xDSL 接入技术，以同轴电缆为基础的混合光纤同轴（HFC）接入技术、以太网接入技术、光纤接入技术等多种有线接入技术或无线接入技术。

4. ADSL 接入方式

ADSL 接入 Internet 主要有两种方式：虚拟拨号和专线接入。虚拟拨号采用类似 Modem 和 ISDN 的拨号程序，而采用专线接入的用户开机即可接入 Internet。ADSL 根据其采用的接入方式的不同，使用的协议也有差别，如 PPPoE 和 PPPoA，但都是基于 TCP/IP，且支持所有的 TCP/IP 程序应用。下面主要介绍家庭用户常用的 PPPoE 和 PPPoA。

(1) PPPoE

PPPoE（Point to Point Protocol over Ethernet，以太网点对点协议）俗称以太网虚拟拨号，是目前应用最广泛的一种 ADSL 接入方式。网络本身是连通的，但为了确保连接安全，只允许合法用户连接，所以采用了类似电话拨号的方式，也就是虚拟拨号。虚拟拨号是指利用 ADSL 接入 Internet 时同样需要输入用户名和密码才能进行连接，该方式与传统的电话 + Modem、ISDN 接入方式基本相同，不同的是 ADSL 不是对具体的电话号码进行拨号，而是直接在 Internet 服务提供商以太网上进行身份验证。

PPPoE 利用以太网络的工作机制，将 ADSL Modem 的 10Base - T 接口与内部以太网互连。ADSL 的这种接入方式在 RFC1483 文档中规定，在 ADSL Modem 中采用的桥接封装方式对终端发出的 PPP 数据包进行封装后，通过连接两端的 PVC（永久虚电路）在 ADSL Modem 与中继传输网和数据交换网（这些网之间通常是采用虚电路连接的）的宽带接入服务器中间建立连接，实现 PPP 的动态接入。组网方式很简单，大大降低了网络的复杂程度。

PPPoE 的工作流程包含发现和会话两个阶段。

当一个主机想开始一个 PPPoE 会话时，它必须首先进入发现阶段，以识别 Internet 服务提供商的以太网 MAC 地址。在发现阶段，基于网络的拓扑，主机可以发现多个接入集中器（Access Concentration ，AC），随后主机便根据各接入集中器所提供的服务或用户预先的一些配置来进行相应的选择，当主机选择了需要的接入集中器后，就开始和接入集中器建立一个 PPPoE 会话进程。

当会话建立起来后就开始了 PPPoE 的会话阶段，在这个阶段中，用户主机与接入集中器根据在发现阶段所协商的 PPP 会话连接参数进行数据报文的交换，从而完成一系列 PPP 过程。

（2）PPPoA

PPPoA（Point to Point Protocol over Asynchronous，异步传输点对点协议）是 ADSL 的另外一种接入方式。从名字上可以看出，它是用于与 ATM（异步传输模式）网络连接的，对应于 RFC2364 文档。

PPPoA 方式类似于专线接入方式，用户连接和配置好 ADSL Modem 后，在自己的计算机网络设置里设置好相应的 TCP/IP 及网络参数（IP 地址、子网掩码和网关等），开机后，用户端和 Internet 服务提供商会自动建立一条链路，无须任何拨号软件，但需要输入相应的用户账号。目前普通用户基本不采用 PPPoA 方式，该方式主要用于电信、邮政通信领域，有些企业也开始采用这种接入方式。

5. ADSL 的工作原理

用户在通过 ADSL 浏览 Internet 时，通过 ADSL Modem 编码的信号会在进入网络服务提供商后，由 Internet 服务提供商 ADSL 设备首先对信号进行识别与分离。在经过分析后，如果是语音信号则传至电话程控交换机，进入电话网；如果是数字信号则直接进入 Internet。其工作示意图如图 6-26 所示。

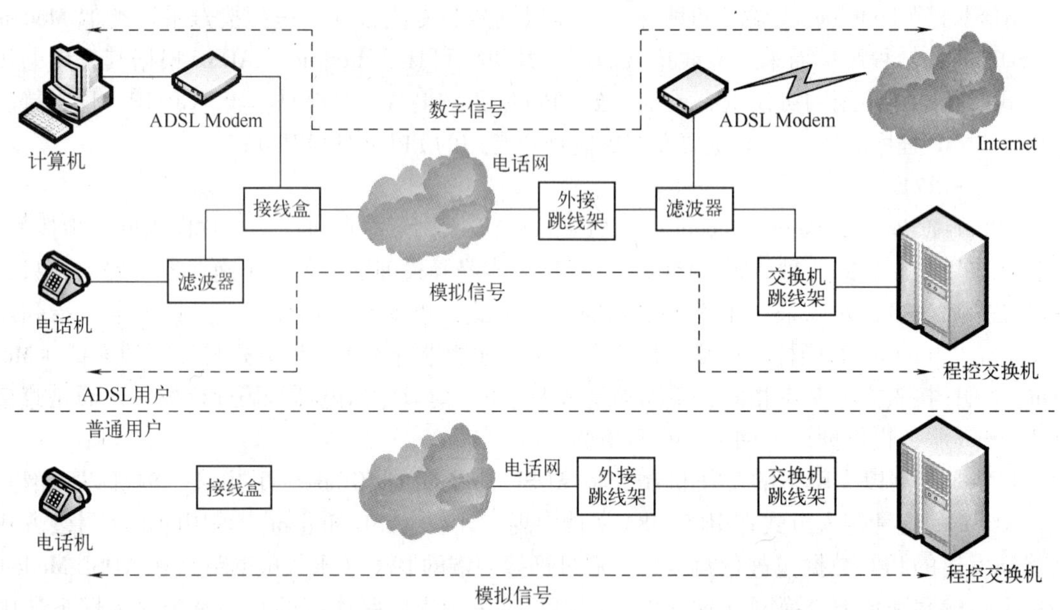

图 6-26　使用 ADSL 接入 Internet 和进行语音通话示意图

6.2.2.2　ADSL Modem

1. ADSL Modem 概述

ADSL 接入方式的核心设备是 ADSL Modem，它为 ADSL（非对称用户数字环路）提供调制数据和解调数据，在发送端通过调制将数字信号转换为模拟信号，而在接收端通过解调再将模拟信号转换为数字信号，是连接计算机与电话线路的中间设备。

2. ADSL Modem 的类型

按照 ADSL Modem 与计算机连接方式的不同，ADSL Modem 可以将其分为有线 ADSL Modem 和无线 ADSL Modem，其中有线 ADSL Modem 又分为外置式和内置式两种。

外置式 ADSL Modem 是通过以太网接口或者 USB 接口与计算机进行连接的，安装和使用都十分简单，只要将各种线缆与其进行连接后即可开始工作。内置式 ADSL Modem 一般是通过主板上的 PCI 插槽与计算机进行连接的，安装稍微复杂一些，而且还需要安装相应的硬件驱动程序，对于桌面空间比较紧张的用户来说，是一种比较好的选择。有线和无线 ADSL Modem 分别如图 6-27 和图 6-28 所示。

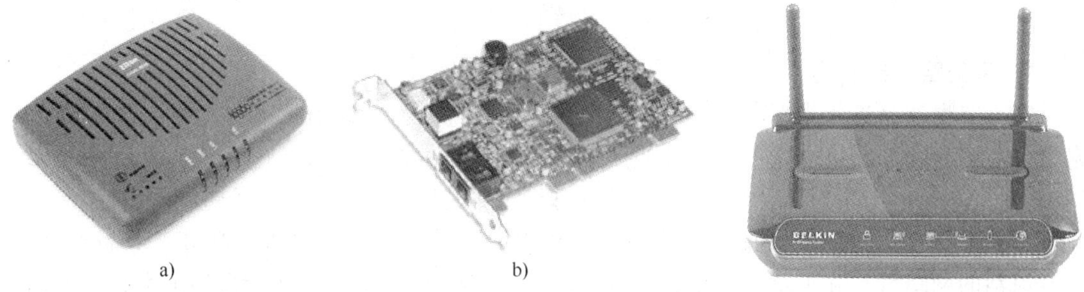

图 6-27　有线 ADSL Modem

a）外置式　b）内置式

图 6-28　无线 ADSL Modem

3. ADSL Modem 硬件结构

从外观来看，ADSL Modem 由背部的背板接口、电源开关及接口、Reset 孔，以及前面板指示灯组成，如图 6-29 所示。

图 6-29　ADSL Modem

a）外部组成　b）指示灯

其中，ADSL Modem 的背板接口主要有 DSL 接口和 LAN 接口两种，DSL 接口连接电话线至信号分离器，而 LAN 接口则连接双绞线至计算机网卡。不同品牌的 ADSL Modem 的背板接口名称会有所差异。另外，ADSL Modem 背部还有电源接口、电源开关和 Reset 孔。通过 Reset 孔可以对 ADSL Modem 进行复位，主要用于当用户错误地配置 ADSL Modem 的内部参数，从而造成网络通信中断时将其恢复至出厂的默认值。

指示灯通常分布在 ADSL Modem 的正面，用户通过查看指示灯的闪烁情况可以知道 AD-

SL Modem 的工作状况，主要有 PWR、DIAG、LAN 和 DSL 四种指示灯。

- PWR：该灯为电源指示灯，ADSL Modem 接通电源则此灯常亮。
- DIAG：该灯为诊断指示灯，ADSL Modem 开机自检时处于闪烁状态，若自检完成则该灯自动熄灭。
- LAN：该灯为数据通信指示灯，ADSL Modem 不工作时处于熄灭状态，当有数据通信时则间断闪烁。如图 6-29b 所示，有两个 LAN 指示灯，分别指示接收和发送数据的状态。但也有些品牌只有一个数据通信指示灯，标明为 DATA。
- DSL：该灯为电话线路指示灯，当 ADSL Modem 开机时，会检测电话线路是否正常，此时该灯处于闪烁状态，检测完毕且线路正常则该灯常亮，若电话线路存在异常该灯慢闪。

6.2.2.3 宽带路由器

1. 宽带路由器概述

宽带路由器是近年来新兴的一种网络产品。随着计算机、通信技术的发展，大多数用户家中已有多台互联网终端设备，因此便产生了对宽带路由器的需求。它用于连接不同的网络（如本地局域网和 Internet），并为信号传输选择通畅快捷的线路，可实现局域网内的计算机共享宽带上网。宽带路由器集成了路由器、防火墙、带宽控制和管理等功能，具备快速转发、灵活的网络管理和丰富的网络状态等特点。宽带路由器可以分为有线路由器和无线路由器两种，有高、中、低档之分，可以广泛应用于不同场合，以满足不同需求，如企业、政府、学校、家庭、办公室、网吧和小区接入等场合。如图 6-30 所示是家用的有线路由器和无线路由器。

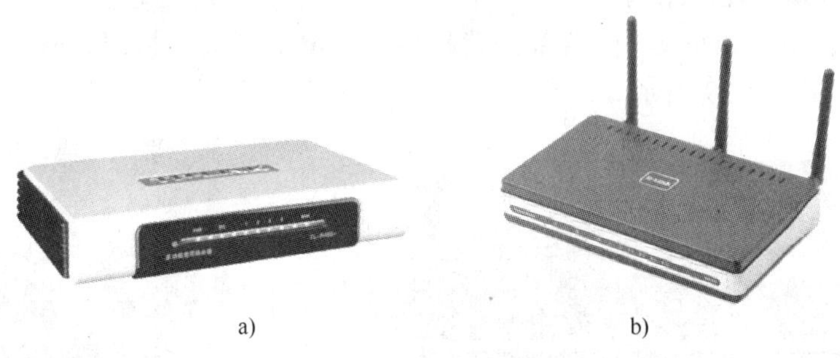

a)　　b)

图 6-30　家用路由器

a）有线路由器　b）无线路由器

2. 宽带路由器的功能

宽带路由器具备以下功能。

1）内置 PPPoE 虚拟拨号功能。在宽带数字线上进行拨号，不同于模拟电话线上用调制解调器的拨号，其一般采用专门的协议——PPPoE，拨号后直接由验证服务器进行检验，用户需输入用户名与密码，检验通过后就建立起一条高速的用户数字线路，并分配相应的动态 IP 地址。宽带路由器或带路由的以太网接口 ADSL 等都内置 PPPoE 虚拟拨号功能，可以替代手工拨号接入宽带。

2）内置动态主机配置协议（DHCP）功能。宽带路由器都内置 DHCP 功能和交换机端口，便于用户组网。DHCP 允许服务器向客户端动态分配 IP 地址和配置信息，并提供安全、可靠、简单的网络设置，避免地址冲突。

3）网络地址转换（NAT）功能。NAT 将用户的内部网络 IP 地址转换成一个外部公共 IP 地址（存储于 NAT 的地址池），从而使内部网络的每台计算机可直接与 Internet 上的其他计算机进行通信，当外部网络数据返回时，NAT 则反向将目标地址替换成初始的内部用户的地址以便内部网络用户接受。

4）虚拟专用网（VPN）功能。VPN 能利用 Internet 公用网络建立一个拥有自主权的私有网络。一个安全的 VPN 包括隧道、加密、认证、访问控制和审核等技术。对于企业用户来说，这一功能非常重要，不仅可以节约开支，而且能保证企业信息安全。

5）DMZ 功能。为了减少向不信任用户提供服务而引发的危险，引入了 DMZ 功能，它能将公众主机和局域网中的计算机分离开来。不过大部分宽带路由器只能为单台计算机开启 DMZ 功能，也有一些功能较为完善的宽带路由器可以为多台计算机提供 DMZ 服务。

6）MAC 功能。目前大部分宽带运营商都将 MAC 地址和用户的 ID、IP 地址捆绑在一起，以此进行用户上网认证。带有 MAC 地址功能的宽带路由器可将网卡上的 MAC 地址写入，让服务器通过接入时的 MAC 地址验证，以获取宽带接入认证。

7）DDNS 功能。DDNS（动态域名服务）能将用户的动态 IP 地址映射到一个固定的域名解析服务器上，使 IP 地址与固定域名绑定，完成域名解析任务。DDNS 可以帮助构建虚拟主机，从而以自己的域名发布信息。

8）防火墙功能。防火墙可以对流经它的网络数据进行扫描，从而过滤掉一些攻击信息。防火墙还可以关闭不使用的端口，从而防止黑客攻击。而且它还能禁止特定端口流出信息，禁止来自特殊站点的访问。

6.2.3 任务实施

个人用户接入 Internet 主要有两种方式：单机接入与多机接入。根据接入方式的不同，又可分为 ADSL 拨号接入与小区宽带接入。

6.2.3.1 通过 ADSL 拨号接入 Internet

1. 准备好所需的设备与材料

1）一台计算机（已经安装以太网卡及其驱动程序）、一台 ADSL Modem、一部电话机。

2）若干条双绞线、若干条电话线、一个信号分离器。

3）向网络服务提供商申请的 ADSL 账号及密码。

2. 硬件连接

按照如图 6-31 所示的网络环境进行硬件连接，目前大部分信号分离器在 ADSL Modem 内。

1）用电话线连接电话插座和信号分离器的 Line 端口。

2）用电话线连接 ADSL Modem 的 DSL 端口和信号分离器的 Modem 端口。

3）用电话线连接电话机和信号分离器的 Phone 端口。

4）用双绞线连接 ADSL Modem 的 LAN 网络接口和计算机网卡的网络接口。

5）连接 ADSL Modem 电源。

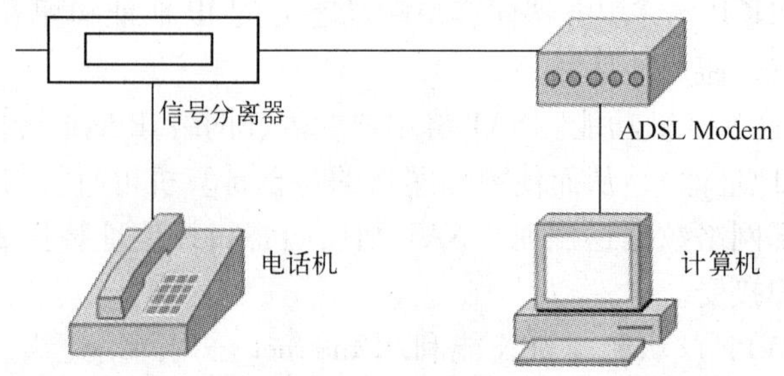

图 6-31　ADSL Modem 接入示意图

3. 建立宽带拨号连接，并输入用户名和密码，连接到 Internet

下面以在 Windows 7 操作系统上建立宽带拨号连接为例进行介绍

1）打开“控制面板”，单击“网络和 Internet”选项，如图 6-32 所示。

2）在打开的“网络和 Internet”界面中单击“连接到 Internet”，如图 6-33 所示。

图 6-32　打开控制面板

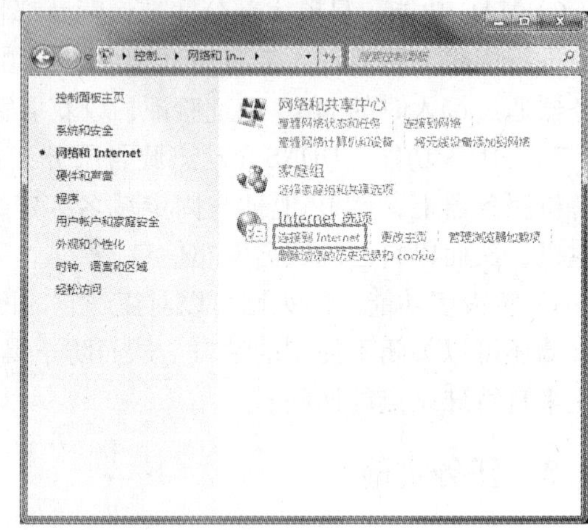

图 6-33　单击“连接到 Internet”

3）选择“宽带（PPPoE）”选项，如图 6-34 所示。

4）在相应文本框中输入用户名和密码，根据使用情况，可选中“允许其他人使用此连接”复选框，如图 6-35 所示。

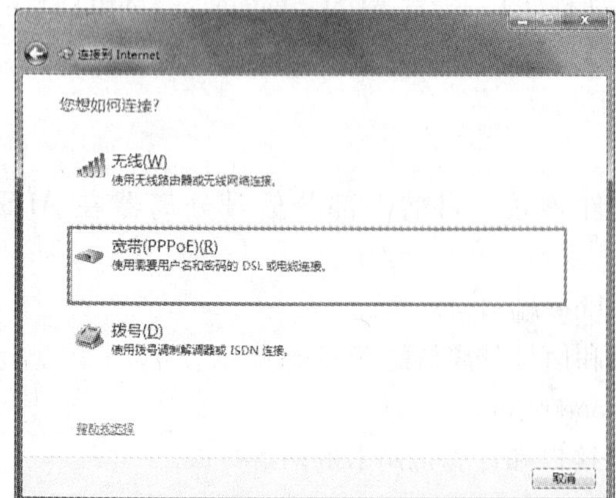

图 6-34　建立宽带（PPPoE）连接

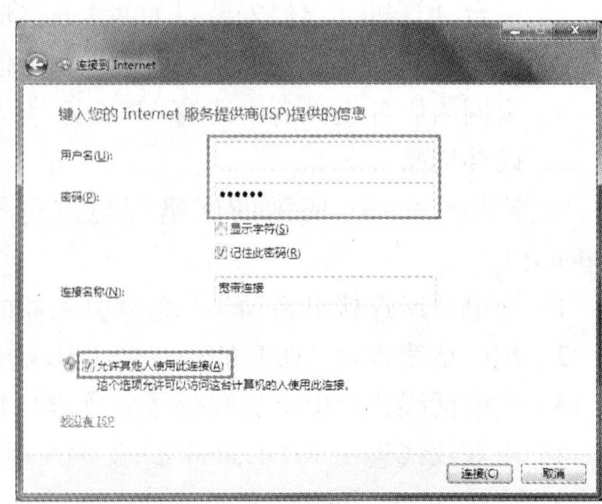

图 6-35　输入用户名和密码

5）接下来服务器将验证用户名和密码是否合法，如图 6-36 所示。

6）验证成功后，可单击“立即浏览 Internet”打开浏览器，便可开始浏览网页，如图 6-37 所示。

图 6-36　验证用户名和密码

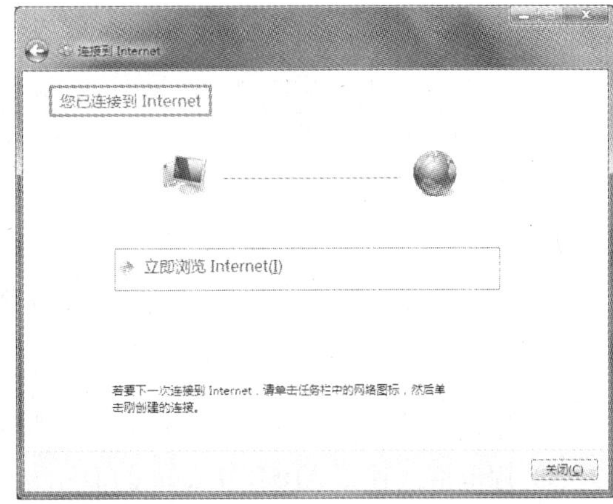

图 6-37　已连接到 Internet

6.2.3.2　通过小区宽带接入 Internet

近年来，随着宽带接入网的迅速发展，用户对接入带宽的需求不断增长，现有的以 ADSL 为主的宽带接入方式已经较难满足用户对高带宽、双向传输能力及安全性方面的要求。因此，基于 FTTH（Fiber To The Home，光纤入户）接入方式的小区宽带正日益普及。对于家庭用户来说，小区宽带接入 Internet 的安全认证主要有以下几种形式。

1. 通过 Web 页面进行用户名和密码的安全认证

用户在接好线路后，通过访问运营商指定的登录 Web 页面，输入用户名和密码进行安全认证。

2. 虚拟 PPPoE 拨号形式

虚拟 PPPoE 拨号形式与 ADSL 拨号接入的区别是，它无须 ADSL Modem，只需用双绞线连接电话线路接口与计算机网卡，然后创建宽带拨号连接（与 ADSL 拨号接入方式相同），输入用户名和密码进行安全认证即可。

3. 绑定网卡物理地址与 IP 地址

这种形式由服务提供商在服务器端将用户的计算机网卡物理地址与分配的 IP 地址进行一一对应，然后用户设置好指定的 IP 地址、子网掩码、网关和 DNS 信息即可访问 Internet。

6.2.3.3　小型网络通过 ADSL 接入 Internet

对于家中有多台计算机的用户来说，接入方式要在单机的基础上进行扩展。例如，将两台便携式计算机和一台台式机同时通过 ADSL 接入 Internet 方法如下。

1. 准备好所需的设备与材料

1）两台便携式计算机（已经安装无线网卡的驱动程序）、一台台式机（已经安装以太网卡及其驱动程序）。

2）一台 ADSL Modem、一台无线宽带路由器、一部电话机。

3）若干条双绞线、若干条电话线、一个信号分离器。

4）向网络服务提供商申请的 ADSL 账号及密码。

2. 硬件连接

按照如图 6-38 所示搭建网络环境，并进行硬件连接。

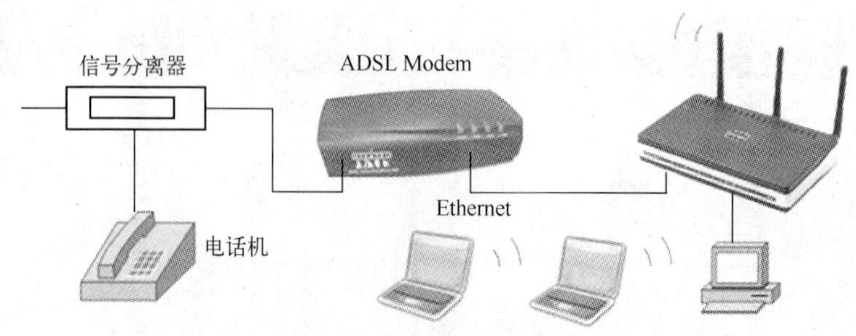

图 6-38　小型网络接入 Internet 示意图

1）用电话线连接电话插座和信号分离器上的 Line 端口。

2）用电话线连接 ADSL Modem 的 DSL 端口和信号分离器的 Modem 端口。

3）用电话线连接电话机和信号分离器的 Phone 端口。

4）用双绞线连接 ADSL Modem 的 LAN 口和无线宽带路由器的 WAN 口。

5）用双绞线连接计算机网卡和无线宽带路由器的 LAN 口。

6）连接 ADSL Modem 和无线宽带路由器电源。

3. 无线宽带路由器的设置

无线宽带路由器具有多种功能，此处介绍它的“PPPoE 虚拟拨号”、“DHCP 服务器”等功能。

1）打开 IE，在地址栏中输入路由器的 LAN 口 IP 地址（一般初始值为 192.168.1.1），登录路由器的管理界面，如图 6-39 所示，再输入说明书中的用户名和密码，即可进入路由器的设置界面，如图 6-40 所示。

图 6-39　登录路由器

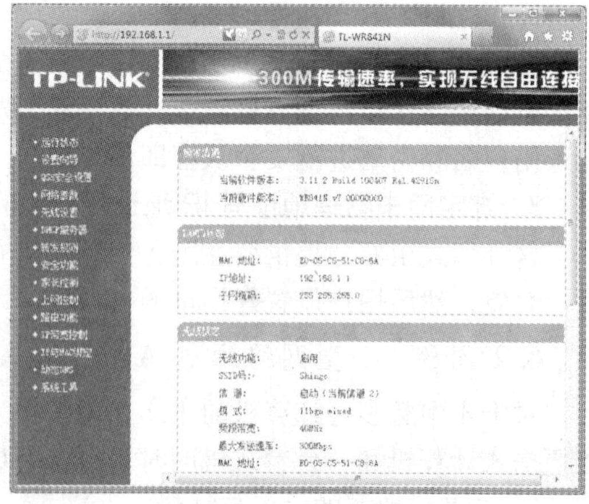

图 6-40　路由器设置主界面

2）LAN 口设置：单击“网络参数”中的“LAN 口设置”，即可打开相应的设置界面。若路由器级联时产生冲突，可对路由器的 LAN 口 IP 地址和子网掩码进行更改，一般保持默认值即可，如图 6-41 所示。

3）WAN 口设置：单击“网络参数”中的“WAN 口设置”，即可打开相应的设置界面。修改“WAN 口连接类型”为“PPPoE”，或者单击“自动检测”按钮让路由器自行选择，然后输入上网账号和密码，若想让路由器自动连接，可单击“自动连接，在开机和断线后自动连接”单选按钮，单击“连接”按钮进行拨号，成功后显示“已连接”信息，最后单击“保存”按钮对设置进行保存，如图 6-42 所示。

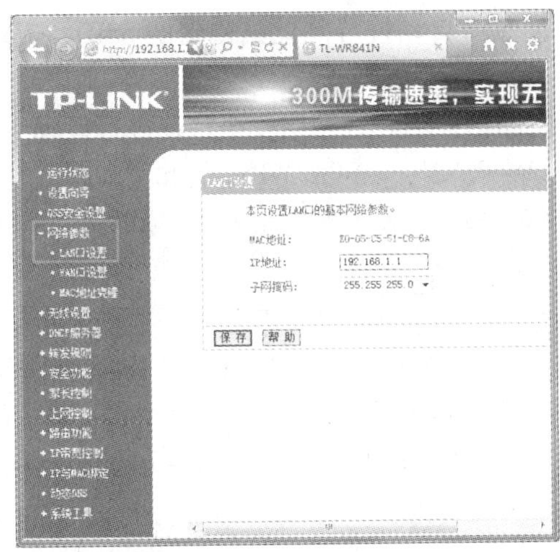

图 6-41　LAN 口设置

图 6-42　WAN 口设置

4）DHCP 设置：单击“DHCP 服务器”中的“DHCP 服务”，然后单击“启用”单选按钮，在此界面可以设置“地址池开始、结束地址”、“网关”、“DNS 服务器”等相关信息，可根据实际进行修改，最后单击“保存”按钮可对设置进行保存。如图 6-43 所示，地址池中共有 100 个 IP 地址可提供给客户端，即“192.168.1.100”～“192.168.1.199”。

5）无线设置：单击“无线设置”中的“基本设置”，在出现的界面中可以对路由器的“SSID 号”、“模式”、“是否开启无线功能”等相关信息进行设置，可根据实际进行修改，最后单击“保存”按钮对设置进行保存，如图 6-44 所示。现对一些基本的设置选项进行简要介绍：

图 6-43　DHCP 设置

图 6-44　无线设置

- SSID：SSID（Service Set Identifier，服务集标识符）用来区分不同的无线网络，用户可自定义标识。
- 模式：本例设置为“11bgn mixed”，即同时兼容 802.11b/g/n（11M/54M/150Mbit/s 或 300Mbit/s）等几种传输速率标准。
- 开启无线功能：本例为选中状态，即开启路由器的无线广播功能。
- 开启 SSID 广播：本例为选中状态，即客户端可自动搜寻到此路由器的 SSID，无须手工输入。

“无线设置”菜单中的“无线安全设置”可对路由器的无线网络安全认证进行设置，有 4 种选择：“不开启无线安全”、“WPA-PSK/WPA2-PSK”、“WPA/WPA2”和“WEP”，一般情况下，建议开启安全设置，并使用 WPA-PSK/WPA2-PSK AES 加密方法，如图 6-45 所示。

4. 计算机的网络连接设置

（1）台式机的网卡设置

台式机按照上述方法连接到无线宽带路由器的 LAN 口后，应对网卡的 IP 地址进行设置。由于路由器打开了 DHCP 功能，则台式机网卡可设置为“自动获取 IP 地址”和“自动获得 DNS 服务器地址”，此时路由器会自动给台式机分配 IP 地址，如图 6-46 所示。

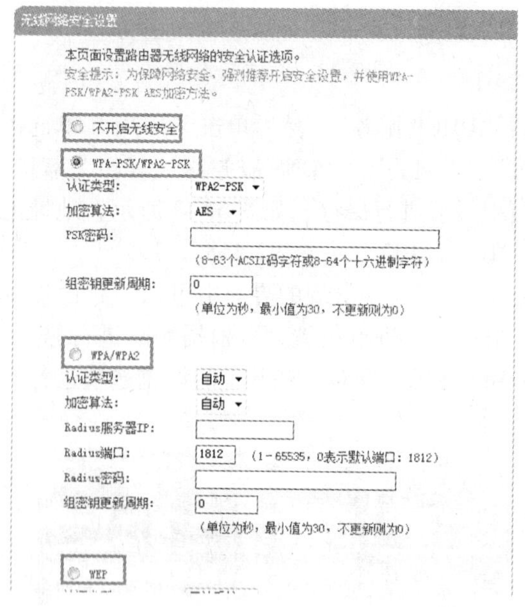

图 6-45　无线安全设置

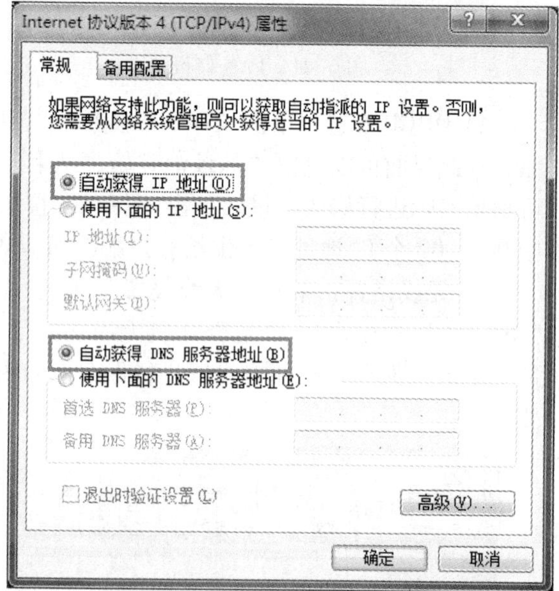

图 6-46　设置台式机网卡

（2）便携式计算机的网卡设置

1）单击任务栏中的无线网络连接图标，如图 6-47a 所示，此时找到可用的连接，但没有连接上。

2）单击“连接”按钮进行无线网络连接，如图 6-47b 所示。

3）开始连接所选中的无线网络，如图 6-47c 所示。

4）已经连接到所选中的无线网络，如图 6-47d 所示。

5）设置便携式计算机的无线网卡为“自动获取 IP 地址”和“自动获得 DNS 服务器地址”。

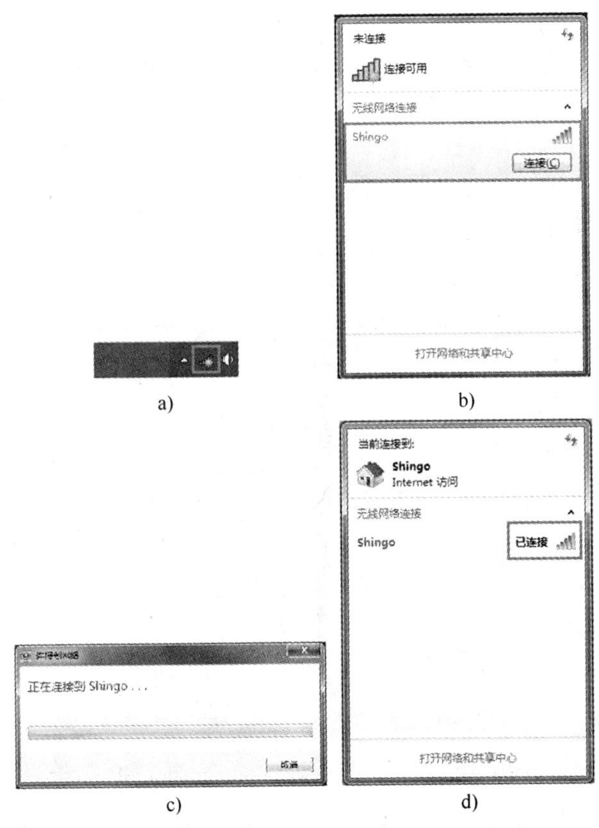

图 6-47　便携式计算机连接无线网络

6.2.3.4　常见计算机网络故障的解决

1. 单机 ADSL 拨号连接不上

若出现单机 ADSL 拨号连接不上的故障，可按如下步骤进行排查：

1）检查计算机网卡与 ADSL Modem 之间、ADSL Modem 与信号分离器之间的连接是否正确、可靠。

2）判断 ADSL Modem 的状态是否正常。正常状态下的 ADSL Modem 指示灯应该是这样的：“Power” 灯亮、“DSL” 同步灯常亮、“LAN” 灯亮。

3）查看拨号连接故障的错误代码，经常遇到的错误代码是 “678” 和 “691”，此处着重对这两种错误代码进行分析。

- 错误代码 “678”：即提示 “远程计算机没有响应，断开连接”，产生此故障的原因有计算机网卡故障、Modem 状态异常和 ISP 服务器故障。
- 错误代码 “691”：即提示 “输入的用户名和密码不对，无法建立连接”，产生此故障的原因有用户名或密码输入错误、电话欠费和上次断线时未按正常步骤断线而导致账号 “挂死”。可按以上产生故障的原因依次排查，若是其他原因，则可等待一段时间再拨号或者致电 ISP 帮忙解决。

2. 对等网中计算机无法访问 Internet

在组建好对等网，并对 Internet 连接路由器和交换机进行设置后，网络中某些计算机可能会出现 “只能登录即时通信工具，不能打开网页” 的故障。如果出现此类故障，可按如下步骤进行排查。

1）本地回环测试：使用“ping 127.0.0.1”命令语句测试本地回环的工作情况，即测试本机 TCP/IP 的完整性。在正常安装 TCP/IP 的情况下，该命令的返回数据不应出现丢包现象，且响应速度也很快。操作步骤：打开“命令提示符”窗口，输入“ping 127.0.0.1”后按下〈Enter〉键，测试结果如图 6-48 所示。

2）在确认本机 TCP/IP 正常安装后，在“命令提示符”窗口中输入命令“ipconfig”，查看当前计算机的 IP 地址设置情况，如图 6-49 所示。

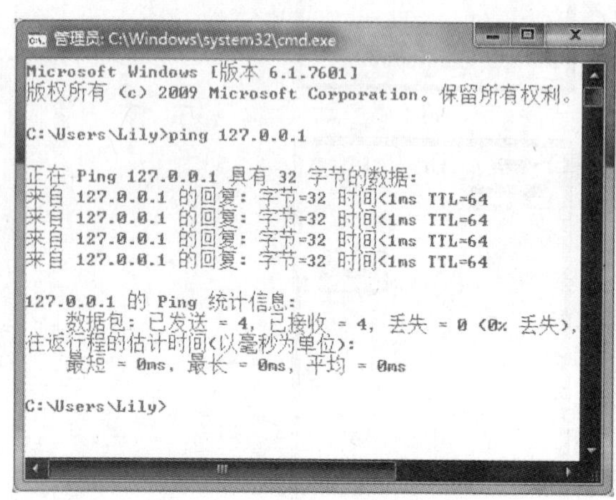

图 6-48　本地回环测试结果

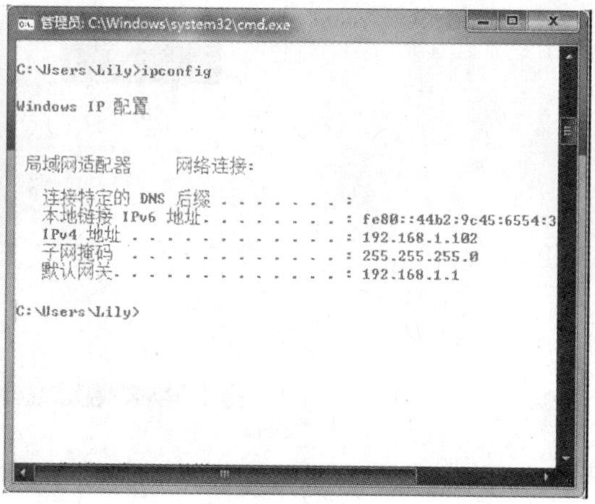

图 6-49　查看本机 IP 地址设置

3）确认本机 IP 地址设置无误后，使用 ping 命令向网关发送测试数据，测试本机与网关之间的连接情况，如图 6-50 所示。

4）通过上述测试步骤，证明局域网部分工作正常。打开“Internet 协议版本 4（TCP/IPv4）属性”对话框，查看 DNS 服务器设置情况，若发现 DNS 服务器地址没有设置，可将其设置好，排除故障，如图 6-51 所示。

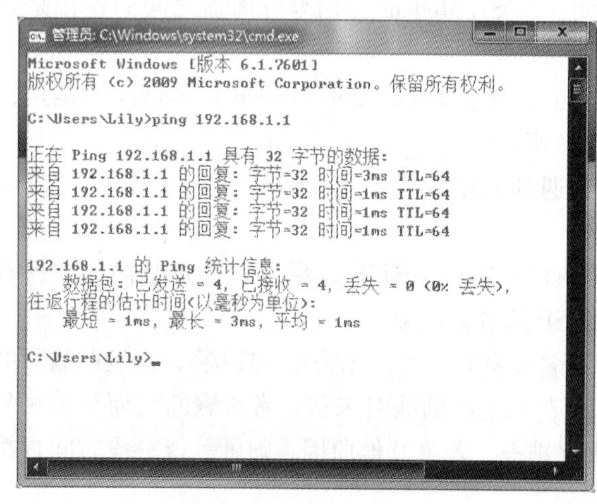

图 6-50　ping 网关地址

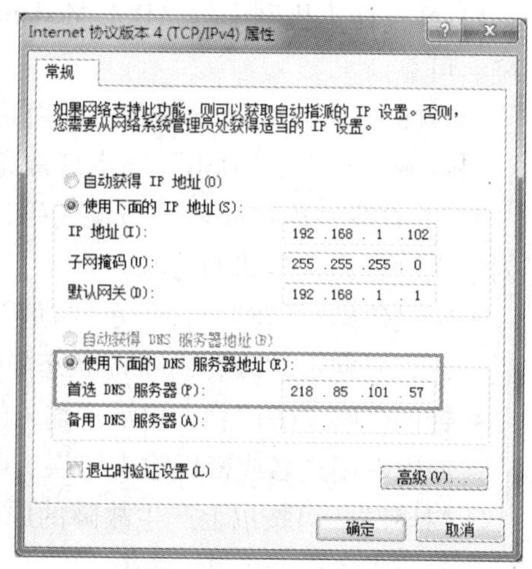

图 6-51　设置 DNS 服务器地址

3. 对等网内计算机无法互相访问

计算机对等网允许在多台计算机之间共享软硬件资源，并可互相传递信息。然而在安装并设置好对等网后，有时候会遇到网内计算机无法互相访问的问题。如果出现此类故障，可按如下步骤进行排查。

（1）检查 Guest 用户是否已经启用

在默认情况下，Windows 2000、Windows XP 和 Windows 7 操作系统中的 Guest 用户是禁用的。若要启用 Guest 用户，可以依次选择“控制面板”→“管理工具”→“计算机管理→“本地用户和组”→“用户”，然后取消选中“账户已禁用”复选框。此用户最好不要设密码，并选中“用户不能更改密码”和“密码永不过期”复选框，这样可以方便用户访问，同时减小出现麻烦的可能性，如图 6-52 所示。

（2）检查是否拒绝 Guest 用户从网络访问本机

在默认情况下，Windows 2000、Windows XP 和 Windows 7 操作系统是拒绝 Guest 用户从网络访问本机的。可以依次选择“控制面板”→“管理工具”→“本地安全策略”→“本地策略”→“用户权限分配”→“拒绝从网络访问这台计算机”，如图 6-53 所示，在弹出的对话框中进行查看，若其中包括 Guest 用户便将其删除，如图 6-54 所示。如果是在建有域的 Windows 2000 Server 或 Windows 2003 Server 服务器上，还必须在“域安全策略”的相应项目中将 Guest 用户删除，需要注意的是，删除后要等几分钟才能奏效。

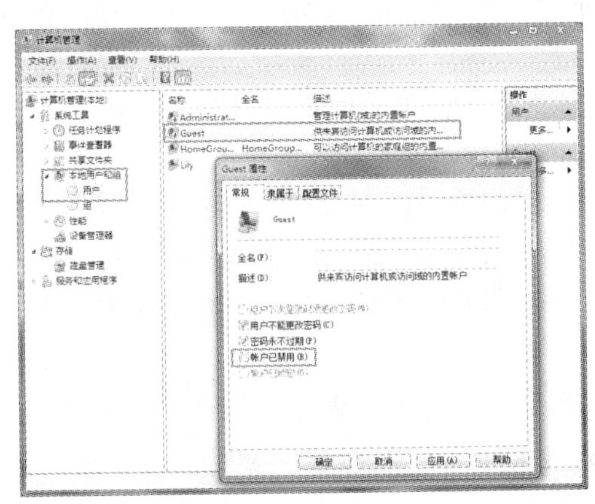

图 6-52 启用 Guest 用户

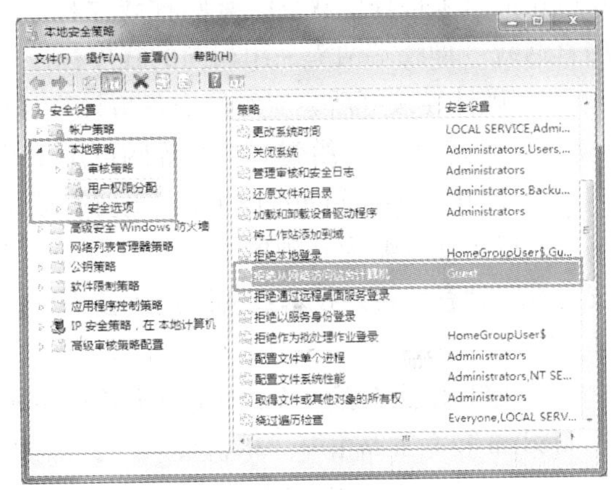

图 6-53 打开本地安全策略设置

（3）更改网络访问模式

有时 Windows 操作系统把从网络登录的所有用户都按来宾账户进行处理，因此即使管理员从网络登录也只具有来宾账户的权限，若遇到不能访问的情况，可以尝试修改网络的访问模式。打开“本地安全策略”编辑器，选择“本地策略/安全选项”，双击“网络访问：本地账号的共享和安全模式”策略，可以看到它有两个选项可供选择，分别是“仅来宾 - 对本地用户进行身份验证，其身份为来宾”和“经典 - 对本地用户进行身份验证，不改变其本来身份”，设置成后者即可，如图 6-55 所示。

（4）为 Guest 用户设置密码

在 Windows 操作系统中，“账户：使用空密码的本地账户只允许进行控制台登录”这个安全策略是默认启用的，而 Guest 用户默认是没有密码的，因此应为 Guest 用户设置一个密码以便顺利访问。

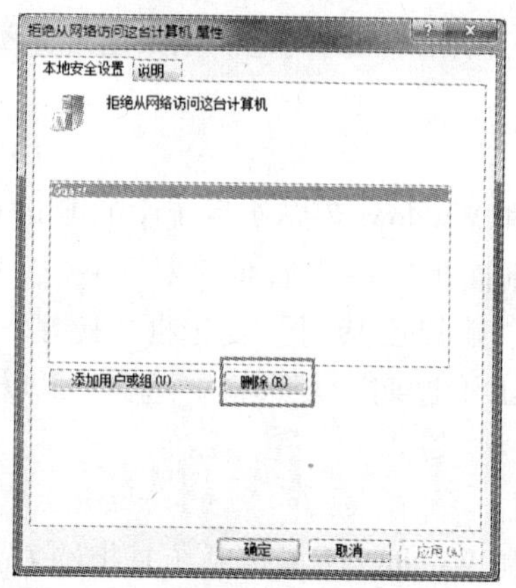

图 6-54　调整安全策略

图 6-55　更改网络访问模式

项目小结

1）组建计算机对等网要用到的设备主要有交换机和双绞线。交换机可根据网络的规模及应用需求来选择。双绞线有两种线序标准，分别是 T568－A 和 T568－B，对等网主要采用直通线（即线端两头采用相同的线序标准）。

2）硬件连接好后，应对网内各台计算机的 IP 地址和工作组等信息进行配置，并测试计算机之间的连通性。组建好的对等网可用于共享 Internet 和硬件、软件资源。

3）计算机接入 Internet 的方式主要有以下几种：以现有电话网铜线为基础的 xDSL 接入技术，以同轴电缆为基础的混合光纤同轴（HFC）接入技术、以太网接入技术、光纤接入技术等多种有线接入技术或无线接入技术。应着重掌握接入网的概念和家庭用户常用的 ADSL 接入方式。

4）家庭用户在接入 Internet 时主要有单机接入和多机接入两种情况，常用的设备有 ADSL Modem 和宽带路由器。单机接入时只需要 ADSL Modem，应熟悉建立宽带拨号连接并接入 Internet 的步骤。多机接入通常是有线和无线混用的情况，需要用到 ADSL Modem 和无线路由器，主要应熟悉无线路由器的详细配置步骤。

5）计算机在接入 Internet 时会遇到一些问题，可对常见故障的解决方法和步骤进行了解，为解决实际遇到的问题提供参考。

项目练习

一、填空题

1. 双绞线按结构可分为（　　）和（　　）两大类，其中在组建企业网时最常用的是（　　）。

2. 直通线就是两端线序使用相同的标准，交叉线就是两端线序使用不同的标准。交叉线主要用于（　　）和（　　）的级联，以及两个计算机网卡之间的连接，而直通线可用于(　　)与（　　）、(　　)、路由器等设备的连接。

3. 双绞线“水晶”头的制作标准有（　　）和（　　）两种，一种颜色顺序为（　　），另一种颜色顺序为（　　）。

4. 接入网是指（　　）的所有通信设备，主要用于主机或局域网接入到(　　)。

5. ADSL 接入 Internet 的方式主要有（　　）和（　　）。

6. ADSL 接入方式常用的协议有（　　）和（　　）。

7. 宽带路由器通常具有一个（　　）接口和多个（　　）接口，并具有地址转换功能（　　）以实现多用户共享接入。

8. 宽带路由器根据网络类型来分，可以分为（　　）和（　　）。

9. 家庭小型网络（由台式机和便携式计算机组成）通过 ADSL 拨号方式接入 Internet，需要用到的接入设备有（　　）和（　　）。

10. 按照交换机工作的协议层来划分，交换机分为（　　）、(　　）和四层交换机。

二、选择题

1. 下列有关计算机网络的描述错误的是（　　）。

A. 计算机网络是将处在不同地理位置的独立的计算机用通信介质和设备互连的结构，辅以网络软件进行控制，实现资源共享、协同操作的目的。

B. 计算机网络的通信介质可以分为无线通信介质和有线通信介质。

C. 计算机网络设备包括网卡、交换机、ADSL Modem 和路由器等。

D. 通信介质中，双绞线、无线电波和微波等属于无线通信介质。

2. 五类或超五类非屏蔽双绞线的单段长度最大为（　　）。

A. 150 m　　B. 200 m　　C. 100 m　　D. 300 m

3. （　　）类型的连接器通常与五类非屏蔽双绞线一起在以太网中使用。

A. RJ－11　　B. RJ－45　　C. BNC　　D. AUI

4. 当建筑物之间的距离超过电缆的最大长度时，应（　　）处理。

A. 用路由器级联　　B. 用中继器　　C. 用集线器级联　　D. 用交换机级联

5. （　　）是将分配给内部网络计算机的 IP 地址转换成合法注册的 Internet 实际 IP 地址，是宽带路由器不可缺少的功能。

A. 网络地址转换（NAT）功能　　B. 动态主机配置协议（DHCP）功能

C. 虚拟专用网（VPN）功能　　D. 虚拟服务器功能

6. （　　）允许服务器向客户端动态分配 IP 地址和配置信息，并提供安全、可靠、简单的网络设置，避免地址冲突。

A. 网络地址转换（NAT）功能　　B. 动态主机配置协议（DHCP）功能

C. 虚拟专用网（VPN）功能　　D. 虚拟服务器功能

7. （　　）能利用 Internet 公用网络建立一个拥有自主权的私有网络，对于企业用户来说，这一功能非常重要，不仅可以节约开支，而且能保证企业信息安全。

A. 网络地址转换（NAT）功能　　B. 动态主机配置协议（DHCP）功能

C. 虚拟专用网（VPN）功能　　D. 虚拟服务器功能

三、简答题

1. 简述双绞线的制作方法。

2. 简述交换机和宽带路由器的功能。

3. 某广告公司有 6 台计算机（其中 1 台为便携式计算机），现欲组建对等网并使所有计算机可以接入 Internet，为其设计方案并简要陈述组建和设置步骤。

项目实训

一、实训目的

1. 掌握双绞线的制作方法。
2. 掌握对等网组建并接入 Internet 的方法和步骤。
3. 掌握无线路由器的配置方法。

二、实训条件

1. 每组一把压线钳，双绞线和“水晶”头若干。
2. 每组一台可以正常运行的计算机。
3. 每组一台无线路由器。
4. 32 口交换机一台，无线接入终端一台（如便携式计算机）。

三、实训步骤

1. 制作交叉线和直通线各一条，并分别测试它们的连通性。

2. 使用制作好的直通线将计算机和无线路由器进行连接，登录无线路由器的配置界面，根据 Internet 接入的方式分别配置“LAN 口参数”、“WAN 口参数”、“无线传输模式”、“加密方式”等。

3. 断开计算机和无线路由器的连接，使用直通线将所有计算机连接到交换机上。

4. 设置各台计算机的 IP 地址，所有计算机设置成同一个网段，并用 ping 命令测试各台计算机之间的连通性。

5. 连接交换机和无线路由器的 LAN 口，无线路由器的 WAN 口连接 Internet 进线，测试各台计算机是否可以接入 Internet。

6. 使用便携式计算机测试是否可以通过无线 WiFi 的方式接入 Internet。

项目7　计算机故障分析方法与主要部件的维护

项目目标

1. 技能目标

- 能进行 Windows 操作系统的维护。
- 能对微机的主要部件模块进行故障分析并处理。
- 能对微机的软件故障进行分析并处理。

2. 知识目标

- 熟悉微机故障的基本检查步骤、故障处理基本原则和检修中的安全措施。
- 掌握系统故障的检查流程图和常规检测方法。
- 了解机房环境要求和供电要求。
- 了解微机的病毒的分类和特点。
- 了解一些常见杀毒软件。

项目实施

任务7.1　计算机故障分析方法

7.1.1　任务描述

某单位的计算机经常出现故障，此时要对计算机的硬件故障表现进行分析，使用正确的排查方法，以便将故障范围缩小，较快地找出故障点。

7.1.2　任务资讯

7.1.2.1　微机故障的基本检查步骤

微机故障的基本检查步骤可归纳为：由系统到设备、由设备到部件、由部件到器件、由器件到故障点。

1）由系统到设备是指一台微机系统出现故障，应先确定是系统中的哪一部分出了问题，如是硬件问题还是软件问题，硬件问题又有主机部分、电源部分、硬盘存储部分、光盘存储部分、显示部分、网络部分、多媒体部分、输入设备部分、输出设备部分等。先确定故障的大致范围，然后再做进一步的检测。

2）由设备到部件是指在确定微机的某一部分出了问题后，再对该部分的部件进行检查。例如，如果判断是微机的光盘存储部分出了故障，则进一步检测光盘存储部分哪一个部件出了问题，如光盘、信号线、电源插头、IDE 接口等。

3）由部件到器件是指判断某一部件出问题后，再对该部件中的各个具体元器件或集成块芯片进行检查，以找出有故障的器件。例如，若已知是内存条故障，还需要检查出是哪一个内存条或哪一块 RAM 芯片损坏。

4）由器件到故障点是指确定故障器件后，应进一步确认是器件的内部损坏还是外部故障，检查是否存在器件引脚、引线的接点或插点的接触不良，焊点、焊头的虚焊，以及导线、引线的断开或短接等问题。

7.1.2.2 微机故障处理的基本原则

1. 先静后动

1）维修人员要保持冷静，考虑好维修方案后再动手检查。

2）不能在带电状态下进行静态检查，以保证安全，避免再损坏别的部件。处理好发现的问题再通电进行动态检查。

3）电路先处于直流静态检查，处理好发现的问题后，再接通脉冲信号进行动态检查。

2. 先外后内

先检查各设备的外表情况，如机械是否损坏、插头接触是否良好、各开关旋钮位置是否合适等，然后再检查设备内部。

3. 先辅后主

一般来说，主机可靠性高于外部设备。先检修外部设备，然后再检修主机。

4. 先源后载

一般来说电源发生故障的概率要比其他设备大一些。电源不正常，会影响系统板和外部设备。因此，先要检修电源，如先检查交流电压是否正常，电源熔丝是否烧断，直流电压 ±5V、±12V 是否正常，然后再检修负载（系统板和各外部设备）。

5. 从简到繁

先解决简单的、难度小的故障，如接触不良、熔丝发热熔断等，再解决复杂的故障。

6. 先共用后专用

检查是否存在一根信号线连接了两台设备、一个适配卡连接了两台以上设备、一个接口连接多台设备等情况，这样的信号线、适配卡和接口的故障应先排除，也可以通过分析连接的多台设备故障情况来确定共用部分的故障。

7.1.2.3 微机检修过程中的安全措施

在微机检修过程中，无论是微机系统本身还是所使用的维修设备，它们其中既有强电系统，又有弱电系统，所以要特别注意维修过程中的安全问题。

维修过程中的安全问题，主要有三方面的内容：维修人员的人身安全；被维修的微机系统的安全；所使用的维修设备，特别是贵重仪表的安全。

在维修的实际操作过程中，还必须特别注意以下问题：

1. 注意机内高压系统

机内高压系统是指市电 220 V 的交流电压和显示器 10000 V 以上的阳极高压。这样高的电压无论是对人体、计算机或维修设备，都将是很危险的，必须引起高度重视。

在对计算机做一般性检查时，能断电操作的一定要断电操作，在必须通电检查的情况下，注意人体和器件安全。对于刚通电又断电的操作，要等待一段时间，或者预先采取放电措施，待有关储能元件（如大电容等）完全放电后再进行操作。

2. 不要带电插拔各插卡和插头

带电插拔各控制插卡很容易造成芯片的损坏。因为在加电情况下，插拔插卡会产生较强的瞬间反激电压，足以把芯片击毁。同样，带电插拔打印口、串口、键盘口等外部设备的连接电缆也常常是造成相应接口损坏的直接原因。

3. 防止烧坏系统板及其他插卡

烧坏系统板是非常严重的故障，因此，当插卡无法确定好坏，也不知有无短路情况的适配卡或其他插件时，首先不要马上加电，而是要用万用表测一下 +12 V 端和 -12 V 端与周围的信号有无短路情况（可以在另一空槽上测量），再测一下系统板上电源 +5 V 端、-5 V 端与地是否短路。如果没有异常情况，一般不会严重烧坏系统板或控制卡。各种部件的电源插头，要认准正负极的正确方向再插入插座。

4. 防静电

在维修过程中，静电往往在不知不觉的时候将内存、CPU 等计算机零部件击穿。若维修计算机的人带静电，又去碰触计算机的 CPU、板卡等，会造成计算机零部件的损坏。

7.1.3 任务实施

7.1.3.1 系统故障检查流程图

系统故障检查可以根据如图 7-1 所示的流程图进行。

7.1.3.2 系统故障的常规检测方法

1. 清洁法

若机房环境较差，机器使用时间又较长，应首先采用清洁法进行诊断。

用毛刷轻轻刷去主板、内存条、各种适配卡等部件上的灰尘。一些板卡或芯片采用插脚形式，会因为震动、灰尘等原因造成引脚氧化，导致接触不良，可用橡皮擦拭表面氧化层，然后重新插接好后开机检查。若故障仍然没有排除，可采用其他的方法检查。

2. 程序诊断法

若微机还能够正常启动，可采用一些专门为诊断机器而编制的程序来帮助查找故障原因，这是考核机器性能的重要手段和最常用的方法。

诊断程序要尽量满足两个条件：

1）能较严格地检查正在运行的机器的工作情况，考虑各种可能的变化，造成“最坏”环境条件。这样，不仅能检查系统内各个部件（如 CPU、存储器、打印机、键盘、显示器、软盘、硬盘等）的状况，而且也能检查整个系统的可靠性、工作能力，同时可以检测部件互相之间的干扰情况。

2）一旦故障暴露，要尽量了解故障范围，范围越小越好，这样便于维护人员寻找故障原因，排除故障。诊断程序测试法包括简易程序测试法、检测诊断程序测试法和高级诊断法。

简易程序测试法：这是一种针对具体故障，通过用户自己编制的一些简单而有效的检查程序来帮助测试和检测机器故障的方法。这种方法依赖于检测者对故障现象的分析和对系统的熟悉程度。

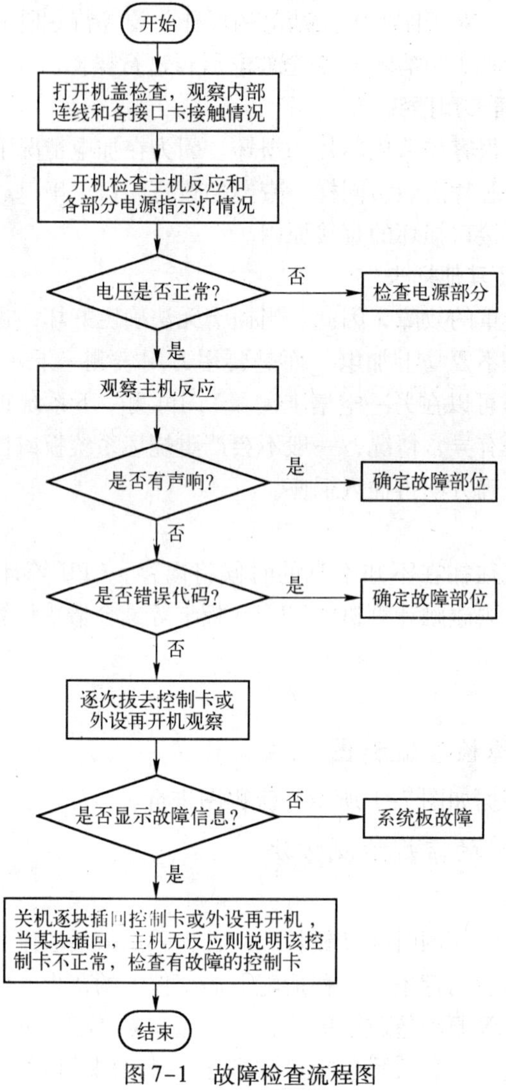

图 7-1　故障检查流程图

检测诊断程序测试法：这是一种采用通用的测试软件（如 Sysinfo 等），或者系统专用检查诊断程序来帮助寻找故障的方法。这种程序一般具有多个测试功能模块，可对处理器、存储器、显示器、软驱、硬盘、键盘和打印机等进行检测，通过显示错误代码、错误标志以及发出不同声响，为用户提供故障原因和故障部位。

除通用的测试软件外，很多计算机都配置了开机自检程序，也提供一些随机的高级诊断程序。利用厂家提供的诊断程序进行故障诊断，可方便地检测到故障位置。

3. 插拔法

插拔法是通过将插件板或芯片“拔出”或“插入”来寻找故障原因的方法。采用该方法能迅速找到发生故障的部位，从而查到故障的原因。此方法虽然简单，但却是一种实用且有效的方法。

例如，若微机在某时刻出现“死机”现象，很难确定故障原因，而采用“插拔法”有可能迅速查找到故障的原因及部位。

插拔法的基本做法是依次拔出故障系统中的插件板，每拔出一块，则开机测试一次机器状态。一旦拔出某块插件板后，机器工作正常，那么故障原因可能就在这块插件板上，即很可能是该插件板上的芯片或有关部件有故障。

插拔法不仅适用于插件板，而且也适用于在印制板上装有插座的中、大规模集成电路的芯片。只要不是直接焊在印制板上的芯片和器件都可以采用这种方法。例如，开机即不能启动系统，机箱面板一亮即灭。从故障现象看好像是电流太大引起微机电源自锁，但到底是哪一个部件短路呢？首先切断电源，用插拔法按以下步骤进行检查。

1）先将主机与所有的外设连线拔出，再接通电源。若故障现象消失，则检查外设及连接处是否有碰线、短路、插针间相碰等短路现象。若故障现象仍然存在，问题可能在主机或电源本身，关机后继续进行下一步检查。

2）将主板上的所有插件板拔出，再合上电源。若故障现象消失，则故障可能出现在拔出的某个插件板上，此时可进行第三步检查。若故障现象仍然存在，则应检查主板与机箱之间、电源与机箱之间有无短路现象，若没有发现问题，则可断定是电源直流输出电路本身的故障。

3）对从主板上拔下来的每一块插件板进行常规自测，仔细检查是否有相碰或短路现象。若无异常发现，则一块一块地依次插入插件板，每插入一块都开机观察故障现象是否重新出现，即可很快找到有故障的插件板。

在每次拔、插系统主板及外部设备上的插卡或器件时，都一定要关掉电源后再进行。

4. 直接观察法

直接观察法就是通过眼看、耳听、手摸、鼻闻等方式检查机器比较典型或比较明显的故障。如观察机器是否有火花、是否有异常声音、插头及插座是否松动、电缆是否损坏、是否有断线或碰线、插件板上元件是否发烫、是否有烧焦或封蜡熔化、元件是否损坏或管脚是否断裂、机械是否有损伤，以及是否有松动或卡死、接触不良、虚焊、断线等现象。必要时可用小刀柄轻轻敲击怀疑有接触不良或虚焊的元器件，然后再仔细观察故障的变化情况。

微机上一般器件发热正常温度在器件外壳上为 40 ~ 50℃，手指摸上去有一点温度，但不烫手。如果手指触摸器件表面烫手，则该器件可能因为内部短路造成电流过大而发热，应该将该器件换下来。

对于电路板，要用放大镜仔细观察检查，有无断线、杂物和虚焊点等问题。观察器件表面的字迹和颜色，如发生焦色、龟裂或字迹颜色变黄等现象，应更换该器件。

耳听检查一般要听有无异常的声音，特别是风扇、软驱和硬盘等部件。如有“撞车”或其他异常声音，应立即关机处理。

5. 替换法

替换法是用备份的器件替换有故障疑点的器件，或者把相同的器件互相交换，观察故障变化的情况，依此来帮助用户判断寻找故障原因。

计算机内部有不少功能相同的部分，它们是由完全相同的一些器件组成的。例如，内存条及芯片由相同的插件或 RAM 芯片组成，在外设接口板中串口（或并口）也是相同的，其他逻辑组件相同的就更多了。如故障发生在这些部分，用替换法能较迅速地查找到故障点。

若替换后故障消失，说明换下来的部件有问题；若故障没有消失，或故障现象有变化，说明换下来的插件仍值得怀疑，必须做进一步检查。

替换可以是芯片级的，如 RAM 芯片或 CPU 等；替换也可以是部件级或器件级的，如两台显示器交换，或者两个键盘、两个软驱、两个光驱、两块适配器、两个内存条之间交换等。

这种方法方便、可靠，尤其检测外设板卡和在印制板上带有插座的集成块芯片等部位时是十分有效的。

6. 比较法

比较法适用于对怀疑故障部位或部件不能用替换法进行确定的场合。如某器件很难拆卸和安装，或拆卸和安装后将会造成该器件损坏，则只能使用比较法。一般情况下，两台机器要处于同一工作状态或外界条件下，当怀疑某器件有故障时，分别测试两台机器中相同器件的相同测试点，将正常机器的特征与故障机器的特征进行比较，来帮助判别和排除故障，以便能较快地发现故障点。

7. 最小系统法

最小系统主要由电源、主板、CPU、内存、显示卡/显示器组成。最小系统主要用来判断系统的关键部件是否可完成正常的工作，若最小系统的各部件能正常工作，在显示器上会显示有关内容。在判断故障过程中是通过声音来判断这一核心组成部分是否可正常工作的。

8. 逐步添加/去除法

逐步添加法是指以最小系统为基础，每次只向系统添加一个部件/设备或软件，来检查故障现象是否消失或发生变化，以此来判断并定位故障部位。逐步去除法正好与逐步添加法的操作相反。逐步添加/去除法一般要与替换法配合，才能较为准确地定位故障部位。

9. 原理分析法

按照计算机的基本原理，根据机器所安排的逻辑关系，从逻辑上分析各点应有的特征，进而找出故障原因，这种方法称为原理分析法。

例如，微机出现不能引导的故障，用户可根据系统启动流程，仔细观察系统启动时的屏幕信息，一步步地分析启动失败的原因，便能很快查出故障环节和引起故障的大致范围。

如果怀疑在某个板卡上出现硬件故障，则可根据在某一时刻，某个点应有多宽的脉冲信号，或者应满足哪些逻辑条件来判断，这些条件的正确电平状态是高电平还是低电平，然后测试和观察该点的具体现象，分析故障原因，这样可缩小范围，直至找出故障原因为止。

10. 加电自检法

微机系统从加电开机到显示器显示 DOS 提示符和光标的过程中，首先要通过固化在 ROM 中的 BIOS ROM 硬件系统自检，当诊断正确再进行系统配置及输入/输出设备初始化，然后引导操作系统并将 MS - DOS 系统的 3 个文件（两个隐含文件 IO. SYS 和 MSDOS. SYS，以及命令处理程序 COMMAND. COM）装入系统内存，从而完成 DOS 启动过程，并给出 DOS 提示符和光标，等待用户输入键盘命令。自检程序正确则显示系统信息，若自检通过但显示内容不对，则应检查有关连接电缆等是否完好。

测试时，一般将硬件分为中心系统硬件和非中心系统硬件两种，相应的功能也按此进行划分。对于所测到的中心系统硬件故障属严重的系统板故障，系统无法进行错误标志的显示，其他所测到的硬件故障属非严重故障，系统能在显示器上显示出错信息提示。为了方便故障诊断，有的 BIOS 程序还能根据相应故障部位给出扬声器声音信号，以声音次数和声音长短来表示。

针对以上 10 种基本方法，应结合实际灵活使用。检测时往往不只应用一种方法，而是综合有关的多种方法，这样才能确定并排除故障。

任务 7.2　计算机主要部件的维护与维修

7.2.1　任务描述

计算机有可能出现各种各样的故障，要掌握正确的计算机故障分析方法，找出不同系统的故障特点，对计算机的主要部件进行重点分析，以便排除不同系统的故障，提高实践能力。

7.2.2　任务资讯

7.2.2.1　机房的环境要求

1. 温度

温度对器件可靠性的影响：器件的工作性能和可靠性是由器件的功耗、环境温度和散热状态决定的。据实验得知，在规定的室温范围内，环境温度每增加 10℃，器件的可靠性约降低 25%。一般计算机的机房，夏季温度约为 30℃ ±2℃，冬季温度约为 20℃ ±2℃，温度变化率要小于 5℃/h。

2. 湿度

高湿度对计算机设备的危害是明显的，而低湿度的危害有时可能更大。在低湿度状态下，塑料地板及机壳表面都不同程度地积累静电荷，若无有效措施加以消除，这种电荷将越积越高，不仅影响机器的可靠性，而且可能影响工作人员的身心健康。机房的一般相对湿度应为 45% ~65%。

3. 灰尘

灰尘对计算机设备，特别是对精密机械和接插件影响较大。不论机房采取何种结构形式，机房内存在大量灰尘仍是不可避免的。如空气调节需要不断补充新风，把大气中的灰尘带进了机房；机房墙壁、地面、天棚等起尘或涂层脱落；建筑不严，通过缝隙渗漏等。若大量含导电性尘埃落入计算机设备内，就会促使有关材料的绝缘性能降低，甚至短路。反之，若大量绝缘性尘埃落入设备中，则可能引起接插件触点接触不良。

4. 静电

静电对计算机的影响，主要体现在半导体器件上。计算机部件的高密度、大容量和小型化，导致了半导体器件本身对静电的影响越来越敏感，特别是大量 MOS 电路的应用。目前，虽然大多数 MOS 电路都具有保护电路，提高了抗静电的能力，但在使用时，特别是在维修更换时，同样要注意静电的影响，过高的静电电压依然会使 MOS 电路击穿。

静电带电体触及计算机时，有可能使计算机逻辑器件送入错误信号，引起计算机运算出错，严重时还会使送入计算机的计算程序紊乱。静电的产生不仅与材料、摩擦表面状态、摩擦力的大小有关，而且还与相对湿度密切相关。为了防止静电，要采用静电接地系统。另外，还要注意工作人员的着装，最好选择不产生静电的衣服，同时要控制湿度和使用静电消除器等。

5. 机房的供电要求和接地系统

1）微机电源的插头一般是单相三线制，对应电源插座各线的排列顺序一般是：上为地线，左为零线，右为火线，如图 7-2 所示。

地线应真正接入大地，在不具备接地条件时，要使用三线插座，避免火线和零线插反。妥善的接地对于确保微机系统的安全运行具有十分重要的意义。

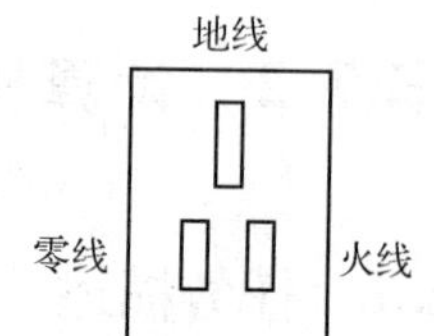

图 7-2　电源插座三线分配图

2）市电电压波动较大时，尽量采用交流稳压器。电源电压的波动是造成微机工作不稳定的直接原因。在用电高峰期间，市电电压将会明显降低，而在用电低峰期间，市电电压又会明显升高。如果有条件，最好为计算机配置一台 220 V 稳压器，甚至可以配置一台不间断电源（UPS）。

3）尽量避免突然掉电。在微机工作时，突然断电，不但可能造成文件丢失，损坏硬盘，而且可能造成电源本身出现故障。一旦发生断电，必须立即关闭微机的电源开关。为了避免此类事情的发生，最好的办法就是配置一台不间断电源（UPS）。

4）避免市电供电电压与电源规格不相符的情况发生。某些计算机的电源会有一个 110 V/220 V 的电压转换开关，如果市电供电电压与开关位置不相符时，会造成微机工作不正常。如果市电为 110 V，而开关置在 220 V，会造成无法开机，电源风扇不转，但不会损坏电源；如果市电为 220 V，而开关置为 110 V，开机会立即烧毁电源。

由于我国所用市电规格为 220 V，因此给微机加电前一定要查看一下开关是否拨在相对应的位置上，否则会造成损失。

5）在使用中不允许各档负载电流低于规定的最小负载电流，否则会使电压升高，脱离稳压范围。电源故障排除后，必须重新启动，电源才能恢复输出。

7.2.2.2　常见病毒的种类及危害

计算机病毒指在计算机程序中插入的破坏计算机功能或者破坏数据，影响计算机使用并且能够自我复制的一组计算机指令或者程序代码。

1. 常见病毒种类

（1）按病毒存在的媒介来划分

按病毒存在的媒介来划分，可分为网络病毒、文件病毒和引导型病毒。网络病毒通过计算机网络传播从而感染网络中的可执行文件；文件病毒感染计算机中的文件（如 COM、EXE、DOC 等格式文件）；引导型病毒感染启动扇区（Boot）和硬盘的系统引导扇区（MBR）。另外，还有这三种情况的混合型，例如，多型病毒（文件和引导型）感染文件和引导扇区两种目标，这样的病毒通常都具有复杂的算法，它们使用非常规的方法入侵系统，同时使用了加密和变型算法。

（2）按病毒传染的方法划分

按病毒传染的方法划分，可分为驻留型病毒和非驻留型病毒。驻留型病毒感染计算机后，把自身的内存驻留部分放在内存（RAM）中，这一部分程序挂接系统调用并合并到操作系统中，处于激活状态，一直到关机或重新启动。非驻留型病毒在得到机会激活时并不感染计算机内存。虽然一些病毒在内存中留有小部分，但是并不通过这一部分进行传染，这类病毒也被划分为非驻留型病毒。

（3）按病毒的算法划分

按病毒的算法划分，可分为以下几种。

1）伴随型病毒。这一类病毒并不改变文件本身，它们根据算法产生 EXE 文件的伴随体，具有同样的名字和不同的扩展名（COM），例如，XCOPY. EXE 的伴随体是 XCOPY. COM。病毒把自身写入 COM 文件但并不改变 EXE 文件，当 DOS 加载文件时，伴随体优先被执行到，再由伴随体加载执行原来的 EXE 文件。

2）"蠕虫" 型病毒。此类病毒通过计算机网络传播，不改变文件和资料信息，利用网络从某台机器的内存传播到其他机器的内存，将自身的病毒通过网络发送。

3）寄生型病毒。寄生型病毒依附在系统的引导扇区或文件中，通过系统的功能进行传播。

4）诡秘型病毒。它们一般不直接修改 DOS 中断和扇区数据，而是通过文件缓冲区等进行 DOS 内部修改，利用 DOS 空闲的数据区进行传播。

5）变型病毒（又称"幽灵"病毒）。这一类病毒使用一种复杂的算法，使自己每传播一份都具有不同的内容和长度，一般由一段混有无关指令的解码算法和被变化过的病毒体组成。

2. 病毒的危害

（1）破坏性

一般来说，凡是用软件手段能触及到计算机资源的地方，都有可能受到计算机病毒的破坏。事实上，所有计算机病毒都存在着共同的危害，即占用 CPU 的时间和内存开销，从而降低计算机系统的工作效率。严重时，病毒能够破坏数据或文件，使系统丧失正常运行能力。

（2）潜伏性

计算机病毒的潜伏性是指其依附于其他媒介而寄生的能力。病毒程序大多混杂在正常程序中，有些病毒可以潜伏几周或几个月甚至更长时间而不被察觉和发现。计算机病毒的潜伏性越好，在系统中存在的时间就越长。

（3）可触发性

计算机病毒侵入后，一般不立即活动，需要等待一段时间，在触发条件成熟时才起作用。在满足一定的传染条件时，病毒的传染机制使之进行传染，或在一定条件下激活计算机病毒使之干扰计算机的正常运行。计算机病毒的触发条件是多样化的，可以是内部时钟、系统日期、用户标识符等。

（4）传染性

对于绝大多数计算机病毒来讲，传染是它们的一个重要特性。在系统运行时，病毒通过病毒载体进入系统内存，在内存中监视系统的运行并寻找可攻击目标，一旦发现攻击目标并满足条件时，便通过修改或对自身进行复制链接到被攻击目标的程序中，达到传染的目的。计算机病毒的传染是以带毒程序运行及磁盘读写为基础的，计算机病毒通常可通过光盘、硬盘、网络等渠道进行传播。

7.2.2.3 常见杀毒软件

杀毒软件，也称反病毒软件或防毒软件，是用于消除计算机病毒、特洛伊木马和恶意软件的一类软件。杀毒软件通常集成监控识别、病毒扫描及清除和自动升级等功能，有的杀毒软件还带有数据恢复等功能，是计算机防御系统（包含杀毒软件，防火墙，特洛伊木马和其他恶意软件的查杀程序，入侵预防系统等）的重要组成部分。

瑞星杀毒软件界面如图 7-3 所示。

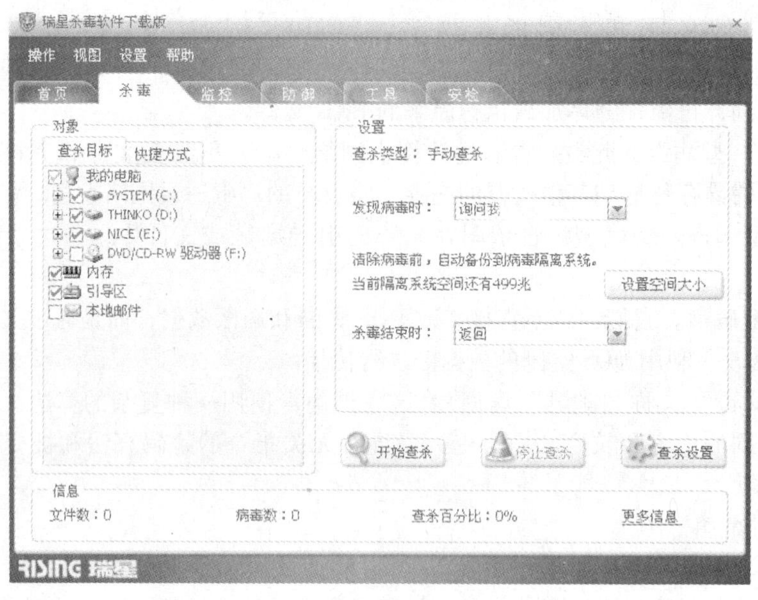

图 7-3 瑞星杀毒软件界面

1. 杀毒软件的主要技术

1）脱壳技术。脱壳技术是对压缩文件和封装好的文件进行分析检查的技术。这是一种自身保护技术，避免病毒程序“杀死”自身进程。

2）修复和实时升级技术。修复和实时升级技术是一种对被病毒损坏的文件进行修复的技术。这种技术最早由金山毒霸提出，每一次连接互联网，杀毒软件都自动连接升级服务器查询升级信息，如需要则进行升级。

3）主动防御技术。主动防御技术通过动态仿真反病毒专家系统对各种程序动作的自动监视，自动分析程序动作之间的逻辑关系，综合应用病毒识别规则知识，实现自动判定新病毒，达到主动防御的目的。

4）“云安全”（Cloud Security）技术。“云安全”技术融合了并行处理、网格计算、未知病毒行为判断等新兴技术和概念，通过网状的大量客户端对网络中软件的行为进行异常监测，获取互联网中木马、恶意程序的最新信息，推送到服务器端进行自动分析和处理，再把病毒和木马的解决方案分发到每一个客户端。

5）增强自我保护功能技术。尽管现在大部分杀毒软件都有自我保护功能，不过依然有病毒能够屏蔽它们的进程，致使杀毒软件“瘫痪”而无法保护计算机。

6）更低的系统资源占用技术。目前很多杀毒软件都需要大量的系统资源（如内存资源、CPU 资源），这样虽然保证了系统的安全，但是却降低了系统速度。为此，很多杀毒软件开始采用此项技术。

2. 一些常见的杀毒软件

杀毒软件有金山毒霸、瑞星、360 杀毒等，它们统称为“反病毒软件（Anti - virus Software）”或“安全防护软件（Safe - defend Software）”，近年来陆续出现了集成防火墙的“互联网安全套装”、“全功能安全套装”等，但都属一类软件。

（1）瑞星杀毒软件

瑞星杀毒软件2011基于瑞星“智能云安全”系统设计，借助瑞星公司全新研发的虚拟化引擎，能够对木马、“蠕虫”等恶意病毒进行智能查杀。同时，病毒查杀资源数下降了80%。它的主要特点及技术如下。

1）查杀病毒方式多。

- 后台查杀：在不影响用户工作的情况下进行病毒的处理。
- 断点续杀：智能记录上次查杀完成文件，针对未查杀的文件进行查杀。
- 异步杀毒处理：在用户选择病毒处理的过程中，不中断查杀进度，提高查杀效率。
- 空闲时段查杀：利用用户系统空闲时间进行病毒扫描。
- 嵌入式查杀：可以保护MSN等即时通信软件，并在MSN传输文件时进行传输文件的扫描。
- 开机查杀：在系统启动初期进行文件扫描，以处理随系统启动的病毒。

2）智能启发式检测技术。

根据文件特性进行的扫描，最大范围地发现可能存在的未知病毒并极大程度地避免误报给用户带来的烦恼。

3）智能主动防御技术。

- 系统加固：针对系统的薄弱环节进行加固，防止系统被病毒破坏。
- 木马入侵拦截：最大限度地保护用户访问网页时的安全，阻止绝大部分挂马网页对用户计算机的侵害。
- 木马行为防御：基于病毒行为的防护，可以阻止未知病毒的破坏。

4）实时监控。

- 文件监控：提供高效的实时文件监控系统。
- 邮件监控：提供支持多种邮件客户端的邮件病毒防护体系。

5）安全检测。

针对用户系统进行有效评估，帮助用户发现安全隐患。

6）软件安全。

- 密码保护：防止用户的安全配置被恶意修改。
- 自我保护：防止病毒对瑞星杀毒软件进行破坏。

7）工作模式。

- 家庭模式：适用于游戏、视频播放、上网等情况，为用户自动处理安全问题。
- 专业模式：用户拥有对安全事件的处理权。

8）“云安全”计划。

与全球瑞星用户组成立体监测防御体系，这样可以较快的速度发现安全威胁并解决，从而共享安全成果。

（2）360杀毒软件

360杀毒软件双引擎智能调度可为计算机提供完善的病毒防护体系，不但查杀能力出色，而且能第一时间防御新出现的病毒。360杀毒完全免费，无须激活码。360杀毒软件的系统资源占用较少，对系统运行速度的影响较小。360杀毒软件的还具备“免打扰模式”，在用户玩游戏或打开占用全屏幕的程序时自动进入“免打扰模式”。360杀毒软件和360安全卫士配合使用，可获得更好的效果。它的主要特点如下。

1）永久免费的杀毒软件。360 杀毒软件承诺其下载、激活、升级全部永久免费。

2）快速升级和响应。病毒特征库更新为小时级，确保对爆发性病毒的快速响应，以及对感染型木马病毒的强力查杀。

3）低系统资源占用和人性化的免打扰设置。它的系统资源占用较低，并有独特的游戏免打扰模式。

4）拥有强大的反病毒引擎和通过 Virus Bulletin 等全球多家权威检测机构的认证。

5）360 杀毒软件 2.0 正式版的功能及改进如下。

- 独有四大核心引擎，无论在线、离线，实时防御和查杀病毒。
- 全新界面，带给用户更佳的视觉体验。
- 新增“ 设置向导”，帮用户选择最佳产品设置。
- 新增“工具大全”。
- 增加实时防护日志信息。
- 增加程序升级功能，展现更丰富的产品信息。
- 新增命令行代理设置，方便局域网统一部署升级。

（3） 金山毒霸 2011 软件

金山毒霸 2011 软件采用蓝芯 II 云引擎，拥有较高的病毒文件识别率，全面支持 Windows 7 新特性。主要特点如下：

1）强力查杀。拥有极速查杀、屏保杀毒、定时查毒、右键一点查毒等功能。

2）高效防御。实时防毒，U 盘病毒免疫，杀毒软件自保护，云安全防御未知病毒，网上聊天保护。

3）内核强大。采用蓝芯 II 云引擎，引入微特征识别技术，全面接入云安全，拥有互联网可信认证技术。

4）个性安全功能。拥有文件粉碎器、垃圾文件清理、历史痕迹清理、全面系统修复、增强进程管理器、细致查杀日志管理、自定安全区域（可提升性能）和自定扫描类型（可提升性能）等功能。

5）完善的服务。提供 7 × 24 小时高速升级服务和 400 免费专家热线支持。

7.2.3 任务实施

7.2.3.1 Windows 操作系统的维护

1. 定期检查缺损的系统文件

当系统文件因种种原因而损坏甚至丢失时，往往会影响到操作系统的稳定运行。为此，需要经常定期检查系统文件，及时查找到缺损的系统文件并将其恢复。可以利用 Windows XP 中的“系统文件检查器”去完成这个任务。

1）依次选择“开始” → “所有程序” → “附件” → “命令提示符” 或者直接在系统“运行” 文本框中输入“CMD”，进入系统的 “命令提示符” 窗口。

2）在命令提示符后输入 “Sfc” 并按下〈Enter〉键，便可出现该命令各个参数所代表的意义。例如，在命令提示符后输入 “Sfc/Scannow” 命令后，按下〈Enter〉键，“系统文件检查器” 就会开始检查当前的系统文件是否有损坏，版本是否正确。如果发现错误，程序就会要求插入 Windows XP 安装光盘来修复或者替换不正确的文件，从而保证了系统的稳定。

2. 经常对系统进行维护

当硬件使用了一段时间后，自然会生成不少磁盘碎片文件，从而降低硬盘的工作效率，增加操作系统的不稳定性。

可以打开桌面上“我的电脑”图标，选择打算进行维护的分区，单击鼠标右键，选择快捷菜单中的“属性”选项。在打开的对话框中单击“工具”选项卡，就可以利用其中的工具进行诸如磁盘查错、磁盘碎片整理等操作，及时修复文件系统所存在的错误。

此外，尽量不要在同一操作系统中开启多个杀毒软件及防火墙，这样容易因为同一类型不同款的软件造成冲突；而且多款同类工具的运行会占用系统大量的资源，使系统运行速度减慢甚至造成系统的不稳定。

3. 备份系统的重要数据

在打造了一个稳定、高效、安全的操作系统后，还要注意备份重要数据文件。倘若操作系统一旦真的“一病不起”，那么有可能损坏或丢失某些重要数据，因此经常备份重要数据尤为重要。除了备份重要数据之外，还可以利用操作系统自带的“系统还原”功能或“Ghost”一类的备份工具去备份完整的操作系统，让系统随时能得以恢复。

4. 加强系统重要文件夹的安全

在实际使用计算机的过程中，病毒或恶意代码往往会将“魔手”伸向操作系统的重要文件夹，如 Windows、System、System32 等文件夹，给操作系统带来隐患。为此，不妨对这些文件夹设置使用权限，给它们穿上一件百毒不侵的“防护衣”。

给文件夹设置权限的方法很简单。选中文件夹后单击鼠标右键，选择快捷菜单中的“属性”命令，在弹出的对话框中单击“安全”选项卡，此时便会在“组或用户名称”区域中看到可操作该文件夹的用户、用户组名称。

将除 Administrators 和 System 两个用户组外的用户组全部删除，然后在下面的权限列表中取消“完全控制”、“修改”、“写入”等权限的选中状态，再单击“确定”按钮。

在经过如此设置后，当病毒等恶意程序试图向这些文件夹写入文件时，就会因为没有相应的权限而拒绝写入，从而达到保护系统文件夹的目的。

若是为完成安装程序等要求而需向系统文件夹进行写入操作时，可重新设定这些文件夹的使用权限，然后再进行相应的操作。

5. 修复丢失的 Rundll32. exe 文件

Rundll32. exe 程序是执行 32 位的 DLL 文件，它是必不可少的系统文件，缺少了它，一些项目和程序将无法执行。不过由于它的特殊性，致使它很容易被破坏，如果在打开控制面板里的某些项目时出现“Windows 无法找到文件 C:\Windows\system32 \Rundll32. exe”的错误提示，则可以通过如下操作来解决。

1）将 Windows XP 安装光盘插入光驱，然后依次单击“开始”→“运行”。

2）在“运行”对话框中输入“expand x:\i386\rundll32. ex_c:\windows\system32 \rundll32. exe”命令并按〈Enter〉键执行（其中“x”为光驱的盘符）。

3）修复完毕后，重新启动系统即可。

6. 修复按〈Enter〉键的 NTLDR 文件

当突然停电或在高版本系统的基础上安装低版本的操作系统时，很容易造成 NTLDR 文件的丢失，这样在登录系统时就会出现“NTLDR is Missing Press any key to restart”的故障提示，可在“故障恢复控制台”中进行解决。

进入故障恢复控制台，然后插入 Windows XP 安装光盘，接着在故障恢复控制台的命令状态下输入“copy x:\i386\ntldr c:\”命令并按〈Enter〉键即可（“x”为光驱所在的盘符），然后执行“copy x:\i386\ntdetect. com c:\”命令，如果提示是否覆盖文件，则输入“y”确认，并按〈Enter〉键。

7. 修复受损的 Boot. ini 文件

在遇到 NTLDR 文件丢失的故障时，Boot. ini 文件多半也会出现丢失或损坏的情况。这样在进行了上面修复 NTLDR 的操作后，还要在故障恢复控制台中执行“bootcfg /redirect”命令来重建 Boot. ini 文件，最后执行“fixboot c:”命令，在提示是否进行操作时输入“y”确认并按〈Enter〉键，这样 Windows XP 的系统分区便可写入到启动扇区中。当执行完全部命令后，输入“exit”命令退出故障恢复控制台，重新启动后系统即可恢复如初。

7. 2. 3. 2 微机硬件故障分析要点

1. 显示系统故障分析

大多数显示故障属于硬件故障，而显示器是计算机和操作者最直接的交流窗口，因此，快速判断显示器的故障是很重要的。黑屏现象是一种显示器最常见的故障现象。下面以黑屏现象为例介绍显示器的一般检修流程。

1）检查显示器电源是否接好。当打开显示器电源开关时，显示器会有“嚓”的一声响（消磁声）。显示器电源开关未打开，会造成“黑屏”和“死机”的现象。独立供电外设故障时，首先应检查设备电源是否正常、电源插头/插座是否接触良好、电源开关是否打开。若故障仍未排除，执行下一步。

2）检查显示器亮度、对比度、显示位置旋钮是否调整在正常位置。显示器无显示很可能是行频调乱、宽度被压缩，甚至只是亮度被调至最暗。详细了解该外设的设置情况，并动手试一下，有助于发现一些原本以为非更换零件才能解决的问题。

3）检查显示器信号线与显示卡接触是否良好。外设跟计算机之间是通过数据电缆连接的，数据电缆脱落、接触不良均会导致该外设工作异常，如显示器接头松动会导致屏幕偏色、无显示等故障。同时，应检查各设备间的线缆连接是否正确。重新调整或插好，若故障仍未排除，执行下一步 。

4）换一台正常显示的显示器，若故障仍未排除，检查显示卡与主板接触是否良好。如果显示卡与主板接触不良，执行下一步。

5）换一个工作正常的显示卡后再开机。若故障还未排除，执行下一步。

6）内存与主板接触是否良好。如果内存与主板接触不良，重新插好后故障仍未排除，执行下一步。

7）有的系统有新特性，很多“故障”现象其实是硬件设备或操作系统的新特性造成的，如带节能功能的主机，在间隔一段时间无人使用计算机或无程序运行后会自动关闭显示器、硬盘的电源，敲一下键盘后就能恢复正常，如果不知道这一特性，就可能会认为显示器、硬盘出了毛病。多了解微机、外设、应用软件的新特性，同时多向专家请教，有助于增加知识和减少无谓的恐慌。

2. 硬盘系统故障分析

（1）故障检查

1）如果是 IDE 接口的硬盘要检查 ID 跳线是否正确，特别是一条数据线连接两个外存储器时，ID 跳线一定要正确，它应与连接在线缆上的位置匹配。

2）连接硬盘的数据线是否接错或接反，硬盘连接线是否有破损或硬折痕，可通过更换连接线检查。

3）硬盘电源是否已正确连接，不应有过松或插不到位的现象。

4）硬盘电路板上的元器件是否有变形、变色及断裂缺损等现象。

5）硬盘电源插座的接针是否有虚焊或脱焊现象。

6）加电后，硬盘自检时指示灯是否不亮或常亮；工作时指示灯是否能正常闪亮。

7）加电后，要听硬盘的运转声音是否正常，不应有异常的声响及过大的噪声。

8）供电电压是否在允许范围内，波动范围是否在允许的范围内等。

9）硬盘是否有物理坏道或逻辑坏道，硬盘的分区是否正确，分区表是否被破坏。

（2）故障判断

1）建议在最小系统下进行检查，并判断故障现象是否消失。这样做可排除由于其他驱动器或部件对硬盘访问的影响。

2）查找 BIOS 中的硬盘有关参数，硬盘能否被系统正确识别，识别到的硬盘参数是否正确；BIOS 中对 IDE 通道的传输模式设置是否正确（最好设为“自动”）。

3）显示的硬盘容量是否与实际相符、格式化容量是否与实际相符（注意：一般标称容量是按 1000 为单位标注的，而 BIOS 中及格式化后的容量是按 1024 为单位显示的，二者之间有 3% ~5% 的差距，格式化后的容量一般会小于 BIOS 中显示的容量）。硬盘的容量根据系统所提供的功能（如带有一键恢复），应比实际容量小很多。

4）检查当前主板的技术规格是否支持所用硬盘的技术规格。

5）检查磁盘上的分区是否正常、是否被激活、是否格式化，以及系统文件是否存在或完整。

6）对于不能进行分区、格式化操作的硬盘，在无病毒的情况下，应更换硬盘。更换仍无效的话，应检查软件最小系统下的硬件部件是否有故障。

7）必要时进行修复或初始化操作，或完全重新安装操作系统。

8）注意检查系统中是否存在病毒，特别是引导型病毒。

9）认真检查在操作系统中有无第三方磁盘管理软件在运行；设备管理器中对 IDE 通道的设置是否恰当。

10）当加电后，如果硬盘声音异常、工作不正常或根本不工作时，应检查一下电源是否有问题、数据线是否有故障、BIOS 设置是否正确等，然后再考虑硬盘本身是否有故障；应使用相应硬盘厂商提供的硬盘检测程序检查硬盘是否有坏道或其他可能的故障。

3. 光驱的故障分析

（1）故障检查

1）如果是 IDE 接口的光驱要检查 ID 跳线是否正确，特别是一条数据线连接两个外存储器时 ID 跳线要正确，它应与连接在线缆上的位置匹配。

2）连接光驱的数据线是否接错或接反，光驱连接线是否有破损或硬折痕，可通过更换连接线检查。

3）光驱设置是否有错，驱动程序是否有问题。

4）光驱电源是否已正确连接，不应有过松或插不到位的现象。

5）光驱电路板上的元器件是否有变形、变色及断裂缺损等现象。

6）光驱电源插座的接针是否有虚焊或脱焊现象。

7）加电后，光驱自检时指示灯是否不亮或常亮；工作时指示灯是否能正常闪亮。

8）加电后，要听光驱的运转声音是否正常，不应有异常的声响及过大的噪声。

9）检查光驱的激光头是否老化、位置是否偏移、功率是否减弱。

（2）故障判断

1）首先查找 BIOS 中的光驱的有关参数，查看光驱参数是否符合要求，若参数找不到，采用检查硬盘的方法寻找光驱硬件故障的原因。在软件最小系统中进行检查判断。在必要时，可将光驱移出机箱外检查。检查时，用光盘来启动系统，以初步检查光驱的故障。如不能正常读取，则在软件最小系统中检查，最先考察的是光驱的光盘是否有问题。

2）对于读盘能力差的故障，先考虑防病毒软件的影响，然后用随机光盘进行检测，如故障复现，更换维修，否则根据用户的需要及所见的故障进行相应的处理。

3）在必要时，通过刷新光驱的 formware 检查故障现象是否消失（如由于光驱中放入了一张 CD，导致系统第一次启动时，光驱工作不正常，就可尝试此方法）。

4）在操作系统下的应用软件能否支持当前所用光驱的技术规格。

5）设备管理器中的设置是否正确，IDE 通道的设置是否正确。必要时卸载光驱驱动程序并重启，以便让操作系统重新识别安装。

6）光驱的激光头老化，或沾有灰尘，会使发射的激光束强度衰减，造成读数据出错。光驱的反射镜有灰尘，同样会造成激光束强度衰减，而无法读盘。

7）若光驱激光头偏移，会造成无法读盘。

8）光盘是否放置好，光驱门是否关好，光驱是否水平放置。

9）若光盘工作表面的透明塑胶表面有划伤和擦伤，会使激光束无法穿透或偏折，造成反射回来的信号不正确或错乱。

10）若光盘工作表面有明显的污渍，或光盘本身的品质和材质不良，会造成保护层产生砂孔，受潮后而发霉，影响正确读盘。

7.2.3.3　微机软件故障分析要点

1. 微机“死机”的故障分析

（1）开机时出现“死机”

1）BIOS 设置问题。

CPU 主频设置不当。这一类故障主要有内存条设置错误和 CPU 引起的 BIOS 设置与实际情况不符。

内存条参数设置不当。这一类故障主要有内存条设置错误和 Remark 内存条引起的 BIOS 设置与实际情况不符。如果在计算机 BIOS 中设置内存的种类不当，则可能出现“死机”情况。

如果用户所用的是普通“DDR”内存，在 BIOS 中设置“DRAM Read Burst Timing”和“DRAM Write Burst Timing”等参数时，设置得很小，用户实际所用的内存条的性能达不到设置的要求，则会使内存条工作不稳定，经常出现“死机”的情况。

对“DDR2”内存来说，设置 CAS 时间也很重要。一般 DDR2 内存条应该能稳定工作在

CAS 为 2 的模式，即延时为两个时钟周期的模式，但是有些内存达不到要求，只能设 CAS 延时为 2.5，否则系统将变得很不稳定，甚至在开机时就“死机”。

大硬盘大多需要打开 BIOS 设置中的一些存取模式，如 IDE HDD Block Mode、HDD PIO 32Bits MODE 等，以加快硬盘的工作速度。BIOS 设置的这些高级存取模式的状态，最好能按实际情况设置。如果用户对计算机的 BIOS 设置不太懂，应选用“Load BIOS Default Setup”，“BIOS”选项会启动和恢复原厂商的最安全状态设置。这样一般都能解决计算机在开机过程中所出现的“死机”情况。

2）硬件问题。

在开机时，也就是按下电源开关后，可留心听一下扬声器所发出的声音。

如果是“嘀……嘀嘀……”一长两短的报警声，说明是显示卡没插好，或者是有问题。这时关闭电源，打开机箱，重新插好显示卡，并将螺钉拧紧。

如果开机时的声音是“……嘀……嘀……”，每声间隔时间较长而且重复，那么可能是内存条出现问题，最好重新插一下内存条，并在不同的内存插槽上分别试一下。

如果计算机没有任何反应，既无声也无显示，并且确信计算机之间的连线无误，电源连线正常，则需要逐一判断计算机的每一个部件：显示器、CPU、主板、内存条、显示卡。

电压过低，计算机无反应，这可能是由于电网电压的波动，使电压低于正常值很多，计算机不能启动。

“Reset”按钮没有复位。如果“Reset”按钮积尘较多，或是其他的原因使“Reset”按钮按往下卡住，而不能弹起，会使“Reset”线一直短接。

硬盘和光驱上的数据线插反了。数据线插反也会导致计算机没有任何反应。

CPU 未插好。先把 CPU 拔下来，查看 CPU 的插脚有没有断针、扭曲等。如果以上均无问题，把 CPU 放平，对准方向后插入插座，垂直用力，确保 CPU 完全进入插座。

在自检时若出现“HARD DISK FAILURE”提示，应先检查硬盘的电源线和数据线是否插好，或者换其他的电源线和数据线，或者将硬盘拿到别的机器上去测试一下硬盘有没有故障，如果硬盘仍然不能被识别，说明硬盘可能出现物理故障，需要维修或者更换。

3）软件问题。

很多病毒会引起硬盘不能启动，用杀毒软件检查是否有病毒存在。

硬盘的引导丢失。如果引导丢失，则可以用同样版本的系统软盘启动，首先使用“DIR C:”命令，如果能看到硬盘的内容，则确信是硬盘的引导系统丢失，可用“SYS C:”命令给硬盘传输引导文件。

若 Windows 操作系统中的执行文件或驱动程序（扩展名为 Vxd 和 Dll 的文件）被意外损坏或者误删等，Windows 操作系统按顺序执行启动操作时，计算机会找不到正确的执行文件。这时只能重新安装 Windows 操作系统，一般来说覆盖安装即可。

当硬盘启动时，若出现“Invalid partition table”提示，或者用系统软盘启动后输入“DIR C:”命令，同样出现“Invalid drive specification”提示，说明硬盘的分区损坏，需要用“FDISK”和“FORMAT”重新分区格式化。

（2）在运行时出现“死机”

运行时“死机”是指在使用 Windows 操作系统的过程中出现的“死机”情况。这时导致“死机”的原因多为软件的因素，即病毒、硬盘和内存的剩余空间不足或系统的资源不足等。

1）硬件维护方面：灰尘是微机的“大敌”。过多的灰尘附着在 CPU、芯片、风扇的表面会造成这些元件散热不良，从而导致“死机”。

长时间不使用微机，会导致部分元件受潮而使用不正常。板卡、芯片引脚氧化会导致接触不良，板卡、外设接口松动会导致“死机”。将板卡、芯片拔出，用橡皮轻轻擦拭引脚表面并去除氧化物，重新插入插座。

2）硬件配置方面：主要是计算机硬件的配置太低，刚好满足安装 Windows 7 的基本条件，那么，在速度上会很大程度地影响其他应用软件的使用，而且也容易造成“死机”。若内存的速度不匹配，“死机”的现象表现为鼠标可以移动，但是单击时桌面上没有反应，有时连鼠标也移动不了，键盘也死锁。

3）驱动程序方面：显示卡的驱动程序有问题或显示卡不匹配，在 Windows XP 启动后，可以用键盘操作，而用鼠标操作就会“死机”。应更换新的显示驱动程序，或者更换其他的显示卡。

（3）退出系统时出现“死机”

在退出操作系统时出现“死机”是指在退出 Windows 操作系统时出现“死机”的现象。如果不能彻底关机，就会把磁盘缓冲区里的数据写到硬盘上，然后进入一个死循环。除非用户重新启动系统，否则不能执行任何其他程序。

这种现象可能与 Windows 操作系统的操作设置和某些驱动程序的安装不当有关。为了解决这个问题，通常都是从控制面板中进入“系统”，再打开“设备管理”，在“系统设备”中查看一下有问题显示的硬件设备（在设备名称前会出现一个黄色“！”的图标），可以删除该设备，也可以为该设备重装一次驱动程序。另外，再检查一下是否系统运行了一些驻留内存的 DOS 程序。

2. Windows 不能关机分析

自动关机是一个比较复杂的过程，它是由系统进程 Csrss 和 Winlogon 配合并调用关机函数 ShutdownSystem 来完成的，这个函数进一步调用 SetSystemPowerState 关闭驱动程序和其他的当前执行程序子系统（如即插即用管理器、电源管理器、执行程序、I/O 管理器、配置管理器、内存管理器等）。此外，执行自动关机时，系统还要检查当前系统中各种外设的状态和尚未关闭的应用程序的状态，以及处理各个数据缓冲器中的数据等。如果在上述工作中发生错误就不能正常关机。因此，在关机之前应该使各种外设停止工作，关闭所有的应用程序后再行关机。

在 Windows 操作系统中有时会出现自动关机失败的情况，下面介绍具体的原因和处理办法。

（1）系统文件中自动关机程序有缺陷

为了确认是否为这个原因所致，可以选择“开始”，在“运行”对话框中输入命令：“rundll32 user. exe，exitwindows”，看看能否正常关机。如果在这个命令下可以正常关机，表示自动关机程序可能有某种缺陷。如果采用操作系统（Windows Me/2000/XP），可在相应的项目中完成文件修补。如果修补文件仍然不能解决问题，只能重新安装系统。若运行“rundll32 user. exe，exitwindows”不能正常关机，则可能是操作系统中某些系统程序有缺陷，但是处理办法仍然是修补系统或者重新安装操作系统。

(2) 病毒和某些有缺陷的应用程序或者系统任务有可能造成关机失败

首先查杀病毒，然后在关机之前关闭所有的应用程序。由于有些应用程序是系统启动时加载的，因此可在“启动”菜单（选择“开始”，在“运行”对话框中输入命令“msconfig”打开）中逐个减去加载的程序，以便查看有无影响关机的文件（当然要重新启动之后才能生效）。

(3) 外设和驱动程序兼容性不好

外设和驱动程序兼容性不好，也可能使快速关机不能响应。选择“开始”，在“运行”对话框中输入命令“msconfig”，在“常规”选项卡中选择“高级”，在打开的窗口中选择“禁用快速关机”。如果怀疑外设有故障，也可以逐个卸载外设进行检查，以便找到有影响的外设。

(4) 关闭声音文件造成关机失败

如果设置了在关闭 Windows 时使用声音文件，当该文件被破坏时也可能造成关机失败。可依次选择“控制面板”→“声音”→“事件”，再选择“退出 Windows”项，把声音名称设置为“无”。这样处理之后如果能够正常关机，则表示的确是该原因所致，可重新安装声音文件供使用。

(5) 安装 Windows XP 后不能自动关机

如果排除了上述各种原因，则有可能是其控制面板中的电源选项设置不正确，可检查相应设置，保证 ACPI 和 APM 能够正常工作。也有的主板系统 BIOS 中的 APM（高级电源管理）和 Windows XP 之间不完全兼容（以 AMI BIOS 为多），因此不能自动关机。选择关机却变成重新启动系统，在这种情况下只能手动关机了（按下电源开关保持 4 s 后放开，如果少于 4 s 则无效）。解决此类问题的根本办法是升级主板的系统 BIOS，即采用新的版本。

3. 操作系统或应用程序故障分析

(1) 可能的故障现象

1)“休眠”后无法正常“唤醒”。

2) 系统运行中出现蓝屏、死机、非法操作等故障现象。

3) 系统运行速度慢。

4) 运行某应用程序，导致硬件功能失效。

5) 游戏无法正常运行。

6) 应用程序不能正常使用。

(2) 操作系统或应用程序可能的故障原因

1) 操作系统或应用程序的某个核心文件损坏或者被误删除。

2) 某个组件所需的文件损坏。

3) 注册表信息损坏。

4) 操作系统或应用程序遭到病毒破坏。

5) 操作系统或应用程序之间出现不兼容现象。

6) 某个硬件与操作系统或应用程序出现不兼容现象。

7) 操作系统或应用程序本身存在程序错误或漏洞。

(3) 故障判断分析

1) 机器出现“死机”、蓝屏或无故重启现象时，首先要考虑用户的操作是否符合操作规范的要求，要仔细询问、观察用户的操作方法是否符合常理，并由工程师用正确的方法操作、应用用户的机器，查看是否出现用户所报修的故障。若不出现，则可认为是用户操作不当引起的。

2）若经过上述操作故障依然存在，可用系统文件检查器检查用户的机器系统是否丢失 DLL 文件，并尝试恢复。

3）注意观察用户的机器在“死机”、蓝屏或无故重启时有没有规律，并找出可能引起机器故障的原因（如机器在运行某一程序时或机器开机在一定时间内死机）。

4）通过与另一台软、硬件相同且无故障的机器进行比较，查看故障机的文件大小是否相同或相差不大，主程序的版本是否一致。

5）检查用户的机器是否被病毒感染，若感染可使用杀毒软件杀毒。

6）检查用户是否安装了两个或两个以上的杀毒软件，若是，则建议用户使用其中一个，并卸载其他的杀毒软件。

7）检查是否有木马程序，可用最新版的杀毒软件查杀木马程序。可以通过安装补丁来修补程序中的安全漏洞，或者安装防火墙。

8）检查硬盘是否有足够的剩余空间，并检查临时文件是否太多。若剩余空间不足，则整理硬盘空间，删除不需要的文件。

9）对于系统文件损坏或丢失，可以使用系统文件检查器进行检查和修复。

10）检查操作系统是否安装了合适的系统补丁。检查 DirectX 驱动程序是否正常，注意及时升级 DirectX 的版本。

11）检查是否正确安装了设备的驱动程序，并且驱动程序的版本是否合适，还要检查驱动程序安装的顺序是否正确（如首先要安装主板驱动程序）。

12）检查用户应用软件的运行环境是否与现有的操作系统（Windows 2000/XP/Vista/7）相兼容。另外，可通过查看软件说明书或到应用软件网页上查找相关资料，并查看网页上有没有对于此软件的升级程序或补丁可安装。

13）可用任务管理器观察故障机器的后台是否有不正常的程序在运行，并尝试关闭不正常的程序而只保留最基本的后台程序。

14）注意查看故障机内是否有共用的 DLL 文件，可通过改变安装顺序或安装目录来解决此类问题。

15）检查 CMOS 设置是否正确，可恢复默认值。

16）在设备管理器中检查硬件是否正常：同时，检查中断是否有冲突，如有冲突，调整系统资源（对于某些硬件，要阅读说明书，按照说明正确设置硬件）。

17）在设备管理器中将硬件驱动程序删除，重新安装驱动程序（最好安装版本正确的驱动程序），查看硬件驱动是否恢复正常。

18）运行硬件检测程序（如 AMI 等）检测硬件是否有故障。

19）在软件最小系统情况下，重新更新硬件驱动程序，观察故障是否消失。

20）遇到兼容性问题时，应检查硬件的规格和标准（如同时使用多条内存时检查内存是否为同一厂家、同一规格、同一容量、同一批次）是否允许在一起使用。

21）阅读说明书或到网页上查找相关资料，查看用户的硬件正常使用所需的软件要求，并检查自身的软件环境是否符合要求，以及软硬件之间是否相互支持。

22）在设备管理器中检查用户的系统资源是否有冲突，如有冲突，手动调整系统资源。

23）在设备管理器中检查用户机器的硬件驱动是否安装正确，更新合适版本的设备驱动程序（如某些显示卡用 Windows 2000 或 Windows XP 自带的公共版本驱动程序会造成某些大型 3D 游戏无法运行）。

项目小结

1）计算机病毒已是计算机应用的一大公害。熟悉计算机的病毒的种类和危害，掌握常用计算机杀毒软件的使用，有助于用户高效、安全地应用计算机完成各项任务。

2）计算机硬件故障是多种多样的，掌握正确分析故障的方法是能快速查找故障原因的有力保障。若计算机出现故障，要根据故障现象判断故障类型，再根据故障类型从大范围缩小到小范围，从而找出有故障的硬件进行更换。

3）计算机软件故障大部分由病毒引起，要分析计算机软件出现的漏洞，对软件及时进行打“补丁”工作，增强软件抵抗病毒的能力。计算机的操作系统和驱动程序本身抗病毒能力尤其重要，使用较好的操作系统，软件的故障率会大大降低。

项目练习

一、填空题

1. 若大量含导电性尘埃落入计算机设备内，就会促使有关材料的（　　）性能降低，甚至短路。反之，当大量绝缘性尘埃落入设备时，则可能引起接插件触点（　　）。

2. 计算机电源插座各线的一般排列顺序是：上为地线，（　　）为零线，（　　）为火线。

3. 在维修工作中的安全问题，主要有三方面的内容：（　　）的安全；被维修的（　　）的安全；所使用的维修设备，特别是贵重仪表的安全。

4. 计算机带电插拔（　　）口、（　　）口、键盘口等外部设备的连接电缆也常常是造成相应接口损坏的直接原因。

5. 静电的产生不仅与（　　）、摩擦表面状态、摩擦力的大小有关，而且还与（　　）密切相关。防止静电要采用静电接地系统。注意工作人员的着装，最好选择不产生静电的衣服，同时要控制湿度和使用静电消除器等。

6. 一般计算机的机房夏季温度为（　　），冬季温度为 20 ± 2℃，温度变化率小于（　　）。

7. 计算机病毒按病毒存在的媒体划分，可分为网络病毒、（　　）病毒、（　　）病毒。

8. 计算机病毒按病毒传染的方法划分，可分为（　　）病毒和（　　）病毒。

9. 目前杀毒软件的主要技术有（　　）、修复和实时升级技术、（　　）、“云安全”（Cloud Security）技术、增强自我保护功能技术和更低的系统资源占用技术。

10. 依次选择“开始”→“运行”，在弹出的对话框的文本框中输入（　　）命令，则可进入到系统的“命令提示符”窗口。

11. 备份系统的重要数据，可以利用操作系统自带的（　　）功能或（　　）一类的备份工具去备份完整的操作系统，让系统随时能得以恢复。

二、选择题

1. 高湿度对计算机设备的危害是明显的，而低湿度的危害有时可能更大。机房的一般相对湿度为（　　）。

A. 25%～35%　　B. 55%～85%　　C. 35%～45%　　D. 45%～65%

2. 静电是计算机维修过程中一个最危险的“杀手”，往往在不知不觉的时候，将内存、CPU 等计算机零部件击穿。静电与（　　）关系很大。

A. 湿度　　B. 温度　　C. 灰尘　　D. 电磁

3. 用备份的好的器件替换有故障疑点的器件，或者把相同的器件互相交换，观察故障变化的情况，称为（　　）。这是一种帮助用户判断寻找故障原因的方法。

A. 直接观察法　　B. 测试法　　C. 插拔法　　D. 替换法

4. 根据机器所安排的逻辑关系，从逻辑上分析各点应有的特征，进而找出故障原因，这种方法称（　　）分析法。

A. 原理　　B. 静态　　C. 直接　　D. 逻辑

5. 文件型病毒主要感染（　　）文件，并能在存储器里保存很长时间，直到病毒又被激活。

A. 可执行　　B. Worm　　C. 压缩　　D. 二进制

6. 计算机病毒依附于其他媒体而寄生的能力称为（　　）。

A. 破坏性　　B. 潜伏性　　C. 传染性　　D. 可触发性

7. 操作系统中的 Rundll32. exe 是执行（　　）的 DLL 文件，它是必不可少的系统文件，缺少了它，一些项目和程序将无法执行。

A. 32 位　　B. 64 位　　C. 系统　　D. 文本

8. 杀毒软件通常集成监控识别、（　　）和清除以及自动升级等功能，有的杀毒软件还带有数据恢复和网络流量控制等功能。

A. 病毒扫描　　B. 病毒检查　　C. 病毒控制　　D. 病毒预防

9. “云安全”（Cloud Security）技术融合了并行处理、网格计算、未知病毒行为判断等新兴技术和概念，通过网状的大量客户端对网络中软件行为的异常监测，获取互联网中木马、恶意程序的最新信息，推送到（　　）进行自动分析和处理，再把病毒和木马的解决方案分发到每一个客户端。

A. 管理人员　　B. 服务器端　　C. Windows 操作系统　D. 用户

三、简答题

1. 为杜绝静电的危害，应采取哪些措施？

2. 微机故障的基本检查步骤是什么？

3. 微机故障处理基本原则中的先外后内的含义是什么？

4. 简述维修计算机时插拔法的基本做法。

5. 简述维修计算机时直接观察法的基本做法。

6. 简述维修计算机时最小系统方法的含义。

7. “蠕虫”型病毒的特点是什么？

8. 操作系统或应用程序可能出故障的原因是什么?

9. 金山毒霸杀毒软件的主要特点是什么?

10. 计算机如何解决 NTLDR 文件丢失问题?

11. 硬盘系统故障的主要检查内容是什么?

项目实训

一、实训目的和要求

1. 学会用替换法和逐步添加/去除法排除故障。
2. 学会用清洁法和插拔法排除故障。
3. 熟悉某种杀毒软件的使用。
4. 掌握硬盘、光驱和显示系统故障的基本分析方法。
5. 掌握常见的操作系统故障分析方法。

二、实训条件

1. 能运行的微型计算机一台。

3. 有故障的内存条、显示卡、网卡。

3. 带有杀毒软件的光盘一张。

4. 有故障的硬盘信号线或硬盘。

5. 有故障的光驱信号线或光驱。

三、实训步骤

1. 在微机中插入有故障的内存条，启动机器观察故障现象，用最小系统加上替换法排除故障。

2. 在微机中插入有故障的显示卡，观察故障现象，用最小系统加上逐步添加/去除法排除故障。

3. 清洁机器机箱内的灰尘，擦净网卡的“金手指”部分，使其与主板可靠连接，分析接触不良故障原因。

4. 启动机器进入操作系统，将最新版本的瑞星杀毒软件安装到机器中并运行。

5. 熟悉某种杀毒软件的基本功能。

6. 将怀疑有故障的硬盘信号线插入到机器中，观察机器状况，通过替换法（与光驱的信号线交换）确认有故障的信号线。

7. 将怀疑有故障的光驱信号线插入到机器中，观察机器状况，通过替换法（与硬盘的信号线交换）确认有故障的信号线。

8. 将有故障的光驱接入机器中，放入光盘运行，观察机器状况，用正确的方法分析故障的部件。

9. 利用 Windows 操作系统提供的磁盘扫描程序，对硬盘进行检测和修复硬盘的表面，检查文件系统和文件错误。

10. 由于显示器属性设置不正确、显示器与显示卡接触不良和显示器分辨率过低会导致显示器故障，分析故障原因，并排除故障。

参考文献

[1] 电脑报．电脑硬道理装机圣手[M]．汕头:汕头大学出版社,2007.

[2] 华信卓越．电脑组装维护基础与提高[M]．北京:电子工业出版社,2008.

[3] 卓越科技．快学快用电脑故障排除技巧 1088 招[M]．北京:电子工业出版社,2008.

[4] 郑明言,柳金东．计算机系统组装与维护[M]．北京:清华大学出版社,2009.

[5] 颜辉,桑磊,等．计算机组装与维护[M]．北京:清华大学出版社,2009.

[6] 陈国先．计算机组装与维护[M]．北京:北京邮电大学出版社,2011.

[7] 陈国先．办公自动化设备的使用和维护[M].3 版．西安:西安电子科技大学出版社,2011.